Hubert Weber

Einführung in die
Wahrscheinlichkeitsrechnung
und Statistik für Ingenieure

Einführung in die Wahrscheinlichkeitsrechnung und Statistik für Ingenieure

Von Prof. Hubert Weber
Fachhochschule Regensburg

3., überarbeitete und erweiterte Auflage
Mit zahlreichen Bildern, Tabellen
sowie Beispielen und Übungen mit Lösungen

B. G. Teubner Stuttgart 1992

Die Deutsche Bibliothek – CIP-Einheitsaufnahme

Weber, Hubert:
Einführung in die Wahrscheinlichkeitsrechnung und Statistik
für Ingenieure : mit Tabellen sowie Beispielen und Übungen
mit Lösungen / von Hubert Weber. – 3., überarb., und erw.
Aufl. – Stuttgart : Teubner, 1992
  ISBN 978-3-519-02983-0   ISBN 978-3-322-96693-3 (eBook)
  DOI 10.1007/978-3-322-96693-3

Vorwort

Das Buch bringt eine Einführung in die grundlegenden Begriffe, Sätze und Methoden der Wahrscheinlichkeitsrechnung und Statistik, bei der nur die Mathematikkenntnisse eines Studienanfängers vorausgesetzt werden.
Es ist aus Vorlesungen entstanden, die vom Verfasser in den Studiengängen Mathematik und Informatik an der Fachhochschule Regensburg gehalten wurden.
Statistische Verfahren werden heute in nahezu allen Wissenschaftszweigen verwendet. Überall dort, wo empirische Datenmengen ausgewertet werden und zur Überprüfung von Hypothesen dienen.
Es sollen ein Einblick in die besondere Denk- und Schlußweise der Statistik gegeben und ein Grundwissen vermittelt werden, welches durch das Studium weiterführender Literatur vertieft werden kann.
Eine ausführliche Darstellung, viele durchgerechnete Beispiele und Übungsaufgaben erleichtern ein Selbststudium.

In der vorliegenden 3. Auflage wurden ein Abschnitt über stochastische Prozesse und ein Abschnitt über Informationstheorie neu aufgenommen.

Dem Verlag möchte ich für viele wertvolle Anregungen danken.

Regensburg, im Dezember 1991   Hubert Weber

Inhalt

1 Wahrscheinlichkeitsrechnung

1.1 Wahrscheinlichkeitsbegriff 11

1.1.1 Zufällige Ereignisse 11

1.1.2 Relative Häufigkeit 15

1.1.3 Wahrscheinlichkeitsraum 15

1.1.4 Laplace'scher oder Klassischer Wahrscheinlichkeitsraum 19

1.1.5 Statistische Wahrscheinlichkeit 22

1.1.6 Geometrische Wahrscheinlichkeit 24

1.2 Sätze der Wahrscheinlichkeitsrechnung 26

1.2.1 Additionssatz 26

1.2.2 Bedingte Wahrscheinlichkeit 28

1.2.3 Multiplikationssatz 30

1.2.4 Stochastische Unabhängigkeit 32

1.2.5 Mehrstufige Zufallsexperimente 37

1.2.6 Totale Wahrscheinlichkeit, Formel von Bayes 40

1.3 Kombinatorik 45

1.3.1 Permutationen 45

1.3.2 Stichproben vom Umfang n aus einer Grundmenge von N Elementen . . . 47

1.4 Zufallsgrößen 54

1.4.1 Allgemeines 54

1.4.2 Wahrscheinlichkeits- und Verteilungsfunktion einer diskreten Zufallsgröße 54

1.4.3 Dichtefunktion und Verteilungsfunktion einer stetigen Zufallsgröße 58

1.4.4 Stochastische Unabhängigkeit von Zufallsgrößen 62

1.4.5 Erwartungswert einer Zufallsgröße 64

1.4.6 Mittelwert und Varianz einer Zufallsgröße 68

1.4.7 Momente und charakteristische Funktion einer Verteilung 72

1.5 Einige wichtige Wahrscheinlichkeitsverteilungen 76

1.5.1 Binomialverteilung 76

1.5.2 Poisson-Verteilung 81

1.5.3 Hypergeometrische Verteilung 88

1.5.4   Mehrdimensionale diskrete Wahrscheinlichkeitsverteilungen 92
1.5.5   Normalverteilung 94
1.5.6   Logarithmische Normalverteilung 100
1.5.7   Gammaverteilung 102
1.5.8   Betaverteilung 105
1.5.9   Grundbegriffe der Zuverlässigkeitstheorie, Weibullverteilung 106
1.5.10 Hjort - Verteilung 110

1.6   Grenzwertsätze 113

1.6.1   Wiederholung schon behandelter Grenzwertsätze 113
1.6.2   Zentraler Grenzwertsatz 114
1.6.3   Gesetze der großen Zahlen 120

2   Grundlagen stochastischer Prozesse

2.1   Einführung 125

2.2   Markoffketten 126

2.2.1   Grundbegriffe 126
2.2.2   Homogene Markoffketten 128
2.2.3   Äquivalenklassen einer Markoffkette 139
2.2.4   Asymptotisches Verhalten einer endlichen Markoffkette 144

2.3   Stochastische Prozesse mit stetigem Parameterraum 151

2.3.1   Poisson-Prozeß 151
2.3.2   Geburt- und Todprozesse 159
2.3.3   Warteschlangen 161

3   Einführung in die Informationstheorie

3.1   Entropie 173

3.1.1   Unsicherheit eines Zufallsexperiments 173

3.1.2   Entropie zusammengesetzter Versuche 181

3.2   Information 185

3.2.1   Grundlagen 185
3.2.2   Stationäre diskrete Nachrichtenquellen 186
3.2.3   Diskrete Nachrichtenkanäle 196

3.3   Grundlagen der Codierungstheorie 203
3.3.1   Einführung 203

3.3.2   Quellencodierung 204

3.3.3   Kanalcodierung 211

3.3.4   Lineare Codes 217

4   Beschreibende Statistik

4.1   Meßniveau von Daten 229

4.2   Empirische Verteilung eines Merkmals 231

4.2.1   Häufigkeitstabelle, Histogramm 231

4.2.2   Maßzahlen einer monovariablen Verteilung 233

4.3   Empirische Häufigkeitsverteilung von zwei Merkmalen 237

4.3.1   Darstellung bivariabler Verteilungen 238

4.3.2   Maßzahlen bivariabler Verteilungen 239

5   Beurteilende Statistik

5.1   Stichprobenfunktionen 249

5.1.1   Grundlagen 249

5.1.2   Arithmetisches Mittel $\overline{X}$ 251

5.1.3   Stichprobenvarianz S^2 253

5.1.4 χ^2 - Verteilung 253

5.1.5   t - Verteilung 258

5.1.6   F - Verteilung 260

5.2   Statistische Schätzverfahren 263

5.2.1   Schätzfunktionen, Punktschätzungen 263

5.2.2   Bestimmung von Schätzfunktionen 265

5.2.3   Intervallschätzungen, Konfidenzintervalle 270

5.2.4   Prognoseintervalle 280

5.3   Statistische Prüfverfahren 284

5.3.1   Grundbegriffe 284

5.3.2   Prüfen einer Hypothese über den Mittelwert einer Normalverteilung 289

5.3.3   Prüfen einer Hypothese über den Anteilswert p 297

5.3.4   Prüfen einer Hypothese über die Varianz einer σ^2 Normalverteilung 300

5.3.5   Prüfen einer Hypothese über die Gleichheit der Varianzen zweier unab-
        hängiger Normalverteilungen 302

5.3.6   Prüfen einer Hypothese über die Gleichheit von Mittelwerten zweier
unabhängiger Normalverteilungen 305

5.3.7   Prüfen einer Hypothese über die Gleichheit von Anteilswerten zweier
unabhängiger Grundgesamtheiten 313

5.3.8   Prüfen einer Hypothese über das Verteilungsgesetz 315

    I. χ^2 - Test 315

    II.   Prüfen auf Normalverteilung 320

    III. Kolmogorow - Smirnow - Anpassungstest 324

    IV. Test auf Unabhängigkeit in Mehrfeldertafeln 327

5.3.9   Einführung in die einfache Varianzanalyse 332

5.3.10 Verteilungsfreie Tests 338

    I.   Vorzeichentest 338

    II.   Vorzeichen - Rangtest von Wilcoxon 344

    III. Mann - Withney - Test (U - Test) 349

    IV. Kruskal - Wallis - Test 353

5.4   Korrelation von Merkmalen 359

5.4.1   Grundlagen 359

5.4.2   Prüfen von Hypothesen über den Korrelationskoeffizienten 360

5.4.3   Konfidenzintervalle für den Korrelationskoeffizienten 364

5.5   Lineare Regression 367

5.5.1   Grundbegriffe 367

5.5.2   Schätzwerte und Konfidenzintervalle 368

5.5.3   Prüfen einer Hypothese über den Regressionskoeffizienten 376

6   Anhang

6.1   Zahlentabellen 378

6.2   Lösungen zu den Übungsaufgaben 398

6.3   Liste der verwendeten Formelzeichen bzw. Symbole 411

6.4   Literaturverzeichnis 412

6.5   Sachverzeichnis 414

1 Wahrscheinlichkeitsrechnung

In diesem ersten Abschnitt soll eine Einführung in die Wahrscheinlichkeitsrechnung gegeben werden. Kenntnisse der Wahrscheinlichkeitsrechnung sind insbesondere für die Beurteilende Statistik eine notwendige Voraussetzung.

1.1 Wahrscheinlichkeitsbegriff

1.1.1 Zufällige Ereignisse

Der Begriff Wahrscheinlichkeit ist fest verbunden mit Ereignissen, deren Auftreten durch den Zufall bestimmt wird.

Diese zufälligen Ereignisse stehen dabei im Zusammenhang mit Vorgängen, deren Ergebnisse von zufälligen Faktoren abhängen.

Auf determinierte Vorgänge, deren Ergebnisse vorherberechnet werden können, ist der Begriff Wahrscheinlichkeit nicht anwendbar.

Wir machen daher zuerst eine Festlegung des Begriffs **Zufallsexperiment**.

Definition 1.1

Ein **Zufallsexperiment** ist ein im Prinzip beliebig oft wiederholbarer Vorgang mit einem unbestimmten Ergebnis.

Beispiele von einfachen Zufallsexperimenten sind:das Werfen von Münzen, das Werfen von Würfeln oder das Ziehen von Kugeln aus Urnen.

Es liegt nun nahe, auf die möglichen Ergebnisse eines Zufallsexperiments näher einzugehen.

Betrachten wir zum Beispiel das Zufallsexperiment "Werfen eines Würfels". Die möglichen Ergebnisse dieses Experiments sind die Augenzahlen 1 bis 6. Die Menge der möglichen Ergebnisse dieses Zufallsexperiments ist die Menge

$$\Omega = \{\, 1, 2, 3, 4, 5, 6 \,\} \,.$$

Die Elemente ω_i (i = 1,2,3,4,5,6) dieser Ergebnismenge sind die Augenzahlen, die als Ergebnisse des Zufallsexperiments auftreten können. Die Ergebnisse eines Zufallsexperiments sind zufällige Ereignisse, die sogenannten Elementarereignisse.

Definition 1.2

Die Menge der möglichen Ergebnisse eines Zufallsexperiments heißt **Ergebnismenge** Ω. Die Elemente ω_i der Ergebnismenge heißen **Elementarereignisse**.

Beispiel 1.1. Ein Würfel wird zweimal geworfen. Man bestimme die Ergebnismenge Ω dieses Zufallsexperiments.

Jedes Ergebnis (Elementarereignis) dieses Zufallsexperiments ist durch ein Zahlenpaar (i,k) beschreibbar, wobei i die Augenzahl des ersten Wurfes und k die Augenzahl des zweiten Wurfes angibt. Die Ergebnismenge ist daher eine Menge von Zahlenpaaren

$$\Omega = \{\ (i,k) \ /\ 1 \leq i \leq 6,\ 1 \leq k \leq 6\ \}.$$

Die Ergebnismenge Ω enthält die folgenden m = 36 Zahlenpaare:

        (1,1) (2,1) (3,1) (4,1) (5,1) (6,1)
        (1,2) (2,2) (3,2) (4,2) (5,2) (6,2)
        (1,3) (2,3) (3,3) (4,3) (5,3) (6,3)
        (1,4) (2,4) (3,4) (4,4) (5,4) (6,4)
        (1,5) (2,5) (3,5) (4,5) (5,5) (6,5)
        (1,6) (2,6) (3,6) (4,6) (5,6) (6,6)

Man beachte, daß die Zahlenpaare (1,2) und (2,1) verschiedene Ergebnisse des Zufallsexperiments sind.

Aufbauend auf der Ergebnismenge Ω eines Zufallsexperiments kann man neben den Elementarereignissen (Ergebnissen) weitere zufällige Ereignisse definieren. Zufällige Ereignisse sollen im folgenden mit großen Buchstaben bezeichnet werden. Betrachten wir im Zufallsexperiment von Beispiel 1.1, dem zweimaligen Werfen eines Würfels, etwa das Ereignis

        A = Werfen der Augensumme 4,

so können wir feststellen, daß dieses zufällige Ereignis A immer dann eingetreten ist, wenn eines der Ergebnisse (1,3), (2,2) oder (3,1) auftritt. Dies führt dazu, das Ereignis A als die Teilmenge

        A = { (1,3),(2,2),(3,1) }

der Ergebnismenge Ω zu definieren. Wir erhalten damit folgende Festlegung.

Definition 1.3

Jede Teilmenge der Ergebnismenge Ω heißt **Ereignis**.
Die Menge aller Ereignisse aus Ω heißt **Ereignisraum** oder **Ereignismenge** A über Ω.

Ein bestimmtes Ereignis A tritt ein, wenn nach der Durchführung des Zufallsexperiments ein Ergebnis ω_i vorliegt, welches Element von A ist.

Die Ereignismenge A ist die Menge aller Ereignisse über Ω, d.h. die Menge aller Teilmengen der Ergebnismenge Ω. Dazu gehören auch die beiden unechten Teilmengen, die leere Menge $\emptyset$ und die Ergebnismenge Ω selbst. Da für jedes Ergebnis $\omega_i \in \Omega$ gilt, tritt das Ereignis Ω immer ein. Kein Ergebnis ω_i dagegen ist Element der leeren Menge. Das Ereignis $\emptyset$ tritt nie ein. Es gilt daher:

Ω = sicheres Ereignis

$\emptyset$ = unmögliches Ereignis.

Nehmen wir zunächst an, daß die Ergebnismenge Ω nur endlich viele Elemente enthält. Die Anzahl der Elemente der Ergebnismenge, ihre Mächtigkeit sei

$|\Omega| = m$.

Die Ereignismenge, die Menge aller Teilmengen von Ω, ist dann die Potenzmenge mit

$|A| = 2^m$

Elementen. Hat ein Zufallsexperiment m mögliche Ergebnisse, so lassen sich 2^m zufällige Ereignisse über der zugehörigen Ergebnismenge Ω definieren.
Auf die Struktur einer Ereignismenge, insbesondere im Falle unendlich vieler Elemente der Ergebnismenge, wird später eingegangen.

Beispiel 1.2. Aus einer Urne, die drei Kugeln mit den Ziffern 1,2 und 3 enthält, wird eine Kugel zufällig entnommen. Es soll die Ergebnismenge Ω und die Ereignismenge A angegeben werden.

Da die Ergebnismenge $\Omega = \{1,2,3\}$ nur m = 3 Elemente enthält, hat die Ereignismenge die leicht überschaubare Anzahl von $2^3 = 8$ Elementen.

$A = \{ \emptyset, \{1\}, \{2\}, \{3\}, \{1,2\}, \{1,3\}, \{2,3\}, \{1,2,3\} \}$

Dabei ist $\emptyset$ das unmögliche Ereignis. Die Ereignisse $\{1\}$, $\{2\}$ und $\{3\}$ sind die Elementarereignisse. Das Ereignis $\{1,2\}$ ist das Ereignis "Ziehen der Kugel 1 oder der Kugel 2" und $\Omega = \{1,2,3\}$ ist das sichere Ereignis.

Mit den als Teilmengen der Ergebnismenge Ω definierten zufälligen Ereignissen können die Mengenoperationen Komplementbildung, Vereinigung und Durchschnitt durchgeführt werden. Die dadurch entstehenden neuen Mengen sind wieder zufällige Ereignisse.

Definition 1.4

a) Komplementärereignis $\overline{A}$:

Unter dem zum Ereignis A komplementären Ereignis

$$\overline{A} = \Omega - A$$

versteht man das Ereignis, das immer dann eintritt, wenn A nicht eintritt.

b) Vereinigung der Ereignisse A_1 und A_2:

Das Ereignis $A_1 \cup A_2$ ist ein Ereignis, welches eintritt, wenn mindestens eines der Ereignisse A_1 oder A_2 eintritt. Die Vereinigung der Ereignisse A_1 und A_2 wird auch als Summe $A_1 + A_2$ der Ereignisse bezeichnet.

c) Durchschnitt der Ereignisse A_1 und A_2:

Das Ereignis $A_1 \cap A_2$ ist das Ereignis, wenn beide Ereignisse (sowohl das Ereignis A_1 als auch das Ereignis A_2) eintreten. Es wird auch als Produktereignis $A_1.A_2$ bezeichnet.

d) Disjunkte Ereignisse:

Zwei Ereignisse A_1 und A_2 heißen disjunkt, wenn ihr Durchschnitt die leere Menge ist.

$$A_1, A_2 \text{ disjunkt} \iff A_1 \cap A_2 = \emptyset .$$

Disjunkte Ereignisse schließen einander aus.

Da bei einem Zufallsexperiment nie zwei verschiedene Ergebnisse gleichzeitig eintreten können, sind Elementarereignisse stets disjunkte Ereignisse.

Für die Ereignisse A_i einer Ereignismenge gelten die Gesetze der Boole'schen Algebra. Wir werden nur einige einfache, unmittelbar einsehbare Aussagen dieser Mengenalgebra (Ereignisalgebra) verwenden und durch Mengendiagramme veranschaulichen.

1.1.2 Relative Häufigkeit

Es liegt nun nahe, bei der Definition des Begriffs "Wahrscheinlichkeit" von einer
Ergebnismenge Ω und einem Ereignisraum A über Ω auszugehen.
Um Vorstellungen über Eigenschaften des Begriffs "Wahrscheinlichkeit" zu entwickeln,
gehen wie zunächst auf den Begriff der relativen Häufigkeit ein.

Definition 1.5

Beobachtet man bei n Durchführungen eines bestimmten Zufallsexperiments k-mal das
Ereignis A, so ist die relative Häufigkeit dieses Ereignisses A für die vorliegende Versuchsserie gegeben durch

$$h_n(A) = \frac{k}{n} . \tag{1.1}$$

Für die beobachtete relative Häufigkeit eines Ereignisses A gilt dabei

$$0 \le h_n(A) \le 1 . \tag{1.2}$$

Schließen sich die Ereignisse A_1 und A_2 gegenseitig aus und tritt bei n Versuchen das
Ereignis A_1 k_1-mal und das Ereignis A_2 k_2-mal auf, so beobachtet man die Summe
(Vereinigung) der beiden Ereignisse $(k_1 + k_2)$ - mal und man erhält die Aussage

$$h_n(A_1 + A_2) = h_n(A_1) + h_n(A_2) \tag{1.3}$$

Diese Eigenschaften der relativen Häufigkeit werden wir im nächsten Abschnitt bei der
Definition des Wahrscheinlichkeitsmaßes wiederfinden. Dies ist von Bedeutung, denn
eine empirische Interpretation der Wahrscheinlichkeit ist stets verknüpft mit beobachtbaren relativen Häufigkeiten zufälliger Ereignisse.

1.1.3 Wahrscheinlichkeitsraum

Seit Beginn der wissenschaftlichen Wahrscheinlichkeitsrechnung Mitte des 17. Jahr-
hunderts hat sich der Wahrscheinlichkeitsbegriff, von einfachen Definitionen ausgehend
(s. Klassischer Wahrscheinlichkeitsbegriff, Abschn. 1.1.4), fortentwickelt und wird heute
im allgemeinen im Wahrscheinlichkeitsraum axiomatisch festgelegt. Wir wollen
zunächst diese moderne Definition betrachten, später aber meist den einfacheren klassischen Wahrscheinlichkeitsbegriff verwenden können.

Bei der Definition des Wahrscheinlichkeitsraumes geht man von einer Ergebnismenge Ω und einer Ereignismenge A über Ω aus.

Die Ereignismenge A haben wir als Menge aller Ereignisse über Ω, d.h. als Menge aller Teilmengen der Ergebnismenge Ω definiert. Es wird dabei vorausgesetzt, daß die Ereignismenge A eine Algebra, bzw. eine σ-Algebra ist.

Definition 1.6

Ein nichtleeres System A von Teilmengen einer Menge Ω mit **abzählbar** vielen Elementen heißt **Algebra** über Ω, wenn gilt

1. $\Omega \in A$

2. $A \in A \Rightarrow \overline{A} \in A$

Zu jedem Ereignis aus der Ereignismenge gehört auch das Komplementärereignis zur Ereignismenge.

3. $A_i \in A \Rightarrow \bigcup_i A_i \in A$

Für jede Folge $\{A_i\}$ von Ereignissen aus A gehört auch die Vereinigung zu A.

4. $A_i \in A \Rightarrow \bigcap_i A_i \in A$

Für jede Folge $\{A_i\}$ von Elementen aus A gehört auch der Durchschnitt zu A.

Zur Definition einer Algebra genügen die Eigenschaften 1. bis 3. Die 4. Eigenschaft kann mit Hilfe der Boole'schen Algebra (de Morgan'sche Gesetze) aus 2. und 3. gefolgert werden.

Beweis:

Aus einem der de Morgan'schen Gesetze der Boole'schen Algebra

$$\overline{A_1 \cap A_2} = \overline{A_1} \cup \overline{A_2}$$

folgt durch Komplementbildung und Verallgemeinerung

$$\bigcap_i A_i = \overline{\bigcup_i \overline{A_i}}$$

Aus den Eigenschaften 2. und 3. von Definition 1.6 folgt mit letzten Gleichung:
Für jede Folge $\{A_i\}$ von Elementen aus A gehört auch der Durchschnitt zu A.

Ist A eine Ereignismenge mit diesen Eigenschaften über einer Ergebnismenge Ω mit **abzählbar unendlich** vielen Elementen, so heißt A eine σ-**Algebra** über Ω.

Eine σ-Algebra ist demnach eine Erweiterung des Begriffs Algebra auf ein Mengensystem A mit abzählbar unendlich vielen Elementen.
In der Wahrscheinlichkeitsrechnung ist dieses Mengensystem A stets aufzufassen als ein Ereignissystem über der Ergebnismenge Ω eines Zufallsexperiments.

Definition 1.7

Ein Tripel (Ω, A, P) heißt **Wahrscheinlichkeitsraum**, wenn

a) Ω eine nichtleere Menge,

b) A eine Ereignismenge über Ω und

c)   P eine Abbildung ist, welche den Ereignissen A_i der Ereignismenge reelle Zahlen $P(A_i)$ zuordnet, für die folgende Axiome gelten:

1. $P(A_i) \geq 0$ für alle Ereignisse A_i der Ereignismenge A

2. $P(\Omega) = 1$

3. $P(\bigcup\limits_{i=1}^{\infty} A_i) = \sum\limits_{i=1}^{\infty} P(A_i)$ für paarweise disjunkte Ereignisse A_i.

P heißt **Wahrscheinlichkeitsmaß** über Ω.

Die Axiome des Wahrscheinlichkeitsmaßes P wurden 1933 von dem russischen Mathematiker **Kolmogorow** aufgestellt.

Das 1. Axiom sagt aus, daß die Wahrscheinlichkeit $P(A_i)$ eines zufälligen Ereignisses A_i eine nichtnegative reelle Zahl ist (**Nichtnegativität des Wahrscheinlichkeitsmaßes**).
Das 2. Axiom bestimmt die Wahrscheinlichkeit des sicheren Ereignisses Ω zu 1 (**Normiertheit des Wahrscheinlichkeitsmaßes**).
Im 3. Axiom wird die Wahrscheinlichkeit einer Vereinigung (Summe) von beliebig vielen disjunkten Ereignissen als Summe der Wahrscheinlichkeiten der einzelnen Ereignisse definiert (**σ-Additivität des Wahrscheinlichkeitsmaßes**).

Durch die drei Kolmogorow-Axiome, Nichtnegativität, Normiertheit und Additivität, sind elementare Eigenschaften des Wahrscheinlichkeitsmaßes definiert. Aus ihnen können viele weitere Eigenschaften abgeleitet werden. Wir werden uns zunächst auf sehr wenige, einfache Folgerungen beschränken.

1. $P(\emptyset) = 0$

Da das sichere Ereignis Ω und das unmögliche Ereignis $\emptyset$ disjunkte Ereignisse sind, folgt mit dem 2. und 3. Axiom

$$P(\Omega) \;=\; P(\Omega \cup \emptyset) \;=\; P(\Omega) + P(\emptyset) = 1$$

und daraus $P(\emptyset) \;=\; 0$.
Die Wahrscheinlichkeit des unmöglichen Ereignisses ist Null.

2. $P(A) \;=\; 1 - P(\overline{A})$

Die Ereignisse A und $\overline{A}$ schließen sich gegenseitig aus. Ferner gilt $A \cup \overline{A} = \Omega$. Mit der Normiertheit und der Additivität erhält man

$$P(\Omega) = P(A \cup \overline{A}) = P(A) + P(\overline{A}) = 1$$

und daraus $P(A) = 1 - P(\overline{A})$, bzw. $P(\overline{A}) = 1 - P(A)$. Dieser einfache Zusammenhang gilt auch für die relativen Häufigkeiten

$$h_n(\overline{A}) \;=\; 1 - h_n(A).$$

Tritt ein Ereignis in 30% aller Fälle ein, so tritt es in 70% aller Fälle nicht ein.

3. $0 \leq P(A) \leq 1$

a) $0 \leq P(A)$ gilt wegen der Nichtnegativität des Ereignisses A.
b) $P(A) \leq 1$ folgt aus $P(A) = 1 - P(\overline{A})$ wegen $P(\overline{A}) \geq 0$.

Durch die Axiome von Kolmogorow und die Folgerungen aus ihnen, werden Eigenschaften des Wahrscheinlichkeitsmaßes beschrieben. Offen bleibt dabei jedoch die Frage, wie man bei einem konkreten Zufallsexperiment die Wahrscheinlichkeiten der dabei auftretenden zufälligen Ereignisse erhält.
Für eine bestimmte Klasse von Zufallsexperimenten, den Laplace-Experimenten, werden wir diese Frage im nächsten Abschnitt beantworten.

1.1.4 Laplace'scher oder klassischer Wahrscheinlichkeitsraum

Definition 1.8

Ein Zufallsexperiment mit endlich vielen, **gleichwahrscheinlichen** Ergebnissen, heißt
Laplace-Experiment.

Alle Elementarereignisse eines Laplace-Experiments haben die gleiche Wahrschein-
lichkeit.
Es sei m die Anzahl der möglichen Ergebnisse eines Laplace-Experiments mit der
Ergebnismenge

$$\Omega = \{ \omega_1, \omega_2, \omega_3, \ldots \omega_m \} .$$

Da allen Elementarereignissen die gleiche Wahrscheinlichkeit zugeordnet wird, erhält
man mit der Normiertheit und der Additivität des Wahrscheinlichkeitsmaßes

$$P(\Omega) = \sum_{i=1}^{m} P(\{\omega_i\}) = m \cdot P(\{\omega_i\}) = 1$$

für die Wahrscheinlichkeit eines Elementarereignisses

$$P(\{ \omega_i \}) = \frac{1}{m} .$$

Jedes der m möglichen Ergebnisse eines Laplace-Experiments hat die gleiche Wahrscheinlichkeit $\frac{1}{m}$.

Umfaßt das zufällige Ereignis A eine Anzahl g von Elementarereignissen, so ist die
Wahrscheinlichkeit dieses Ereignisses gegeben durch

$$P(A) = \sum_{\omega_i \in A} P(\{\omega_i\}) = g \cdot P(\{\omega_i\}) = \frac{g}{m} .$$

$$\text{Durch} \qquad P(A) = \frac{g}{m} = \frac{|A|}{|\Omega|} \qquad\qquad (1.4)$$

ist das Wahrscheinlichkeitsmaß P über der Ergebnismenge eines Laplace-Experiments
bestimmt. Der dadurch definierte Wahrscheinlichkeitsbegriff heißt **Laplace'scher**
oder **klassischer Wahrscheinlichkeitsbegriff.**

Die Anwendbarkeit dieses Wahrscheinlichkeitsbegriffes ist durch die Voraussetzung der Gleichwahrscheinlichkeit der Ergebnisse des Zufallsexperiments eingeschränkt. Viele Zufallsexperimente können jedoch, zumindest in guter Näherung, als Laplace-Experimente angesehen werden. So ist zum Beispiel das Werfen eines regelmäßigen Würfels ein Laplace-Experiment. Die 6 möglichen Ergebnisse entsprechen den geworfenen Augenzahlen 1 - 6. In welchem Maße jedoch die Gleichwahrscheinlichkeit dieser Elementarergebnisse wirklich gegeben ist, hängt davon ab, wieweit der verwendete Würfel tatsächlich regelmäßig ist.

Ein Laplace-Experiment ist daher im Grunde immer nur ein mathematisches Modell eines bestimmten Zufallsexperiments. Ein Modell aber, welches sehr viele real durchgeführte Zufallsexperimente gut beschreibt.

Geschichtliche Bemerkung:
Als Beginn der wissenschaftlichen Wahrscheinlichkeitsrechnung wird heute das Jahr 1654 angesetzt. In diesem Jahr korrespondierte **Pascal** (1623 - 1662) mit seinem Kollegen **Fermat** (1601 - 1665) über Fragen der Gewinnaussichten beim Würfelspiel, die ihm vom Chevalier de Méré gestellt worden waren.

In seinem berühmten Buch "Analytische Theorie der Wahrscheinlichkeit" entwickelte **Laplace** (1749 - 1827) systematisch die Hauptsätze der Wahrscheinlichkeitsrechnung und gab eine genaue Definition der Wahrscheinlichkeit aufgrund der Gleichwahrscheinlichkeit der Ergebnisse eines Zufallsexperiments an.

Beispiel 1.3.   Eine symmetrische Münze (Laplace-Münze) mit den Seiten Zahl (Z) und Wappen (W) wird zweimal geworfen. Man bestimme die Wahrscheinlichkeit für das Ereignis A = "Werfen von verschiedenen Seiten".

Die Ergebnismenge dieses Laplace-Experiments Ω = { ZZ, ZW, WZ, WW } enthält m = 4 gleichwahrscheinliche Ergebnisse.

Das zufällige Ereignis A = { ZW, WZ } umfaßt g = 2 günstige Ergebnisse und hat daher die Wahrscheinlichkeit $P(A) = \frac{2}{4} = 0,5$.

Der französische Mathematiker Philosoph D'Alembert (1717 - 1783) sah in dem Ereignis A nur ein Ergebnis des Zufallsexperiments und kam daher zu $P(A) = \frac{1}{3}$. Es ist nicht

überliefert, ob D'Alembert eine längere Versuchsserie dieses Münzwurfes durchgeführt hat. Er hätte dann eine relative Häufigkeit des Ereignisses A von etwa 0,5 beobachten und damit einen Widerspruch der von ihm angegebenen Wahrscheinlichkeit mit der Erfahrung feststellen müssen.

Beispiel 1.4. Eine Urne enthält 2 weiße und 3 schwarze Kugeln. Eine Kugel wird zufällig entnommen. Wie groß ist die Wahrscheinlichkeit für das Ziehen einer weißen Kugel?

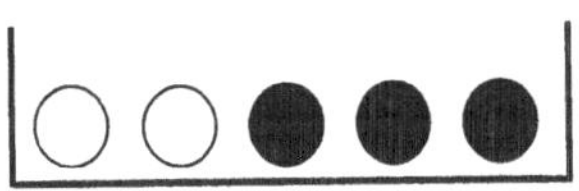

Bild 1.1 Urne

Betrachtet man als Ergebnisse des Zufallsexperiments die Ereignisse
W = Ziehen einer weißen Kugel, bzw.
S = Ziehen einer schwarzen Kugel,
so ist Ω = {W,S} nicht Ergebnismenge eines Laplace-Experiments, da die Ergebnisse W und S nicht gleichwahrscheinlich sind.

Wir denken uns die Kugeln durchnumeriert. Die Kugeln 1 und 2 seien weiß, die Kugeln 3, 4 und 5 schwarz. Da jede Kugel die gleiche Wahrscheinlichkeit hat gezogen zu werden, ist Ω = {1, 2, 3, 4, 5} Ergebnismenge eines Laplace-Experiments. Für das Ereignis W = {1, 2} sind g = 2 Ergebnisse günstig und wir erhalten

$$P(W) = \frac{2}{5} = 0,4$$

und analog
$$P(S) = \frac{3}{5} = 0,6.$$

Beispiel 1.5. Teilung des Gewinneinsatzes bei vorzeitigem Spielabbruch

Zwei Personen spielen ein Spiel, bei dem jeder Spieler mit der Wahrscheinlichkeit 0,5 eine Partie gewinnt. Das Spiel und den gemeinsamen Spieleinsatz hat derjenige Spieler gewonnen, der zuerst eine bestimmte Anzahl von Partien für sich entscheiden konnte. Chevalier de Méré stellte an Pascal (1654) unter anderen die Frage, wie bei einem vorzeitigen Spielabbruch gerechterweise der Einsatz zu teilen sei. Pascal schlug vor, den Einsatz entsprechend den Gewinnwahrscheinlichkeiten der beiden Spieler aufzuteilen. Angenommen, dem Spieler A fehlen noch 2 gewonnene Partien, dem Spieler B noch 3 gewonnene Partien zum Sieg. Das Spiel ist dann nach maximal 4 Partien entschieden. Mit den Ereignissen A = Spieler A gewinnt eine Partie, bzw. B = Spieler B gewinnt eine Partie, erhält man für das Zufallsexperiment "Spielen von 4 Partien" folgende Ergebnismenge eines Laplace-Experiments

$$\Omega = \{AAAA, AAAB, AABA, ABAA, BAAA, AABB, ABAB, ABBA,$$
$$BBAA, BAAB, BABA, ABBB, BABB, BBAB, BBBA, BBBB\}$$

Von den m = 16 Elementarereignissen sind g_A = 11 für den Gewinn des Spielers A
und g_B = 5 für den Gewinn des Spielers B günstig. Damit erhält man:

Gewinnwahrscheinlichkeit des Spielers A: P(A) = 11/16
Gewinnwahrscheinlichkeit des Spielers B: P(B) = 5/16.

Der Spieleinsatz ist daher im Verhältnis 11 : 5 zu teilen.

Gegen diese Lösung ist eingewendet worden, daß ja nicht immer alle 4 Partien zur
Spielentscheidung notwendig sind. Beschränkt man sich auf die wirklich notwendigen
Partien, so ergeben sich Spielserien verschiedener Länge, die nicht gleichwahrschein-
liche Ergebnisse eines Zufallsexperiments sind. Berücksichtigt man die verschiedenen
Wahrscheinlichkeiten der verschieden langen Spielserien entsprechend den Sätzen der
Wahrscheinlichkeitsrechnung (Abschn. 1.2), so erhält man wieder P(A) = 11/16 und
P(B) = 5/16.

1.1.5 Statistische Wahrscheinlichkeit

Bei vielen Zufallsexperimenten beobachtet man eine gewisse Stabilität der relativen
Häufigkeit für das Eintreten eines zufälligen Ereignisses A. Das heißt, man erhält bei
längeren Versuchsserien für die relative Häufigkeit $h_n(A)$ immer etwa die gleichen Werte.

Beispiel 1.6. Aus der Geschichte der Wahrscheinlichkeitsrechnung sind für das
Ereignis   A = Werfen von Kopf beim Werfen einer Münze folgende Ergebnisse der
Experimente von Buffon und Pearson bekannt.

Es gilt P(A) = 0,5 und man erkennt

	n	$h_n(A)$
Buffon	4040	0,5080
Pearson	12000	0,5016
Pearson	24000	0,5005

$$h_n(A) \approx P(A)$$

Beispiel 1.7. Relative Häufigkeit von Knabengeburten

Aus den sehr umfangreichen Daten der Bevölkerungsstatistik kann festgestellt werden,
daß die relative Häufigkeit für das Ereignis K = Knabengeburt immer etwa bei

$$h_n(A) = 0,514$$

liegt. Schon Laplace hatte dafür den Bruch 22/43 = 0,512 angegeben. Da die zwei Ergebnisse, Knaben- bzw. Mädchengeburt, von Natur aus nicht gleichwahrscheinlich sind, handelt es sich hier nicht um ein Laplace-Experiment.

Die Erfahrungstatsache, daß bei längeren Versuchsserien immer etwa die gleichen relativen Häufigkeiten erhalten werden, führt dazu, unbekannte Wahrscheinlichkeiten näherungsweise durch beobachtete relative Häufigkeiten zu ersetzen.

Der statistische Wahrscheinlichkeitsbegriff

$$P(A) \approx h_n(A) \qquad \text{für hinreichend große Werte von n,}$$

hat mehr einen beschreibenden, keinen mathematisch exakten Charakter.

Der deutsche Mathematiker **v. Mises** definierte 1931 die Wahrscheinlichkeit eines Ereignisses A durch den Grenzwert

$$P(A) = \lim_{n \to \infty} h_n(A).$$

Eine Definition der Wahrscheinlichkeit eines Ereignisses A durch diesen strengen Grenzwertbegriff der Analysis ist jedoch prinzipiell nicht möglich, da auch bei einer beliebig langen Versuchsserie nicht ausgeschlossen werden kann, eine relative Häufigkeit zu beobachten, die nicht mit der Wahrscheinlichkeit übereinstimmt. Als theoretische Grundlage des "statistischen Wahrscheinlichkeitsbegriffs werden wir im Satz von Bernoulli (Abschn. 1.6.3) eine etwas schwächere Aussage kennen lernen.

Ordnet man den Ergebnissen eines Zufallsexperiments mit einer endlichen Ergebnismenge Ω die aus langen Versuchsserien erhaltenen relativen Häufigkeiten $h_n(\{\omega_i\})$ als Wahrscheinlichkeiten $P(\{\omega_i\})$ zu, so sind dadurch auch für alle anderen Ereignisse die Wahrscheinlichkeiten

$$P(A) = \sum_{\omega_i \in A} P(\{\omega_i\})$$

bestimmt. Für Zufallsexperimente, die keine Laplace-Experimente sind, ist dies in der Praxis oft der einzige Weg, ein Wahrscheinlichkeitsmaß P zu erhalten, welches die beobachtbaren Häufigkeiten von Ereignissen gut beschreibt.

1.1.6 Geometrische Wahrscheinlichkeit

Bei der sogenannten "geometrischen Wahrscheinlichkeit" handelt es sich um eine Erweiterung des klassischen Wahrscheinlichkeitsbegriffs auf Zufallsexperimente mit unendlich vielen möglichen Ergebnissen, deren Anzahlen proportional zu geometrischen Gebilden (Strecken, Winkeln, Flächen) angesetzt werden.
Die Gleichwahrscheinlichkeit der Ergebnisse wird weiterhin vorausgesetzt.

Da sowohl die Anzahl der für ein Ereignis A günstigen Ergebnisse, als auch die Anzahl der möglichen Ergebnisse des Zufallsexperiments geometrischen Gebilden proportional ist, erscheint die Wahrscheinlichkeit des Ereignisses A als ein Verhältnis von entsprechenden Strecken, Winkeln oder Flächen.
Als Beispiel sei nur das Buffon'sche Nadelexperiment gebracht.

Beispiel 1.8. Buffon'sches Nadelexperiment (1777)

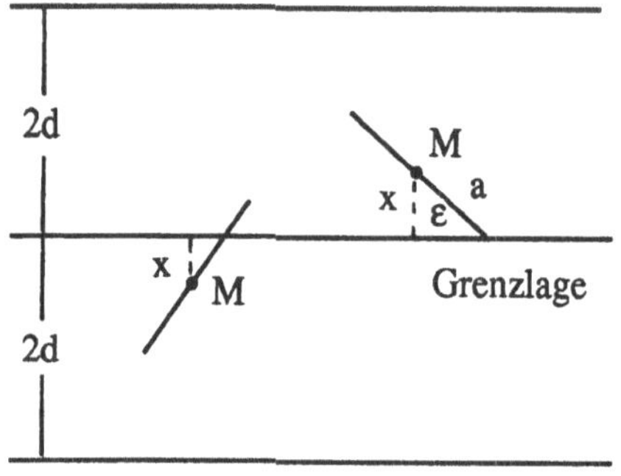

Eine Nadel der Länge 2a wird auf eine Ebene geworfen, die von einer Parallelenschar überdeckt ist. Der Abstand benachbarter Parallelen sei 2d (d > a).

Wie groß ist die Wahrscheinlichkeit, daß die Nadel eine der Parallelen trifft?

Bild 1.2 Skizze zu Beispiel 1.8

Der Abstand des Nadelmittelpunktes von der nächstgelegenen Parallelen sei x, der Winkel, den die Nadelrichtung mit der Richtung der Parallelenschar bildet, sei ε.
Da x Werte zwischen 0 und d, der Winkel ε Werte zwischen 0 und π annehmen kann, entspricht jedem Nadelwurf ein Punkt des Rechtecks mit den Seiten d und π.

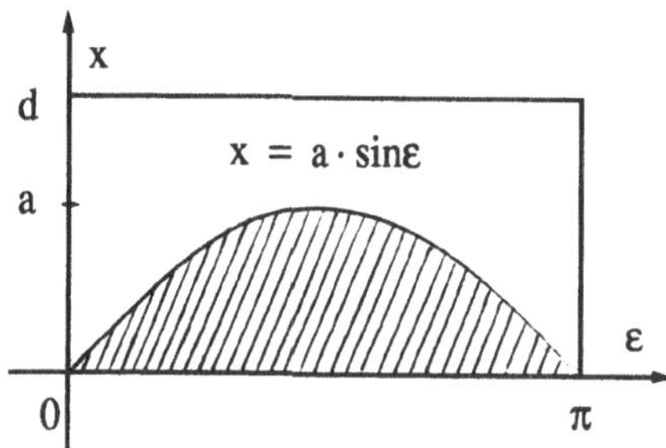

Bild 1.3 Günstiger und möglicher Bereich

Es sei ferner vorausgesetzt, daß zwischen den Werten x und denen von ε kein Zusammenhang besteht und angenommen werden kann, daß die den Nadelwürfen entsprechenden Punkte mit den Koordinaten x und ε sich gleichmäßig über die Rechtecksfläche verteilen. Die Wahrscheinlichkeit, einen Punkt innerhalb einer bestimmten Teilfläche zu erhalten, ist dann dieser Teilfläche proportional.

Aus der Grenzlage der Nadel (s. Bild 1.2) erkennt man, daß das Ereignis A, die Nadel trifft einer der Parallelen, immer dann eintritt, wenn

$$x \leq a \cdot \sin \varepsilon$$

ist. Dadurch ist der für das Ereignis A günstige Bereich bestimmt und in Bild 1.3 schraffiert dargestellt.

Für die gesuchte Wahrscheinlichkeit erhält man

$$P(A) = \frac{\text{schraffierte Fläche}}{\text{Rechtecksfläche}} = \frac{\int_0^\pi a \cdot \sin \varepsilon \, d\varepsilon}{\pi \cdot d} = \frac{2a}{\pi \cdot d}$$

Ersetzt man die Wahrscheinlichkeit P(A) näherungsweise durch eine empirisch bestimmte relative Häufigkeit $h_n(A)$, so läßt sich die Gleichung

$$h_n(A) = \frac{2a}{\pi \cdot d} \qquad \text{bzw.} \qquad \pi = \frac{2a}{d \cdot h_n(A)}$$

für eine "experimentelle" Bestimmung von π verwenden. Einige ältere Ergebnisse des Buffon'schen Nadelexperiments sind in der folgenden Übersicht angegeben.

Experimentator	Jahr	n	empirischer Wert für π
Wolf	1850	5000	3,1596
Smith	1855	3204	3,1553
Fox	1894	1120	3,1419
Lazzarini	1901	3408	3,1415929

Heute können derartige Experimente ("Monte Carlo-Verfahren") mit einem Computer simuliert werden. Wegen der heute hohen Rechengeschwindigkeiten erhält man in kurzer Zeit eine sehr große Anzahl n von Versuchen und damit eine größere Genauigkeit.

1.2 Sätze der Wahrscheinlichkeitsrechnung

1.2.1 Additionssatz

Der Additionssatz macht eine Aussage über die Wahrscheinlichkeit einer Summe (Vereinigung) von Ereignissen.

a) Die Ereignisse A_1, A_2,..., A_i,...,A_k,...,A_n seien paarweise disjunkt, d.h.

$$A_i \cap A_k = \emptyset \qquad (i \neq k)$$

Dann gilt die Additivität des Wahrscheinlichkeitsmaßes (Axiom 3 der Kolmogorow-Axiome, s. Abschn. 1.1.3)

$$P(A_1 + A_2 + ... + A_n) = P(A_1) + P(A_2) + ... + P(A_n)$$

bzw.

$$P\left(\sum_{i=1}^{n} A_i\right) = \sum_{i=1}^{n} P(A_i) \tag{1.5}$$

Die Wahrscheinlichkeit einer Summe von Ereignissen, die sich gegenseitig ausschließen, ist gleich der Summe der Wahrscheinlichkeiten der einzelnen Ereignisse.

b) Die Ereignisse $A_i \in A$ werden nicht als disjunkt vorausgesetzt

I. Für zwei Ereignisse A_1 und A_2 gilt folgender Additionssatz

$$P(A_1 + A_2) = P(A_1) + P(A_2) - P(A_1 \cdot A_2) \tag{1.6}$$

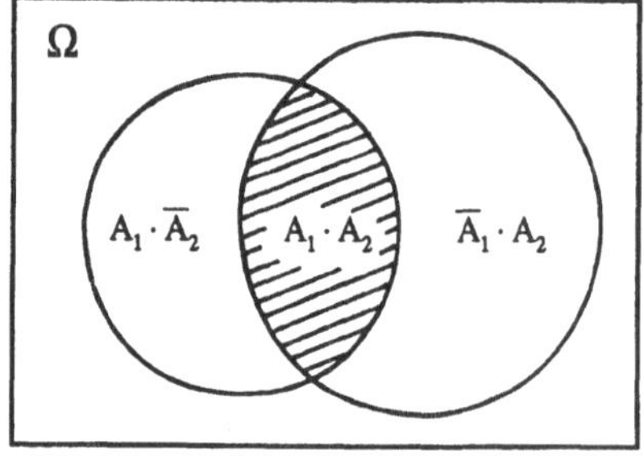

Bild 1.4 Mengendiagramm

Beweis: Es gelten die folgenden Zusammenhänge (s. Bild 1.4)

$$(1) \qquad A_1 + A_2 = A_1\overline{A}_2 + A_1 A_2 + \overline{A}_1 A_2$$

$$(2) \qquad A_1 = A_1\overline{A}_2 + A_1 A_2$$

$$(3) \qquad A_2 = A_1 A_2 + \overline{A}_1 A_2$$

Da die auf den rechten Seiten der Gleichungen (1), (2) und (3) auftretenden Ereignisse $A_1 \cdot \overline{A_2}$, $A.A_2$ und $\overline{A_1} \cdot A_2$ paarweise disjunkt sind (s. Bild 1.4), folgt mit Gl. (1.6):

$$(11) \qquad P(A_1 + A_2) \ = \ P(A_1 \cdot \overline{A_2}) + P(A_1 \cdot A_2) + P(\overline{A_1} \cdot A_2)$$

$$(22) \qquad P(A_1) \ = \ P(A_1 \cdot \overline{A_2}) + P(A_1 \cdot A_2)$$

$$(33) \qquad P(A_2) \ = \ P(A_1 \cdot A_2) + P(\overline{A_1} \cdot A_2)$$

Subtrahiert man von der Gleichung (11) die Gleichungen (22) und (33), so ergibt sich der zu beweisende Satz:

$$P(A_1 + A_2) \ = \ P(A_1) + P(A_2) - P(A_1.A_2)$$

II. Erweiterung des Additionssatzes auf n nicht disjunkte Ereignisse

Eine Erweiterung des Additionssatzes auf n nicht disjunkte Ereignisse ergibt die folgende, meist nach dem englischen Mathematiker **Sylvester** benannte Formel

$$P(\sum_{i=1}^{n} A_i) = \sum_{i=1}^{n} P(A_i) - \sum_{i=1}^{n-1} \sum_{j=i+1}^{n} P(A_i \cdot A_j) + \sum_{i=1}^{n-2} \sum_{j=i+1}^{n-1} \sum_{k=j+1}^{n} P(A_i \cdot A_j \cdot A_k) - + \ldots$$

$$+ (-1)^{n-1} \cdot P(A_1 \cdot A_2 \cdots A_n) \qquad (1.7)$$

Die Formel ist richtig für n = 2 (Gl. 1.6) und kann durch vollständige Induktion für beliebige natürliche Zahlen n bewiesen werden. Für n = 3 erhält man

$$P(A_1 + A_2 + A_3) = P(A_1) + P(A_2) + P(A_3) - P(A_1 \cdot A_2) - P(A_1 \cdot A_3) - P(A_2 \cdot A_3)$$

$$+ P(A_1 \cdot A_2 \cdot A_3)$$

Für paarweise disjunkte Ereignisse reduzieren sich die Gleichungen (1.6) und (1.7) zur Gleichung (1.5), da die Produktereignisse dann unmögliche Ereignisse mit der Wahrscheinlichkeit Null sind.

Beispiel 1.9. Aus der Menge der ersten 100 natürlichen Zahlen wird eine Zahl durch ein Laplace-Experiment ausgewählt. Wie groß ist die Wahrscheinlichkeit, daß die Zahl durch 6 oder durch 8 teilbar ist?

Ergebnismenge $\Omega = \{1, 2, 3, ..., 100\}$

Ereignis A_1:   Die Zahl ist durch 6 teilbar. Die Anzahl der durch 6 teilbaren Zahlen aus Ω ist 16.

$\Rightarrow P(A_1) = 0,16.$

Ereignis A_2:   Die Zahl ist durch 8 teilbar. Die Anzahl der durch 8 teilbaren Zahlen aus Ω ist 12.

$\Rightarrow P(A_2) = 0,12.$

Ereignis $A_1.A_2$:   Die Zahl ist durch 6 und durch 8, also durch 24 teilbar. Die Anzahl der durch 24 teilbaren Zahlen aus Ω ist 4.

$\Rightarrow P(A_1.A_2) = 0,04.$

Die Ereignisse A_1 und A_2 sind nicht disjunkt, sie schließen sich nicht gegenseitig aus. Für die gesuchte Wahrscheinlichkeit ergibt sich

$$P(A_1 + A_2) = 0,16 + 0,12 - 0,04 = 0,24$$

1.2.2 Bedingte Wahrscheinlichkeit

Die Wahrscheinlichkeit eines zufälligen Ereignisses unter der Voraussetzung, daß ein anderes Ereignis bereits eingetreten ist, heißt bedingte Wahrscheinlichkeit. Zur Veranschaulichung des Begriffs "bedingte Wahrscheinlichkeit" wollen wir zunächst die folgenden Beispiele betrachten.

Beispiel 1.10. In einer Urne (s. Bild 1.5) befinden sich 3 weiße und 2 schwarze Kugeln. Aus der Urne werden **ohne Zurücklegen** 2 Kugeln entnommen.

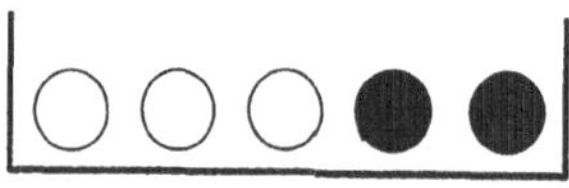

Wir betrachten die zufälligen Ereignisse

W_1 = Ziehen einer weißen Kugel beim 1. Versuch

W_2 = Ziehen einer weißen Kugel beim 2. Versuch

Bild 1.5 Urne

Während sich die Wahrscheinlichkeit für das Ziehen einer weißen Kugel beim 1. Versuch mit $P(W_1)$ unmittelbar angeben läßt, ist die Wahrscheinlichkeit für das Ziehen einer weißen Kugel beim 2. Versuch vom Ausgang des ersten Versuches abhängig. Es lassen sich nur die bedingten Wahrscheinlichkeiten

$$P(W_2 \mid W_1) = \frac{2}{4} \quad \text{und} \quad P(W_2 \mid \overline{W_1}) = \frac{3}{4}$$

angeben. Dabei bedeutet $P(W_2 \mid W_1)$ die bedingte Wahrscheinlichkeit für das Eintreten des Ereignisses W_2 unter der Voraussetzung (Bedingung), daß das Ereignis W_1 eingetreten ist.

Beispiel 1.11. Die Mitarbeiter eines Betriebes werden hinsichtlich der beiden Merkmale A_1 = Frau und A_2 = Raucher unterschieden.

Die Zusammensetzung des Betriebes sei wie in der nebenstehenden Tabelle angegeben. Von den 300 Betriebsangehörigen sind 100 Frauen und 200 Männer. Insgesamt sind 160 Betriebsangehörige Raucher und 140 Nichtraucher.

	A_2	$\overline{A_2}$	
A_1	40	60	100
$\overline{A_1}$	120	80	200
	160	140	300

Durch ein Laplace-Experiment werde aus der Teilmenge der 100 Frauen eine Frau ausgewählt. Das Ereignis A_1 = Frau wird vorausgesetzt. Wie groß ist die Wahrscheinlichkeit, daß die zufällig ausgewählte Frau raucht? Diese bedingte Wahrscheinlichkeit ist gegeben durch

$$P(A_2 \mid A_1) = \frac{40}{100} = \frac{\left(\frac{40}{300}\right)}{\left(\frac{100}{300}\right)} = \frac{P(A_1 \cdot A_2)}{P(A_1)}$$

Da für 40 Betriebsangehörige beide Merkmale A_1 und A_2 zutreffen, ist die Wahrscheinlichkeit $P(A_1 . A_2) = 40/300$. Die Wahrscheinlichkeit, aus der Gesamtmenge der Mitarbeiter eine Frau auszuwählen ist $P(A_1) = 100/300$.

Definition 1.9

Gegeben seien die Ereignisse A_1, $A_2 \in A$ und es gelte $P(A_1) > 0$. Dann heißt

$$P(A_2 \mid A_1) = \frac{P(A_1 \cdot A_2)}{P(A_1)} \tag{1.8}$$

die **bedingte Wahrscheinlichkeit** des Ereignisses A_2 unter der Voraussetzung des Ereignisses A_1.

1.2.3 Multiplikationssatz

Ausgehend von der Definition der bedingten Wahrscheinlichkeit eines Ereignisses A_2 unter der Voraussetzung des Ereignisses A_1 erhält man durch einfaches Umstellen der Gleichung (1.8) eine Aussage über die Wahrscheinlichkeit des Produktes von zwei Ereignissen

$$P(A_1 \cdot A_2) = P(A_1) \cdot P(A_2 \mid A_1) \tag{1.9}$$

Dieser "Multiplikationssatz" ist lediglich eine Folgerung aus der Definition der bedingten Wahrscheinlichkeit. Gl. (1.9) wird jedoch oft verwendet, um die Wahrscheinlichkeit eines Produktereignisses zu berechnen und wird in diesem Zusammenhang als Produktsatz oder Multiplikationssatz bezeichnet.

Für ein Produkt aus drei Ereignissen A_1, A_2 und A_3 erhält man aus Gl. (1.9), indem man $A_1.A_2$ als ein erstes und A_3 als ein zweites Ereignis betrachtet

$$P[(A_1.A_2).A_3] = P(A_1.A_2).P(A_3 \mid A_1.A_2)$$

und daraus mit Gl. (1.9)

$$P(A_1 \cdot A_2 \cdot A_3) = P(A_1) \cdot P(A_2 \mid A_1) \cdot P(A_3 \mid A_1 \cdot A_2) \tag{1.10}$$

Eine Verallgemeinerung, die mit vollständiger Induktion bewiesen werden kann, liefert den **Produktsatz für n Ereignisse**

$$P(A_1 \cdot A_2 \cdots A_n) = P(A_1) \cdot P(A_2 \mid A_1) \cdot P(A_3 \mid A_1 \cdot A_2) \cdots P(A_n \mid A_1 \cdots A_{n-1})$$

$$\tag{1.11}$$

Beispiel 1.12. Eine Urne enthält 3 weiße und 3 schwarze Kugeln. Aus der Urne werden ohne Zurücklegen 3 Kugeln entnommen. Wie groß ist die Wahrscheinlichkeit 3 weiße Kugeln zu ziehen? Es sei das Ereignis A_i = Ziehen einer weißen Kugel beim i-ten Versuch (i = 1,2,3).

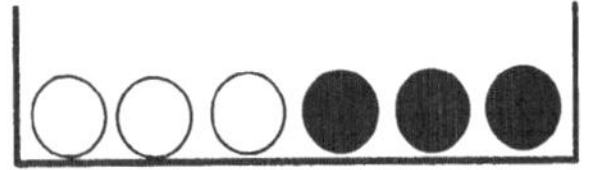

Bild 1.6 Urne

Das Ziehen von 3 weißen Kugeln ist das Produktereignis $A_1.A_2.A_3$ und man erhält

$$P(A_1 \cdot A_2 \cdot A_3) = P(A_1) \cdot P(A_2 \mid A_1) \cdot P(A_3 \mid A_1 \cdot A_2) = \frac{3}{6} \cdot \frac{2}{5} \cdot \frac{1}{4} = \frac{1}{20}$$

Beispiel 1.13. Aus einer Bevölkerung, in welcher die Geburtstage der Personen gleichmäßig über das Jahr verteilt sind, werden durch ein Laplace-Experiment n Personen zufällig ausgewählt. Wie groß ist die Wahrscheinlichkeit, daß mindestens zwei Personen am gleichen Tag Geburtstag haben?

Schließt man den 29.2. als Geburtstag aus, so folgt aus der in realen Bevölkerungen sicher nur näherungsweise erfüllten Voraussetzung der Gleichverteilung der Geburtstage, daß jeder Tag des Jahres mit der Wahrscheinlichkeit 1/365 als Geburtstag einer Person auftreten kann.

Wir denken uns die Personen durchnumeriert und führen die folgenden Ereignisse ein:

A = mindestens zwei Personen haben am gleichen Tag Geburtstag,

$\overline{A}$ = alle Personen haben an verschiedenen Tagen Geburtstag und

$\overline{A}_i$ = die i-te Person hat an einem **anderen** Tag Geburtstag als die i - 1 vorhergehenden

Personen. Dabei gilt

$$P(\overline{A}_2) = \frac{364}{365}, \quad P(\overline{A}_3 \mid \overline{A}_2) = \frac{363}{365}, \dots, P(\overline{A}_n \mid \overline{A}_2 \cdot \overline{A}_3 \cdots \overline{A}_{n-1}) = \frac{365 - (n-1)}{365}$$

Aus $\overline{A} = \overline{A}_2 \cdot \overline{A}_3 \cdots \overline{A}_n$ folgt mit dem Multiplikationssatz

$$P(\overline{A}) = P(\overline{A}_2) \cdot P(\overline{A}_3 \mid \overline{A}_2) \cdots P(\overline{A}_n \mid \overline{A}_2 \cdot \overline{A}_3 \cdots \overline{A}_{n-1})$$

Die gesuchte Wahrscheinlichkeit dafür, daß mindestens zwei Personen am gleichen Tag Geburtstag haben, ist damit

$$P(A) = 1 - P(\overline{A}) = 1 - \frac{364 \cdot 363 \cdots (366 - n)}{365^{\,n-1}} \qquad (n \leq 365)$$

Sind mehr als 365 Personen versammelt, dann haben mit Sicherheit mindestens zwei Personen am gleichen Tag Geburtstag.

Die überraschend großen Werte der Wahrscheinlichkeit P(A) zeigt die folgende Tabelle:

n	10	20	23	30	50	100
P(A)	0,117	0,411	0,507	0,706	0,970	0,99999969

Sind die Geburtstage nicht gleichmäßig über das Jahr verteilt, so ist die Wahrscheinlichkeit für mindestens zwei gleiche Geburtstage größer als im Modell der Gleichverteilung. Dies ist anschaulich unmittelbar einleuchtend. Man stelle sich nur vor, alle Geburtstage in der Bevölkerung würden im gleichen Monat liegen.

1.2.4   Stochastische Unabhängigkeit von Ereignissen

Der in der Wahrscheinlichkeitsrechnung wichtige Begriff der stochastischen Unabhängigkeit von Ereignissen soll zunächst an einem einfachen Beispiel veranschaulicht werden.

Beispiel 1.14. In einer Urne befinden sich 2 weiße und 3 schwarze Kugeln. Es werden 2 Kugeln zufällig entnommen.
Es sei das Ereignis W_i = Ziehen einer weißen Kugel beim i-ten Versuch (i = 1,2).

a) Entnahme **ohne** Zurücklegen: Es ist $P(W_1) = 0,4$. Die Wahrscheinlichkeit des Ereignisses W_2 ist abhängig vom Ausgang des ersten Versuchs (Ziehen der ersten Kugel). Es können daher zunächst nur bedingte Wahrscheinlichkeiten angegeben werden (s. Beispiel 1.10). W_1 und W_2 sind abhängige Ereignisse.

b) Entnahme **mit** Zurücklegen : Da die zuerst gezogene Kugeln wieder zurückgelegt wird, gilt unabhängig vom Ausgang des ersten Versuches $P(W_1) = P(W_2) = 0,4$. Die Ereignisse W_1 und W_2 sind voneinander unabhängig.

a) Paarweise Unabhängigkeit von 2 Ereignissen

Bei zwei unabhängigen Ereignissen ist es einleuchtend, zu schließen, daß die Wahrscheinlichkeit des Ereignisses A_2 vom Eintreten oder Nichteintreten des Ereignisses A_1 nicht abhängt. Es gilt also

$$P(A_2 \mid A_1) = P(A_2 \mid \overline{A_1}) = P(A_2)$$

Der Multiplikationssatz für zwei Ereignisse (Gl. (1.9)) hat dann die Form

$$P(A_1 \cdot A_2) = P(A_1) \cdot P(A_2 \mid A_1) = P(A_1) \cdot P(A_2)$$

Diese Aussage wird zur Definition der paarweisen Unabhängigkeit von zwei Ereignissen verwendet.

Definition 1.10

Zwei Ereignisse A_1 und A_2 eines Ereignissystems A heißen **paarweise stochastisch unabhängig**, wenn

$$P(A_1 \cdot A_2) = P(A_1) \cdot P(A_2) \tag{1.12}$$

gültig ist.

Kann die stochastische Unabhängigkeit vorausgesetzt werden, dann dient Gl. (1.12) zur Berechnung der Wahrscheinlichkeit des Produktereignisses $A_1.A_2$ aus den Wahrscheinlichkeiten der Ereignisse A_1 und A_2.

In diesem Zusammenhang wird die Definitionsgleichung der paarweisen stochastischen Unabhängigkeit zweier Ereignisse auch als Produktsatz für unabhängige Ereignisse bezeichnet.

b) Vollständige Unabhängigkeit von drei Ereignissen

Definition 1.11

Die drei Ereignisse A_1, A_2 und A_3 eines Ereignissystems A heißen vollständig unabhängig, wenn folgende Bedingungen erfüllt sind:

$$P(A_1 \cdot A_2) \; = \; P(A_1) \cdot P(A_2) \tag{1.13}$$

$$P(A_1 \cdot A_3) \; = \; P(A_1) \cdot P(A_3) \tag{1.14}$$

$$P(A_2 \cdot A_3) \; = \; P(A_2) \cdot P(A_3) \tag{1.15}$$

$$P(A_1 \cdot A_2 \cdot A_3) \; = \; P(A_1) \cdot P(A_2) \cdot P(A_3) \tag{1.16}$$

Gelten nur die Gleichungen (1.13), (1.14) und (1.15), so sind die drei Ereignisse A_1, A_2 und A_3 paarweise unabhängig. Die paarweise Unabhängigkeit von mehr als zwei Ereignissen ist jedoch nicht hinreichend für ihr vollständige Unabhängigkeit. Dies soll am folgenden Beispiel gezeigt werden.

Beispiel 1.15. Ein Laplace-Würfel wird zweimal geworfen. Betrachtet werden die drei Ereignisse A_1 = gerade Augenzahl beim 1. Wurf, A_2 = gerade Augenzahl beim 2. Wurf und A_3 = gerade Augensumme der beiden Würfe.

Es kann gezeigt werden, daß die drei Ereignisse zwar paarweise, aber nicht vollständig unabhängig sind.

Die Ergebnismenge Ω des Laplace-Experiments (s. Beispiel 1.1) wurde nochmals angegeben. Die Anzahlen der für die einzelnen Ereignisse jeweils günstigen Ergebnisse können durch einfaches Abzählen bestimmt werden.

a) Es gilt $P(A_1) = P(A_2) = 0,5$.

Für das Produktereignis $A_1.A_2$, beide Augenzahlen sind gerade, sind von den $m = 36$ Ergebnissen des Zufallsexperiments $g = 9$ günstig.
Man erhält $P(A_1.A_2) = 0,25$ und $P(A_1.A_2) = P(A_1).P(A_2) = 0,25$.
Die Ereignisse A_1 und A_2 sind paarweise unabhängig.

Ergebnismenge Ω:

(1,1) (2,1) (3,1) (4,1) (5,1) (6,1)
(1,2) (2,2) (3,2) (4,2) (5,2) (6,2)
(1,3) (3,2) (3,3) (4,3) (5,3) (6,3)
(1,4) (2,4) (3,4) (4,4) (5,4) (6,4)
(1,5) (2,5) (3,5) (4,5) (5,5) (6,5)
(1,6) (2,6) (3,6) (4,6) (5,6) (6,6)

b) Für das Ereignis A_3, gerade Augensumme, sind 18 Ergebnisse des Zufallsexperiments günstig. Für das Ereignis $A_1.A_3$ sind 9 Ergebnisse günstig. Mit $P(A_3) = 0,5$ und $P(A_1.A_3) = 0,25$ erhält man $P(A_1.A_3) = P(A_1).P(A_3)$. Die Ereignisse A_1 und A_3 sind daher paarweise unabhängig.

c) Analog zu b) kann man zeigen, daß auch die Ereignisse A_2 und A_3 paarweise stochastisch unabhängig sind.

Die drei Ereignisse sind also paarweise unabhängig. Sie sind sicherlich nicht vollständig unabhängig. Durch A_1 und A_2 ist ja A_3 eindeutig bestimmt. So ist $P(A_3 \mid A_1.A_2) = 1$, d.h. mit dem Eintreten der Ereignisse A_1 und A_2 ist sicher das Eintreten des Ereignisses A_3 verbunden. Es ist hier ein Ereignis vom Produkt der beiden anderen abhängig. Zur vollständigen Unabhängigkeit muß neben der paarweisen Unabhängigkeit auch Gl. (1.16) erfüllt sein, was hier nicht der Fall ist, denn es gilt

$$P(A_1.A_2.A_3) = P(A_1).P(A_2 \mid A_1).P(A_3 \mid A_1.A_2) = 0,5.0,5.1 = 0,25$$

$$P(A_1).P(A_2).P(A_3) = 0,5.0,5.0,5 = 0,125.$$

c) Stochastische Unabhängigkeit von endlich vielen Ereignissen

Definition 1.12

Die Ereignisse A_1, A_2, ... , A_n eines Ereignissystems A heißen vollständig unabhängig, wenn für jede Kombination der Ereignisse die Wahrscheinlichkeit des Produktereignisses gleich ist dem Produkt der Wahrscheinlichkeiten der einzelnen Ereignisse, d.h., wenn für jede Indexkombination $\{i_1, i_2,..., i_k\}$ aus der Indexmenge $\{1, 2, 3, ... , n\}$ gilt:

$$P(A_{i_1} \cdot A_{i_2} \cdots A_{i_k}) = P(A_{i_1}) \cdot P(A_{i_2}) \cdots P(A_{i_k}) \tag{1.17}$$

Es handelt sich hier um ein System von $2^n - n - 1$ Gleichungen. Im Falle n = 3 sind es die 4 Gleichungen (1.13) bis (1.16).

Man nahm lange Zeit an, daß die paarweise Unabhängigkeit zur vollständigen Unabhängigkeit ausreiche, bis der russische Mathematiker **S.N. Bernstein** (1880 - 1968) zeigte, daß dies nicht der Fall ist.

Es stellt sich jetzt natürlich die Frage, wie die Unabhängigkeit von Ereignissen bei der Lösung einer konkreten Aufgabe zu erkennen ist. In den meisten Fällen gelingt es nicht mit Hilfe der Definition der stochastischen Unabhängigkeit. Um die Gültigkeit des Gleichungssystems (1.17) nachzuweisen, müßte man alle dort auftretenden Wahrscheinlichkeiten kennen, während man im allgemeinen in der Situation ist, einige dieser Wahrscheinlichkeiten berechnen zu müssen. In solchen Fällen wird man bei Ereignissen, bei denen ein kausaler Zusammenhang nicht zu erkennen ist, die Unabhängigkeit voraussetzen. Man rechnet dann im Modell der Unabhängigkeit. Die Ergebnisse gelten dann unter der Voraussetzung, daß die Modellannahme Unabhängigkeit erfüllt ist.

Kann die Unabhängigkeit der Ereignisse $A_1, A_2, \ldots, A_n$ vorausgesetzt werden, so gelten alle Gleichungen des Systems (1.17) und insbesondere auch

$$P(A_1 \cdot A_2 \cdots A_n) = P(A_1) \cdot P(A_2) \cdots P(A_n) \qquad (1.18)$$

Gleichung (1.18), die ja eine der Definitionsgleichungen der stochastischen Unabhängigkeit ist, wird auch als **Multiplikationssatz für unabhängige Ereignisse** bezeichnet.

Beispiel 1.16. Man zeige, daß aus der Unabhängigkeit der Ereignisse A_1 und A_2 die Unabhängigkeit der Ereignisse $\overline{A}_1$ und $\overline{A}_2$ folgt.

Mit einer der de Morgan'schen Regeln $\quad \overline{A}_1 \cdot \overline{A}_2 = \overline{A_1 + A_2} \quad$ folgt

$$P(\overline{A}_1 \cdot \overline{A}_2) = P(\overline{A_1 + A_2}) = 1 - P(A_1 + A_2) = 1 - [\, P(A_1) + P(A_2) - P(A_1 \cdot A_2)\,]$$

$$= [\, 1 - P(A_1)\,] \cdot [\, (1 - P(A_2)\,] = P(\overline{A}_1) \cdot P(\overline{A}_2)$$

Die Ereignisse $\overline{A}_1$ und $\overline{A}_2$ sind also unabhängig. In ähnlicher Weise folgt aus der Unabhängigkeit der Ereignisse A_1 und A_2 auch die Unabhängigkeit der Ereignispaare $(\overline{A}_1, A_2)$ und $(A_1, \overline{A}_2)$.

Beispiel 1.17. In einer Schaltung werden 5 Bauteile A der Ausschußwahrscheinlichkeit $p_A = 1\%$ und 6 Bauteile B der Ausschußwahrscheinlichkeit $p_B = 0{,}5\%$ eingebaut.

Wie groß ist die Wahrscheinlichkeit, daß kein fehlerhaftes Teil eingebaut wird, wenn angenommen werden kann, daß die Ereignisse $A_i = $ i-tes Bauteil der Sorte A ist fehlerhaft und $B_k = $ k-tes Bauteil der Sorte B ist fehlerhaft voneinander unabhängig sind?

Das Ereignis C = kein Bauteil ist fehlerhaft, ist das Produktereignis

$$C = \overline{A_1} \cdot \overline{A_2} \cdots \overline{A_5} \cdot \overline{B_1} \cdot \overline{B_2} \cdots \overline{B_6}.$$

Mit den Wahrscheinlichkeiten $P(\overline{A_i}) = 0{,}99$ und $P(\overline{B_k}) = 0{,}995$ erhält man wegen der Unabhängigkeit der Ereignisse

$$P(C) = 0{,}99^5 . 0995^6 = 0{,}9228$$

Beispiel 1.18. Aufgaben des Chevalier de Méré an Pascal (1654)

a) Wie groß ist die Wahrscheinlichkeit, bei 4-maligen Würfeln mit einem Laplace-Würfel mindestens eine 6 zu erhalten?
Ereignis A = mindestens eine 6 bei 4-maligen Würfeln.
Mit den Ereignisse $A_i = $ Würfeln einer 6 beim i-ten Versuch, ist das Komplementärereignis $\overline{A} = $ keine 6 bei 4-maligen Würfeln gegeben durch $\overline{A} = \overline{A_1} \cdot \overline{A_2} \cdot \overline{A_3} \cdot \overline{A_4}$. Da die Versuche unabhängig sind, erhält man

$$P(A) = 1 - P(\overline{A}) = 1 - \left(\frac{5}{6}\right)^4 = 0{,}518 > 0{,}5 \,.$$

Wenn man auf das Eintreten des Ereignisses A wettet, wird man in einer langen Spielserie wegen $P(A) > 0{,}5$ öfter gewinnen als verlieren (günstige Wette).

b) Wie groß ist die Wahrscheinlichkeit des Ereignisses A = mindestens eine Doppelsechs bei 24-maligen Würfeln mit je 2 regelmäßigen Würfeln?

Analog zur vorhergehenden Aufgabe ergibt sich für die gesuchte Wahrscheinlichkeit

$$P(A) = 1 - P(\overline{A}) = 1 - \left(\frac{35}{36}\right)^{24} = 0{,}491 < 0{,}5 \,.$$

Bei einer Wette auf das Eintreten dieses Ereignisses wird man wegen $P(A) < 0{,}5$ im Mittel öfter verlieren als gewinnen.

1.2.5　Mehrstufige Zufallsexperimente

Viele Zufallsexperimente lassen sich in eine Folge von einfacheren Zufallsexperimenten zerlegen. So kann man etwa das Zufallsexperiment "Ziehen von zwei Kugeln aus einer Urne" als eine Folge von zwei Zufallsexperimenten auffassen, von denen jedes im Ziehen von nur einer Kugel besteht.

Eine derartige Folge von Zufallsexperimenten heißt **mehrstufiges Zufallsexperiment**.

Den Ablauf eines mehrstufigen Zufallsexperiments kann man sich übersichtlich durch ein **Baumdiagramm** veranschaulichen.

Stellen wir uns zwei einfache Zufallsexperimente nacheinander ausgeführt vor. Das Zufallsexperiment der 1. Stufe habe die Ergebnisse A_1 und A_2, das Zufallsexperiment der 2. Stufe die Ergebnisse B_1 und B_2.

Das Baumdiagramm von Bild 1.7 zeigt die möglichen Abläufe dieses zweistufigen Zufalls - experiments. Bei den Pfeilen, die den Ablauf des mehrstufigen Zufallsex- periments anzeigen, ist jeweils die Wahrschein - lichkeit, bzw. bedingte Wahrscheinlichkeit

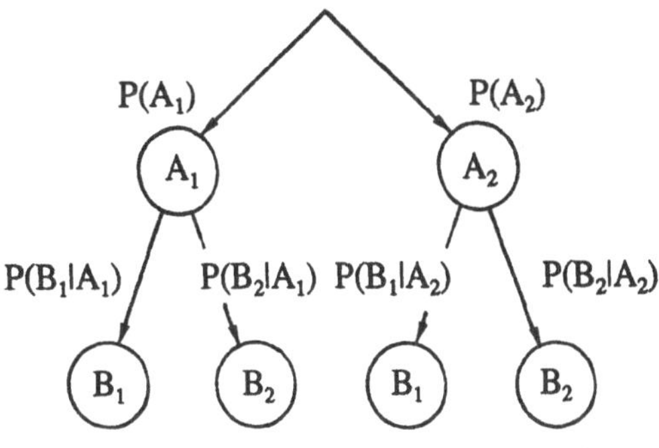

Bild 1.7　Baumdiagramm

angegeben, mit der das betreffende Teilstück eines Pfades durch das Baumdiagramm durchlaufen wird. Dabei gilt:

a) Jedem möglichen Ablauf eines mehrstufigen Zufallsexperiment entspricht umkehrbar eindeutig ein Pfad des Baumdiagramms.
Die Anzahl der möglichen Abläufe eines mehrstufigen Zufallsexperiments entspricht daher der Anzahl der Pfade eines Baumdiagramms.

b) Die Wahrscheinlichkeit dafür, daß ein bestimmter Ablauf des Zufallsexperiments stattfindet, ist durch das Produkt der Wahrscheinlichkeiten längs des Pfades gegeben [Multiplikationssatz, s. Gl. (1.11)].

Wahrscheinlichkeit eines Pfades =   Produkt der Wahrscheinlichkeiten längs des Pfades (1. Pfadregel)

Beispiel 1.19. Eine Urne enthält zwei Kugeln mit der Ziffer 1 und drei Kugeln mit der Ziffer 2. Wir betrachten das zweistufige Zufallsexperiment

1. Stufe: Ziehen einer Kugel ohne Zurücklegen
2. Stufe: Ziehen einer zweiten Kugel

Welche Wahrscheinlichkeiten haben die möglichen Abläufe dieses Zufallsexperiments?

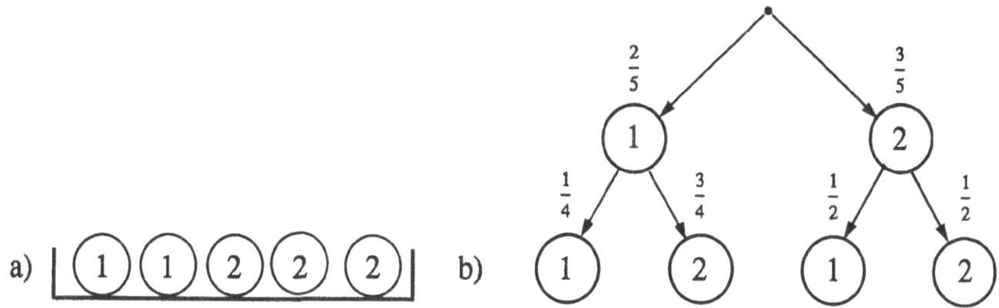

Bild 1.8 a) Urne   b) Baumdiagramm

Am Baumdiagramm von Bild 1.8 erkennt man folgende Wahrscheinlichkeiten:

ω_i	(1,1)	(1,2)	(2,1)	(2,2)
$P(\omega_i)$	0,4.0,25 = 0,1	0,4.0,75 = 0,3	0,6.0,5 = 0,3	0,6.0,5 = 0,3

Das Hilfsmittel des Baumdiagramms soll nun verwendet werden, die Berechnung der **Anzahl der möglichen Abläufe eines mehrstufigen Zufallsexperiments** zu veranschaulichen.

Betrachten wir z.B. ein dreistufiges Zufallsexperiment mit $m_1 = 4$ möglichen Ergebnissen in der 1. Stufe, $m_2 = 2$ möglichen Ergebnissen in der 2. Stufe und $m_3 = 3$ möglichen Ergebnissen in der 3. Stufe. Das Baumdiagramm von Bild 1.9 zeigt, daß dieses Zufallsexperiment 4.2.3 = 24 mögliche Abläufe hat.

Allgemeines Zählprinzip:

Gesamtzahl der möglichen Abläufe eines mehrstufigen Zufallsexperiments
    = Produkt der möglichen Ergebnisse in den einzelnen Stufen

$$m = m_1 . m_2 \ldots m_k$$

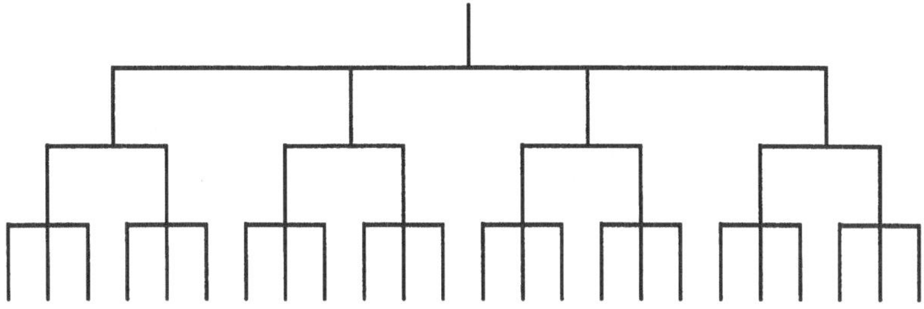

Bild 1.9 Baumdiagramm

Das allgemeine Zählprinzip in einer verallgemeinerten Form lautet:

Gegeben seien die k Mengen A_1, A_2, ... , A_k mit den Mächtigkeiten (= Anzahl der Elemente der Mengen) $|A_1| = m_1$, $|A_2| = m_2$, ..., $|A_k| = m_k$. Bildet man k-Tupel $(a_1, a_2, ... , a_k)$ aus der Produktmenge $A_1 \times A_2 \times ... \times A_k$ dadurch, daß man die i-te Stelle des k-Tupels mit einem Element aus der Menge A_i besetzt, so gibt es $m_1.m_2 ... m_k$ verschiedene k-Tupel.

Beispiel 1.20. In einer Trommel befanden 70 gleichartige Kugeln und zwar je 7 mit den Ziffern 0, 1, 2, ... , 9. Zur Ermittlung einer 7-stelligen Gewinnzahl wurden ohne Zurücklegen 7 Kugel gezogen (Glücksspirale 1971).

a) Mit welcher Wahrscheinlichkeit wurde als Gewinnzahl eine Losnummer mit gleichen Ziffern, z.B. die Losnummer 1111111, gezogen?

b) Welche Wahrscheinlichkeit hatte eine Losnummer mit verschiedenen Ziffern, z.B. die Losnummer 1234567, als Gewinnzahl gezogen zu werden?

Auch im Entnahmemodell ohne Zurücklegen haben wir in jeder der sieben Stufen des Zufallsexperiments ein Laplace-Experiment, wenn wir uns auf die Kugeln beziehen. In jeder Stufe hat jede Kugel, nicht jede Ziffer, die gleiche Wahrscheinlichkeit gezogen zu werden. Die Anzahl der möglichen Abläufe des Zufallsexperiments (Reihenfolgen von je 7 Kugeln) ist also gegeben durch

$$m = 70.69.68.67.66.65.64$$

a) Wir betrachten das Ereignis A = Ziehen einer Gewinnzahl mit gleichen Ziffern. Die Anzahl der für dieses Ereignis A in den einzelnen Stufen günstigen Kugeln ist durch

$$g_1 = 7, \quad g_2 = 6, ..., \quad g_7 = 1$$

gegeben. Die Gesamtzahl der für A günstigen Fälle ist dann $g = 7.6.5.4.3.2.1 = 7!$

$$P(A) = \frac{7 \cdot 6 \cdot 5 \cdot 4 \cdot 3 \cdot 2 \cdot 1}{70 \cdot 69 \cdot 68 \cdot 67 \cdot 66 \cdot 65 \cdot 64} = 8{,}34 \cdot 10^{-10}$$

b) Es sei B = Ziehen einer Gewinnzahl mit verschiedenen Ziffern. Da hier in allen Stufen die Anzahl der für B günstigen Kugeln jeweils 7 ist folgt

$$P(B) = \frac{7 \cdot 7 \cdot 7 \cdot 7 \cdot 7 \cdot 7 \cdot 7}{70 \cdot 69 \cdot 68 \cdot 67 \cdot 66 \cdot 65 \cdot 64} = 1{,}36 \cdot 10^{-7}$$

Die Wahrscheinlichkeiten, als Gewinnzahl gezogen zu werden, waren für die verschiedenen Losnummern recht unterschiedlich. Bei den folgenden Ausspielungen wurden die Gewinnzahlen durch Ziehen aus 7 verschiedenen Trommeln mit je 10 Kugeln (0 - 9) ermittelt. Dadurch war für jede Ziffer in jeder Stufe die Wahrscheinlichkeit gezogen zu werden 0,1. Die Wahrscheinlichkeit als Gewinnzahl gezogen zu werden war damit für jede Losnummer 10^{-7} (Multiplikationssatz für unabhängige Ereignisse). Durch Ziehen mit Zurücklegen aus nur einer der Trommeln ließe sich das natürlich auch erreichen.

1.2.6   Totale Wahrscheinlichkeit, Formel von Bayes

Wir betrachten ein Ereignis B, welches stets im Zusammenhang mit einem der disjunkten Ereignisse A_i auftritt. Das Ereignis B läßt sich also in der Form $B = B.A_1 + B.A_2 + ... + B.A_n$ ["entweder (B und A_1) oder (B und A_2) oder ... oder (B und A_n)"] darstellen.

Satz von der totalen Wahrscheinlichkeit

Gegeben sei eine Folge von paarweise disjunkten Ereignissen A_i (i = 1,2,...,n) aus einer Ereignismenge A über einer nichtleeren Ergebnismenge Ω mit $P(A_i) > 0$ für alle i. Dann gilt

$$P(B) = \sum_{i=1}^{n} P(A_i) \cdot P(B \mid A_i) \tag{1.19}$$

Beweis: Da sich die Ereignisse A_i paarweise gegenseitig ausschließen, sind auch die Ereignisse $B.A_i$ paarweise disjunkt und man erhält

$$P(B) = P(\sum_{i=1}^{n} P(B \cdot A_i) = \sum_{i=1}^{n} P(B \cdot A_i) = \sum_{i=1}^{n} P(A_i) \cdot P(B \mid A_i)$$

Für die letzte Umformung wurde der Multiplikationssatz (Gl.(1.9)) verwendet.

Die Formel für die totale Wahrschein-
lichkeit (Gl. (1.19)) kann durch das
Baumdiagramm von Bild 1.10
veranschaulicht werden, in das nur die
Pfade eingetragen wurden, die zum
Ereignis B führen.

Man "erreicht" B nur über die "Zwi-
schenstationen" A_i.

Die totale Wahrscheinlichkeit P(B) ist
die Wahrscheinlichkeit, auf irgendeinem der Pfade B zu erreichen.

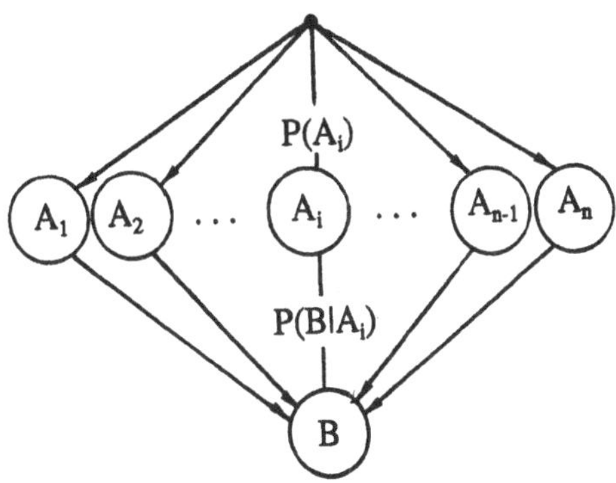

Bild 1.10 Baumdiagramm

Zur Berechnung von Wahrscheinlichkeiten bei Vorliegen eines Baumdiagramms können
folgende **Pfadregeln** verwendet werden:

1. Pfadregel: Die Wahrscheinlichkeit dafür, daß ein bestimmter Pfad durchlaufen
wird, ist gleich dem Produkt der Wahrscheinlichkeiten längs des
Pfades (Multiplikationssatz).

2. Pfadregel: Die Wahrscheinlichkeit eines Ereignisses ist gleich der Summe der
Wahrscheinlichkeiten aller Pfade, die zu diesem Ereignis führen (Satz
von der totalen Wahrscheinlichkeit).

Die Pfadregeln sind nur anschauliche Formulierungen bereits bekannter Sätze der
Wahrscheinlichkeitsrechnung.

Wir wollen nun die Fragestellung etwas abändern, indem wir das Eintreten des Ereignisses B voraussetzen.

Gesucht wird die Wahrscheinlichkeit, daß das Ereignis B mit dem Auftreten des
Ereignisses A_k verbunden war. Gesucht ist also die bedingte Wahrscheinlichkeit
$P(A_k | B)$.

Mit der Definition der bedingten Wahrscheinlichkeit und dem Multiplikationssatz
erhalten wir:

$$P(A_k | B) = \frac{P(A_k \cdot B)}{P(B)} = \frac{P(A_k) \cdot P(B | A_k)}{P(B)}$$

Wendet man im Nenner des letzten Ausdrucks auf $P(B) > 0$ den Satz von der totalen Wahrscheinlichkeit an, so erhält man die von **Thomas Bayes** 1763 veröffentlichte Formel, durch die, nach der Durchführung des Zufallsexperiments, die Wahrscheinlichkeit dafür berechnet werden kann, daß das eingetretene Ereignis B mit dem Ereignis A_k verbunden war.

$$P(A_k \mid B) = \frac{P(A_{k)} \cdot P(B \mid A_k)}{\sum\limits_{i=1}^{n} P(A_i) \cdot P(B \mid A_i)} \tag{1.20}$$

Formel von Bayes

Betrachtet man das Baumdiagramm von Bild 1.10, so erkennt man, daß die Formel von Bayes in folgender anschaulicher Form geschrieben werden kann

$$P(A_k \mid B) = \frac{\text{Wahrscheinlichkeit des günstigen Pfades}}{\text{Summe der Wahrscheinlichkeiten aller Pfade, die zu B führen}} \cdot$$

Beispiel 1.21. In einer Urne befinden sich 2 weiße und 3 schwarze Kugeln. Aus der Urne wird dreimal je eine Kugel ohne Zurücklegen entnommen. Es sei das Ereignis W_i = Ziehen einer Kugel beim i-ten Versuch (i = 1, 2, 3).
Man berechne für i = 1, 2, 3 die Wahrscheinlichkeiten $P(W_i)$.

Der Ablauf des Zufallsexperiments ist im Baumdiagramm von Bild 1.11 dargestellt, wobei in der 3. Stufe dieses dreistufigen Zufallsexperiments nur die Pfade eingezeichnet wurden, die zu W_3 führen.

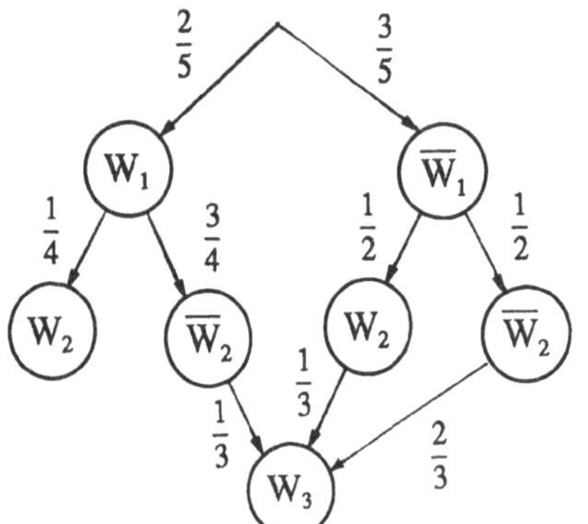

Mit den Pfadregeln erhält man:

$$P(W_1) = \frac{2}{5}$$

$$P(W_2) = \frac{2}{5} \cdot \frac{1}{4} + \frac{3}{5} \cdot \frac{1}{2} = \frac{2}{5}$$

$$P(W_3) = \frac{2}{5} \cdot \frac{3}{4} \cdot \frac{1}{3} + \frac{3}{5} \cdot \frac{1}{2} \cdot \frac{1}{3} + \frac{3}{5} \cdot \frac{1}{2} \cdot \frac{2}{3} = \frac{2}{5}$$

Bild 1.11 Baumdiagramm von Beispiel 1.21

Das im Entnahmemodell **ohne** Zurücklegen überraschende Ergebnis $P(W_1) = P(W_2) = P(W_3)$ zeigt, daß die totalen Wahrscheinlichkeiten für das Ziehen einer weißen Kugel in allen Stufen des Zufallsexperiments gleich sind.

Beispiel 1.22. Über einen Nachrichtenkanal werden die digitalen Zeichen 0 und 1 im Verhältnis 3 : 2 übertragen. Infolge von Störungen des Nachrichtenkanals werden 3% der gesendeten Zeichen 0 als 1 und 2% der gesendeten Zeichen 1 als 0 empfangen.

a) Mit welcher Wahrscheinlichkeit ist ein empfangenes Zeichen das Zeichen 0?

b) Wie groß ist die Wahrscheinlichkeit, daß ein als 0 empfangenes Zeichen auch als 0 gesendet wurde?

Wir führen für $i = 0$ bzw. $i = 1$ die folgenden zufälligen Ereignisse ein:
A_i = gesendet wurde das Zeichen i und B_i = empfangen wurde das Zeichen i

a) Totale Wahrscheinlichkeit:

$$P(B_0) = P(A_0) \cdot P(B_0 \,|\, A_0) + P(A_1) \cdot P(B_0 \,|\, A_1) = 0{,}6 \cdot 0{,}97 + 0{,}4 \cdot 0{,}02 = 0{,}59$$

60% der gesendeten, aber nur 59% der empfangenen Zeichen sind Zeichen 0.

b) Bayes'sche Formel:

$$P(A_0 \,|\, B_0) = \frac{P(A_0) \cdot P(B_0 \,|\, A_0)}{P(B_0)} = \frac{0{,}6 \cdot 0{,}97}{0{,}59} = 0{,}9864$$

Von den als 0 empfangenen Zeichen wurden 98,64% auch als Zeichen 0 gesendet.

Übungsaufgaben zum Abschnitt 1.2 (Lösungen im Anhang)

Beispiel 1.23. Die Wahrscheinlichkeit, das Ergebnis eines bestimmten Zufallsexperiments zu erraten sei 1%. Wie groß ist die Wahrscheinlichkeit, daß von 200 Personen mindestens eine Person das Ergebnis errät, wenn die Rateversuche der Personen voneinander unabhängig sind?

Beispiel 1.24. Ein regelmäßiger Würfel wird $n = 6$ mal geworfen.

a) Wie groß ist die Wahrscheinlichkeit sechsmal die gleichen Augenzahl zu würfeln?

b) Wie groß ist die Wahrscheinlichkeit sechs verschiedene Augenzahlen zu erhalten?

Beispiel 1.25. Ein Versuch mit der Erfolgswahrscheinlichkeit $p = 0{,}1$ wird n-mal unabhängig wiederholt.

a) Wie groß ist die Wahrscheinlichkeit für mindestens einen Erfolg bei $n = 10$ Versuchen?

b) Wie oft muß der Versuch mindestens durchgeführt werden, um mit einer Wahrscheinlichkeit $P \geq 0{,}8$ mindestens einen Erfolg zu erzielen?

Beispiel 1.26. In einem elektrischen Stromkreis sind drei gleichartige Bauteile hintereinandergeschaltet. Die Wahrscheinlichkeit, daß ein Bauteil innerhalb einer bestimmten Betriebszeit T_0 ausfällt, ist unabhängig von den anderen Bauteilen gleich 0,4.
Wie groß ist die Wahrscheinlichkeit, daß innerhalb der Betriebszeit T_0 der Stromkreis unterbrochen wird?

Beispiel 1.27. In einer Lieferung von $N = 1000$ befinden sich $k = 25$ defekte Teile. Es werden $n = 10$ Teile zufällig entnommen. Wie groß ist die Wahrscheinlichkeit, kein defektes Teil zu ziehen, wenn

a) die Entnahme mit Zurücklegen
b) ohne Zurücklegen erfolgt?

Beispiel 1.28. In einer Fabrik werden bestimmte Werkstücke an drei Maschinen gefertigt. Die Maschine 1 liefert 50% der Produktion mit einem Ausschußanteil von 3%, Maschine 2 liefert 30% mit einem Ausschußanteil von 1% und die Maschine 3 liefert 20% bei einem Ausschußanteil von 2%.

a) Wie groß ist die Wahrscheinlichkeit, daß ein zufällig aus der Gesamtproduktion entnommenes Werkstück Ausschuß ist?
b) Ein Werkstück sei Ausschuß. Wie groß ist die Wahrscheinlichkeit, daß es von der Maschine 1 gefertigt wurde?

Beispiel 1.29. Angenommen, für einen zur Krebsdiagnose gelten die folgenden Angaben:

Hat eine Person Krebs, so ist mit einer Wahrscheinlichkeit 0,95 der Test positiv. Hat die Person keinen Krebs, so ist mit einer Wahrscheinlichkeit 0,92 das Testergebnis negativ.

Bei einer Versuchsperson ist der Test positiv. Wie groß ist die Wahrscheinlichkeit, daß die Person wirklich Krebs hat, wenn in der Gesamtbevölkerung 0,5% der Personen dieser Altersgruppe an Krebs erkrankt sind?

1.3 Kombinatorik

Soll die Wahrscheinlichkeit eines bei einem Laplace-Experiment auftretenden Ereignisses A berechnet werden, so kommt es im wesentlichen darauf an, die Anzahl der bei dem Zufallsexperiment möglichen und die Anzahl der davon für A günstigen Ergebnisse abzuzählen. Einige Formeln der Kombinatorik sollen uns bei der Bestimmung dieser Anzahlen helfen.

1.3.1 Permutationen

Definition 1.13

Jede Anordnung von n Elementen in einer bestimmten Reihenfolge, heißt **Permutation** dieser Elemente.

Jede Permutation enthält jedes Element genau einmal. Bei der Bestimmung der Anzahl der verschiedenen Permutationen sind zwei Fälle zu unterscheiden.

a) Alle Elemente sind verschieden

Es gibt dann n mögliche Stellen für das 1. Element

$n - 1$ mögliche Stellen für das 2. Element

$\vdots$

1 mögliche Stelle für das n-te Element.

Mit dem allgemeinen Zählprinzip (Abschn. 1.2.5) folgt für die Anzahl der verschiedenen Permutationen von n unterscheidbaren Elementen

$$m = n \cdot (n-1) \cdot (n-2) \cdots 3.2.1 = n! \tag{1.21}$$

b) Es existieren k Klassen von je $n_1, n_2, \ldots, n_k$ verschiedenen Elementen

Da die $n_i!$ Vertauschungen der nicht unterscheidbaren Elemente der i-ten Klasse keine neue Anordnung ergeben, also nur als eine Permutation gezählt werden, folgt:

Anzahl der verschiedenen Permutationen

$$m = \frac{n!}{n_1! \cdot n_2! \cdots n_k!} \tag{1.22}$$

Zusammenfassung:	alle Elemente sind verschieden	je n_1, n_2,...n_k Elemente sind gleich
Anzahl der Permutationen	n!	$\dfrac{n!}{n_1! \cdot n_2! \cdots n_k!}$

Beispiel 1.30. Wieviele verschiedene Wörter (Buchstabenanordnungen) lassen sich mit den Buchstaben der Wörter "median" und "mississippi" bilden?

a) Das Wort "median" enthält n = 6 verschiedene Buchstaben. Es gibt daher 6! = 720 verschiedene Buchstabenanordnungen.

b) Das Wort "mississippi" enthält n = 11 Buchstaben, von denen n_1 = 4 mal der Buchstabe i, n_2 = 4 mal der Buchstabe s, n_3 = 2 mal der Buchstabe p und n_4 = 1 mal der Buchstabe m auftritt. Die Anzahl der verschiedenen Buchstabenanordnungen ist daher gegeben durch (11!)/(4!.4!.2!.1!) = 34650.

Beispiel 1.31. Wieviele kürzeste Wege gibt es, die in dem im Bild 1.12 dargestellten Straßensystem vom Punkt A(0/0) zum Punkt P(x/y) führen? In das Bild 1.12 ist ein kürzester Weg eingezeichnet. Allgemein besteht ein kürzester Weg aus x horizontalen und y vertikalen gleich langen Wegstrecken. Bezeichnet man die horizontalen Wegstrecken mit 0, die vertikalen mit 1, so kann jeder kürzeste Weg als eine Folge von x-mal 0 und y-mal 1 beschrieben werden. Der im Bild 1.12 dargestellte kürzeste Weg ist durch die Folge 01001110010 beschrieben.

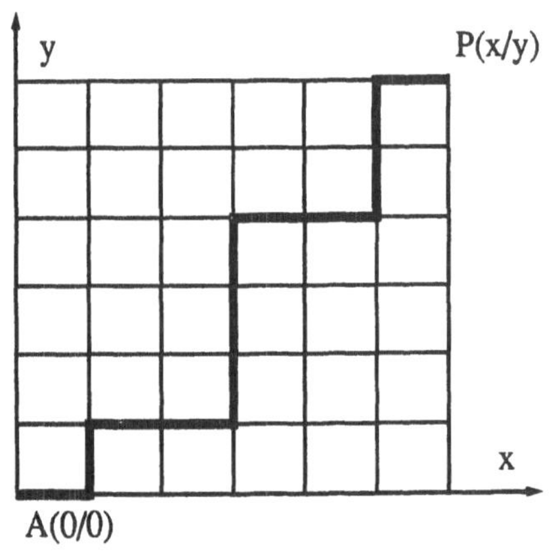

Bild   1.12 Straßensystem

Da jede Permutation der x Symbole 0 und y Symbole 1 einen kürzesten Weg beschreibt, ist die Gesamtzahl der kürzesten Wege gegeben durch

$$z = \frac{(x+y)!}{x! \cdot y!}$$

Für A(0/0) und B(6/6) existieren 12!/(6!.6!) = 924 verschiedene kürzeste Wege.

1.3.2 Stichproben vom Umfang n aus einer Grundgesamtheit von N Elementen

Aus einer Grundgesamtheit von N Elementen wird eine Stichprobe von n Elementen zufällig ausgewählt. Bei der Berechnung der Anzahl der verschiedenen möglichen Stichproben spielen zwei Operationen eine wichtige Rolle.

1. Die **Auswahl einer Teilmenge** (Stichprobe) von n Elementen aus einer Grundmenge von N Elementen.

   a) Erfolgt die Auswahl **ohne Zurücklegen,** so kann jedes Element der Grundmenge höchstens einmal in der Stichprobe enthalten sein:
   Auswahl ohne Wiederholungen.

   b) Bei einer Auswahl der Stichprobenelemente **mit Zurücklegen** wird jedes gezogene Element vor dem Ziehen des nächsten Elements in die Grundmenge zurückgelegt. Ein Element der Grundmenge kann daher mehrmals in die Stichprobe gelangen: **Auswahl mit Wiederholungen.**

2. Die **Anordnung der Elemente** in der Stichprobe.

   a) Eine Stichprobe soll **geordnete Stichprobe** heißen, wenn die Reihenfolge in der die Elemente gezogen werden beachtet wird. Stichproben mit gleichen Elementen, die sich in der Reihenfolge ihrer Elemente unterschieden, gelten als verschiedene Stichproben.
   Soll etwa eine Gewinnzahl gezogen werden, so ist die Reihenfolge, in der die Ziffern gezogen werden wesentlich.

   b) Bei einer **ungeordneten Stichprobe** spielt die Reihenfolge, in der die Elemente aus der Grundgesamtheit gezogen wurden keine Rolle. Stichproben, die sich nur in der Reihenfolge ihrer Elemente unterscheiden, gelten daher nicht als verschiedene Stichproben.

A) Geordnete Stichproben ohne Wiederholungen

Aus einer Grundmenge von N Elementen werden n Elemente ($n \leq N$) ohne Zurücklegen entnommen. Die Reihenfolge wird beachtet (geordnete Stichprobe).

Es gibt dann   N   Möglichkeiten die 1. Stelle,

                     N - 1   Möglichkeiten die 2. Stelle,

$$\vdots$$

                     N - n + 1   Möglichkeiten die n-te Stelle zu besetzen.

Mit dem allgemeinen Zählprinzip erhält man daher die folgende Aussage:

Aus einer Menge von N Elementen kann ohne Zurücklegen

$$m = \frac{N!}{(N-n)!} = N \cdot (N-1) \cdots (N-n+1) \tag{1.23}$$

verschiedene geordnete Stichproben vom Umfang n (n $\leq$ N) entnehmen.

B) Geordnete Stichproben mit Wiederholungen

Aus N Elementen werden mit Zurücklegen n Elemente mit Beachtung der Reihenfolge
entnommen. Wegen der möglichen Wiederholungen kann n auch größer als N sein.
Da es hier für jede Stelle N Möglichkeiten gibt, folgt mit dem allgemeinen Zählprinzip:

Aus einer Menge von N Elementen kann man mit Zurücklegen

$$m = N^n \tag{1.24}$$

verschiedene geordnete Stichproben vom Umfang n entnehmen.

C) Ungeordnete Stichproben ohne Wiederholungen

Es gibt   N! / (N $-$ n)!   verschiedene geordnete Stichproben ohne Wiederholungen. In
dieser Anzahl sind Stichproben, die sich nur in der Reihenfolge ihrer Elemente unterscheiden als verschiedene Stichproben gezählt. Wird die Reihenfolge nicht beachtet, so
zählen die je n! Permutationen der Stichprobenelemente nur als eine Stichprobe und man
erhält:

Aus einer Grundmenge von N Elementen kann man ohne Zurücklegen

$$m = \frac{N!}{(N-n)! \cdot n!} = \binom{N}{n} \tag{1.25}$$

verschiedene ungeordnete Stichproben vom Umfang n (n $\leq$ N) entnehmen.

Im folgenden sind einige wichtige Eigenschaften der Binomialkoeffizienten angegeben.

1. Definition der Binomialkoeffizienten:

$$\binom{N}{n} = \frac{N \cdot (N-1) \cdot (N-2) \cdots (N-n+1)}{1 \cdot 2 \cdot 3 \cdots n} = \frac{N!}{n! \cdot (N-n)!} \, ;$$

$$\binom{N}{0} = 1$$

2. Symmetrieeigenschaft: $\quad \binom{N}{n} = \binom{N}{N-n}$

3. Summeneigenschaft: $\quad \binom{N}{n} + \binom{N}{n+1} = \binom{N+1}{N+1}$

4. Summe der Binomialkoeffizienten bei festem N: $\quad \sum_{n=0}^{N} \binom{N}{n} = 2^N$

Die angegebenen Eigenschaften der Binomialkoeffizienten sind an der folgenden Tabelle der Binomialkoeffizienten für N von 0 bis 8 (Pascal'sches Dreieck) erkennbar.

N	Binomialkoeffizienten	$\sum \binom{N}{n}$
0	1	1
1	1 1	2
2	1 2 1	4
3	1 3 3 1	8
4	1 4 6 4 1	16
5	1 5 10 10 5 1	32
6	1 6 15 20 15 6 1	64
7	1 7 21 35 35 21 7 1	128
8	1 8 28 56 70 56 28 8 1	256

D) Ungeordnete Stichproben mit Wiederholungen

Aus der Grundmenge von N Elementen werden nun mit Zurücklegen n Elemente entnommen, wobei die Reihenfolge keine Rolle spielt.

Da die ersten n - 1 entnommenen Elemente wieder zurückgelegt werden, stellen wir uns vor, aus einer Grundmenge von N + n - 1 Elementen n Elemente ohne Wiederholungen und ohne Beachtung der Reihenfolge zu entnehmen.

Aus einer Menge von N Elementen kann man mit Wiederholungen

$$m = \binom{N+n-1}{n} \tag{1.26}$$

verschiedene ungeordnete Stichproben entnehmen.

Zusammenfassung: Anzahl der verschiedenen Stichproben

	geordnete Stichprobe (mit Beachtung der Reihenfolge)	ungeordnete Stichprobe (ohne Beachtung der Reihenfolge)
ohne Zurücklegen (ohne Wiederholungen)	$\dfrac{N!}{(N-n)!}$	$\binom{N}{n}$
mit Zurücklegen (mit Wiederholungen)	N^n	$\binom{N+n-1}{n}$

Beispiel 1.32. In der Sendung "Testspiele" des ZDF (1973) konzentrierte sich eine Person nacheinander auf 6 verschiedene Zahlen zwischen 1 und 9, um sie auf telepathischem Wege den Zuschauern zu übermitteln. Die Zuschauer wurden gebeten, die ihnen "übermittelten" Zahlen dem ZDF mitzuteilen. Von 42420 gültigen Einsendungen waren 2 richtig. Wie groß ist die Wahrscheinlichkeit, die 6 Zahlen in der richtigen Reihenfolge zu erraten?

Aus N = 9 Zahlen werden ohne Wiederholungen n = 6 Zahlen ausgewählt. Die Reihenfolge ist wesentlich. Es gibt daher

$$\frac{9!}{(9-6)!} = 9 \cdot 8 \cdot 7 \cdot 6 \cdot 5 \cdot 4 = 60480$$

verschiedene gleichwahrscheinliche Zahlenfolgen, von denen eine die richtige ist. Die gesuchte Wahrscheinlichkeit ergibt sich daher zu

$$P(A) = \frac{1}{60480} = 0{,}0000165$$

Beispiel 1.33. Wie viele Tippmöglichkeiten gibt es beim Fußballtoto?

Aus $N = 3$ Elementen 0,1,2 werden mit Wiederholungen und Beachtung der Reihenfolge $n = 11$ ausgewählt.
Anzahl der verschiedenen Tippmöglichkeiten $= 3^{11} = 177147$.

Beispiel 1.34. Wie viele Tippmöglichkeiten gibt es beim Zahlenlotto "6 aus 49"?

Aus $N = 49$ Zahlen werden ohne Wiederholungen und ohne Beachtung der Reihenfolge $n = 6$ ausgewählt.

Die gesuchte Anzahl ist daher $\quad \binom{49}{6} = 13\,983\,816$

Beispiel 1.35. Mit welcher Wahrscheinlichkeit treten beim Zahlenlotto "6 aus 49" keine Zahlennachbarn auf?

Sollen keine Zahlennachbarn auftreten, so dürfen von den $N = 49$ Zahlen 5 Zahlen ("Zwischenräume") nicht gezogen werden. Für das Ereignis A = "keine Zahlennachbarn" sind $\binom{44}{6}$ der möglichen $\binom{49}{6}$ Fälle günstig.

Das Ziehen der Lottozahlen ist ein Laplace-Experiment und man erhält mit dem klassischen Wahrscheinlichkeitsbegriff

$$P(A) = \frac{\binom{44}{6}}{\binom{49}{6}} = 0{,}5048 \approx 0{,}5$$

In etwa der Hälfte aller Ausspielungen ist damit zu rechnen, daß keine Zahlennachbarn auftreten.

Beispiel 1.36. Wie groß ist die Wahrscheinlichkeit, daß mindestens zwei von n Personen am gleichen Tag Geburtstag haben, wenn angenommen wird, daß in der Gesamtbevölkerung die Geburtstage gleichmäßig über das Jahr verteilt sind (s. Beispiel 1.13)?

Aus der Menge der 365 Geburtstage werden mit Beachtung der Reihenfolge und mit Wiederholungen n Tage ausgewählt. Es gibt daher $m = 365^n$, unter der Voraussetzung der Gleichverteilung der Geburtstage über das Jahr, gleichwahrscheinliche Möglichkeiten, den n Personen Geburtstage zuzuordnen. Für das Ereignis $\overline{A}$ (alle Geburtstage sind verschieden) sind davon $g = 365 \cdot 364 \cdot 363 \ldots (366 - n)$ günstig (Entnahme **ohne** Wiederholungen). Mit dem klassischen Wahrscheinlichkeitsbegriff erhält man daher

$$P(A) = 1 - P(\overline{A}) = 1 - \frac{364 \cdot 363 \cdots (366 - n)}{365^{n-1}}$$

Beispiel 1.37. Wie viele Möglichkeiten gibt es, N Bälle auf n Körbchen ($n \leq N$) so zu verteilen, daß kein Körbchen leer bleibt?

Unter Verwendung der Symbole "o" für Ball und "|" für Trennwand ist für $N = 10$ und $n = 6$

$$| \; oo \; | \; o \; | \; ooo \; | \; o \; | \; oo \; | \; o \; |$$

eine Beschreibung einer möglichen Verteilung. Da die beiden seitlichen Trennsymbole fest stehen, gibt es so viele Verteilungen, wie es Möglichkeiten gibt, aus den $N - 1$ Zwischenräumen zwischen den Ballsymbolen ohne Wiederholungen und ohne Beachtung der Reihenfolge $n - 1$ auszuwählen und mit einem Trennsymbol zu besetzen.

$$\text{Anzahl der Verteilungen} = \binom{N-1}{n-1}$$

Für $N = 10$ und $n = 6$ gibt es $\binom{9}{5} = 126$ verschiedene Verteilungen.

Eine andere Überlegung ist die folgende: Man legt zunächst in jedes Körbchen einen Ball. Die restlichen $N - n$ Bälle werden nun so verteilt, daß man aus der Menge der n Körbchen mit Wiederholungen und ohne Beachtung der Reihenfolge $N - n$ Körbchen auswählt und je mit einen weiteren Ball belegt. Dafür gibt es

$$\binom{n + (N-n) - 1}{N-n} = \binom{N-1}{N-n} = \binom{N-1}{n-1}$$

Möglichkeiten.

Übungsaufgaben zum Abschnitt 1.3 (Lösungen im Anhang)

Beispiel 1.38. In einer Urne befinden sich 2 schwarze, 3 weiße und 4 blaue Kugeln. Es werden (ohne Zurücklegen) alle Kugeln in einer zufälligen Reihenfolge entnommen. Wie groß ist die Wahrscheinlichkeit zuerst die beiden schwarzen, dann die drei weißen und schließlich die 4 blauen Kugeln zu ziehen?

Beispiel 1.39. Ein parapsychologisches Experiment besteht darin, daß ein Kartenspiel mit 25 Karten, von denen je 5 gleich sind, verdeckt aufgelegt wird.
Die Versuchsperson soll die Reihenfolge der 25 Karten angeben.

a) Wie groß ist die Wahrscheinlichkeit für 25 richtige Antworten bei 25 unabhängigen Rateversuchen?

b) Wie groß ist die Wahrscheinlichkeit für 25 richtige Antworten, wenn die Versuchsperson den Aufbau des Kartenspiels berücksichtigt?

Beispiel 1.40. N Bälle sollen auf n Körbchen verteilt werden. Wieviele Möglichkeiten gibt es hierfür, wenn nicht immer alle Körbchen besetzt werden müssen?

Beispiel 1.41. Wie groß ist die Wahrscheinlichkeit, daß beim Skatspiel zwei Buben im Skat liegen?

Beispiel 1.42. Beim Pokern werden 5 von 52 Karten ausgeteilt.

a) Wie viele verschiedene Pokerblätter gibt es?

b) Wie groß ist die Wahrscheinlichkeit, daß ein Spieler zwei Asse hat?

Beispiel 1.43. Es sind N = 12 zufällig ausgewählte Personen versammelt. Wie groß ist die Wahrscheinlichkeit, daß die Geburtstage dieser Personen in den 12 verschiedenen Monaten liegen, wenn angenommen werden kann, daß die Wahrscheinlichkeit dafür, daß eine bestimmte Person in einem bestimmten Monat Geburtstag hat, jeweils 1/12 ist?

1.4   Zufallsgrößen

1.4.1   Allgemeines

Bei vielen Zufallsexperimenten ist neben dem Elementarereignis $\omega \in \Omega$ ein durch das Ergebnis des Zufallsexperiments bestimmter reeller Zahlenwert $X(\omega)$ von Interesse. Wird etwa aus einer Grundmenge Ω von N Personen eine Person zufällig ausgewählt, so ist das Ergebnis ω dieses Zufallsexperiments eine bestimmte Person. Soll das Merkmal Körpergröße der Personen untersucht werden, so interessiert der Zahlenwert $X(\omega) = $ Körpergröße der zufällig ausgewählten Person. Wird eine andere Person ausgewählt, so wird im allgemeinen auch der Zahlenwert $X(\omega)$ einen anderen Wert annehmen. Die Zufallsgröße Körpergröße ist also ein durch das Ergebnis ω des Zufallsexperiments bestimmter reeller Zahlenwert $X(\omega)$.

Definition 1.14

Unter einer Zufallsgröße oder Zufallsvariablen X versteht man eine Funktion

$$X: \quad \omega \ \to \ X(\omega) \in \boldsymbol{R},$$

die jedem Elementarereignis $\omega \in \Omega$ eine reelle Zahl $X(\omega)$ zuordnet.

Durch diese Definition ist eine Zufallsgröße als eine Funktion (Abbildung) festgelegt. Durch den Zufall bestimmt wird nur das Ergebnis ω des Zufallsexperiments. Die Funktion X ordnet dann diesem Elementarereignis ω einen reellen Zahlenwert $X(\omega)$ zu. Zufallsgrößen sollen im folgenden mit großen Buchstaben, die Werte (Realisationen), die sie annehmen, mit den entsprechenden Kleinbuchstaben bezeichnet werden.

1.4.2   Wahrscheinlichkeits- und Verteilungsfunktion einer diskreten Zufallsgröße

Definition 1.15

Eine Zufallsgröße heißt **diskret**, wenn sie nur abzählbar viele Werte annehmen kann.

Eine diskrete Zufallsgröße kann also entweder endliche viele Werte x_1, x_2, ..., x_n oder abzählbar unendliche viele Werte x_i ($i \in N$) annehmen.

Definition 1.16

Unter der **Wahrscheinlichkeitsfunktion** einer diskreten Zufallsgröße X versteht man

$$f(x_i) = P(X = x_i) \qquad (1.27)$$

Für die Summe aller Funktionswerte einer Wahrscheinlichkeitsfunktion gilt

$$\sum_i f(x_i) = 1 \qquad (1.28)$$

Es sei A_i eine Teilmenge der Ergebnismenge Ω derart, daß für alle Elemente $\omega_k \in A_i$ die Zufallsgröße $X(\omega_k) = x_i$ ist.

Die Teilmenge A_i enthält also alle Elementarereignisse ω_k, für welche die Zufallsgröße X den gleichen Wert x_i annimmt.

Eine diskrete Zufallsgröße X bestimmt dadurch eine eindeutige Zerlegung der Ergebnismenge Ω in disjunkte Teilmengen A_i. Die Wahrscheinlichkeit dafür, daß die Zufallsgröße X den Wert x_i annimmt, ist gleich der Wahrscheinlichkeit des Ereignisses A_i. Da die Vereinigung dieser disjunkten Teilmengen A_i die Ergebnismenge Ω ergibt, ist die Summe der Wahrscheinlichkeiten aller Ereignisse A_i gleich der Wahrscheinlichkeit von Ω, also gleich 1 (Gl. 1.28)).

Beispiel 1.44.   Werfen von zwei regelmäßigen Würfeln

Betrachtet werde die Zufallsgröße X = Augensumme. Dem Elementarereignis (i , k) wird der Zahlenwert $X((i,k)) = i + k$ zugeordnet. Die möglichen Realisationen x_i der Zufallsgröße Augensumme, die zugehörigen Teilmengen A_i und die Werte $f(x_i)$ der Wahrscheinlichkeitsfunktion zeigt die Zusammenstellung auf Seite 56.

In Bild 1.13 ist die Wahrscheinlichkeitsfunktion der Zufallsgröße X = Augensumme graphisch dargestellt (diskrete Dreiecksverteilung).

Die Verteilung ist symmetrisch und die Augensumme x = 7 tritt mit der größten Wahrscheinlichkeit P(X = 7) = 6/36 auf.

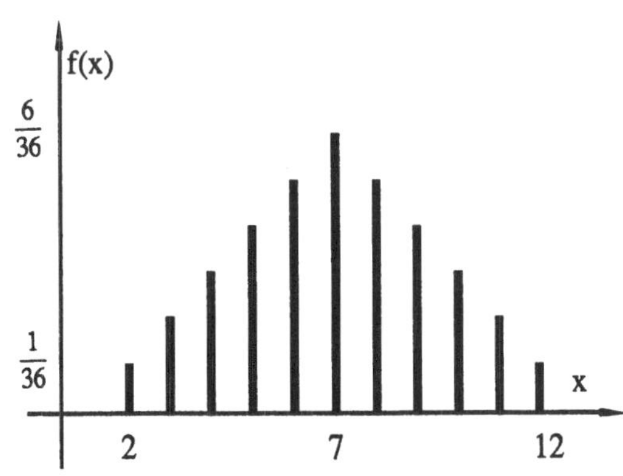

Bild 1.13   Wahrscheinlichkeitsfunktion

x_i	A_i	$f(x_i)$
2	$\{(1,1)\}$	1/36
3	$\{(1,2), (2,1)\}$	2/36
4	$\{(1,3), (2,2), (3,1)\}$	3/36
5	$\{(1,4), (2,3), (3,2), (4,1)\}$	4/36
6	$\{(1,5), (2,4), (3,3), (4,2), (5,1)\}$	5/36
7	$\{(1,6), (2,5), (3,4), (4,3), (5,2), (6,1)\}$	6/36
8	$\{(2,6), (3,5), (4,4), (5,3), (6,2)\}$	5/36
9	$\{(3,6), (4,5), (5,4), (6,3)\}$	4/36
10	$\{(4,6), (5,5), (6,4)\}$	3/36
11	$\{(5,6), (6,5)\}$	2/36
12	$\{(6,6)\}$	1/36
		$\sum f(x_i) = 1$

Beispiel 1.45. Ein Experiment mit der Erfolgswahrscheinlichkeit p $(0 < p < 1)$ wird so lange unabhängig wiederholt, bis es erstmals gelingt. Die Zufallsgröße X sei die Anzahl der dazu notwendigen Versuche.

Es ist also bei jedem Versuch die Erfolgswahrscheinlichkeit p und die Wahrscheinlichkeit für einen Mißerfolg 1 - p. Wenn das Experiment beim x - ten Versuch erstmalig gelingt, gingen x - 1 Mißerfolge voraus. Mit dem Multiplikationssatz für unabhängige Ereignisse erhalten wir die Wahrscheinlichkeitsfunktion

$$f(x) = P(X = x) = p \cdot (1 - p)^{x-1}$$

So ist z.B. die Wahrscheinlichkeit beim Würfeln erstmalig beim 6. Versuch eine 6 zu erhalten:

$$f(6) = \frac{1}{6} \cdot \left(\frac{5}{6}\right)^5 = 0{,}06698 \qquad \text{(s. Beispiel 2.9)}$$

Definition 1.17

Die **Verteilungsfunktion** $F(x)$ einer diskreten Zufallsgröße X gibt die Wahrscheinlichkeit dafür an, daß die Zufallsgröße Werte annimmt, die kleiner oder gleich dem Wert x sind.

$$F(x) = P(X \leq x) = \sum_{x_i \leq x} f(x_i) \qquad (1.29)$$

Wegen der Nichtnegativität des Wahrscheinlichkeitsmaßes gilt $f(x_i) \geq 0$ für alle i. Die Verteilungsfunktion F(x) ist daher eine monoton steigende Funktion mit dem Wertebereich

$$0 \leq F(x) \leq 1. \tag{1.30}$$

Definition 1.18

Es sei B ein Ereignis mit P(B) > 0. Dann heißt

$$F(x\,|\,B) = P(X = x\,|\,B)$$

bedingte Verteilungsfunktion der Zufallsgröße X unter der Voraussetzung des zufälligen Ereignisses B.

Beispiel 1.46. Aus einer Menge von N = 10 Schrauben, unter denen sich 4 defekte Schrauben befinden, werden ohne Zurücklegen und ohne Beachtung der Reihenfolge n = 2 Schrauben zufällig entnommen.
Für die Zufallsgröße X = "Anzahl der gezogenen defekten Schrauben" sollen die Wahrscheinlichkeits- und die Verteilungsfunktion bestimmt werden.

Es gibt $m = \binom{10}{2} = 45$ verschiedene Stichproben vom Umfang n = 2.

$x_1 = 0$:   Aus der Teilmenge der 6 nichtdefekten Schrauben werden beide Schrauben entnommen. Dies ist auf $\binom{6}{2} = 15$ Arten möglich:

$$f(0) = P(X = 0) = 15/45 = 3/15.$$

$x_3 = 2$:   Aus der Teilmenge der 4 defekten Schrauben werden beide Schrauben entnommen.
Dies ist auf $\binom{4}{2} = 6$ Arten möglich: $f(2) = P(X = 2) = 6/45 = 2/15$.

$x_2 = 1$:   Aus $f(0) + f(1) + f(2) = 1$ folgt $f(1) = 8/15$.

Man kann diese Wahrscheinlichkeiten auch aus einem entsprechenden Baumdiagramm bestimmen.

x_i	$f(x_i)$	$F(x_i)$
0	5/15	5/15
1	8/15	13/15
2	2/15	1

Man beachte folgenden Unterschied:

Im Gegensatz zur Wahrscheinlichkeitsfunktion f(x) nimmt die Verteilungsfunktion F(x) von Null verschiedene Funktionswerte auch für Werte von x an,

die keine möglichen Realisationen x_i der Zufallsgröße X sind. So ist in diesem Beispiel etwa $f(1,8) = P(X = 1,8) = 0$ aber $F(1,8) = P(X \leq 1,8) = P(X = 0) + P(X = 1) = 13/15$.

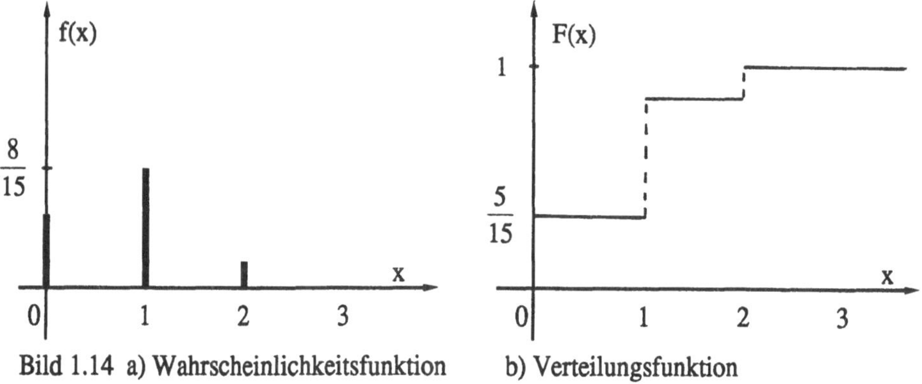

Bild 1.14 a) Wahrscheinlichkeitsfunktion   b) Verteilungsfunktion

1.4.3   Dichtefunktion und Verteilungsfunktion einer stetigen Zufallsgröße

Definition 1.19

Eine Zufallsgröße X heißt **stetig**, wenn sie innerhalb eines bestimmten Intervalls jeden reellen Zahlenwert als Realisation x annehmen kann.

Die unendlich vielen möglichen Realisationen einer stetigen Zufallsgröße sind nicht abzählbar, d.h. man kann sie nicht eindeutig den Elementen der Menge der natürlichen Zahlen zuordnen. Man kann daher nicht für jeden möglichen Wert x eine Wahrscheinlichkeit $P(X = x)$ angeben. Für stetige Zufallsgrößen gibt es daher keine derartigen Wahrscheinlichkeitsfunktionen. Es können nur Wahrscheinlichkeiten dafür angegeben werden, daß die stetige Zufallsgröße X Werte annimmt, die in einem bestimmten Intervall liegen. Die Ereignisse, denen Wahrscheinlichkeiten zugeordnet werden können sind

A_k = die stetige Zufallsgröße X nimmt einen Wert im Intervall I_k an.

Die Intervalle I_k können abgeschlossen, halboffen oder offen sein. Es läßt sich zeigen, daß es ein System von Teilmengen der reellen Zahlen gibt, das alle Intervalle enthält und eine σ-Algebra ist.

Definition 1.20

Ist X eine stetige Zufallsgröße, so existiert eine nichtnegative Funktion f(x), die für alle reellen Werte x die Beziehung

$$F(x) = \int_{-\infty}^{x} f(t) \cdot dt \tag{1.31}$$

erfüllt. Hierbei ist $F(x) = P(X \le x)$ die Verteilungsfunktion der Zufallsgröße X. Die Funktion f(x) heißt **Wahrscheinlichkeitsdichte** oder **Dichtefunktion**.

Die Verteilungsfunktion einer stetigen Zufallsgröße X ist wie bei einer diskreten Zufallsgröße als $F(x) = P(X \le x)$ definiert. War bei einer diskreten Zufallsgröße die Verteilungsfunktion F(x) eine "Treppenfunktion" (s. Bild 1.14 b), so ist die Verteilungsfunktion einer stetigen Zufallsgröße eine stetige Funktion.
Da die Verteilungsfunktion $F(x) = P(X \le x)$ mit zunehmenden x nicht abnehmen kann, folgt

$$F'(x) = f(x) \ge 0.$$

Aus den Definitionen der Verteilungs- und Dichtefunktion ergeben sich folgende Aussagen:

$$F(-\infty) = 0 \quad \text{und} \quad F(\infty) = 1 \tag{1.32}$$

$$f(x) = F'(x) \tag{1.33}$$

$$F(\infty) = \int_{-\infty}^{\infty} f(x) \cdot dx = 1 \tag{1.34}$$

$$P(a < X \le b) = \int_{a}^{b} f(x) \cdot dx = F(b) - F(a) \tag{1.35}$$

Ausgehend von der geometrischen Deutung des Integrals als Fläche zwischen der Kurve f(x) und der x-Achse, erhalten wir die Verteilungsfunktion F(x) als Inhalt der

Fläche von - ∞ bis x, die Wahrscheinlichkeit $P(a < X \leq b)$ als Teilfläche unter der Dichtefunktion von $x_1 = a$ bis $x_2 = b$ (s. Bild 1.15).

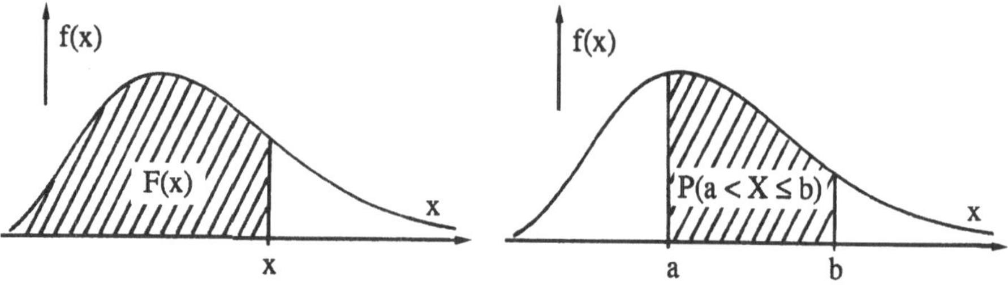

Bild 1.15   Zusammenhang zwischen Dichtefunktion f(x), Verteilungsfunktion F(x) und der Wahrscheinlichkeit $P(a < X \leq b)$

Beispiel 1.47.   Die stetige Zufallsgröße X sei im Intervall [0,2] gleichverteilt. Man bestimme die Dichtefunktion und die Verteilungsfunktion der Zufallsgröße X.

Gleichverteilung im Intervall [0,2] bedeutet:

$$f(x) = \begin{cases} 0 & \text{für} \quad x < 0 \\ 0{,}5 & \text{für} \quad 0 \leq x \leq 2 \\ 0 & \text{für} \quad x > 2 \end{cases}$$

Den Funktionswert $f(x) = 0{,}5$ für $0 \leq x \leq 2$ erhält man aus der Normierung der Dichtefunktion (Gl. 1.34).

$$F(x) = \int_{-\infty}^{x} f(t)dt = \begin{cases} 0 & \text{für} \quad x < 0 \\ 0{,}5 \cdot x & \text{für} \quad 0 \leq x \leq 2 \\ 1 & \text{für} \quad x > 2 \end{cases}$$

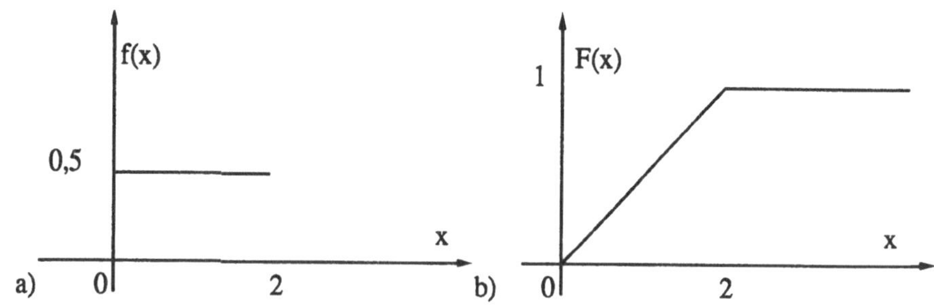

Bild 1.16 a) Dichtefunktion   b) Verteilungsfunktion von Beispiel 1.47

Beispiel 1.48. Die stetige Zufallsgröße X genüge einer Exponentialverteilung mit der Dichtefunktion

$$f(x) = \begin{cases} 0 & \text{für } x < 0 \\ k \cdot e^{-\lambda \cdot x} & \text{für } x \geq 0 \end{cases}$$

Man bestimme die Konstante k, die Verteilungsfunktion $F(x)$ und für $\lambda = 1$ die Wahrscheinlichkeit dafür, daß die Zufallsgröße X Werte annimmt, die zwischen $x_1 = 1$ und $x_2 = 2$ liegen.

a) Normierung der Dichtefunktion :

$$k \int_{-\infty}^{\infty} e^{-\lambda \cdot x} \cdot dx = 1 \quad \Rightarrow \quad k \cdot \left[-\frac{e^{-\lambda \cdot x}}{\lambda} \right]_0^{\infty} = \frac{k}{\lambda} = 1 \quad \Rightarrow \quad k = \lambda$$

b) $x \leq 0: \ F(x) = 0; \quad x \geq 0: \ F(x) = \lambda \int_0^x e^{-\lambda t} \, dt = [-e^{-\lambda t}]_0^x = 1 - e^{-\lambda x}$

c) $P(1 < X \leq 2) = F(2) - F(1) = (1 - e^{-2}) - (1 - e^{-1}) = e^{-1} - e^{-2} = 0{,}2325$

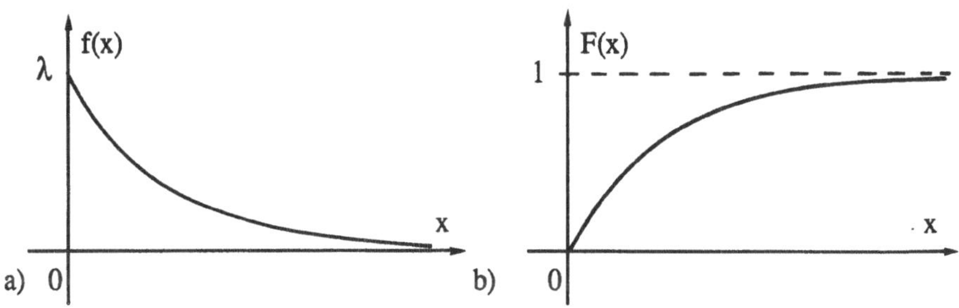

Bild 1.17   a) Dichtefunktion   b) Verteilungsfunktion von Beispiel 1.48

Beispiel 1.49. Die stetige Zufallsgröße X habe die Verteilungsfunktion

$$F(x) = \begin{cases} 1 - (1 + x) \cdot e^{-x} & \text{für } x \geq 0 \\ 0 & \text{für } x < 0 \end{cases}$$

Man bestimme die Dichtefunktion und die Wahrscheinlichkeit dafür, daß die Zufallsgröße Werte annimmt, die zwischen $x_1 = 1{,}5$ und $x_2 = 3$ liegen.

a) $f(x) = F'(x) = x \cdot e^{-x}$ für $x \geq 0$; $f(x) = 0$ für $x < 0$

b) $P(1{,}5 \leq X \leq 3) = F(3) - F(1{,}5) = 2{,}5 \cdot e^{-1{,}5} - 4 \cdot e^{-3} = 0{,}35868$

1.4.4 Stochastische Unabhängigkeit von Zufallsgrößen

Im Abschnitt 1.2.4 wurde die stochastische Unabhängigkeit von zufälligen Ereignissen erklärt. Es liegt nun nahe, bei einer Festlegung der Unabhängigkeit von Zufallsgrößen daran anzuschließen.

Wir betrachten daher die Ereignisse $A_i = X_i \leq x_i$. Ein so definierte Ereignis A_i tritt ein, wenn die Zufallsgröße X_i einen Wert annimmt, der höchstens gleich x_i ist. Damit ist $P(A_i) = F(x_i)$.

Definition 1.21

Die Zufallsgrößen X_1, X_2, ... , X_n mit den Verteilungsfunktionen $F_i(x_i)$ und der gemeinsamen Verteilungsfunktion

$$F(x_1, x_2, \ldots, x_n) = P(X_1 \leq x_1, X_2 \leq x_2, \ldots, X_n \leq x_n) \tag{1.36}$$

heißen **stochastisch unabhängig**, wenn für alle x_1, x_2, ... , x_n gilt

$$F(x_1, x_2, \ldots, x_n) = F_1(x_1) \cdot F_2(x_2) \cdots F_n(x_n) \tag{1.37}$$

Die Zufallsgrößen X_i seien entweder alle diskret oder alle stetig.

Sind die Zufallsgrößen X_i (i = 1,2, ... ,n) stochastisch unabhängig, so gilt für ihre Wahrscheinlichkeits- bzw. Dichtefunktionen

$$f(x_1, x_2, \ldots, x_n) = f_1(x_1) \cdot f_2(x_2) \cdots f_n(x_n) \tag{1.38}$$

wobei $f(x_1, x_2, ... , x_n)$ die gemeinsame Wahrscheinlichkeits- bzw. Dichtefunktion ist. Aus Gl. (1.38) folgt umgekehrt auch die Unabhängigkeit der Zufallsgrößen.

Wählt man aus der Menge der unabhängigen Zufallsgrößen X_i (i = 1, 2, ... , n) k Zufallsgrößen (k < n) beliebig aus, so auch diese Zufallsgrößen unabhängig.

Beispiel 1.50. Aus einer Urne, in der sich zwei Kugeln mit der Ziffer 1 und drei Kugeln mit der Ziffer 2 befinden, werden ohne Zurücklegen 2 Kugeln entnommen. Es seien die folgenden Zufallsgrößen definiert:

X_1 = Ziffer der beim 1. Versuch gezogenen Kugel ($x_1 = 1$ oder $x_1 = 2$)
X_2 = Ziffer der beim 2. Versuch gezogenen Kugel ($x_2 = 1$ oder $x_2 = 2$)

Man bestimme die Wahrscheinlichkeitsfunktionen der Zufallsgrößen, ihre gemeinsame
Wahrscheinlichkeitsfunktion und prüfe die Zufallsgrößen auf Unabhängigkeit.

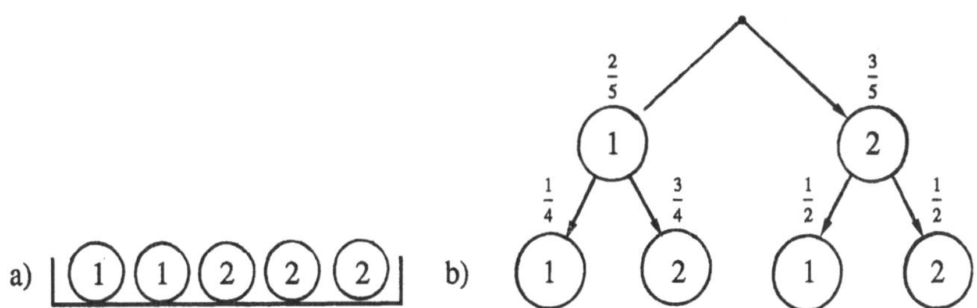

Bild 1. 18   a) Urne   b) Baumdiagramm

x_1 \ x_2	1	2	$P(X_1 = x_1)$
1	0,1	0,3	0,4
2	0,3	0,3	0,6
$P(X_2 = x_2)$	0,4	0,6	1

In der Mitte der Tabelle, doppelt umrandet, erkennt man die gemeinsame Wahrschein-
lichkeitsfunktion $f(x_1, x_2)$. Die Spalten- bzw. Zeilensummen (Randverteilungen) sind die
Wahrscheinlichkeitsfunktionen $f_1(x_1)$ bzw. $f_2(x_2)$.
Es gilt z.B. $f(1,1) = 0,1$, $f_1(1) = 0,4$ und $f_2(1) = 0,4$. Daraus folgt $f(1,1) \neq f_1(1).f_2(1)$.

Die Zufallsgrößen X_1 und X_2 sind **nicht** unabhängig, was wegen der Entnahme **ohne**
Zurücklegen erkennbar ist.

Beispiel 1.51. Die stochastisch unabhängigen Zufallsgrößen X und Y genügen Expo-
nentialverteilungen mit den Dichtefunktionen

$$f_1(x) = \begin{cases} 2 \cdot e^{-2 \cdot x} & x \geq 0 \\ 0 & x < 0 \end{cases} \qquad f_2(y) = \begin{cases} 0,5 \cdot e^{-0,5 \cdot y} & x \geq 0 \\ 0 & x < 0 \end{cases}$$

Man bestimme die gemeinsame Dichtefunktion und berechne $P(0 < X \leq 1, 1 < Y \leq 2)$,
die Wahrscheinlichkeit dafür, daß die Zufallsgröße X Werte zwischen $x_1 = 0$ und $x_2 = 1$,
die Zufallsgröße Y Werte zwischen $y_1 = 1$ und $y_2 = 2$ annimmt.

a) Die gemeinsame Dichtefunktion ist für $x \geq 0$ und $y \geq 0$ wegen der stochastischen Unabhängigkeit der Zufallsgrößen gegeben durch

$$f(x,y) = f_1(x) \cdot f_2(y) = e^{-(x+0,5y)}$$

b)
$$P(0 < X \leq 1, 1 < Y \leq 2) = \int\limits_{x=0}^{1} \int\limits_{y=1}^{2} e^{-(2 \cdot x + 0,5 \cdot y)}\, dx\,dy$$

$$= \int\limits_{0}^{1} e^{-2x}\, dx \int\limits_{1}^{2} e^{-0,5y}\, dy$$

$$= P(0 < x \leq 1) \cdot P(1 < Y \leq 2) = 0,20635$$

1.4.5 Erwartungswert einer Zufallsgröße

Definition 1.22

Unter dem Erwartungswert $E(X)$ einer Zufallsgröße X versteht man

a) bei einer diskreten Zufallsgröße
$$E(X) = \sum_i x_i \cdot f(x_i) \tag{1.39}$$

b) bei einer stetigen Zufallsgröße
$$E(X) = \int\limits_{-\infty}^{\infty} x \cdot f(x)\, dx \tag{1.40}$$

Da jede Funktion $g(X)$ einer Zufallsgröße X ebenfalls eine Zufallsgröße ist, gilt folgende Verallgemeinerung der Definition des Erwartungswertes.

Definition 1.23

Unter dem Erwartungswert einer Funktion $g(X)$ der Zufallsgröße X versteht man

a) bei einer diskreten Zufallsgröße
$$E(g(X)) = \sum_i g(x_i) \cdot f(x_i) \tag{1.41}$$

b) bei einer stetigen Zufallsgröße
$$E(g(X)) = \int\limits_{-\infty}^{\infty} g(x) \cdot f(x)\, dx \tag{1.42}$$

Der Erwartungswert einer Zufallsgröße kann anschaulich als mittlerer Wert der Realisationen der Zufallsgröße bei sehr sehr vielen (unendlich vielen) Versuchen interpretiert werden.

Es sollen nun 4 **Regeln für das Rechnen mit Erwartungswerten** angegeben werden. Die beiden ersten Regeln sind trivial, sodaß auf einen Beweis verzichtet werden kann. Für die Beweise der anderen Regeln werden die Zufallsgrößen als diskret angenommen. Die Beweise für stetige Zufallsgröße verlaufen analog. Die Existenz der Erwartungswerte wird dabei vorausgesetzt.

1. **$E(a) = a$**   (1.43)

Der Erwartungswert einer Konstanten ist diese Konstante.

2. **$E(a.X) = a.E(X)$**   (1.44)

Ein konstanter Faktor kann vor das Erwartungswertsymbol herausgezogen werden.

3. **$E(X + Y) = E(X) + E(Y)$**   (1.45)

Der Erwartungswert einer Summe von Zufallsgrößen ist gleich der Summe der Erwartungswerte der einzelnen Zufallsgrößen.

Beweis: Es sei $p_{ik} = P(X = x_i, Y = y_k)$ die Wahrscheinlichkeit dafür, daß die Zufallsgröße X den Wert x_i und die Zufallsgröße Y den Wert y_k annimmt. Dabei gelten die Aussagen:

$$\sum_k p_{ik} = P(X = x_i) \quad \text{und} \quad \sum_i p_{ik} = P(Y = y_k).$$

Damit erhält man:

$$
\begin{aligned}
E(X + Y) &= \sum_i \sum_k (x_i + y_k) \cdot p_{ik} = \sum_i \sum_k x_i \cdot p_{ik} + \sum_i \sum_k y_k \cdot p_{ik} \\
&= \sum_i x_i \sum_k p_{ik} + \sum_k y_k \sum_i p_{ik} \\
&= \sum_i x_i \cdot P(X = x_i) + \sum_k y_k \cdot P(Y = y_k) = E(X) + E(Y)
\end{aligned}
$$

4. Für **stochastisch unabhängige** Zufallsgrößen X,Y gilt:

$$\mathbf{E(X.Y) = E(X).E(Y)}$$ (1.46)

Der Erwartungswert des Produktes unabhängiger Zufallsgrößen ist gleich dem Produkt der Erwartungswerte der einzelnen Zufallsgrößen.

Beweis: Sind die Zufallsgrößen X und Y unabhängig, so gilt für die Wahrscheinlichkeit des gemeinsamen Auftretens der Realisationen x_i und y_k:

$$P(X = x_i, Y = y_k) = P(X = x_i).P(Y = y_k)$$

und man erhält für den Erwartungswert des Produktes

$$E(X \cdot Y) = \sum_i \sum_k x_i \cdot y_k \cdot P(X = x_i, Y = y_k)$$

$$= \sum_i x_i \cdot P(X = x_i) \sum_k y_k \cdot P(Y = y_k) = E(X) \cdot E(Y)$$

Man beachte, daß die Umkehrung der 4. Regel **nicht** gilt. Aus der Gültigkeit der Gleichung $E(X.Y) = E(X).E(Y)$ kann nicht auf die Unabhängigkeit der Zufallsgrößen X und Y geschlossen werden.

Beispiel 1.51. Zwei Personen spielen folgendes Glücksspiel: Der Spieler A leistet einen bestimmten Einsatz, würfelt und erhält vom Spieler B:

10 Pfg. beim Würfeln einer 1 oder 2
20 Pfg. beim Würfeln einer 3 oder 4
40 Pfg. beim Würfeln einer 5
80 Pfg. beim Würfeln einer 6.

Welche durchschnittliche Einnahme pro Spiel kann der Spieler A erwarten?

X = "Einnahme pro Spiel"

$$E(X) = \sum_i x_i f(x_i) = \left[10 \cdot \frac{1}{3} + 20 \cdot \frac{1}{3} + 40 \cdot \frac{1}{6} + 80 \cdot \frac{1}{6} \right] \text{Pfg.} = 30 \text{ Pfg.}$$

Der Spieler A wird in einer langen Spielserie eine mittlere Einnahme von 30 Pfg. Pro Spiel erwarten können. Setzt er pro Spiel diesen Betrag ein, so haben beiden Spieler die gleichen Gewinnaussichten.

Beispiel 1.52. Es sei X eine diskrete Zufallsgröße und $Y = X^2$ eine von X abhängige Zufallsgröße, deren Wahrscheinlichkeitsfunktionen und ihre gemeinsame Wahrscheinlichkeitsfunktion in den folgenden Wahrscheinlichkeitstafeln angegeben sind.

x_i	-1	0	1
$P(X = x_i)$	$\frac{1}{3}$	$\frac{1}{3}$	$\frac{1}{3}$

y_k	0	1
$P(Y = y_k)$	$\frac{1}{3}$	$\frac{2}{3}$

Für die Erwartungswerte gilt:

$x_i \setminus y_k$	-1	0	1
0	0	$\frac{1}{3}$	0
1	$\frac{1}{3}$	0	$\frac{1}{3}$

$$E(X) = \sum_i x_i \cdot P(X = x_i) = 0$$

$$E(Y) = \sum_k y_k \cdot P(Y = y_k) = \frac{2}{3}$$

$$E(X \cdot Y) = -1 \cdot \frac{1}{3} + 1 \cdot \frac{1}{3} = 0$$

Es gilt hier zwar $E(X.Y) = E(X).E(Y)$. Dennoch sind die Zufallsgrößen X und Y wegen der Beziehung $Y = X^2$ **nicht** unabhängig!

Beispiel 1.53. Durch den Punkt A eines Kreises vom Radius r wird zufällig eine Sehne so gezogen, daß alle Sehnenrichtungen gleichwahrscheinlich sind.

Der Winkel ψ ist eine der möglichen Realisationen der Zufallsgröße Ψ.

Man bestimme den Erwartungswert der Zufallsgröße X = Sehnenlänge.

a) Ψ ist im Intervall $[\,0\,,\pi\,]$ gleichverteilt mit der Dichtefunktion

$$f(\psi) = \begin{cases} \dfrac{1}{\pi} & 0 \leq \psi \leq \pi \\[2ex] 0 & \text{sonst} \end{cases}$$

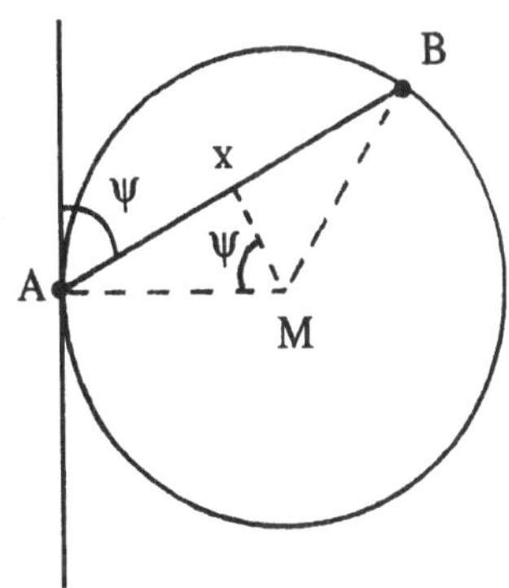

b) Sehnenlänge $X = g(\Psi) = 2r.\sin(\Psi)$

$$E(X) = \int\limits_0^\pi g(\psi) \cdot f(\psi) \cdot d\psi = \frac{4 \cdot r}{\pi}$$

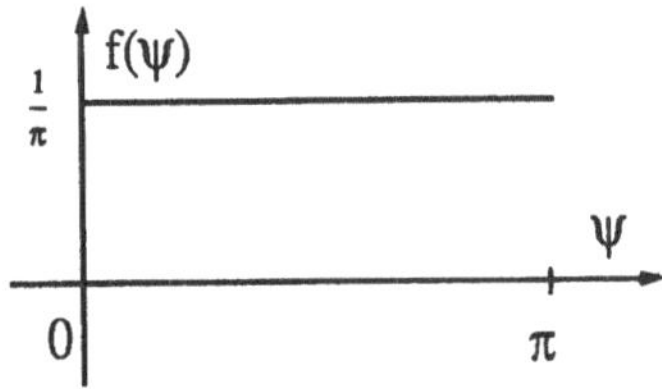

Die Zufallsgröße X = Sehnenlänge hat also den Erwartungswert (Mittelwert) $4r/\pi$.

Bild 1.19 Skizze zu
Beispiel 1.53

1.4.6   Mittelwert und Varianz einer Zufallsgröße

Definition 1.24

Unter dem **Mittelwert** μ einer Zufallsgröße X versteht man den Erwartungswert der Zufallsgröße

$$\mu = E(X) \tag{1.47}$$

Definition 1.25

Unter der **Varianz** einer Zufallsgröße X versteht man den Erwartungswert des Quadrates der Abweichung vom Mittelwert

$$Var(X) = \sigma^2 = E[(X-\mu)^2] \tag{1.48}$$

$$= \sum_i (x_i - \mu)^2 \cdot f(x_i) \qquad \text{bei diskreten},$$

$$= \int_{-\infty}^{\infty} (x-\mu)^2 \cdot f(x)dx \qquad \text{bei stetigen Zufallsgrößen}$$

Die Quadratwurzel aus der Varianz heißt **Standardabweichung**

$$\sigma = \sqrt{Var(X)} \tag{1.49}$$

Die Varianz, ein durchschnittliches Abweichungsquadrat vom Mittelwert, wird als ein Maß für die Streuung der Werte einer Zufallsgröße verwendet. Werden die Realisationen einer Zufallsgröße etwa in mm gemessen, so hat die Varianz σ^2 dieser Zufallsgröße die Benennung mm^2. Die Standardabweichung σ als ein anderes mögliches Maß für die Streuung hat den Vorteil, daß sie wieder die gleiche Dimension besitzt wie die Zufallsgröße X.

Will man die Streuungen von Zufallsgrößen mit unterschiedlichen Mittelwerten vergleichen, so eignet sich dafür der **Variationskoeffizient**

$$v = \frac{\sigma}{\mu} \qquad \text{bzw.} \qquad v = \frac{\sigma}{\mu} \cdot 100\,\% \tag{1.50}$$

Der dimensionslose Variationskoeffizient gibt die Standardabweichung in Prozenten des Mittelwertes an.

Wir wollen nun einige für das Rechnen mit Varianzen wichtige Formeln angeben, deren Beweise sich in einfacher Weise aus den Regeln für das Rechnen mit Erwartungswerten ergeben.

1. $\mathbf{Var(X) = E(X^2) - [E(X)]^2}$ $\hspace{4cm}$ (1.51)

Diese Formel ist oft günstig für die Berechnung der Varianz einer Zufallsgröße.

2. $\mathbf{Var(aX + b) = a^2 . Var(X)}$ $\hspace{4cm}$ (1.52)

Sonderfälle: $Var(aX) = a^2 . Var(X)$. Ein konstanter Faktor a kann als Quadrat a^2 vor das Varianzsymbol herausgezogen werden. Die Zufallsgröße aX hat die a^2-fache Varianz der Zufallsgröße X.

$Var(X + b) = Var(X)$. Eine Verschiebung der Werte einer Zufallsgröße ändert die Varianz nicht.

3. Sind die Zufallsgrößen stochastisch unabhängig, so gilt

$\hspace{2cm}$ $\mathbf{Var(aX + bY) = a^2 . Var(X) + b^2 . Var(Y)}$ $\hspace{3cm}$ (1.53)

Sonderfälle: $a = b = 1$: $Var(X + Y) = Var(X) + Var(Y)$.
Die Varianz einer Summe stochastisch unabhängiger Zufallsgröße ist gleich der Summe der Varianzen der einzelnen Zufallsgrößen.
$a = 1, b = -1$: $Var(X - Y) = Var(X) + Var(Y)$.
Die Varianz einer Differenz unabhängiger Zufallsgrößen ist gleich der **Summe** der Varianzen der Zufallsgrößen.

4. Es sei X eine Zufallsgröße mit $E(X) = \mu$ und $Var(X) = \sigma^2$. Dann ist

$$Z = \frac{X - \mu}{\sigma} \hspace{4cm} (1.54)$$

eine Zufallsgröße mit $E(Z) = 0$ und $Var(Z) = 1$. Die durch Gl. (1.54) bestimmte Transformation der Zufallsgröße X heißt **Standardtransformation.**

Beispiel 1.55. Der Anteil der defekten Stücke einer Warenlieferung sei p $(0 < p < 1)$. Es werden n Stücke mit Zurücklegen ausgewählt. Man bestimme den Mittelwert und die Varianz der Zufallsgröße X = Anzahl der defekten Stücke in der Stichprobe.

Es sei $\hspace{3cm} X_i = \begin{cases} 1, & \text{wenn das i-te ausgewählte Stück defekt ist} \\ 0, & \text{sonst} \end{cases}$

Die Zufallsgröße X = Anzahl der defekten Stücke in der Stichprobe ist dann durch die Summe der Zufallsgrößen X_i gegeben.

Jede der unabhängigen Zufallsgrößen X_i (Entnahme mit Zurücklegen) kann nur die Werte 0 oder 1 annehmen. Mit $P(X_i = 1) = p$ und $P(X_i = 0) = 1 - p$ erhält man

$$E(X_i) = p \quad \text{und} \quad \text{Var}(X_i) = p(1 - p).$$

Aus der Unabhängigkeit der Zufallsgrößen folgt

$$E(X) = \sum_{i=1}^{n} E(X_i) = n \cdot p \quad \text{und} \quad \text{Var}(X) = \sum_{i=1}^{n} \text{Var}(X_i) = n \cdot p \cdot (1 - p).$$

Die Voraussetzung der Unabhängigkeit der Zufallsgrößen X_i war nur zur Bestimmung von $\text{Var}(X)$ notwendig. Die Aussage "Erwartungswert einer Summe = Summe der Erwartungswerte" gilt allgemein, also auch für nicht unabhängige Zufallsgrößen.

Beispiel 1.56. Man berechne $E(X)$ und $\text{Var}(X)$ für die stetige Zufallsgröße X mit der Dichtefunktion

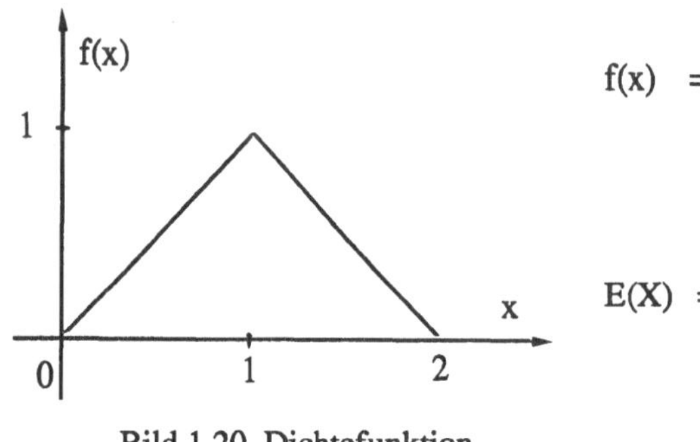

$$f(x) = \begin{cases} x & 0 \leq x \leq 1 \\ 2-x & 1 < x \leq 2 \\ 0 & \text{sonst} \end{cases}$$

$$E(X) = \int_{0}^{2} x\, f(x)\, dx =$$

Bild 1.20 Dichtefunktion

$$= \int_{0}^{1} x^2\, dx + \int_{1}^{2} x(2 - x)\, dx = 1$$

Aus der Symmetrie der Dichtefunktion zu $x = 1$ ist $E(X) = 1$ auch ohne Rechnung erkennbar.

$$\text{Var}(X) = \int_{0}^{2} (x - 1)^2\, f(x)\, dx = \int_{0}^{1} (x - 1)^2\, x\, dx + \int_{1}^{2} (x - 1)^2 (2 - x)\, dx = \frac{1}{6}.$$

Beispiel 1.57. Die Zufallsgröße X = Lebensdauer eines bestimmten Maschinentyps sei durch folgende Dichtefunktion beschreibbar:

$$f(x) = \begin{cases} \lambda^2 \cdot x \cdot e^{-\lambda \cdot x} & x \geq 0 \\ 0 & \text{sonst} \end{cases}$$

a) Man berechne die mittlere Lebensdauer dieses Maschinentyps.

b) Berechnen Sie $P(X < \mu)$.

a) $$E(X) = \int_0^\infty \lambda^2 \cdot x^2 \cdot e^{-\lambda \cdot x}\, dx = \frac{2}{\lambda}$$

Bei einer mittleren Lebensdauer von 1000 Betriebsstunden ist $\lambda = 0{,}002\ \text{h}^{-1}$.

b) $$F(x) = P(X \le x) = \int_0^x \lambda^2 t \cdot e^{-\lambda \cdot t}\, dt = 1 - (1 + \lambda \cdot x) \cdot e^{-\lambda \cdot x} \qquad \text{für} \quad x \ge 0$$

$$P(X < \mu) = F(\frac{2}{\lambda}) = 1 - 3 \cdot e^{-2} = 0{,}59399$$

Fast 60 % der Maschinen haben eine Lebensdauer, die kleiner ist als die mittlere Lebensdauer aller Maschinen dieses Typs.

1.4.7 Momente und charakteristische Funktion einer Verteilung

Mittelwert μ und Varianz σ^2 sind Kennwerte der Wahrscheinlichkeitsverteilung einer Zufallsgröße. Sie sind die wichtigsten Sonderfälle einer Gruppe von Maßzahlen, die man die Momente einer Verteilung nennt.

Definition 1.26

a) Unter dem **k-ten Moment** der Verteilung einer Zufallsgröße X versteht man den Erwartungswert der Potenz X^k.

$$\text{k-tes Moment:} \qquad \alpha_k = E(X^k) \tag{1.55}$$

b) Unter dem **k-ten zentralen Moment** der Verteilung einer Zufallsgröße versteht man den Erwartungswert von $(X - \mu)^k$.

$$\text{k-tes zentrales Moment:} \qquad \beta_k = E[(X - \mu)^k] \tag{1.56}$$

Der Mittelwert μ ist demnach das 1. Moment, die Varianz σ^2 das 2. zentrale Moment einer Verteilung. Besonders die ersten Momente ($1 \le k \le 4$) spielen in der Statistik eine wichtige Rolle. Da bei eingipfeligen, symmetrischen Verteilungen das 3. zentrale Moment Null ist, verwendet man dieses Moment zur Festlegung eines Maßes für die **Schiefe einer Verteilung**, d.h. für die Abweichung von einer symmetrischen Verteilung.

$$\text{Schiefe} \qquad \gamma = \frac{E[(X-\mu)^3]}{\sigma^3} \qquad\qquad (1.57)$$

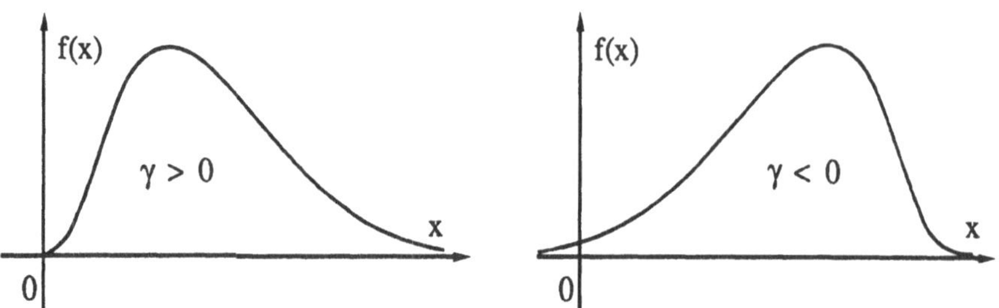

Bild 1.21   Verteilungen mit positiver und negativer Schiefe

Bei den bisherigen Überlegungen wurde bisher immer vorausgesetzt, daß die betrachteten Momente existieren, d.h. die entsprechenden Summen bzw. Integrale konvergieren. Dies muß nicht bei allen Wahrscheinlichkeitsverteilungen der Fall sein.

Bei manchen Verteilungen ist es günstig, bei der Berechnung des Erwartungswertes der Zufallsgröße X, folgenden Satz zu verwenden.

Existiert das 1. Moment, so gilt

$$E(X) = \int\limits_0^\infty [1 - F(x) - F(-x)]\,dx \qquad\qquad (1.58)$$

Beispiel 1.58. Für eine Exponentialverteilung mit der Verteilungsfunktion

$$F(x) = \begin{cases} 1 - e^{-\lambda x} & x \geq 0 \\ 0 & x < 0 \end{cases}$$

bestimme man nach Gl. (1.58) den Erwartungswert $E(X)$.

Unter Berücksichtigung von $F(x) = 0$ für $x < 0$ erhält man:

$$E(X) = \int\limits_0^\infty [1 - F(X)]\,dx = \int\limits_0^\infty e^{-\lambda x}\,dx = \frac{1}{\lambda}$$

Definition 1.27.

Unter der **charakteristischen Funktion** $\varphi_X(t)$ der Wahrscheinlichkeitsverteilung der Zufallsgröße X versteht man

$$\varphi_X(t) = E(e^{jtX}) \tag{1.59}$$

Hierbei ist t eine reelle Variable und j die imaginäre Einheit. Die imaginäre Einheit soll hier nicht mit i, sondern wie in der Technik üblich, mit j bezeichnet werden.

Die charakteristische Funktion einer Verteilung ist ein wichtiges Hilfsmittel in der Wahrscheinlichkeitsrechnung. Von den vielen interessanten Eigenschaften der charakteristischen Funktion sollen nur einige wichtige Sätze angegeben werden.

1. Jeder Wahrscheinlichkeitsverteilung einer Zufallsgröße wird umkehrbar eindeutig eine charakteristische Funktion zugeordnet.

2. Existiert das k-te Moment $\alpha_k = E(X^k)$ der Verteilung einer Zufallsgröße X, so ist es gegeben durch

$$\alpha_k = \frac{1}{j^k}\, \varphi_X^{(k)}(0) \tag{1.60}$$

Hierbei bedeutet $\varphi_X^{(k)}(0)$ die k-te Ableitung der charakteristischen Funktion für t = 0. Aus der charakteristischen Funktion können in einfacher Weise die Momente einer Verteilung bestimmt werden.

3. Sind die Zufallsgrößen X_i (i = 1,2, ... , n) stochastisch unabhängig, so ist die charakteristische Funktion der Verteilung der Summe dieser Zufallsgrößen das Produkt der charakteristischen Funktionen der Zufallsgrößen X_i.

$$X = \sum_{i=1}^{n} X_i \quad \Rightarrow \quad \varphi_X(t) = \varphi_{X_1}(t) \cdot \varphi_{X_2}(t) \cdots \varphi_{X_n}(t) \tag{1.61}$$

Dieser Satz ist nützlich zum Beweis von Aussagen über die Verteilung einer Summe stochastisch unabhängiger Zufallsgrößen.

4. Konvergiert eine Folge { F_n } von Verteilungsfunktionen gegen eine Verteilungsfunktion F(x), so konvergiert für jedes t die entsprechende Folge { $\varphi_n(t)$ } der charakteristischen Funktionen gegen die charakteristische Funktion von F(x).

Konvergiert umgekehrt eine Folge von charakteristischen Funktionen { $\varphi_n(t)$ } gegen eine stetige Funktion $\varphi(t)$, dann konvergiert die zugehörige Folge { $F_n(t)$ } von Verteilungsfunktionen gegen die zu $\varphi(t)$ gehörende Verteilungsfunktion $F(x)$. Dieser Satz kann zur Beweis von Grenzwertsätzen verwendet werden.

Bemerkungen:

1. Anstelle der charakteristischen Funktion $\varphi_X(t)$ wird auch die **momenterzeugende Funktion** $m_X(t) = E(e^{tX})$ verwendet. Während die charakteristische Funktion jedoch für alle Wahrscheinlichkeitsverteilungen existiert, da die entsprechenden Summen bzw. Integrale wegen $|e^{jtX}| = 1$ und der Normiertheit der Wahrscheinlichkeits- bzw. Dichtefunktionen stets absolut konvergieren, ist dies für die momenterzeugende Funktion nicht immer der Fall.

2. Für stetige Zufallsgrößen mit einer Dichtefunktion $f(x) = 0$ für $x < 0$ kann anstelle der charakteristischen Funktion die **Laplace-Transformierte** $\psi_X(t)$ verwendet werden.

$$\psi_X(s) = \int_0^\infty f(x) \cdot e^{-sx}\, dx = E(e^{-sX}) \tag{1.62}$$

In Gl. (1.62) ist s eine komplexe Variable. Es läßt sich zeigen, daß für die Laplace-Transformierte analog die gleichen Sätze gelten, wie für die charakteristische Funktion. Man hat aber dann den Vorteil, alle Sätze und Korrespondenzen der Laplace-Transformation verwenden zu können.

Beispiel 1.59. Man berechne für eine exponentialverteilte Zufallsgröße X mit der Dichtefunktion

$$f(x) = \begin{cases} 0 & \text{für } x < 0 \\ \lambda \cdot e^{-\lambda \cdot x} & \text{für } x \geq 0 \end{cases}$$

die charakteristische Funktion $\varphi_X(t)$, den Erwartungswert μ und die Varianz σ^2.

a) $\qquad \varphi_X(t) = \int_0^\infty e^{jtx} \cdot \lambda \cdot e^{-\lambda x}\, dx = \lambda \int_0^\infty e^{(jt-\lambda)x}\, dx = \dfrac{\lambda}{\lambda - jt}$

b) $\qquad \mu = E(X) = \alpha_1 = \dfrac{1}{j} \cdot \varphi_X'(0) = \dfrac{1}{\lambda}$

c) $\qquad E(X^2) = \alpha_2 = \dfrac{1}{j^2} \cdot \varphi\,''_X(0) = \dfrac{2}{\lambda^2} \;\Rightarrow\; Var(X) = E(X^2) - \mu^2 = \dfrac{1}{\lambda^2}$

Übungsaufgaben zum Abschnitt 1.4 (Lösungen im Anhang)

Beispiel 1.60. In einer Urne befinden sich 5 Kugeln mit den Ziffern 1,2,3,4 und 5. Es werden ohne Zurücklegen 2 Kugeln gezogen. Die Zufallsgröße X sei die größere der beiden gezogenen Kugeln. Welchen Erwartungswert hat diese Zufallsgröße X?

Beispiel 1.61. Ein Spieler erhält 10 DM beim Werfen von 18 Augen bei einem Wurf mit 3 Laplace-Würfeln und 5 DM beim Wurf von 17 Augen. Man berechne den Erwartungswert der Zufallsgröße X = Gewinn pro Spiel, wenn pro Spiel 0,20 DM als Einsatz zu leisten sind?

Beispiel 1.62. Die stetige Zufallsgröße X ist im Intervall [0,1] gleichverteilt. Man berechne E(X) und Var(X).

Beispiel 1.63. Die diskrete Zufallsgröße X hat die Wahrscheinlichkeitsfunktion

$$f(x) \;=\; P(X = x) \;=\; \frac{\alpha}{(1 + \alpha)^{x+1}}$$

$$x \;=\; 0,1,2,\dots \qquad \alpha > 0$$

Man bestimme die charakteristische Funktion $\varphi_X(t)$ der Wahrscheinlichkeitsverteilung, den Mittelwert μ und die Varianz σ^2.

Beispiel 1.64. Eine diskrete Zufallsgröße X genüge einer geometrischen Verteilung mit der Dichtefunktion

$$f(x) = (1 - p)^{x-1} \cdot p \qquad x = 1,2,3,\dots \qquad 0 < p < 1$$

Man berechne die charakteristische Funktion, den Erwartungswert und die Varianz der Wahrscheinlichkeitsverteilung der Zufallsgröße X.

1.5   Einige wichtige Wahrscheinlichkeitsverteilungen

1.5.1   Binomialverteilung

Wir betrachten eine **zweistufige Grundgesamtheit**, d.h. eine Grundgesamtheit, deren Elemente in zwei Klassen unterteilt sind, in eine Klasse von N_1 Elementen mit einer bestimmten Eigenschaft A und in eine Klasse von $N - N_1$ Elementen, die diese Eigenschaft A nicht haben (Eigenschaft $\overline{A}$).

Aus dieser zweistufigen Grundgesamtheit werden mit Zurücklegen n Elemente zufällig entnommen. Dieses Zufallsexperiment wird nach **Jakob Bernoulli** (1654 - 1705) Bernoulli-Kette oder Bernoulli-Experiment genannt. Die Binomialverteilung heißt daher auch Bernoulli-Verteilung.

Zweistufige Grundgesamt-heit	Entnahme	Stichprobe
Zweistufige Grundgesamt-heit N Elemente, davon N_1 mit der Eigenschaft A	$\rightarrow$ **mit** Zurück- legen	**Stichprobe** n Elemente, davon x mit der Eigenschaft A

Gesucht ist die Wahrscheinlichkeitsverteilung der diskreten Zufallsgröße

X = Anzahl der Elemente mit der Eigenschaft A in der Stichprobe.

a) Wahrscheinlichkeitsfunktion und Verteilungsfunktion

Beim Entnahmemodell "mit Zurücklegen" gilt bei jedem Ziehen eines Elementes der Grundgesamtheit

$$P(A) = \frac{N_1}{N} = p \quad \text{und} \quad P(\overline{A}) = \frac{N - N_1}{N} = 1 - p = q$$

Da es sich um eine Folge von unabhängigen Zufallsexperimenten handelt, ist die Wahrscheinlichkeit, bei den ersten x Ziehungen ein Element mit der Eigenschaft A und bei den folgenden n - x Ziehungen ein Element mit der Eigenschaft $\overline{A}$ zu erhalten $p^x \cdot (1 - p)^{n-x}$. Nun spielt aber die Reihenfolge, mit der die Elemente gezogen werden keine Rolle. Jede der

$$\frac{n!}{x! \cdot (n-x)!} = \binom{n}{x}$$

Permutationen erscheint mit der gleichen Wahrscheinlichkeit $p^x \cdot (1-p)^{n-x}$ und führt ebenfalls zu einer Stichprobe vom Umfang n, in der x Elemente mit der Eigenschaft A enthalten sind.

Definition 1.28

Die Verteilung einer Zufallsgröße X, deren Wahrscheinlichkeitsfunktion durch

$$P(X = x) = f(x / n;p) = \binom{n}{x} p^x (1-p)^{n-x} \tag{1.63}$$

$$x = 0,1,2,\dots,n$$

gegeben ist, heißt **Binomialverteilung** mit den Parametern n und p.

Sonderfall p = 0,5:   In diesem Fall ist auch $q = 1 - p = 0,5$ und man erhält

$$P(X = x) = f(x / n ; 0,5) = \binom{n}{x} \cdot 0,5^n.$$

Aus der Symmetrie der Binomialkoeffizienten folgt für $p = 0,5$ die Symmetrie der Binomialverteilung. Eine Binomialverteilung ist umso symmetrischer, je mehr sich der Anteilswert p dem Wert 0,5 nähert.

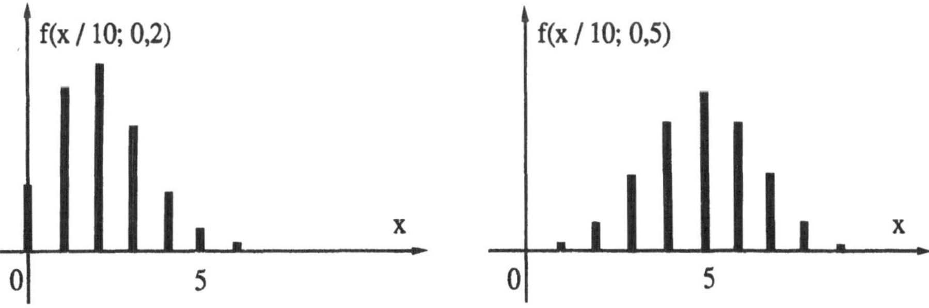

Bild 1.22   Wahrscheinlichkeitsfunktionen von Binomialverteilungen
für $n = 10$ und $p_1 = 0,2$ bzw. $p_2 = 0,5$

Die Verteilungsfunktion F(x/n;p), die ja für alle reellen Werte x definiert ist, wird im allgemeinen nur für solche x-Werte interessant sein, die als mögliche Realisationen der Zufallsgröße X in Frage kommen. Für x = 0,1,2, ... , n gilt:

$$F(x \,/\, n, p) \;=\; \sum_{k=0}^{x} \binom{n}{k} p^k (1-p)^{n-k} \tag{1.64}$$

Bei größeren Zahlen n und x ist die Berechnung der Verteilungsfunktion mit einigem Rechenaufwand verbunden. Neben der Verwendung von Tabellen werden hierfür heute zunehmend Rechnerprogramme eingesetzt. Im Grenzwertsatz von Moivre - Laplace werden wir später eine einfache Möglichkeit kennenlernen, die Verteilungsfunktion der Binomialverteilung für größere Werte von n näherungsweise zu bestimmen, wobei die Näherung umso besser wird, je größer n ist.

b) Mittelwert, Varianz und charakteristische Funktion

Man kann das Bernoulli-Experiment als ein n-stufiges Zufallsexperiment auffassen, bei dem in jeder der voneinander unabhängigen Stufen nur je ein Element der Grundgesamtheit zufällig entnommen wird. Für die Zufallsgrößen
X_i = Anzahl der gezogenen Elemente mit der Eigenschaft A in der i-ten Stufe
(bei der i-ten Ziehung eines Elements) gilt für alle i:

$$P(X_i = 0) = 1 - p = q \quad \text{und} \quad P(X_i = 1) = p.$$

Da die entsprechenden Erwartungswerte aus Summen mit nur je zwei Gliedern bestehen, erhält man sehr einfach

$$E(X_i) = p; \quad Var(X_i) = p.(1 - p) = p.q \quad \text{und} \quad \varphi_{X_i}(t) = p.e^{jt} + q$$

Die binomialverteilte Zufallsgröße X ist die Summe dieser unabhängigen Zufallsgrößen X_i. Aus $X = \sum X_i$ folgt:

$$E(X) \;=\; \sum_{i=1}^{n} E(X_i) = n \cdot p \tag{1.65}$$

$$Var(X) \;=\; \sum_{i=1}^{n} Var(X_i) = n \cdot p \cdot (1-p) \tag{1.66}$$

$$\varphi_X(t) \;=\; \prod_{i=1}^{n} \varphi_{X_i}(t) = (p\,e^{j \cdot t} + q)^n \tag{1.67}$$

c) Rekursionsformel

Es ist oft günstig, die Wahrscheinlichkeitsfunktion f(x+1/n;p) aus der vorher berechneten Wahrscheinlichkeitsfunktion f(x/n;p) zu berechnen. Für die Wahrscheinlichkeitsfunktion einer Binomialverteilung gilt folgende Rekursionsformel

$$f(x + 1 / n; p) = \frac{n - x}{x + 1} \cdot \frac{p}{q} \cdot f(x / n; p) \qquad (1.68)$$

Beispiel 1.65.   Ein Fragebogen besteht aus 10 Fragen mit jeweils 4 vorgegebenen Antworten, von denen je eine richtig ist. Wie groß ist die Wahrscheinlichkeit, bei einer zufälligen Auswahl der Antworten, daß a) genau 3 Antworten, b) mindestens 3 Antworten richtig sind?

Die Zufallsgröße X = Anzahl der richtig beantworteten Fragen ist binomialverteilt mit den Parametern n = 10 und p = 0,25.

$$\text{a)} \quad P(X = 3) = \binom{10}{3} \cdot 0{,}25^3 \cdot 0{,}75^7 = 0{,}25028$$

$$\text{b)} \quad P(X \geq 3) = 1 - P(X \leq 2) = 1 - [P(X = 0) + P(X = 1) + P(X = 2]$$

$$= 1 - \left[0{,}75^{10} + \binom{10}{1} \cdot 0{,}25 \cdot 0{,}75^9 + \binom{10}{2} \cdot 0{,}25^2 \cdot 0{,}75^8 \right] = 0{,}47441$$

Beispiel 1.66.   Einer Lieferung wird mit Zurücklegen eine Stichprobe vom Umfang n = 40 entnommen. Enthält die Stichprobe mehr als 2 unbrauchbare Teile, so wird sie zurückgewiesen. Gesucht ist die Annahmewahrscheinlichkeit L(p) der Lieferung, wenn sie 1%, 2%, 5% bzw. 10% unbrauchbare Teile enthält?

Die Zufallsgröße X = Anzahl der unbrauchbaren Teile in der Stichprobe ist binomialverteilt mit den Parametern n = 40 und p.

Die Zufallsgröße X kann auch im realistischeren Modell ohne Zurücklegen als (näherungsweise) binomialverteilt angesehen werden, wenn der Umfang N der Lieferung so groß ist, daß während der Entnahme der Stichprobe in der jeweils verbleibenden Grundgesamtheit der Ausschußanteil nur unwesentlich verändert wird. Als Kriterium

dafür wird meist ein Auswahlsatz $f = \frac{n}{N} \leq 0{,}05$ angegeben.

$$L(p) = P(X \le 2) = P(X=0) + P(X=1) + P(X=2)$$

$$= \binom{40}{0} \cdot (1-p)^{40} + \binom{40}{1} \cdot p^1 \cdot (1-p)^{39} + \binom{40}{2} \cdot p^2 \cdot (1-p)^{38}$$

$$= (1-p)^{38} \cdot [1 + 38p + 741p^2]$$

Für die angegebenen p-Werte erhält man:

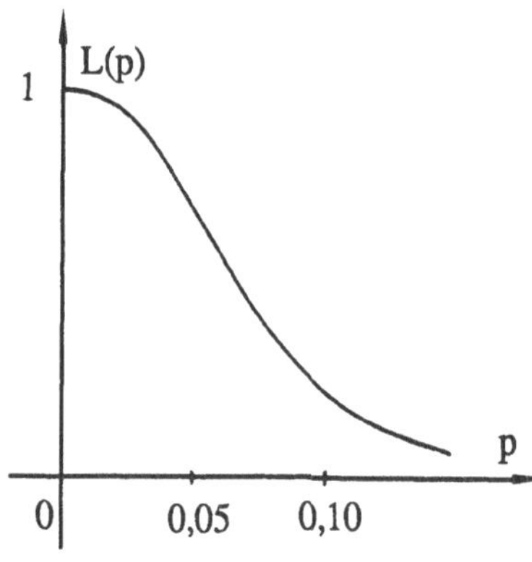

Bild 1.23 OC - Kurve

p	0,01	0,02	0,05	0,10
L(p)	0,9925	0,9543	0,6767	0,2228

L(p) heißt Annahmekennlinie, Operationscharakteristik oder OC-Kurve des Stichprobenplanes. Die Annahmekennlinie spielt in der statistischen Qualitätskontrolle eine wichtige Rolle bei der Beurteilung von Stichprobenplänen. Die Annahmekennlinien dieses einfachen Beispiels ist sicher weder für den Hersteller noch für den Abnehmer annehmbar.

Beispiel 1.67. Um zu entscheiden, ob eine umfangreiche Lieferung eines Massenartikels angenommen werden soll, wird der folgende zweistufige Stichprobenplan durchgeführt: Es wird eine erste Stichprobe vom Umfang $n_1 = 5$ mit Zurücklegen entnommen. Enthält sie kein fehlerhaftes Teil, so wird die Lieferung angenommen, bei zwei oder mehr Ausschußteilen wird sie zurückgewiesen. Bei einem Ausschußteil wird eine zweite Stichprobe vom Umfang $n_2 = 10$ mit Zurücklegen entnommen und die Lieferung angenommen, wenn diese kein Ausschußteil enthält.
Wie groß ist die Wahrscheinlichkeit für die Annahme der Lieferung, wenn ihr Ausschußanteil 1% beträgt?

Die Zufallsgrößen X_i = Anzahl der Ausschußteile in der i-ten Stichprobe (i = 1,2) genügt Binomialverteilungen mit den Parametern $p_{1,2} = 0,01$ und $n_1 = 5$ bzw. $n_2 = 10$.

Die Lieferung wird angenommen, wenn entweder $x_1 = 0$ oder $x_1 = 1 \; \wedge \; x_2 = 0$ ist.

$$\text{Annahmewahrscheinlichkeit } P(A) = P(X_1 = 0) + P(X_1 = 1) \cdot P(X_2 = 0)$$
$$= 0,9510 + 0,0480 \cdot 0,9044 = 0,9944$$

1.5.2 Poisson-Verteilung

a) Poisson-Verteilung als Grenzverteilung einer Binomialverteilung

Die Poisson-Verteilung kann man als Grenzverteilung einer Binomialverteilung für $n \to \infty$ und $p \to 0$ bei konstantem Erwartungswert $n.p = \lambda$ erhalten (Poisson'scher Grenzwertsatz).

$$\lim_{n \to \infty} \binom{n}{x} \cdot p^x \cdot (1-p)^{n-x} = \frac{\lambda^x}{x!} \cdot e^{-\lambda}$$

Beweis

$$\lim_{n \to \infty} f(x\,/\,n;\,p) = \lim_{n \to \infty} \frac{n!}{x! \cdot (n-x)!} \cdot \left(\frac{\lambda}{n}\right)^x \cdot \left(1-\frac{\lambda}{n}\right)^{n-x}$$

$$= \frac{\lambda^x}{x!} \lim_{n \to \infty} \frac{n(n-1)(n-2)\ldots(n-x+1)}{n^x} \cdot \left(1-\frac{\lambda}{n}\right)^{n-x}$$

1. $\quad \lim_{n \to \infty} \dfrac{n}{n} \cdot \dfrac{n-1}{n} \cdots \dfrac{n-x-1}{n} = 1,\qquad$ da jeder der endlich vielen Faktoren gegen 1 konvergiert.

2. $\quad \lim_{n \to \infty} \left(1-\dfrac{\lambda}{n}\right)^n = e^{-\lambda}.\qquad$ Dies ist eine Definition von $e^{-\lambda}$.

3. $\quad \lim_{n \to \infty} \left(1-\dfrac{\lambda}{n}\right)^{-x} = 1,\qquad$ da x eine feste endliche Zahl ist und der Klammerinhalt gegen 1 strebt.

Definition 1.29

Die Verteilung einer diskreten Zufallsgröße X mit der Wahrscheinlichkeitsfunktion

$$f(x\,/\,\lambda) = \frac{\lambda^x}{x!} \cdot e^{-\lambda} \qquad (\lambda > 0;\quad x = 0,1,2,3,\ldots) \qquad (1.69)$$

heißt **Poisson-Verteilung** mit dem Parameter λ.

Die Herleitung der Wahrscheinlichkeitsfunktion der Poisson-Verteilung als Grenzverteilung der Wahrscheinlichkeitsfunktion einer Binomialverteilung ist recht formal und wenig anschaulich. Man kann insbesondere schwer erkennen, unter welchen Voraussetzungen damit zu rechnen ist, daß eine Zufallsgröße einer Poisson-Verteilung genügt. Wegen $p \to 0$ kann vermutet werden, daß die Poisson-Verteilung bei der Verteilung seltener Ereignisse eine Rolle spielen kann (s. Beispiel 1.68).

b) Poisson-Prozeß (s. auch Abschn. 2.3.1)

Betrachten wir den radioaktiven Zerfall als ein Beispiel eines zufällig ablaufenden Prozesses. Mit einem Zählgerät werden die Zerfallsakte (Signale) beobachtet und auf einer Zeitachse markiert. Der Beobachtungszeitraum sei dabei sehr klein im Verhältnis zur Halbwertszeit des radioaktiven Materials.

Bild 1.24 Zufällige Folge von Signalen

Es sei   1. X_t = Anzahl der Signale im Zeitintervall [0,t)

2. $p_x(t) = P(X_t = x)$ die Wahrscheinlichkeit für x Signale im Zeitintervall [0,t).

Der radioaktive Zerfall und viele andere zufällig ablaufende Prozesse erfüllen (mindestens näherungsweise) die folgenden Axiome:

Axiom I: Die Wahrscheinlichkeit für x Signale in einem Zeitintervall der Länge t hängt nur von x und t ab, nicht von der Lage des Zeitintervalls auf der Zeitachse.

Axiom II: Die Anzahl der Signale in disjunkten Zeitintervallen sind unabhängige Zufallsgrößen.

Axiom III: Die Wahrscheinlichkeit für mehr als ein Signal in einem kleinen Zeitintervall der Länge Δt ist von kleinerer Größenordnung als Δt.

Definition 1.30:

Ein zufälliger Prozeß, der die Axiome I mit III erfüllt, heißt **Poisson-Prozeß**.

Durch diese drei Eigenschaften eines Poisson-Prozesses ist die Wahrscheinlichkeitsverteilung der Zufallsgröße

X_t = Anzahl der Signale eines Poisson-Prozesses in einem Zeitintervall der Länge t

bestimmt und man erhält:

$$P(X_t = x) = \frac{(\lambda t)^x}{x!} e^{-\lambda t} \tag{1.70}$$

Für t = 1 folgt hieraus Gl. (1.69). Die poissonverteilte Zufallsgröße X, die wir durch
einen Grenzübergang (n $\rightarrow \infty$, p $\rightarrow$ 0 bei n.p = const. = λ) aus einer binomialverteilten
Zufallsgröße erhalten haben, kann nun folgendermaßen interpretiert werden:

Die Zufallsgröße X gibt die Anzahl der Signale an, die pro Zeiteinheit bei einem
Poisson-Prozeß auftreten.
Die Zeiteinheit t = 1 kann beliebig gewählt werden. Bei einer Änderung der Zeiteinheit
ändert sich auch der Wert des Parameters λ.

c) Rekursionsformel

Für die Wahrscheinlichkeitsfunktion einer Poisson-Verteilung gilt folgende Rekursionsformel:

$$f(x + 1 / \lambda) = \frac{\lambda}{x + 1} f(x / \lambda) \tag{1.71}$$

d) Charakteristische Funktion, Mittelwert und Varianz

$$_x(t) = E(e^{jtX}) = \sum_{x=0}^{\infty} e^{jtx} \frac{\lambda^x}{x!} e^{-\lambda} = e^{\lambda(e^{jt} - 1)} \tag{1.72}$$

Aus der 1. und 2. Ableitung der charakteristischen Funktion erhält man für t = 0 die
ersten beiden Momente der Verteilung.

$$E(X) = \mu = \lambda \tag{1.73}$$

$$E(X^2) = \lambda^2 - \lambda \quad \Rightarrow \quad \sigma^2 = Var(X) = \lambda \tag{1.74}$$

Aus E(X) = λ folgt: Der Parameter λ der Poisson-Verteilung gibt die mittlere Anzahl
von Signalen pro Zeiteinheit eines Poisson-Prozesses an.

Die Poisson-Verteilung wird mit zunehmenden Werten des Parameters λ symmetrischer, gleichzeitig nimmt die Varianz zu.

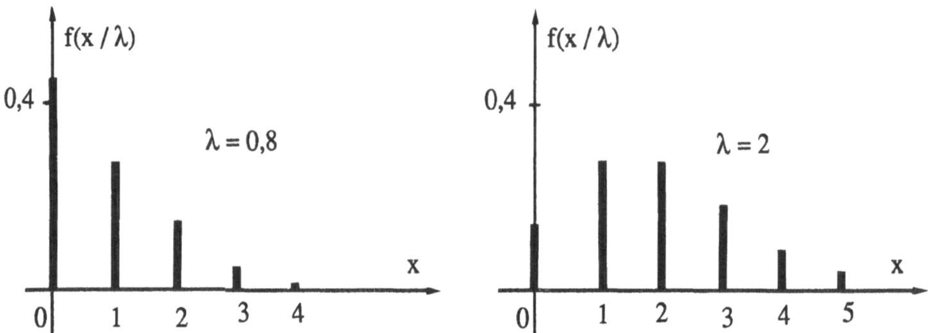

Bild 1.25   Wahrscheinlichkeitsfunktionen von Poisson-Verteilungen für die Parameterwerte $\lambda_1 = 0{,}8$ und $\lambda_2 = 2$

e) Additionssatz für poissonverteilte Zufallsgrößen

Für stochastisch unabhängige, poissonverteilte Zufallsgrößen gilt der folgende Additionssatz:

Sind die stochastisch unabhängigen Zufallsgrößen X_1 und X_2 poissonverteilt mit den Parametern λ_1 bzw. λ_2, dann ist die Zufallsgröße $X = X_1 + X_2$ poissonverteilt mit dem Parameter $\lambda = \lambda_1 + \lambda_2$.

Der Beweis des Satzes läßt sich einfach mit Hilfe den charakteristischen Funktionen der Poisson-Verteilungen führen. Da die charakteristische Funktion einer Summe unabhängiger Zufallsgrößen durch das Produkt der charakteristischen Funktionen der einzelnen Zufallsgrößen gegeben ist erhält man mit Gl. (1.72):

$$\varphi_X(t) = \varphi_{X_1}(t) \cdot \varphi_{X_2}(t) = e^{(\lambda_1 + \lambda_2)(e^{jt} - 1)}$$

Dies ist aber die charakteristische Funktion $\varphi_X(t)$ einer Poisson-Verteilung mit dem Parameter $\lambda = \lambda_1 + \lambda_2$.

Dieser Additionssatz gilt analog auch für Summen von mehr als zwei unabhängigen, poissonverteilten Zufallsgrößen.

f) Approximation einer Binomialverteilung durch eine Poisson-Verteilung

Da für $n \to \infty$ und $p \to 0$ bei $n.p = \lambda$ die Binomialverteilung in eine Poisson-Verteilung übergeht, kann für große Werte von n und kleine Zahlenwerte p eine Binomialverteilung durch eine Poisson-Verteilung mit dem Parameter $\lambda = n.p$ angenähert werden.

$$f(x \, / \, n,p) = \binom{n}{x} p^x (1 - p)^{n-x} \approx f(x \, / \, \lambda) = \frac{\lambda^x}{x!} e^{-\lambda} \qquad (1.75)$$

Als Kriterium für die Verwendbarkeit der Näherung wird häufig

$$n.p \leq 10 \quad \text{und} \quad n \geq 1500.p$$

angegeben. Die Bedeutung der Poisson-Approximation der Binomialverteilung ist heute bei der zunehmenden Verwendung elektronischer Rechenhilfsmittel stark eingeschränkt.

Beispiel 1.68. Ein Beispiel für die Poisson-Verteilung als Verteilung seltener Ereignisse ist die Zufallsgröße X = Anzahl der durch Pferdehufschlag getöteten Soldaten der preußischen Armee (Bortkiewicz, 1898). Beobachtungen von 10 Regimentern über einen Zeitraum von 20 Jahren (1875 - 1894) ergaben folgende, in den beiden ersten Spalten der Tabelle dargestellte Verteilung.

x_i	n_i	$h_i = n_i \, / \, n$	$P(X = x_i)$	$n.P(X = x_i)$
0	109	0,545	0,543	109
1	65	0,325	0,331	66
2	22	0,110	0,101	20
3	3	0,015	0,021	4
4	1	0,005	0,003	1
≥ 5	0	0	0,001	0

Hierbei ist x_i = Anzahl der Todesfälle pro Regiment und pro Jahr,

n_i = Anzahl der Fälle mit x_i Toten,

h_i = beobachtete relative Häufigkeit für das Auftreten von x_i Toten,

$P(X = x_i)$ = Wahrscheinlichkeit bei angenommener Poisson-Verteilung,

$n.P(X = x_i)$ = Erwartungswert der Anzahl der Todesfälle (gerundet).

Zur Berechnung der Poisson-Wahrscheinlichkeiten muß der unbekannte Wert des Parameters λ durch einen Schätzwert $\hat{\lambda}$ ersetzt werden. Da bei einer Poisson-Verteilung $\mu = \lambda$ gilt, wird der Parameter λ durch das beobachtete arithmetische Mittel geschätzt (Momentenverfahren, s. Abschn. 5.2.2) und man erhält

$$\hat{\lambda} = \bar{x} = \frac{65 \cdot 1 + 22 \cdot 2 + 3 \cdot 3 + 1 \cdot 4}{200} = 0{,}61$$

Die damit berechneten Wahrscheinlichkeiten

$$P(X = x) = f(x / 0{,}61) = \frac{0{,}61^x}{x!} e^{-0{,}61}$$

zeigen eine gute Übereinstimmung mit der Beobachtung.

Genaueres über das Schätzen von Parametern und das Prüfen der Übereinstimmung einer empirischen mit einer theoretischen Verteilung wird im Kapitel 5 (Beurteilende Statistik) behandelt.

Beispiel 1.69. Die Zufallsgröße X = Anzahl der in einem bestimmten Zeitintervall in einer Telefonzentrale eintreffenden Anrufe (Signale) erfülle die Axiome eines Poisson-Prozesses. Die Zentrale erhält im Mittel 180 Anrufe in der Stunde. Wie groß ist die Wahrscheinlichkeit, daß innerhalb einer Minute mehr als 6 Anrufe eintreffen?

Die Zufallsgröße X = Anzahl der Anrufe pro Minute genügt einer Poisson-Verteilung mit dem Parameter $\lambda = 3$ (mittlere Anzahl der Anrufe pro Minute)

$$P(X > 6) = 1 - P(X \leq 6) = e^{-3} \sum_{x=0}^{6} \frac{3^x}{x!} = 0{,}0335$$

In ca. 3% aller Zeitintervalle der Länge 1 Minute treffen mehr als Anrufe 6 ein.

Beispiel 1.70. Eine Fabrik produziert Werkstücke mit einem Ausschußanteil $p = 0{,}001$. Wie groß ist die Wahrscheinlichkeit, daß eine Lieferung von $n = 500$ Werkstücken nicht mehr als 2 defekte Werkstücke enthält?

a) Die Zufallsgröße X = Anzahl der defekten Werkstücke in der Lieferung genügt einer Binomialverteilung mit den Parametern $n = 500$ und $p = 0{,}001$.

$$P(X \leq 2) = \sum_{k=0}^{2} \binom{500}{k} \cdot 0{,}001^k \cdot 0{,}999^{500-k} = 0{,}98567$$

b) Die Zufallsgröße X ist näherungsweise poissonverteilt mit dem Parameter $\lambda = 0{,}5$.

$$P(X \leq 2) = e^{-0,5} \sum_{k=0}^{2} \frac{0{,}5^k}{k!} = 0{,}98561$$

Beispiel 1.71. Man zeige, daß die Zufallsgröße

T = Wartezeit bis zum nächsten Signal eines Poisson-Prozesses

einer Exponentialverteilung mit dem Parameter λ genügt.

Das Ereignis $T > t$ ($t \geq 0$) bedeutet, daß bis zum Zeitpunkt t noch kein Signal des Poissonprozesses ($X_t = 0$) beobachtet wurde.

$$P(T > t) = 1 - P(T \leq t) = 1 - F(t) = P(X_t = 0) = e^{-\lambda t}$$

Daraus ergibt sich für die Verteilungsfunktion F(t) und die Dichtefunktion $f(t) = F'(t)$

$$F(t) = \begin{cases} 1 - e^{-\lambda t} & t \geq 0 \\ 0 & t < 0 \end{cases} \quad \text{und} \quad f(t) = \begin{cases} \lambda\, e^{-\lambda t} & t \geq 0 \\ 0 & t < 0 \end{cases}$$

Die Zufallsgröße T genügt einer Exponentialverteilung mit dem durch den Poisson-Prozeß bestimmten Parameter λ.

Ist die Zufallsgröße X = Anzahl der pro Minute in einer Telefonzentrale ankommenden Anrufe poissonverteilt mit dem Parameter $\lambda = 3$ (s. Beispiel 1.69), so ist die Wahrscheinlichkeit, daß die Wartezeit bis zum nächsten Anruf größer als eine halbe Minute ist

$$P(T > 0{,}5) = 1 - P(T \leq 0{,}5) = e^{-3 \cdot 0,5} = e^{-1,5} = 0{,}22313$$

In ca. 22 % aller Zeitintervalle der Länge eine Minute dauert es länger als eine halbe Minute, bis der nächste Anruf eintrifft.

1.5.3 Hypergeometrische Verteilung

Aus einer zweistufigen Grundgesamtheit von N Elementen, von denen N_1 die Eigenschaft A haben, werden **ohne Zurücklegen** n Elemente zufällig entnommen.

Zweistufige Grundge-samtheit	Entnahme → ohne Zurück-legen	Stichprobe
N Elemente, davon N_1 mit der Eigenschaft A		n Elemente, davon x mit der Eigenschaft A

a) Wahrscheinlichkeitsfunktion

Wir betrachten die Zufallsgröße X = Anzahl der Elemente mit der Eigenschaft A in der Stichprobe vom Umfang n. Für die Realisationen x der Zufallsgröße X gilt

$$\sup [\, 0, n - (N - N_1)\,] \leq x \leq \inf [\, n, N_1\,].$$

Die Anzahl x der Elemente mit der Eigenschaft A kann weder größer als n, noch größer als N_1 sein, ist also höchstens gleich der kleineren der beiden Zahlen.

Ist der Stichprobenumfang n größer als $N - N_1$ = Anzahl der Elemente mit der Eigenschaft $\overline{A}$ in der Grundgesamtheit, so müssen mindestens $n - (N - N_1)$ Elemente mit der Eigenschaft A in der Stichprobe sein, anderenfalls ist 0 der kleinste Wert, den x annehmen kann.

Aus N_1 Elementen mit der Eigenschaft A werden x Elemente entnommen.	Aus $N - N_1$ Elementen mit der Eigenschaft $\overline{A}$ werden n - x Elemente entnommen.	Aus N Elementen der Grundgesamtheit werden n Elemente zufällig entnommen.
Anzahl der dafür günstigen Fälle: $g_1 = \begin{pmatrix} N_1 \\ x \end{pmatrix}$	Anzahl der dafür günstigen Fälle: $g_2 = \begin{pmatrix} N - N_1 \\ n - x \end{pmatrix}$	Anzahl der dafür mögli-chen Fälle: $m = \begin{pmatrix} N \\ n \end{pmatrix}$

Mit dem allgemeinen Zählprinzip $g = g_1 \cdot g_2$ und dem klassischem Wahrscheinlichkeitsbegriff erhalten wir

$$P(X = x) = \frac{g}{m} = \frac{\binom{N_1}{x} \cdot \binom{N - N_1}{n - x}}{\binom{N}{n}}$$

Definition 1.31

Die Verteilung einer diskreten Zufallsgröße X mit der Wahrscheinlichkeitsfunktion

$$f(x \, / \, N, N_1, n) = \frac{\binom{N_1}{x} \cdot \binom{N - N_1}{n - x}}{\binom{N}{n}} \tag{1.76}$$

heißt **Hypergeometrische Verteilung** mit den Parametern N, N_1 und n.

Eine Hypergeometrische Verteilung konvergiert für $N \to \infty$ bei $N_1/N = p = \text{const.}$ gegen eine Binomialverteilung.

$$\lim_{N \to \infty} \frac{\binom{N_1}{x} \cdot \binom{N - N_1}{n - x}}{\binom{N}{n}} = \binom{n}{x} p^x (1 - p)^{n - x} \tag{1.77}$$

Entnimmt man einer großen Grundgesamtheit von N Elementen eine dazu relativ kleine Stichprobe vom Umfang n, so bleibt auch bei einer Entnahme ohne Zurücklegen der Anteilswert p in der jeweils verbleibenden Grundgesamtheit nahezu unverändert. Eine Hypergeometrische Verteilung kann dann durch eine Binomialverteilung angenähert werden. Als Kriterium für die Zulässigkeit der Approximation gilt

$$\text{Auswahlsatz} \quad f = \frac{n}{N} < 0{,}05 \, .$$

Von dieser Approximation einer Hypergeometrischen Verteilung durch eine Binomialverteilung wird häufig Gebrauch gemacht (s. Beispiel 1.66).

b) Mittelwert und Varianz einer Hypergeometrischen Verteilung

$$E(X) \; = \mu = n \cdot \frac{N_1}{N} = n \cdot p \tag{1.78}$$

$$Var(X) \; = \sigma^2 = n \cdot \frac{N_1}{N} \cdot \left(1 - \frac{N_1}{N}\right) \cdot \frac{N-n}{N-1}$$

$$= n \cdot p \cdot (1-p) \cdot \frac{N-n}{N-1} \tag{1.79}$$

Formal unterscheidet sich die Varianz einer Hypergeometrischen Verteilung von der einer Binomialverteilung nur durch den Faktor $(N - n) / (N - 1)$, der **Korrekturfaktor für endliche Grundgesamtheiten** heißt.

Für $N \rightarrow \infty$ geht der Korrekturfaktor gegen 1.

Im Sonderfall $n = N$, wenn also stets die ganze Grundgesamtheit in die Stichprobe kommt, kann die Zufallsgröße X immer nur den gleichen Wert N_1 annehmen. Es ist dann $Var(X) = 0$.

Damit ist natürlich nur gezeigt, daß in diesen beiden Grenzfällen der Korrekturfaktor die richtigen Werte für Var(x) liefert. Eine genaue Herleitung von Erwartungswert und Varianz einer Hypergeometrischen Verteilung ist etwas umständlich und soll daher hier nicht durchgeführt werden.

c) Rekursionsformel

Für die Wahrscheinlichkeitsfunktion einer Hypergeometrischen Verteilung gilt die folgende Rekursionsformel:

$$f(x + 1 \, / \, N, N_1, n) \; = \frac{(n - x)(N_1 - x)}{(x + 1)(N - N_1 - n + x + 1)} \cdot f(x \, / \, N, N_1, n) \tag{1.80}$$

Die Rekursionsformel ist insbesondere auch für ein Programm zur Berechnung der Wahrscheinlichkeits- und Verteilungsfunktion einer Hypergeometrischen Verteilung zweckmäßig.

Beispiel 1.72. In einer Urne befinden sich N = 50 Kugeln, davon sind N_1 = 10 Kugeln weiß (p = N_1/N = 0,2). Man berechne die Wahrscheinlichkeiten, in einer Stichprobe vom Umfang n = 10 genau x = 0,1,2,3,4,5 weiße Kugeln zu erhalten.

$$P(X = x) = \frac{\binom{10}{x}\binom{40}{10-x}}{\binom{40}{10}}$$

Ergebnis:

x	f(x/50,10,10)
0	0,082519
1	0,266191
2	0,336899
3	0,217793
4	0,078469
5	0,016142

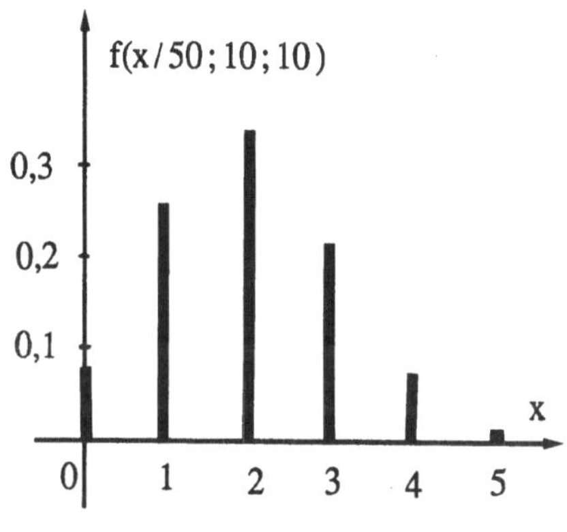

Bild 1.26 Wahrscheinlichkeitsfunktion

Es ist also am wahrscheinlichsten, eine Stichprobe zu erhalten, deren Anteil an weißen Kugeln mit dem Anteil der weißen Kugeln in der Grundgesamtheit übereinstimmt.

Beispiel 1.73. Eine Lieferung von N = 500 Bauteilen enthält N_1 = 10 defekte Teile. Aus der Lieferung werden ohne Zurücklegen n = 50 Bauteile entnommen. Mit welcher Wahrscheinlichkeit enthält die Stichprobe kein defektes Bauteil?

Die Zufallsgröße X = Anzahl der defekten Teile in der Stichprobe genügt einer Hypergeometrischen Verteilung mit den Parametern N = 500, N_1 = 10 und n = 50.

$$P(X = 0) = f(0 / 500, 10, 50) = \frac{\binom{10}{0} \cdot \binom{490}{50}}{\binom{500}{50}}$$

$$= \frac{(490 \cdot 489 \cdots 441) \cdot 50!}{50! \cdot (500 \cdot 499 \cdots 451)} = 0,34516$$

1.5.4 Mehrdimensionale diskrete Wahrscheinlichkeitsverteilungen

Gegeben sei eine k-stufige Grundgesamtheit von insgesamt N Elementen. In ihr sind je N_i Elemente mit der Eigenschaft A_i (i = 1, 2, 3, ... , k) vorhanden.

Dieser Grundgesamtheit wird eine zufällige Stichprobe vom Umfang n entnommen. Dabei sei x_i die Anzahl der Elemente mit der Eigenschaft A_i in der Stichprobe.

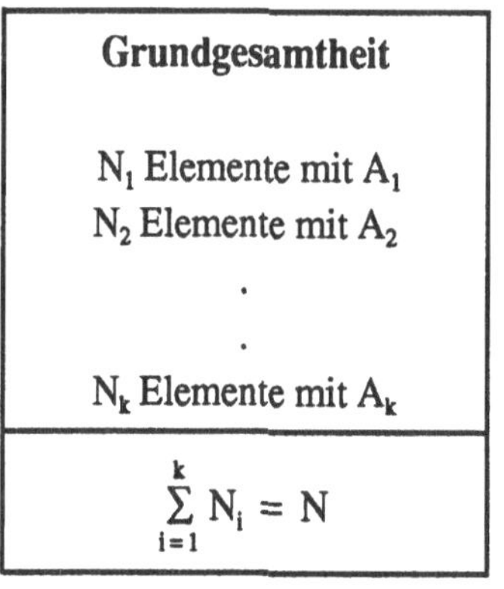

Wir haben nun k Zufallsgrößen X_i = Anzahl der Elemente mit der Eigenschaft A_i in der Stichprobe. Diese k eindimensionalen Zufallsgrößen bilden zusammen einen k-dimensionalen **Zufallsvektor**(Stichprobenvektor)

$$\mathbf{X} = (X_1, X_2, X_3, \ldots, X_k).$$

Gesucht wir die Wahrscheinlichkeit, daß diese k-dimensionale Zufallsgröße eine ganz bestimmte Realisation

$$\mathbf{x} = (x_1, x_2, x_3, \ldots, x_k)$$

annimmt. Gesucht ist also die Wahrscheinlichkeit dafür, daß in der Stichprobe genau x_1 Elemente mit der Eigenschaft A_1, x_2 Elemente mit der Eigenschaft A_2, ... , x_k Elemente mit der Eigenschaft A_k enthalten sind.

a) Polynomialverteilung

Die Stichprobenelemente werden **mit Zurücklegen** entnommen. Es handelt sich hier um eine **Verallgemeinerung der Binomialverteilung**.

Definition 1.32

Die Verteilung einer k-dimensionalen Zufallsgröße mit der Wahrscheinlichkeitsfunktion

$$P(X_1 = x_1, X_2 = x_2, \ldots, X_k = x_k) = \frac{n!}{x_1! x_2! \ldots x_k!} \left(\frac{N_1}{N}\right)^{x_1} \left(\frac{N_2}{N}\right)^{x_2} \cdots \left(\frac{N_k}{N}\right)^{x_k} \qquad (1.81)$$

heißt **Polynomialverteilung**.

b) Verallgemeinerte Hypergeometrische Verteilung

Die Elemente der Stichprobe werden aus der Grundgesamtheit **ohne Zurücklegen** entnommen.

Definition 1.33

Die Verteilung einer k-dimensionalen Zufallsgröße mit der Wahrscheinlichkeitsfunktion

$$P(X_1 = x_1, X_2 = x_2, \ldots, X_k = x_k) = \frac{\binom{N_1}{x_1}\binom{N_2}{x_2} \cdots \binom{N_k}{x_k}}{\binom{N}{n}} \qquad (1.82)$$

heißt **verallgemeinerte Hypergeometrische Verteilung**.

Beispiel 1.74. In einer Urne befinden sich $N = 20$ Kugeln und zwar $N_1 = 8$ blaue, $N_2 = 6$ rote, $N_3 = 4$ grüne und $N_4 = 2$ schwarze Kugeln. Wie groß ist die Wahrscheinlichkeit, bei einem Stichprobenumfang $n = 8$ je 2 Kugeln von jeder Farbe zu ziehen, wenn die Entnahme einmal ohne und einmal mit Zurücklegen erfolgt?

a) $\quad P(X_1 = 2, X_2 = 2, X_3 = 2, X_4 = 2) = \dfrac{8!}{2! \cdot 2! \cdot 2! \cdot 2!} \, 0{,}4^2 \cdot 0{,}3^2 \cdot 0{,}2^2 \cdot 0{,}1^2$

$$= 0{,}0145152 = 1{,}45\%$$

b) $\quad P(X_1 = 2, X_2 = 2, X_3 = 2, X_4 = 2) = \dfrac{\binom{8}{2}\binom{6}{2}\binom{4}{2}\binom{2}{2}}{\binom{20}{8}}$

$$= 0{,}0200048 = 2\%$$

1.5.5 Normalverteilung

a) Wahrscheinlichkeitsdichte

Definition 1.34

Die Verteilung der stetigen Zufallsgröße X mit der Dichtefunktion

$$f(x\,/\,\mu\,,\sigma^2) \;=\; \frac{1}{\sigma\sqrt{2\pi}}\cdot e^{-(x-\mu)^2/(2\sigma^2)} \tag{1.83}$$

$$(-\infty < x < \infty\,;\, -\infty < \mu < \infty;\;\; \sigma > 0)$$

heißt **Normalverteilung** mit den Parametern μ und σ^2.

1. Für alle μ und alle $\sigma > 0$ gilt:
$$\int_{-\infty}^{\infty} f(x\,/\,\mu;\,\sigma^2)\,dx \;=\; 1 \tag{1.84}$$

(Normierung der Dichtefunktion)

2. Die Dichtefunktion ist symmetrisch zur Geraden $x = \mu$.

3. Das einzige Maximum liegt bei $x = \mu$. Die Dichtefunktion hat dort den Funktionswert $1/\,(\sigma\sqrt{2\pi})$, d.h. die Höhe des Maximums nimmt mit zunehmenden σ ab.

4. Die beiden Wendepunkte liegen an den Stellen $x = \mu \pm \sigma$.

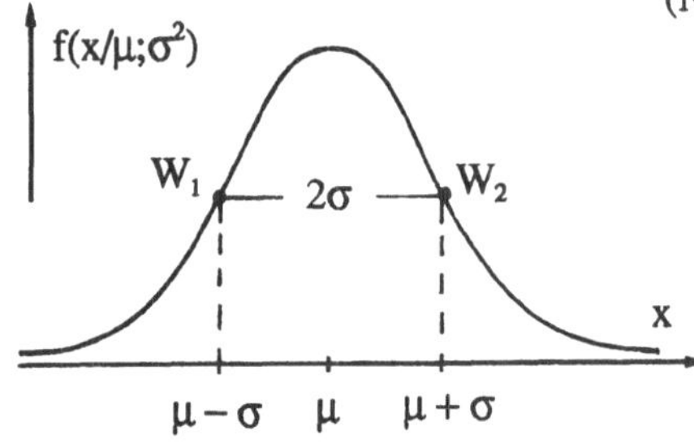

Bild 1.27   Dichtefunktion einer Normalverteilung

b) Verteilungsfunktion

$$F(x\,/\,\mu;\,\sigma^2) \;=\; P(X \le x) \;=\; \int_{-\infty}^{x} f(t\,/\,\mu\,;\,\sigma^2)\,dt \tag{1.85}$$

$$F(-\infty) = 0,\qquad F(\mu) = 0{,}5 \quad (\text{Symmetrie!}) \quad \text{und} \quad F(\infty) = 1.$$

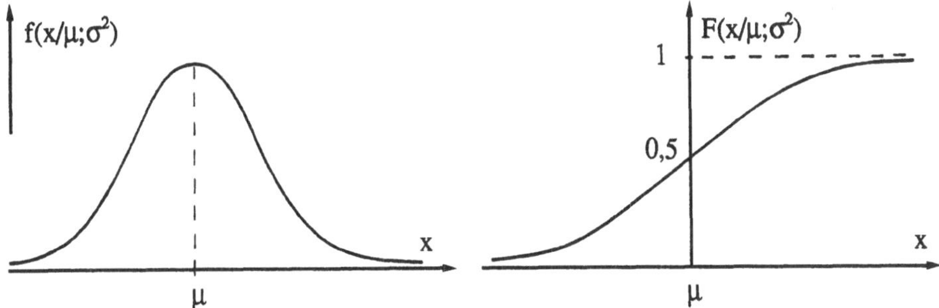

Bild 1.28 Wahrscheinlichkeitsdichte und Verteilungsfunktion einer
Normalverteilung

Mit der Verteilungsfunktion erhält man die Wahrscheinlichkeit dafür, daß die normalverteilte Zufallsgröße X Werte zwischen $x_1 = a$ und $x_2 = b$ annimmt, durch

$$P(a < X \le b) = \int_a^b f(x / \mu, \sigma^2)\,dx = F(b) - F(a) \tag{1.86}$$

Da das Integral über die Dichtefunktion einer Normalverteilung nicht in geschlossener
Form angegeben werden kann, ist die Aussage von Gl. (1.86) in der Form für die Praxis
wenig hilfreich. Wir werden die Wahrscheinlichkeit dafür, daß die normalverteilte
Zufallsgröße X Werte zwischen $x_1 = a$ und $x_2 = b$ annimmt, über die Verteilungsfunktion
der Standardnormalverteilung angeben (s. Gl. 1.93).

c) Charakteristische Funktion

$$\varphi_X(t) = e^{\,j\mu t - \frac{t^2 \sigma^2}{2}} \tag{1.87}$$

d) Mittelwert und Varianz

Die beiden Parameter der Normalverteilung haben die durch die bei der Definition der
Normalverteilung durch die Wahl der Buchstaben schon zum Ausdruck gebrachte
Bedeutung

$$E(X) = \mu \qquad \text{und} \qquad Var(X) = \sigma^2 \tag{1.88}$$

e) Additionssatz für normalverteilte Zufallsgrößen

Sind die stochastisch unabhängigen Zufallsgrößen X_1 und X_2 normalverteilt mit den Parameter μ_1 bzw. μ_2 und σ_1^2 bzw. σ_2^2, so ist die Zufallsgröße $X = X_1 + X_2$ normalverteilt mit den Parametern $\mu = \mu_1 + \mu_2$ und $\sigma^2 = \sigma_1^2 + \sigma_2^2$.

Der Satz läßt sich einfach über die charakteristische Funktion beweisen und verallgemeinern. Für die Verallgemeinerung ist die wesentliche Aussage, daß die Summe unabhängiger normalverteilter Zufallsgrößen wieder einer Normalverteilung genügt. Daß der Erwartungswert dieser Summe gleich ist der Summe der Erwartungswerte und die Varianz der Summe unabhängiger Zufallsgrößen durch die Summe der Varianzen gegeben ist, gilt ganz allgemein.

Dieser Additionssatz für normalverteilte Zufallsgrößen hat in der Wahrscheinlichkeitsrechnung und insbesondere in der Statistik eine außerordentliche Bedeutung.

f) Standardnormalverteilung

Definition 1.35

Eine normalverteilte Zufallsgröße U mit $E(U) = 0$ und $Var(U) = 1$ heißt **standardnormalverteilt.**

Eine (μ, σ^2)-normalverteilte Zufallsgröße X wird durch die Transformation

$$U = \frac{X - \mu}{\sigma} \tag{1.89}$$

in eine standardnormalverteilte Zufallsgröße U übergeführt.

Dichtefunktion der Standardnormalverteilung

$$f(u \,/\, 0\,;\,1) = \varphi(u) = \frac{1}{\sqrt{2\pi}}\, e^{-\frac{u^2}{2}} \tag{1.90}$$

Verteilungsfunktion der Standardnormalverteilung

$$F(u \,/\, 0\,;1) \;=\; \Phi(u) \;=\; \frac{1}{\sqrt{2\pi}} \int\limits_{-\infty}^{u} e^{-\frac{t^2}{2}}\, dt \tag{1.91}$$

Die Verteilungsfunktion $\Phi(u)$ der Standardnormalverteilung läßt sich nicht durch elementare Funktionen ausdrücken. Das Integral von Gl. (1.91) kann aber durch ein numerisches Integrationsverfahren bestimmt werden. Manche Taschenrechner besitzen ein Programm zur Berechnung von $\Phi(u)$, sodaß die Zahlenwerte der Verteilungsfunktion der Standardnormalverteilung durch einen Knopfdruck abrufbar sind.
Eine Tabelle mit Zahlenwerten der Verteilungsfunktion $\Phi(u)$ befindet sich im Anhang. Dabei genügt es, eine Tabelle der Verteilungsfunktion für $u \geq 0$ anzugeben. Für negative u-Werte gilt wegen der Symmetrie der Standardnormalverteilung zu $u = 0$:

$$\Phi(-u) \;=\; 1 - \Phi(u) \tag{1.92}$$

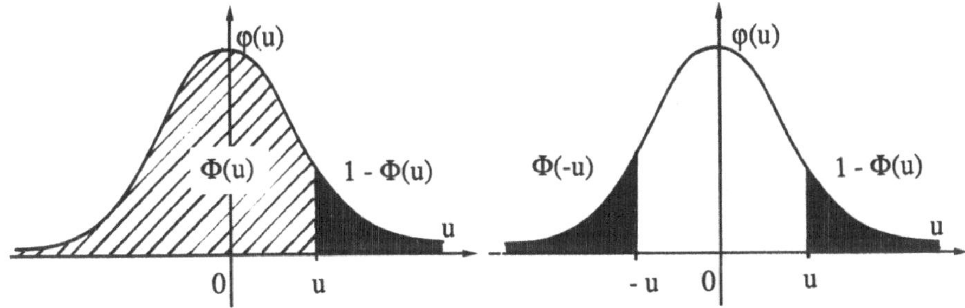

Bild 1.29 Dichte- und Verteilungsfunktion der Standardnormalverteilung

Mit Hilfe der Zahlenwerte der Verteilungsfunktion $\Phi(u)$ der Standardnormalverteilung kann die Wahrscheinlichkeit dafür, daß die (μ, σ^2) - normalverteilte Zufallsgröße X Werte zwischen x_1 und x_2 annimmt, auf folgende Weise berechnet werden:

$$P(x_1 < X \leq x_2) \;=\; P(u_1 < U \leq u_2) \;=\; \Phi(u_2) - \Phi(u_1) \tag{1.93}$$

Zur Berechnung von Wahrscheinlichkeiten in Zusammenhang mit normalverteilten Zufallsgrößen genügt es also, die Zahlenwerte der Verteilungsfunktion der Standardnormalverteilung zu kennen.

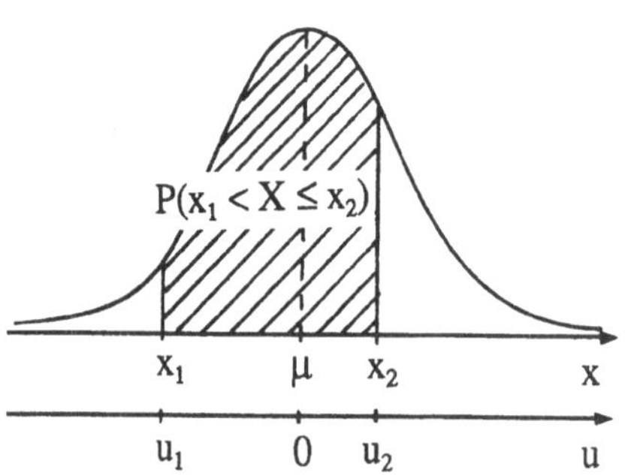

Bild 1.30   Wahrscheinlichkeit
$P(x_1 < X \leq x_2)$

Die Wahrscheinlichkeit, daß eine (μ, σ^2)-normalverteilte Zufallsgröße X Werte zwischen x_1 und x_2 annimmt, entspricht der Wahrscheinlichkeit, daß die standardnormalverteilte Zufallsgröße U im Intervall von u_1 bis u_2 liegt. Die Umrechnung von der (μ, σ^2)-normalverteilten Zufallsgrößen X zur standardnormalverteilten Zufallsgrößen U bedeutet eine Verschiebung und eine Änderung des Maßstabes auf der Abszissenachse (s. Bild 1.30).

Dabei entspricht z.B. $u_1 = 1$ einem Merkmalswert x_1, der um eine Standardabweichung über dem Mittelwert liegt.

Quantile der Standardnormalverteilung

Definition 1.36

Die Zahlenwerte u_α, für die gilt:

$$P(U \leq u_\alpha) = \Phi(u_\alpha) = \alpha \tag{1.95}$$

heißen **Quantile der Standardnormalverteilung**.

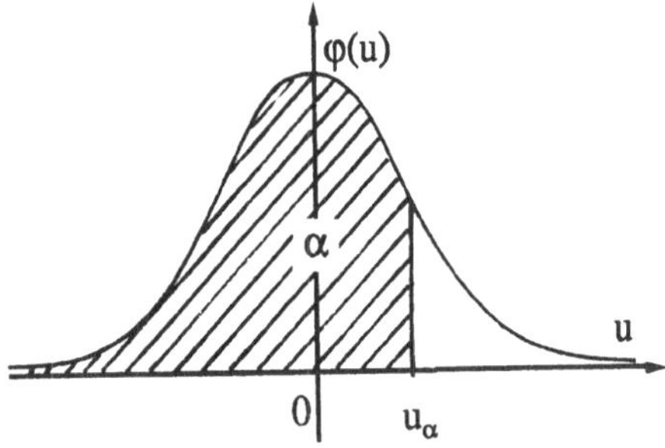

Bild 1.31   Quantile der Standardnormalverteilung

Für eine Reihe von Fragestellungen ist es notwendig, diese Quantile (Prozentpunkte) zu kennen. Wegen der Symmetrie der Standardnormalverteilung zu $u = 0$ gilt

$$u_{1-\alpha} = -u_\alpha \tag{1.96}$$

Eine Tabelle mit Quantilen der Standardnormalverteilung befindet sich im Anhang.

So ist z.B: $u_{0,95} = 1,645$, d.h. mit einer Wahrscheinlichkeit von 95 % nimmt eine standardnormalverteilte Zufallsgröße U Werte an, die höchstens gleich 1,645 sind, d.h es gilt $P(U \leq 1,645) = 0,95$.

Beispiel 1.75. Eine Zufallsgröße X sei (μ, σ^2) -normalverteilt. Mit welcher Wahrscheinlichkeit nimmt die Zufallsgröße X Werte an, die einem zum Mittelwert symmetrischen Intervall von $x_1 = \mu - k\sigma$ bis $x_2 = \mu + k\sigma$ liegen?

$$P(\mu - k\sigma < X \leq \mu + k\sigma) = P(-k < U \leq k) = \Phi(k) - \Phi(-k)$$

$$= \Phi(k) - [1 - \Phi(k)] = 2 \cdot \Phi(k) - 1$$

$$k = 1: \quad P(\mu - \sigma < X \leq \mu + \sigma) = 0,6826$$

$$k = 2: \quad P(\mu - 2\sigma < X \leq \mu + 2\sigma) = 0,9544$$

$$k = 3: \quad P(\mu - 3\sigma < x \leq \mu + 3\sigma) = 0,9973$$

Beispiel 1.76. Bei der Herstellung von Kondensatoren sei die Kapazität eine normalverteilte Zufallsgröße X mit den Parametern $\mu = 5\ \mu F$ und $\sigma = 0,02\ \mu F$.
Welcher Ausschußanteil ist zu erwarten, wenn die Kapazität
a) mindestens 4,98 μF b) höchstens 5,05 μF betragen soll
c) um maximal 0,03 μF vom Sollwert 5 μF abweichen darf?

a) $\qquad P(X < 4,98) = P(U < -1) = \Phi(-1) = 0,1587 = 15,87\%$

b) $\qquad P(X > 5,05) = 1 - P(X \leq 5,05) = 1 - P(U \leq 2,5)$

$$= 1 - 0,9938 = 0,0062 = 0,62\%$$

c) $\qquad P(4,97 < X < 5,03) = P(-1,5 < U < 1,5) = 2 \cdot \Phi(1,5) - 1$

$$= 0,8664 \quad \Rightarrow \quad \text{Ausschußanteil} = 13,36\%$$

Beispiel 1.77. Eine Abfüllmaschine füllt ein bestimmtes Erzeugnis in Dosen. Das Nettogewicht einer Dose sei eine normalverteilte Zufallsgröße X. Die Standardabweichung als Maß für die Präzision, mit der die Maschine arbeitet, sei $\sigma = 8$ g. Auf welchen Mittelwert ist die Maschine einzustellen, wenn höchstens 5% aller Dosen weniger als 250 g enthalten sollen?

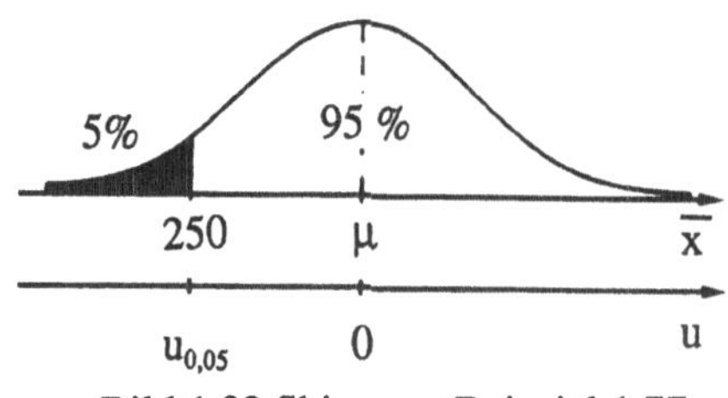

Bild 1.32 Skizze zu Beispiel 1.77

Das Quantil $u_{0,05} = -1,645$ entspricht dem Merkmalswert $x = 250$ g (s. Bild 1.32). Aus

$$u_{0,05} = -1,645 = \frac{(250 - \mu)}{8}$$

folgt $\mu = 250$ g $+ 1,645 \cdot 8$ g $= 263,2$ g.

1.5.6 Logarithmische Normalverteilung

Definition 1.37

Eine stetige Zufallsgröße X heißt **logarithmisch normalverteilt**, wenn die Zufallsgröße $Y = \ln X$ normalverteilt ist.

Da die Zufallsgröße $Y = \ln X$ einer Normalverteilung mit $E(\ln X) = \mu$ und $\mathrm{Var}(\ln X) = \sigma^2$ genügt, ist die Zufallsgröße

$$U = \frac{(\ln X - \mu)}{\sigma} \qquad \text{standardnormalverteilt.}$$

Damit erhält man für $x > 0$ die **Verteilungsfunktion der logarithmischen Normalverteilung**

$$F(x) = P(X \leq x) = \Phi\left(\frac{\ln x - \mu}{\sigma}\right) = \frac{1}{\sigma\sqrt{2\pi}} \int_0^x e^{-\frac{(\ln t - \mu)^2}{2\sigma^2}} \frac{1}{t} dt \qquad (1.96)$$

und als Ableitung die **Dichtefunktion**

$$f(x) = \begin{cases} \dfrac{x^{-1}}{\sigma\sqrt{2\pi}} \cdot e^{-\frac{(\ln x - \mu)^2}{2\sigma^2}} & \text{für } x > 0 \\[3mm] 0 & \text{sonst} \end{cases} \qquad (1.97)$$

Für eine logarithmisch normalverteilte Zufallsgröße X gilt

$$E(X) = e^{\mu + \sigma^2/2} \quad \text{und} \quad Var(X) = e^{2\mu + \sigma^2} \cdot \left(e^{\sigma^2} - 1\right) \tag{1.98}$$

Hierbei sind, wie in den vorhergehenden Gleichungen, $\mu = E(Y)$ und $\sigma^2 = Var(Y)$, Erwartungswert und Varianz der normalverteilten Zufallsgröße $Y = \ln X$.

Die Dichtefunktion einer Lognormalverteilung hat eine positive Schiefe.
Derartige rechtsschief verteilte Daten treten in der Praxis auf. Wird Lognormalverteilung vermutet, so ist zu prüfen, ob die Logarithmen dieser Daten Stichprobenwerte einer normalverteilten Grundgesamtheit sind. Das Prüfen einer Hypothese über die Art des Verteilungsgesetzes wird im Abschnitt 5 besprochen.

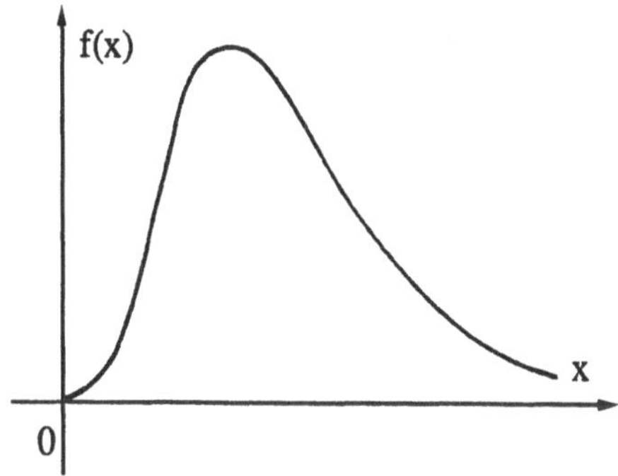

Bild 1.38   Dichtefunktion einer Lognormalverteilung

Während die Normalverteilung durch additives Zusammenwirken vieler Zufallsgrößen zustande kommt (s. Zentraler Grenzwertsatz, Abschnitt 1.6), kann das Entstehen logarithmisch normalverteilter Merkmale durch multiplikatives Zusammenwirken vieler Zufallsgrößen erklärt werden.
Die Lognormalverteilung spielt eine Rolle bei vielen biologischen Merkmalen, Merkmalen der Wirtschaftsstatistik (Umsätze, Bruttomonatsverdienste) und bei Lebensdauerverteilungen in der Zuverlässigkeitstheorie.

1.5.7 Gammaverteilung

Definition 1.38

Die Verteilung der stetigen Zufallsgröße X mit der Dichtefunktion

$$f(x) = \begin{cases} 0 & \text{für } x < 0 \\[2ex] \dfrac{a^b}{\Gamma(b)}\, x^{b-1} \cdot e^{-ax} & \text{für } x \geq 0 \end{cases} \qquad (1.99)$$

heißt **Gammaverteilung** mit den Parametern a und b ($a > 0$, $b > 0$).

Definition der Gammafunktion:

$$\Gamma(y) = \int_0^\infty e^{-t} \cdot t^{y-1}\, dt \qquad (1.100)$$

Es genügt hier die Gammafunktion für reelle Variable $y > 0$ zu definieren. Durch partielle Integration erhält man die folgende Rekursionsformel

$$\Gamma(y + 1) = y \cdot \Gamma(y). \qquad (1.101)$$

Es genügt also die Werte der Gammafunktion in einem Intervall der Länge 1 zu kennen. Die Funktionswerte der Gammafunktion können Tabellen entnommen werden. Für natürliche Zahlen n gilt

$$\Gamma(n) = (n-1)! \qquad (1.102)$$

Mit der Substitution $t = a.x$ folgt aus der Definition der Gammafunktion

$$\Gamma(y) = \int_0^\infty e^{-ax} \cdot (a.x)^{y-1}\, adx = a^y \int_0^\infty x^{y-1} \cdot e^{-ax}\, dx$$

$$\frac{\Gamma(b)}{a^b} = \int_0^\infty x^{b-1} \cdot e^{-ax}\, dx. \qquad (1.103)$$

Aus dieser Formel erkennt man unmittelbar die Normierung der Dichtefunktion der Gammaverteilung.

Charakt. Funktion

$$\varphi_X(t) = \frac{a^b}{\Gamma(b)} \int_0^\infty x^{b-1} \cdot e^{-(a-jt)x}\, dt$$

$$= [\frac{a}{a-jt}]^b = \left[1 - \frac{jt}{a}\right]^{-b} \tag{1.104}$$

Erwartungswert

$$E(X) = \frac{b}{a} \tag{1.105}$$

Varianz

$$Var(X) = \frac{b}{a^2} \tag{1.106}$$

Bei der Bestimmung der charakteristischen Funktion wird Gl. (1.103) verwendet. Mittelwert und Varianz erhält man am einfachsten über die Ableitungen der charakteristischen Funktion.

Sonderfälle der Gammaverteilung:

1. Für $b = 1$ erhält man die **Exponentialverteilung**

$$f(x) = \begin{cases} 0 & \text{für } x < 0 \\ a\,e^{-a \cdot x} & \text{für } x \geq 0 \end{cases} \qquad E(X) = \frac{1}{a}; \ Var(X) = \frac{1}{a^2}$$

2. χ^2**-Verteilung** für $a = 0{,}5$ und $b = m/2$ ($m = 1,2,3,4,\dots$)

$$f(x) = \begin{cases} 0 & \text{für } x < 0 \\ \dfrac{0{,}5^{m/2}}{\Gamma(m/2)} \cdot x^{m/2-1} \cdot e^{-x/2} & \text{für } x \geq 0 \end{cases} \qquad E(X) = m; \ Var(X) = 2m$$

Der Parameter m einer χ^2-Verteilung heißt "Anzahl der Freiheitsgrade".

In Zusammenhang mit der χ^2-Verteilung gilt folgender Satz:

Es seien $U_1, U_2, \ldots, U_m$ stochastisch unabhängige, standardnormalverteilte Zufallsgrößen. Die Zufallsgröße

$$Y = U_1^2 + U_2^2 \cdots U_m^2 = \sum_{i=1}^{m} U_i^2$$

genügt einer χ^2-Verteilung mit m Freiheitsgraden.

Beweis:

a) $m = 1 \Rightarrow Y = U^2$:

$$F(y) = P(Y \leq y) = P(U^2 \leq y) = P(-\sqrt{y} \leq U \leq \sqrt{y}) = \Phi(\sqrt{y}) - \Phi(-\sqrt{y})$$

$$= 2 \cdot \Phi(\sqrt{y}) - 1$$

Hierbei ist Φ die Verteilungsfunktion und φ die Dichtefunktion der Standardnormalverteilung. Die Dichtefunktion f(y) erhält man als Ableitung der Verteilungsfunktion zu

$$f(y) = 2 \cdot \varphi(\sqrt{y}) \cdot \frac{1}{2} \cdot \frac{1}{\sqrt{y}} = \frac{1}{\sqrt{2 \cdot \pi}} \cdot y^{-\frac{1}{2}} \cdot e^{-y/2}$$

Beachtet man $\Gamma\left(\frac{1}{2}\right) = \sqrt{\pi}$, so erkennt man :

Die Zufallsgröße $Y = U^2$ genügt einer χ^2-Verteilung mit $m = 1$ Freiheitsgraden und hat daher die charakteristische Funktion

$$\varphi_Y(t) = (1 - 2jt)^{-\frac{1}{2}}$$

b) $Y = \sum_{i=1}^{m} U_i^2 :$ $\varphi_Y(t) = \prod_{i=1}^{m} (1 - 2jt)^{-\frac{1}{2}} = (1 - 2jt)^{-\frac{m}{2}}$

Dies ist aber die charakteristische Funktion einer χ^2 - verteilten Zufallsgröße mit m Freiheitsgraden.

3. Für natürliche Zahlen $b = n$ erhält man die **Erlang-Verteilung**

$$f(x) = \begin{cases} 0 & \text{für } x < 0 \\[2mm] \frac{a^n}{(n-1)!} \cdot x^{n-1} \cdot e^{-ax} & \text{für } x \geq 0 \end{cases} \qquad E(X) = \frac{n}{a} ; \ Var(X) = \frac{n}{a^2}$$

In Zusammenhang mit der Erlang-Verteilung gilt folgender Satz:

Eine Summe von n stochastisch unabhängigen exponentialverteilten Zufallsgrößen mit dem gemeinsamen Parameter a genügt einer Erlang-Verteilung mit den Parametern a und n.

Beweis: Aus Gl. (104) folgt mit b = 1 für die charakteristische Funktion einer Exponentialverteilung

$$\varphi_X(t) = \left(1 - \frac{jt}{a}\right)^{-1}$$

Die charakteristische Funktion einer Summe unabhängiger, mit dem gemeinsamen Parameter a exponentialverteilter Zufallsgrößen folgt daher

$$Y = \sum_{i=1}^{n} X_i \quad \Rightarrow \quad \varphi_Y(t) = \prod_{i=1}^{n}\left(1 - \frac{jt}{a}\right)^{-1} = \left(1 - \frac{jt}{a}\right)^{-n}$$

$\varphi_Y(t)$ ist die charakteristische Funktion einer Erlang-Verteilung mit den Parametern n und a (charakteristische einer Gammaverteilung mit den Parametern a und b = n).

1.5.8 Betaverteilung

Definition 1.39

Unter der **Betafunktion** versteht man

$$B(a,b) = \int_{0}^{1} x^{a-1} \cdot (1-x)^{b-1}\, dx \qquad a > 0 \quad \text{und} \quad b > 0$$

$$\text{Dabei gilt:} \qquad B(a,b) = \frac{\Gamma(a) \cdot \Gamma(b)}{\Gamma(a+b)}$$

Definition 1.40

Die Verteilung der stetigen Zufallsgröße X mit der Dichtefunktion

$$f(x) = \begin{cases} \dfrac{1}{B(a,b)} \cdot x^{a-1} \cdot (1-x)^{b-1} & 0 < x < 1; \quad a > 0; \quad b > 0 \\ 0 & \text{sonst} \end{cases} \qquad (1.107)$$

heißt **Betaverteilung**.

Momente der Betaverteilung:

$$\alpha_k = E(X^k) = \frac{1}{B(a,b)} \int_0^1 x^k \cdot x^{a-1} \cdot (1-x)^{b-1}\, dx$$

$$= \frac{\Gamma(a+b)}{\Gamma(a)\cdot\Gamma(b)} \cdot \frac{\Gamma(a+k)\cdot\Gamma(b)}{\Gamma(a+k+b)} = \frac{\Gamma(a+b)\cdot\Gamma(a+k)}{\Gamma(a)\cdot\Gamma(a+k+b)}$$

Sonderfall $a = b = 2$:

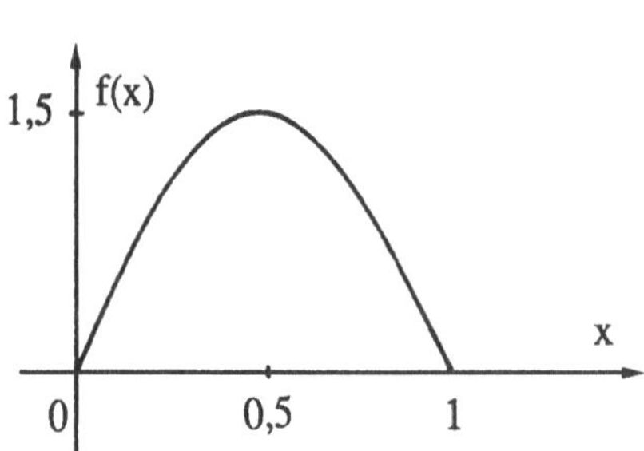

$$f(x) = \begin{cases} 6x(1-x) & 0 < x < 1 \\ 0 & \text{sonst} \end{cases}$$

$$E(X) = \frac{\Gamma(4)\cdot\Gamma(3)}{\Gamma(2)\cdot\Gamma(5)} = 0{,}5$$

(Symmetrie der Verteilung zu $x = 0{,}5$)

$$E(X^2) = \frac{\Gamma(4)\cdot\Gamma(4)}{\Gamma(2)\cdot\Gamma(6)} = 0{,}3$$

Bild 1.33 Dichtefunktion

$$\Rightarrow \quad Var(X) = \sigma^2 = 0{,}05$$

1.5.9 Grundbegriffe der Zuverlässigkeitstheorie, Weibullverteilung

Die Weibullverteilung gehört zu einer Gruppe von Wahrscheinlichkeitsverteilungen, die als **Lebensdauerverteilungen** bezeichnet werden. Sie ist geeignet, die stetige Zufallsgröße T = "Lebensdauer" bzw. "fehlerfreie Arbeitszeit" von elektronischen Bauteilen oder anderen technischen Produkten zu beschreiben.

Wir wollen hier nur auf einige Grundbegriffe der Zuverlässigkeitstheorie eingehen.

Definition 1.41

Die Wahrscheinlichkeit dafür, daß ein Element (Bauteil) im Zeitintervall [0, t] ausfällt, heißt **Ausfallwahrscheinlichkeit**.

$$\text{Ausfallwahrscheinlichkeit:} \qquad F(t) = P(T \leq t)$$

Die Ausfallwahrscheinlichkeit F(t) gibt also die Wahrscheinlichkeit an, daß der erste Fehler vor dem Zeitpunkt t $(0 \leq t < \infty)$ eintritt.

Es gilt F(t) = 0 für Zeitpunkte t < 0 und es sei f(t) = F'(t) die zugehörige Dichtefunktion.

Definition 1.42

Die Wahrscheinlichkeit dafür, daß das Element bis zum Zeitpunkt t **nicht** ausfällt, heißt **Überlebenswahrscheinlichkeit** G(t).

$$G(t) = P(T > t) = 1 - F(t)$$

Definition 1.43

Der Erwartungswert T_0 der fehlerfreien Arbeitszeit

$$T_0 = E(T) = \int_0^\infty t \cdot f(t)\, dt$$

heißt **mittlere Lebenszeit** oder **MTBF** (mean time before failure).

Unter der Voraussetzung, daß die auftretenden Integrale konvergieren, gilt

$$T_0 = \int_0^\infty G(t)\, dt \qquad\qquad\qquad \text{(s. Gl. 1.58)}$$

Definition 1.44

Unter der **Ausfallrate** versteht man

$$r(t) = -\frac{G'(t)}{G(t)} = \frac{F'(t)}{1 - F(t)} \qquad\qquad (1.108)$$

$r(t) \cdot \Delta t$ ist die bedingte Wahrscheinlichkeit dafür, daß ein Element im Zeitintervall $[t, t + \Delta t]$ ausfällt. Voraussetzung dafür ist, daß es bis zum Zeitpunkt t ordnungsgemäß gearbeitet hat.

Mit den zufälligen Ereignissen $A_1 = T > t$ und $A_2 = T \leq t + \Delta t$ folgt

$$r(t) \cdot \Delta t = P(A_2 / A_1) = \frac{P(A_1 \cdot A_2)}{P(A_1)} = \frac{F(t + \Delta t) - F(t)}{G(t)}$$

Für kleine Δt gilt $F(t + \Delta t) - F(t) = F'(t).\Delta t = -G'(t).\Delta t$, woraus schließlich die Definitionsgleichung der Ausfallrate r(t) folgt.

Aus der Differentialgleichung

$$-\frac{G'(t)}{G(t)} = r(t)$$

erhält man mit der Nebenbedingung $G(0) = 1$:

$$-\ln G(t) = \int_0^t r(\tau)d\tau \quad \Rightarrow$$

$$G(t) = e^{-\int_0^t r(\tau)\cdot d\tau} \quad \text{bzw.} \quad F(t) = 1 - e^{-\int_0^t r(\tau)\cdot d\tau} \tag{1.109}$$

Gleichung 1.109 zeigt, daß durch die Ausfallrate $r(t)$ die Überlebenswahrscheinlichkeit $G(t)$, die Ausfallwahrscheinlichkeit $F(t) = P(T \le t)$ und die Dichtefunktion $f(t) = F'(t)$ der Lebensdauerverteilung bestimmt sind.

Bei der Weibullverteilung wird die Ausfallrate in der Form

$$r(t) = \alpha \cdot \beta \cdot t^{\beta-1} \tag{1.110}$$

angesetzt. Dadurch lassen sich für $\beta > 1$ monoton wachsende, für $\beta = 1$ konstante und für $0 < \beta < 1$ monoton fallende Ausfallraten darstellen.

Mit der für die Weibullverteilung angenommene Ausfallrate nach Gl. (1.110) erhält man unter Verwendung von Gl. (1.109)

$$F(t) = 1 - e^{\alpha t^{\beta}} \quad \text{und} \quad f(t) = \alpha \cdot \beta \cdot t^{\beta-1} \cdot e^{-\alpha t^{\beta}} \qquad (t > 0)$$

Definition 1.45

Die Verteilung der stetigen Zufallsgröße T mit der Dichtefunktion

$$f(t\,/\,\alpha, \beta) = \begin{cases} 0 & t < 0 \\ \\ \alpha \cdot \beta \cdot t^{\beta-1}\, e^{-\alpha \cdot t^{\beta}} & t \ge 0 \end{cases}$$

heißt **Weibullverteilung** mit den Parametern α und β.

Erwartungswert und Varianz einer Weibullverteilung

$$E(T) = \alpha^{-\frac{1}{\beta}} \, \Gamma\left(\frac{1}{\beta}+1\right)$$

$$\mathrm{Var}(T) = \alpha^{-\frac{2}{\beta}} \left[\Gamma\left(\frac{2}{\beta}+1\right) - \left(\Gamma\left(\frac{1}{\beta}+1\right)\right)^2 \right]$$

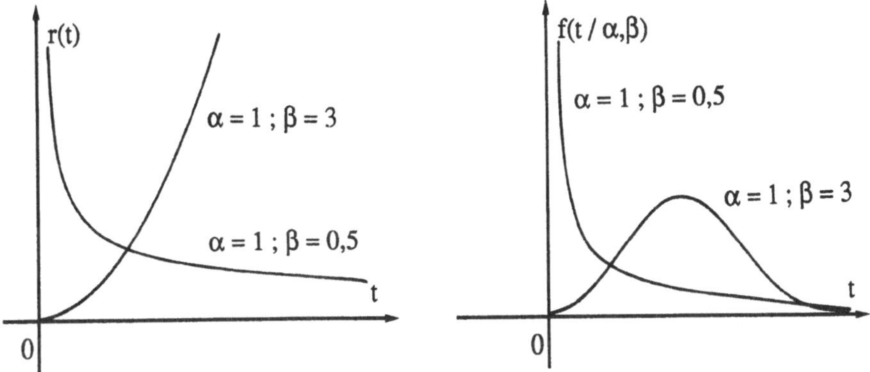

Bild 1.34 Ausfallraten r(t) und Dichtefunktionen f(t) von Weibullverteilungen

Für $3 \le \beta \le 5$ kann kann die Weibullverteilung durch eine Normalverteilung approximiert werden.

Sonderfälle der Weibullverteilung:

1. $\beta = 1 \Rightarrow$ Konstante Ausfallrate $r(t) = \alpha$: **Exponentialverteilung**

$$f(t) = \alpha \cdot e^{-\alpha t} \qquad (t \ge 0)$$

2. $\beta = 2 \Rightarrow$ Linear ansteigende Ausfallrate $r(t) = 2\alpha t$: **Rayleigh-Verteilung**

$$f(t) = 2\alpha \cdot t \cdot e^{-\alpha t^2} \qquad (t \ge 0)$$

1.5.10 Hjorth-Verteilung

Mit der Weibullverteilung lassen sich Lebensdauerverteilungen beschreiben, die entweder eine fallende oder konstante oder steigende Ausfallrate haben.

Für viele Elemente hat die Ausfallrate jedoch einen badewannenförmigen Verlauf.

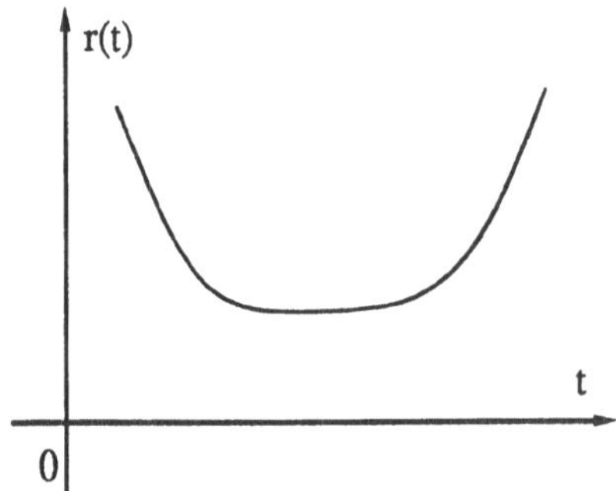

Bild 1.35   Badewannenkurve

Bei der "Badewannenkurve" von Bild 1.35 fallen drei charakteristische Abschnitte auf:

1. Anfangs fallen durch **Frühfehler** viele Elemente aus. Die Ausfallrate nimmt mit der Zeit ab.

2. In einem zweiten, durch **Zufallsfehler** bestimmten Zeitabschnitt bleibt die Ausfallrate annähernd konstant.

3. Im letzten Zeitabschnitt nimmt die Ausfallrate infolge von **Alterungserscheinungen** wieder zu.

Die von Hjorth (1980) eingeführte **IDB**-Verteilung (Increasing, Decreasing, Bathtube-shaped) hat die Ausfallrate

$$r(t) \;=\; \alpha\, t + \frac{\gamma}{1 + \beta\, t} \tag{1.111}$$

Mit Gleichung 1.109 erhält man die Verteilungsfunktion der Hjorth-Verteilung

$$F(t) \;=\; 1 - e^{-\int_0^t r(\tau)\,d\tau} \;=\; 1 - \frac{e^{-\alpha\frac{t^2}{2}}}{1 + \beta\, t^{\frac{\gamma}{\beta}}}$$

und durch Differenzieren die Dichtefunktion f(t).

Definition 1.46

Die Verteilung der stetigen Zufallsgröße T mit der Dichtefunktion

$$f(t) \;=\; \frac{\alpha t(1 + \beta t) + \gamma}{(1 + \beta\, t)^{\frac{\gamma}{\beta} + 1}} \cdot e^{-\alpha\frac{t^2}{2}} \tag{1.112}$$

für $t \geq 0$, heißt **Hjorth-Verteilung** oder **IDB-Verteilung**.

Erwartungswert und Varianz der Hjorth-Verteilung lassen sich nicht explizit angeben. Die entsprechenden Integrale müssen bei bekannten Zahlenwerten von α, β und γ gegebenenfalls durch ein numerisches Näherungsverfahren bestimmt werden.

Als Sonderfälle der Hjorth-Verteilung erhält man für $\alpha = \beta = 0$ die Exponentialverteilung und für $\gamma = 0$ eine Ragleigh-Verteilung.

Neben der Weibullverteilung und der Hjorth-Verteilung spielen bei den Lebensdauerverteilungen auch die uns schon bekannten Verteilungen, wie die Normalverteilung, die Lognormalverteilung und die Gammaverteilung eine Rolle.

Übungsaufgaben zum Abschnitt 1.5 (Lösungen im Anhang)

Beispiel 1.78. Ein Glücksspieler bietet Ihnen folgendes Spiel an: Eine Münze wird 20 mal geworfen. Sie gewinnen, wenn 9, 10 oder 11 mal Zahl erscheint. Ist das Spiel für Sie günstig?

Beispiel 1.79. Bei der Herstellung eines Massenartikels beträgt der Ausschußanteil $p = 0{,}5\%$. Der Artikel wird in Kartons zu je 100 Stück verpackt.
a) Welcher Anteil der Kartons enthält keine Auschußstücke?
b) Welcher Anteil der Kartons enthält 2 oder mehr Ausschußstücke?

Beispiel 1.80. Aus einer umfangreichen Bevölkerung werden $n = 100$ Personen zufällig ausgewählt (Auswahlsatz $f < 0{,}05$). Wie groß ist die Wahrscheinlichkeit, daß mindestens eine Person am 24.12. Geburtstag hat, wenn angenommen werden kann, daß die Geburtstage in der Gesamtbevölkerung gleichmäßig über das Jahr verteilt sind ?

Beispiel 1.81. Rutherford und Geiger beobachteten in $n = 2608$ Zeitabschnitten zu je 7,5 s Dauer die Anzahl der emittierten α - Teilchen eines radioaktiven Präperates. Das Ergebnis der Beobachtungen zeigt die folgende Tabelle.

x_i	0	1	2	3	4	5	6	7	8	9	10
n_i	57	203	383	525	532	408	273	139	45	27	16

Unter der Annahme, die Zufallsgröße $X = $ Anzahl der emittierten α - Teilchen pro Zeitintervall genüge einer Poisson-Verteilung, vergleiche man die beobachteten relativen Häufigkeiten mit den entsprechenden Wahrscheinlichkeiten.

Beispiel 1.82.   Die Zufallsgröße X = Anzahl der Unfälle pro Woche in einer Fabrik genüge einer Poisson-Verteilung mit dem Parameter $\lambda = 0,9$.

a)   Wie groß ist die Wahrscheinlichkeit, daß sich innerhalb einer Woche nicht mehr als 2 Unfälle ereignen?

b)   Wie groß ist die Wahrscheinlichkeit, daß sich in 2 aufeinanderfolgenden Wochen kein Unfall ereignet?

c)   Wie groß ist die Wahrscheinlichkeit, daß sich in 3 aufeinanderfolgen Wochen nicht mehr als 3 Unfälle ereignen?

Beispiel 1.83.   Von N = 52 Ausgaben einer Wochenzeitschrift enthalten N_1 = 12 Ausgaben ein bestimmtes Inserat. Ein Leser kauft im Laufe des Jahres n = 15 Ausgaben dieser Zeitschrift. Wie groß ist die Wahrscheinlichkeit, daß er mindestens eine Ausgabe mit dieser Anzeige erhalten hat?

Beispiel 1.84.   Ein regelmäßiger Würfel wir n = 12 mal geworfen. Wie groß ist die Wahrscheinlichkeit, daß die Augenzahlen 1, 2 und 3 je einmal und die Augenzahlen 4, 5 und 6 je dreimal erscheinen?

Beispiel 1.85.   20 Stimmen werden zufällig auf 3 Kandidaten verteilt. Wie groß ist die Wahrscheinlichkeit, daß der Kandidat A 10 Stimmen und die Kandidaten B und C je 5 Stimmen erhalten?

Beispiel 1.86.   Bei der Herstellung von Kugellagerkugeln ist der Durchmesser einer Kugel eine normalverteilte Zufallsgröße mit $\mu = 5,00$ mm und $\sigma = 0,04$ mm. Alle Kugeln, deren Durchmesser um mehr als 0,05 mm vom Sollwert abweichen, werden als Ausschuß aussortiert. Wie groß ist der Ausschußprozentsatz?

Beispiel 1.87.   Der Intelligenzquotient (IQ) ist in guter Näherung eine normalverteilte Zufallsgröße und habe in einer bestimmten Bevölkerung die Parameter Mittelwert $\mu = 100$ und Standardabweichung $\sigma = 15$.

a) Berechnen Sie P($100 < IQ \leq 130$).

b) Welcher Anteil der Bevölkerung hat einen IQ, der größer ist als 130?

Beispiel 1.88. X_1 und X_2 sind unabhängige normalverteilte Zufallsgrößen mit den Parametern

$$\mu_1 = 150 \text{ und } \sigma_1 = 12 \quad \text{bzw.} \quad \mu_2 = 120 \text{ und } \sigma_2 = 16.$$

Mit welcher Wahrscheinlichkeit nimmt die Zufallsgröße $X = X_1 + X_2$ Werte an, die im Intervall von 260 bis 300 liegen?

1.6   Grenzwertsätze, Gesetze der großen Zahlen

In diesem Abschnitt sollen einige Sätze über Grenzverteilungen von Folgen von Wahrscheinlichkeitsverteilungen besprochen werden. Man unterscheidet dabei **lokale** und **globale** Grenzwertsätze. Ein lokaler Grenzwertsatz macht eine Aussage über die Grenzverteilung einer Folge von Wahrscheinlichkeits- bzw. Dichtefunktionen, ein globaler Grenzwertsatz über die Grenzverteilung einer Folge von Verteilungsfunktionen.

1.6.1   Wiederholung schon behandelter Grenzwertsätze

1. Poissonverteilung als Grenzverteilung einer Binomialverteilung
(Grenzwertsatz von Poisson)

Es sei $\{f(x/n;p)\}$ eine Folge von Wahrscheinlichkeitsfunktionen einer binomialverteilten Zufallsgröße X.
Im Grenzfall $n \to \infty$ strebt diese Folge bei konstantem Erwartungswert $n.p = \lambda$ gegen die Wahrscheinlichkeitsfunktion einer Poisson-Verteilung (Abschn. 1.5.2).

$$\lim_{n \to \infty} \binom{n}{x} \cdot p^x \cdot (1-p)^{n-x} = \frac{\lambda^x}{x!} \cdot e^{-\lambda}$$

Für $n.p \leq 10$ und $n > 1500.p$ liefert die Wahrscheinlichkeitsfunktion einer Poisson-Verteilung brauchbare Näherungswerte für die Wahrscheinlichkeitsfunktion einer Binomialverteilung.

2. Binomialverteilung als Grenzverteilung einer Hypergeometrischen Verteilung

Es sei $\{f(x/N;N_1;n)\}$ eine Folge von Wahrscheinlichkeitsfunktionen einer hypergeometrisch verteilten Zufallsgröße X. Im Grenzfall $N \to \infty$ strebt diese Folge bei konstantem Anteilswert p gegen die Wahrscheinlichkeitsfunktion einer Binomialverteilung.

$$\lim_{N \to \infty} \frac{\binom{N_1}{x} \cdot \binom{N-N_1}{n-x}}{\binom{N}{n}} = \binom{n}{x} \cdot p^x \cdot (1-p)^{n-x}$$

Bei einem Auswahlsatz $f = n/N < 0,05$ kann eine Hypergeometrische Verteilung durch eine Binomialverteilung approximiert werden.

1.6.2 Zentraler Grenzwertsatz

Die Bezeichnung "zentraler Grenzwertsatz" findet man für einige Sätze, deren gemeinsamer Inhalt die Aussage ist, daß die Verteilung einer Summe von n stochastisch unabhängigen Zufallsgrößen im Grenzfall $n \to \infty$ gegen eine Normalverteilung konvergiert.
Die Voraussetzungen für die Konvergenz gegen eine Normalverteilung sind dabei von Satz zu Satz verschieden.
Der zentrale Grenzwertsatz macht die bedeutsame Aussage, daß eine Summe von unabhängigen Zufallsgrößen unter recht häufig erfüllten Bedingungen asymptotisch normalverteilt ist. Hierin liegt auch der Grund für die zentrale Bedeutung der Normalverteilung in der Wahrscheinlichkeitsrechnung und Statistik.

1. Satz von Lindeberg - Lévy

Haben alle stochastisch unabhängigen Zufallsgrößen X_i (i = 1,2,3, ..., n) die gleiche Verteilung mit dem endlichen Erwartungswert μ und der endlichen Varianz $\sigma^2 > 0$, so konvergiert die Folge der Verteilungsfunktionen $F_n(z)$ der standardisierten Zufallsgrößen

$$Z = \frac{\sum\limits_{i=1}^{n}(X_i - \mu)}{\sigma \cdot \sqrt{n}}$$

im Grenzfall $n \to \infty$ gegen die Verteilungsfunktion der Standardnormalverteilung.

$$\lim_{n \to \infty} F_n(z) = \Phi(z) = \frac{1}{\sqrt{2\pi}} \int\limits_{-\infty}^{z} e^{-t^2/2}\, dt \qquad (1.113)$$

Zum Beweis des Satzes von Lindeberg-Lévy muß gezeigt werden, daß die charakteristische Funktion der Zufallsgröße Z im Grenzfall $n \to \infty$ gegen die charakteristische Funktion der Standardnormalverteilung konvergiert. Auf die Durchführung des Beweises sei verzichtet.

2. Satz von Ljapunow

Genügen die stochastisch unabhängigen Zufallsgrößen X_i Verteilungen mit den endlichen Mittelwerten μ_i, den endlichen Varianzen $\sigma_i^2 > 0$, den absoluten zentralen Momenten 3. Ordnung $b_i = E(\,|X_i - \mu_i|^3\,)$ und es ferner

$$\sigma_n = \sqrt{\sum_{i=1}^{n} \sigma_i^2} \quad \text{und} \quad B_n = \sqrt[3]{\sum_{i=1}^{n} b_i}\,,$$

so konvergiert die Folge $\{F_n(z)\}$ der Verteilungsfunktionen der Zufallsgrößen

$$Z = \frac{1}{\sigma_n} \sum_{i=1}^{n} (X_i - \mu_i)$$

im Grenzfall $n \to \infty$ gegen die Verteilungsfunktion der Standardnormalverteilung, wenn die Ljapunow-Bedingung

$$\lim_{n \to \infty} \frac{B_n}{\sigma_n} = 0$$

erfüllt ist.

Der russische Mathematiker **A. Ljapunow** (1857 - 1918) hat diesen Satz 1901 bewiesen. Die Voraussetzung des Satzes von Lindeberg-Lévy, daß alle Zufallsgrößen X_i die gleiche Verteilung haben sollen, wird nicht mehr gefordert. Die Zufallsgrößen X_i können verschiedenen Verteilungen genügen.

Die Ljapunow-Bedingung, kann so interpretiert werden, daß es in der Folge der Zufallsgrößen X_1, X_2, X_3, ... , X_n keine Zufallsgröße geben darf, die allein einen wesentlichen Einfluß auf den Wert der Summe der Zufallsgrößen hat.

Auf weitergehende Sätze, etwa dem Satz von Lindeberg-Feller, in dem neben einer hinreichenden auch eine notwendige Bedingung für die Konvergenz der Verteilung einer Summe stochastisch unabhängiger Zufallsgrößen gegen eine Normalverteilung angegeben wird, kann im Rahmen dieses Skriptums ebensowenig eingegangen werden, wie auf das Problem der Konvergenzgeschwindigkeit. Es ist daher hier nicht möglich Abschätzungen für den Fehler anzugeben, der entsteht, wenn die genaue Verteilung der Summe der Zufallsgrößen durch eine Normalverteilung ersetzt wird.

3. Grenzwertsatz von Moivre - Laplace

Einer mit den Parametern n und p binomialverteilten Zufallsgröße X = Anzahl der
Elemente mit der Eigenschaft A in einer Stichprobe vom Umfang n liegt das Zufallsexperiment "Ziehen mit Zurücklegen von n Elementen aus einer zweistufigen Grundgesamtheit" zugrunde. Bei diesem Zufallsexperiment handelt es sich um n unabhängige
Wiederholungen eines Versuches, bei dem das Ereignis A (Ziehen eines Elements mit
der Eigenschaft A) die konstante Wahrscheinlichkeit P(A) = p hat. Mit den Zufallsgrößen

X_i = Eintreten des Ereignisses A beim i-ten Versuch

erhält man für die Zufallsgröße

$$X = X_1 + X_2 + X_3 + \ldots + X_n = \sum_{i=1}^{n} X_i \,.$$

Die mit den Parametern n und p binomialverteilte Zufallsgröße X ist also die Summe
von n stochastisch unabhängigen Zufallsgrößen X_i, die alle die gleiche Verteilung

$$P(X_i = 1) = p \quad \text{und} \quad P(X_i = 0) = 1 - p,$$

mit $E(X_i) = p$ und $Var(X_i) = p(1 - p)$ haben. Für die Summenvariable X gilt dann
$E(X) = n.p$ und $Var(X) = n.p.(1 - p)$.
Für $0 < p < 1$ ist $Var(X_i) > 0$ und es sind alle Voraussetzungen des Satzes von
Lindeberg-Lévy erfüllt. Wir erhalten damit den Grenzwertsatz von Moivre-Laplace als
einen Sonderfall des Satzes von Lindeberg-Lévy.

Grenzwertsatz von Moivre - Laplace

Ist die Zufallsgröße X binomialverteilt mit den Parametern n und p $(0 < p < 1)$, so
konvergiert die Verteilungsfunktion $F_n(z)$ der Zufallsgröße

$$Z = \frac{X - n \cdot p}{\sqrt{np(1 - p)}}$$

im Grenzfall $n \to \infty$ gegen die Verteilungsfunktion der Standardnormalverteilung.

$$\lim_{n \to \infty} P\left(\frac{X - np}{\sqrt{np(1 - p]}} \leq z\right) = \frac{1}{\sqrt{2\pi}} \int_{-\infty}^{z} e^{-t^2/2} \, dt = \Phi(z) \qquad (1.114)$$

Dieser Grenzwertsatz wurde bereits 1730 von Moivre für p = 0,5 und 1812 von Laplace für beliebige Werte von p (0 < p < 1) bewiesen.

Da die Zufallsgröße $Z = (X - np) / \sqrt{np(1 - p)}$ asymptotisch standardnormalverteilt ist, genügt die Zufallsgröße X im Grenzfall $n \rightarrow \infty$ einer Normalverteilung mit den Parametern $\mu = np$ und $\sigma^2 = np(1 - p)$. Die Verteilungsfunktion F(x) der binomialverteilten Zufallsgröße X kann daher für hinreichend große Werte von n durch

$$F(x) = P(X \leq x) = \Phi\left(\frac{x - np}{\sqrt{np(1 - p)}}\right) \qquad (1.115)$$

angenähert werden. Als Kriterium für die Zulässigkeit dieser Approximation wird allgemein

$$n > \frac{9}{p \cdot (1 - p)} \qquad (1.116)$$

angegeben. Die Approximation einer Binomialverteilung durch eine Normalverteilung ist bei umso kleineren Werten von n zulässig, je symmetrischer die Binomialverteilung ist, d.h. je mehr sich der Anteilswert p dem Wert 0,5 nähert.

Nun ist aber die Normalverteilung die Verteilung einer stetigen Zufallsgröße, während die hier betrachtete Zufallsgröße X eine diskrete Zufallsgröße ist, die nur die Werte x = 0,1,2,...,n annehmen kann. Die näherungsweise Berechnung der Verteilungsfunktion der Binomialverteilung kann dadurch verbessert werden (Stetigkeitskorrektur), daß im Argument der Verteilungsfunktion Φ der Standardnormalverteilung der Wert x durch x + 0,5 ersetzt wird. Gl. (1.115) geht dann über in

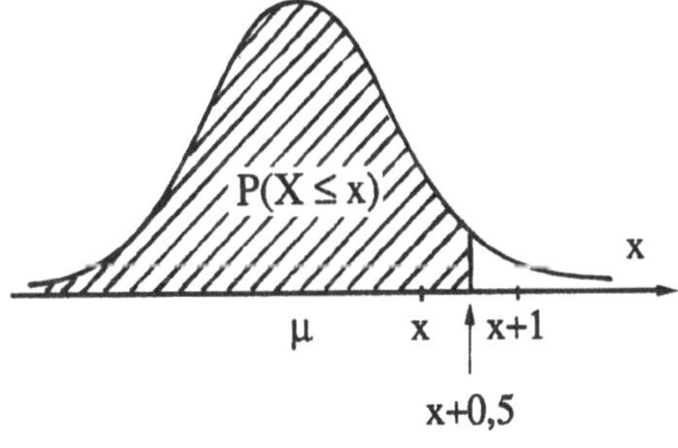

Bild 1.36 Stetigkeitskorrektur

$$F(x) = P(X \leq x) = \Phi\left(\frac{x + 0,5 - np}{\sqrt{np(1 - p)}}\right) \qquad (1.117)$$

Der Grenzwertsatz von Moivre-Laplace ist in der angegebenen Form ein globaler Grenzwertsatz. Dies ist für die Anwendung in der Praxis von Bedeutung, da gerade für große Werte von n die genaue Berechnung der Verteilungsfunktion umständlich ist. Aus der Existenz eines globalen Grenzwertsatzes folgt im allgemeinen nicht, daß auch ein entsprechender lokaler Grenzwertsatz gilt. In diesem Fall existiert jedoch auch ein entsprechender lokaler Grenzwertsatz.

Lokaler Grenzwertsatz von Moivre-Laplace:

Für $n > 9 / [p \cdot (1-p)]$ gilt die Näherung

$$P(X = x) = f(x/n;p) = \frac{1}{\sqrt{2\pi pq}} \cdot e^{-(x-np)^2/2npq} \tag{1.118}$$

Beispiel 1.89. Ein regelmäßiger Würfel wird $n = 600$ mal geworfen. Wie groß ist die Wahrscheinlichkeit, daß a) mindestens 110 mal, b) genau 110 mal eine 6 geworfen wird?

Die Zufallsgröße X = Anzahl der gewürfelten Sechsen ist binomialverteilt mit den Parametern $n = 600$ und $p = 1/6$. Die Normalapproximation der Binomialverteilung ist wegen $n = 600 > 9/(p \cdot q) = 64{,}8$ zulässig.

$$\text{a)} \quad P(X \geq 110) = 1 - P(X \leq 109) = 1 - \Phi\left(\frac{109{,}5 - 100}{\sqrt{600 \cdot \frac{1}{6} \cdot \frac{5}{6}}}\right)$$

$$= 1 - \Phi(1{,}0407) = 1 - 0{,}8510 = 0{,}1490$$

Mit dem genauen Wert $F(109) = \sum_{k=0}^{109} \binom{600}{k}\left(\frac{1}{6}\right)^k \cdot \left(\frac{5}{6}\right)^{600-k} = 0{,}8508$ erhält man :

$$P(X \geq 110) = 0{,}1492.$$

$$\text{b)} \quad P(X = 110) = \frac{1}{\sqrt{2\pi \cdot 600 \cdot \frac{1}{6} \cdot \frac{5}{6}}} \cdot e^{-0{,}6} = 0{,}02398$$

Hier ist auch der lokale Grenzwertsatz von Moivre-Laplace von Nutzen, da bei der genauen Bestimmung der Wahrscheinlichkeit $P(X = 110) = 0{,}02344$ die Berechnung des Binomialkoeffizienten $\binom{600}{110}$ Schwierigkeiten bereiten kann.

Beispiel 1.90. Die Wahrscheinlichkeit für das Auftreten eines Ereignisses A sei bei jedem Versuch P(A) = 0,05. Wie viele Versuche müssen mindestens durchgeführt werden, um mit einer Wahrscheinlichkeit von 90% das Ereignis A mindestens 10 mal zu beobachten?

Die Zufallsgröße X = Anzahl der Versuche, bei denen A auftritt, ist binomialverteilt mit p = 0,05 und einem noch unbekannten Wert n.

Aus der Bedingung $P(X \geq 10) = 1 - P(X \leq 9) = 0,90$ folgt $P(X \leq 9) = 0,1$. Der Ansatz zu einer exakten Lösung führt auf die Gleichung

$$\sum_{i=0}^{9} \binom{n}{i} 0,05^i 0,95^{n-i} = 0,1 \,,$$

deren algebraische Auflösung nach der Unbekannten n nicht möglich ist. Mit dem Grenzwertsatz von Moivre-Laplace, dessen Anwendbarkeit wegen des zunächst unbekannten Wertes von n fraglich erscheint, kommen wir zu einer Näherungslösung. Der Lösungsansatz erhält nun die Form

$$P(X \leq 9) = \Phi\left(\frac{9,5 - 0,05n}{\sqrt{0,05 \cdot 0,95n}}\right) = 0,1 \,.$$

Das Argument der Verteilungsfunktion $\Phi(u)$ der Standardnormalverteilung entspricht also dem Quantil $u_{0,10}$, das nach der im Anhang angegebenen Tabelle den Wert $u_{0,10} = -1,282$ hat. Die sich daraus ergebende Gleichung

$$\frac{9,5 - 0,05n}{\sqrt{0,05 \cdot 0,95n}} = -1,282$$

führt zu n = 284,2. Für n > 284 würde demnach das Ereignis A mit einer Wahrscheinlichkeit P > 0,90 mindestens 10 mal eintreten. Ausgehend von dieser Näherungslösung kann man in der Umgebung von n = 284 die Wahrscheinlichkeiten $P(X \geq 10)$ genau berechnen und man erhält

für n = 281: $P(X \geq 10) = 0,8989 < 0,90$

und für n = 282: $P(X \geq 10) = 0,9011 > 0,90$.

Man erkennt nun, daß für $n \geq 282$ mit einer Wahrscheinlichkeit P > 0,90 das Ereignis A mindestens 10 mal eintritt.

1.6.3   Gesetze der großen Zahlen

Bei den bisher behandelten Grenzwertsätzen handelt es sich um die Konvergenz einer Folge $\{f_n(x)\}$ von Wahrscheinlichkeits- oder Dichtefunktionen bzw. einer Folge $\{F_n(x)\}$ von Verteilungsfunktionen gegen eine bestimmte Grenzverteilung.
Es soll nun eine Folge $\{X_n\}$ von Zufallsgrößen betrachtet und ihre Konvergenz gegen einen bestimmten Zahlenwert untersucht werden. Daß hier keine strenge Konvergenz im Sinne der Analysis gegeben sein kann, liegt in der Natur der Zufallsgrößen begründet.

Man unterscheidet zwei Arten von stochastischer Konvergenz.

a) Konvergenz in Wahrscheinlichkeit

Definition 1.47

Eine Folge $\{X_n\}$ von Zufallsgrößen $(n = 1,2,3, \dots)$ konvergiert **in Wahrscheinlichkeit** gegen den Wert a, wenn

$$\lim_{n \to \infty} P(\,|\,X_n - a\,| < \varepsilon) = 1$$

gilt, wobei ε eine beliebige positive reelle Zahl ist.

Im Grenzfall $n \to \infty$ ist es also "fast sicher", daß sich X_n vom Grenzwert a um beliebig wenig unterscheidet.
Bei den sogenannten "schwachen Gesetzen der großen Zahlen" handelt es sich um eine Konvergenz in Wahrscheinlichkeit.

b) Konvergenz mit Wahrscheinlichkeit 1

Definition 1.48

Eine Folge $\{X_n\}$ von Zufallsgrößen konvergiert **mit Wahrscheinlichkeit 1** gegen den Wert a, wenn gilt

$$P(\lim_{n \to \infty} X_n = a) = 1$$

Die Konvergenz mit Wahrscheinlichkeit 1 drückt ein stärkeres Konvergenzverhalten aus, als die Konvergenz in Wahrscheinlichkeit, da hier eine Aussage über die Wahrscheinlichkeit der Existenz des Grenzwertes gemacht wird.

Bei den sogenannten "starken Gesetzen der großen Zahlen" erfolgt die Konvergenz mit Wahrscheinlichkeit 1.

1. Ungleichung von Tschebyscheff

Es sei zunächst die Ungleichung von Tschebyscheff betrachtet, die wir benötigen, um dann den Satz von Tschebyscheff, eines der Gesetze der großen Zahlen, zu beweisen.

Ungleichung von Tschebyscheff:
Es sei X eine Zufallsgröße mit $E(X) = \mu$ und $Var(X) = \sigma^2 > 0$.
Für beliebige Verteilungen der Zufallsgröße X gilt die Ungleichung

$$P(\,|\,X - \mu\,| \geq t \cdot \sigma) \leq \frac{1}{t^2} \qquad (t > 0) \tag{1.119}$$

Beweis: Zum Beweis sei angenommen, daß X eine stetige Zufallsgröße ist. Für diskrete Zufallsgrößen X verläuft der Beweis analog.

Es sei Z eine stetige Zufallsgröße, die nur nichtnegative Werte annehmen kann. Ihre Dichtefunktion sei f(z) mit f(z) = 0 für z < 0. Dann gilt

$$\begin{aligned}
E(Z) &= \int_0^\infty z\,f(z)\,dz \\[2mm]
&= \int_0^\tau z\,f(z)\,dz + \int_\tau^\infty z\,f(z)\,dz \\[2mm]
&\geq \int_\tau^\infty z\,f(z)\,dz \geq \tau \int_\tau^\infty f(z)\,dz
\end{aligned}$$

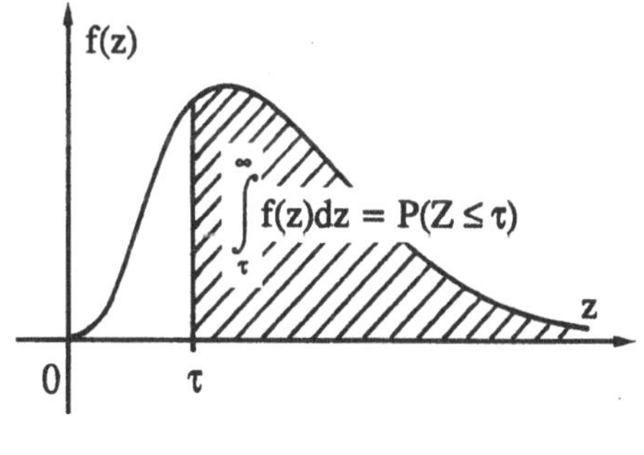

Bild 1.37   Skizze zur Ungleichung von Tschebyscheff

Daraus folgen die Ungleichungen

$$E(Z) \geq \tau \cdot P(Z \geq \tau) \qquad \text{bzw.} \qquad P(Z \geq \tau) \leq \frac{E(Z)}{\tau}$$

Wir ersetzen nun die Zufallsgröße Z durch $(X - \mu)^2$. Dies ist möglich, da Z als eine Zufallsgröße vorausgesetzt wurde, die nur nichtnegative Werte annehmen kann. Mit $\tau = \varepsilon^2$ erhalten wir:

$$P[(X-\mu)^2 \geq \varepsilon^2] = P(|X-\mu| \geq \varepsilon) \leq \frac{E[(X-\mu)^2]}{\varepsilon^2} = \frac{\sigma^2}{\varepsilon^2}$$

Ersetzt man schließlich $\varepsilon > 0$ durch $t.\sigma$ $(t > 0)$, so erhält man die Tschebyscheff'sche Ungleichung.

$$P(|X-\mu| \geq t\cdot\sigma) \leq \frac{1}{t^2}.$$

Äquivalente Formen der Tschebyscheff'schen Ungleichung sind:

$$P(|X-\mu| \leq t\cdot\sigma) \geq 1-\frac{1}{t^2} \qquad \text{bzw.} \qquad P(|X-\mu| \leq \varepsilon) \geq 1-\frac{\sigma^2}{\varepsilon^2}$$

Die Ungleichung von Tschebyscheff wird zum Abschätzen von Wahrscheinlichkeiten verwendet, wenn die Art der Verteilung der Zufallsgröße unbekannt ist.
Wir werden diese Ungleichung benützen, um den Satz von Tschebyscheff, einem Gesetz der großen Zahlen, herzuleiten.

2. Satz von Tschebyscheff

Es sei X_1, X_2, ..., X_n eine Folge von stochastisch unabhängigen Zufallsgrößen, deren Varianzen gleichmäßig beschränkt sind. Dann gilt für alle $\varepsilon > 0$:

$$\lim_{n \to \infty} P\{|\frac{1}{n}\sum_{i=1}^{n} X_i - E\left(\frac{1}{n}\sum_{i=1}^{n} X_i\right)| < \varepsilon\} = 1 \qquad (1.120)$$

Haben alle Zufallsgrößen X_i den gleichen Erwartungswert μ, so läßt sich der Satz von Tschebyscheff auch in der Form

$$\lim_{n \to \infty} P\{|\overline{X}-\mu| < \varepsilon\} = 1 \qquad (1.121)$$

angeben, wobei $\overline{X}$ die Zufallsgröße "arithmetisches Mittel" ist. Für $n \to \infty$ ist es fast sicher, daß sich das arithmetische Mittel vom Mittelwert μ um beliebig wenig unterscheidet.

Beweis: Aus der gleichmäßigen Beschränktheit der Varianzen

$$\sigma_1^2 \leq M, \quad \sigma_2^2 \leq M, \dots, \sigma_n^2 \leq M$$

und der stochastischen Unabhängigkeit der Zufallsgrößen X_i folgt

$$\mathrm{Var}\Big(\frac{1}{n}\sum_{i=1}^{n} X_i\Big) = \frac{1}{n^2}\sum_{i=1}^{n} \mathrm{Var}(X_i) \leq \frac{1}{n}M\,.$$

Mit der Tschebyscheff'schen Ungleichung erhält man schließlich

$$\lim_{n \to \infty} P\left\{\left|\frac{1}{n}\sum_{i=1}^{n} X_i - E\left(\frac{1}{n}\sum_{i=1}^{n} X_i\right)\right| < \varepsilon\right\} \geq \lim_{n \to \infty}\left(1 - \frac{M}{n \cdot \varepsilon^2}\right) = 1\,.$$

3. Satz von Bernoulli

Wir betrachten n unabhängige Wiederholungen eines Versuches, bei dem das Ereignis A mit der konstanten Wahrscheinlichkeit $P(A) = p$ eintritt.

Die Zufallsgrößen X_i = "Eintreten des Ereignisses A beim i-ten Versuch" haben alle die gleiche Verteilung mit $P(X_i = 1) = p$, $P(X_i = 0) = 1 - p$ und $E(X_i) = p$.

Die Zufallsgröße X = "Anzahl der Versuche, bei denen A eintritt" ist durch $X = \sum X_i$ gegeben und

$$H_n(A) = \frac{1}{n}\sum_{i=1}^{n} X_i$$

ist die Zufallsgröße "relative Häufigkeit des Ereignisses A bei n Versuchen". Mit dem Erwartungswert

$$E(H_n(A)) = E\Big(\frac{1}{n}\sum_{i=1}^{n} X_i\Big) = \frac{1}{n}\cdot n \cdot p = P(A) \qquad\qquad \text{folgt:}$$

Satz von Bernoulli:

Für alle $\varepsilon > 0$ gilt $\qquad \lim_{n \to \infty} P\{\,|\,H_n(A) - P(A)\,| < \varepsilon\,\} = 1 \qquad\qquad$ (1.121)

Der Satz von **J. Bernoulli** (1654 - 1705) ist ein Sonderfall des Satzes von Tschebyscheff. Er rechtfertigt die in der Praxis verwendete Methode, eine unbekannte Wahrscheinlichkeit P(A) näherungsweise durch eine aus einer großen Stichprobe erhaltenen relativen Häufigkeit $h_n(A)$ zu ersetzen (statistischer Wahrscheinlichkeitsbegriff).

Übungsaufgaben zum Abschnitt 1.6 (Lösungen im Anhang)

Beispiel 1.91. Ein regelmäßiger Würfel wird $n = 600$ mal geworfen. Mit welcher Wahrscheinlichkeit liegt die Anzahl der Würfe, bei denen 6 erscheint, im Intervall [95, 105]?

Beispiel 1.92. Die Sterblichkeit von Ratten, die mit einer bestimmten Seuche infiziert werden, beträgt 0,8. In einer Versuchsreihe werden $n = 120$ Ratten infiziert. Wie groß ist die Wahrscheinlichkeit, daß weniger als 90 Ratten sterben?

Beispiel 1.93. Der Ausschußanteil bei der Herstellung von bestimmten Bauteilen sei 2%. Wie viele Bauteile müssen mindestens bestellt werden, um mit einer Wahrscheinlichkeit $P \geq 0,99$ mindestens 1000 brauchbare Teile zu erhalten?

Beispiel 1.94. In einem Land mit jährlich 500000 Geburten ist der Anteil der Knaben im langjährigem Mittel $p_K = 0,514$. Wie groß ist die Wahrscheinlichkeit, daß in einem Jahr ein Knabenanteil $p_K \geq 0,516$ auftritt?

Beispiel 1.95. Ein regelmäßiger Würfel wird $n = 100$ mal geworfen.

a)   Bestimmen Sie den Erwartungswert und die Varianz der Zufallsgröße X = Augensumme.

b)   Berechnen Sie näherungsweise die Wahrscheinlichkeit dafür, daß die Zufallsgröße X = Augensumme Werte im Intervall [330, 380] annimmt.

Beispiel 1.96. Ein Drehautomat ist so eingestellt, daß der mittlere Durchmesser μ dem Sollwert entspricht. Aus langer Erfahrung ist die Standardabweichung $\sigma = 0,02$ mm bekannt. Die Werkstücke sind bei einer Abweichung von 0,05 mm vom Sollwert gerade noch brauchbar.

a)   Mit welcher Wahrscheinlichkeit ist ein Werkstück noch brauchbar, wenn die Art der Verteilung der Zufallsgröße X = Durchmesser unbekannt ist?

b)   Mit Wahrscheinlichkeit ist ein Werkstück brauchbar, wenn der Durchmesser als normalverteilt angesehen werden kann?

2 Grundlagen stochastischer Prozesse

2.1 Einführung

Bei der bisher behandelten Wahrscheinlichkeitsrechnung stand (fast immer) ein Zufallsexperiment im Mittelpunkt. Die Sätze der Wahrscheinlichkeitsrechnung wurden verwendet, um für die Ereignisse A_i des Ereignissystems A über der Ergebnismenge Ω des Zufallsexperiments die Wahrscheinlichkeiten $P(A_i)$ zu bestimmen. Bei einer Folge von zufälligen Ereignissen, bzw. einer Folge von Zufallsgrößen war die Unabhängigkeit meist eine wesentliche Voraussetzung.

Bei vielen Anwendungen in den Naturwissenschaften, in der Technik oder in den Wirtschaftswissenschaften sind Mengen von Zufallsgrößen von Interesse, die im allgemeinen den zeitlichen Ablauf eines zufälligen Geschehens beschreiben.

Beispiel 2.1. Brown'sche Molekularbewegung

Die Koordinaten eines Teilchens, dessen Bewegung durch den Zufall bestimmt wird, sind stetige Zufallsgrößen X_t, Y_t und Z_t mit $t \in T$. Der stetige Parameter t ist hier die Zeit.

Beispiel 2.2. Ein Schalter sei von 8.00 - 12.00 Uhr und von 14.00 - 17.00 Uhr geöffnet. Die Anzahl der wartenden Kunden ist eine diskrete Zufallsgröße X_t mit dem stetigen Parameter $t \in T = [8 , 12] \cup [14 , 17]$.

Bild 2.1 zeigt einen möglichen Ablauf dieses zufälligen Geschehens.

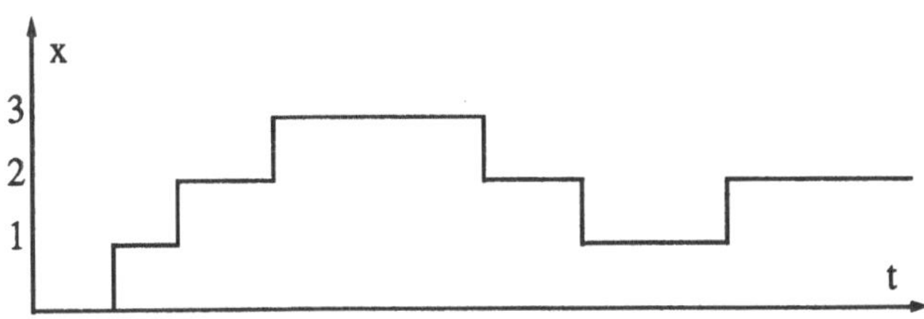

Bild 2.1 Möglicher Ablauf des zufälligen Geschehens

Beispiel 2.3. Die Spieler A und B werfen zu den Zeitpunkten t_0, t_1, t_2, t_3, ... eine Münze. Bei "Wappen" gewinnt der Spieler A eine DM, bei "Zahl" gewinnt B eine DM. Der Gewinn des Spielers A ist eine diskrete Zufallsgröße X_t, wobei der Parameter t Element eines diskreten Parameterraumes $T = \{ t_0 \; t_1, t_2, t_3, ... \}$ ist.

Bei den einführenden Beispielen traten Mengen von Zufallsgrößen auf, die von einem Parameter t abhängen. Der Parameter t ist im allgemeinen die Zeit.

Definition 2.1

Eine Menge von Zufallsgrößen $\{ X_t, t \in T \}$, die alle über denselben Wahrscheinlichkeitsraum definiert sind, heißt **stochastischer Prozeß.**

Die Menge der Parameterwerte heißt **Parameterraum T**, die Menge der Werte der Zufallsgrößen heißt **Zustandsraum Z.**

2.2 Markoffketten

2.2.1 Grundbegriffe

Ist der Zustandsraum eines stochastischen Prozesses diskret, kann also die Zufallsgröße X_t nur abzählbar viele Werte (Zustände) annehmen, und durchläuft der Parameter t die diskrete Menge $T = \{ t_0, t_1, t_2, t_3, \dots \}$, so spricht man von einer stochastischen Kette.

Definition 2.2

Ein stochastischer Prozeß mit einem diskreten Zustandsraum Z und einem diskreten Parameterraum T heißt **stochastische Kette.**

Bei einer stochastischen Kette können also sowohl die Zustände als auch die Werte des Parameters t durchnummeriert werden.

$$Z = \{ 1, 2, 3, \dots, i, i+1, \dots \}, \quad T = \{ t_0, t_1, t_2, \dots, t_m, t_{m+1}, \dots \}.$$

Für die Elemente der Parametermenge gelte: $0 \le t_0 < t_1 < \dots < t_m < t_{m+1} < \dots$. Eine Äquidistanz der Zeitpunkte wird nicht vorausgesetzt.

Markoffeigenschaft: (A.A. Markoff, 1856 - 1922, russischer Mathematiker)

Eine Klasse von stochastischen Ketten, bei denen der weitere Ablauf des zufälligen Geschehens nur vom gegenwärtigen Zustand, nicht aber von der Vergangenheit abhängt, hat besondere Bedeutung.

Definition 2.3

Eine stochastische Kette heißt **Markoffkette**, wenn

$$P(X_{t_{m+1}} = i_{m+1} \mid X_{t_0} = i_0, X_{t_1} = i_1, \ldots X_{t_m} = i_m)$$

$$= P(X_{t_{m+1}} = i_{m+1} \mid X_{t_m} = i_m) \qquad (2.1)$$

für alle $m > 2$ und für alle $i_0, i_1, \ldots, i_{m+1} \in Z$ gilt.

Die Wahrscheinlichkeit einer Ereignisses einer Markoffkette zu irgendeinem Zeitpunkt t_{m+1} hängt nur vom Zustand im vorhergehenden Zeitpunkt t_m ab. Falls darüberhinaus auch die Zustände zu den weiter vorhergehenden Zeitpunkten bekannt sind, so bringen diese keine zusätzliche Informationen über das weitere Verhalten der Markoffkette.

Die Zukunft einer Markoffkette hängt nur von der Gegenwart, nicht von der Vergangenheit ab!

Definition 2.4

Gegeben sei eine Markoffkette $\{ X_t \mid t \in T \}$, sowie zwei Zeitpunkte t_m und t_{m+k}.
Die bedingten Wahrscheinlichkeiten

$$P(X_{t_{m+k}} = j \mid X_{t_m} = i) = p_{i,j}(t_m, t_{m+k})$$

heißen Übergangswahrscheinlichkeiten k-ter Stufe.

Hat die Markoffkette einen endlichen Zustandsraum $Z = \{ 1, 2, 3, \ldots, N \}$, so lassen sich die Übergangswahrscheinlichkeiten übersichtlich in einer quadratischen Übergangsmatrix $P(t_1, t_2)$ darstellen. Die Zeitpunkte t_1 und t_2 sind nicht notwendigerweise aufeinanderfolgende Zeitpunkte.

$$\mathbf{P}(t_1, t_2) = \begin{pmatrix} p_{11}(t_1, t_2) & p_{12}(t_1, t_2) & \cdots & p_{N1}(t_1, t_2) \\ p_{21}(t_1, t_2) & p_{22}(t_1, t_2) & \cdots & p_{N2}(t_1, t_2) \\ \cdot & \cdot & \cdots & \cdot \\ \cdot & \cdot & \cdots & \cdot \\ \cdot & \cdot & \cdots & \cdot \\ p_{N1}(t_1, t_2) & p_{N2}(t_1, t_2) & \cdots & p_{NN}(t_1, t_2) \end{pmatrix}$$

2.2.2 Homogene Markoffketten

I. Definition, Übergangswahrscheinlichkeiten

Definition 2.5

Eine Markoffkette heißt **homogen**, wenn für beliebige Zustände i,j und beliebige Zeitpunkte $t \in T$ die Übergangswahrscheinlichkeiten $p_{i,j}(t_m, t_{m+1}) = p_{i,j}$ nicht von der Zeit abhängen.

Eine **homogene** Markoffkette hat **zeitunabhängige** Übergangswahrscheinlichkeiten.

Eine homogene Markoffkette mit dem endlichen Zustandsraum $Z = \{1, 2, 3, \ldots, N\}$ hat daher die folgende einstufige Übergangsmatrix

$$P = \begin{pmatrix} p_{11} & p_{12} & \cdots & p_{N1} \\ p_{21} & p_{22} & \cdots & p_{N2} \\ \cdot & \cdot & \cdots & \cdot \\ \cdot & \cdot & \cdots & \cdot \\ \cdot & \cdot & \cdots & \cdot \\ p_{N1} & p_{N2} & \cdots & p_{NN} \end{pmatrix}$$

Dabei gilt:

1. $p_{ij} \geq 0$ für alle i,j

2. $\displaystyle\sum_{j=1}^{N} p_{ij} = 1$ für alle i.

Definition 2.6

Eine quadratische Matrix $P = (p_{ij})$ mit den Eigenschaften

$$p_{ij} \geq 0 \quad \text{für alle } i,j \quad \text{und} \quad \sum_{j=1}^{N} p_{ij} = 1 \quad \text{für alle } i,$$

heißt **stochastische Matrix**. Die Zeilenvektoren sind **stochastische Vektoren**.

Da die Elemente der stochastischen Matrix P Übergangswahrscheinlichkeiten sind, muß wegen der Nichtnegativität des Wahrscheinlichkeitsmaßes $p_{ij} \geq 0$ für alle i,j gelten. Die Übergangswahrscheinlichkeit p_{ij} gibt an, mit welcher Wahrscheinlichkeit die homogene Markoffkette aus dem Zustand i in den Zustand j übergeht. Da der Übergang vom Zustand i in irgendeinen der N Zustände mit Sicherheit stattfindet, ist die Summe der Übergangswahrscheinlichkeiten bei festem i, d.h. die Summe der Elemente in einer Zeile der stochastischen Matrix P, gleich 1. Dabei ist auch der Übergang vom Zustand i in den Zustand i, ein Verbleiben im Zustand i, möglich.

Die Verteilung der Zufallsgröße X_t zu einem Zeitpunkt t ist durch die Wahrscheinlichkeiten

$$P(X_t = i) \; = \; p_i(t) \quad i = 1,2,3,\ldots,N$$

gegeben. Da sich der Prozeß zum Zeitpunkt t mit Sicherheit in irgend einem der Zustände befindet gilt

$$\sum_{i=1}^{N} p_i(t) \; = \; 1 \,.$$

Diese Wahrscheinlichkeiten können zu einem **Wahrscheinlichkeitsvektor**

$$\mathbf{p}(t) \; = \; (\, p_1(t)\,,\; p_2(t)\,,\ldots,p_N(t)\,)$$

zusammengefaßt werden. Der Wahrscheinlichkeitsvektor $\mathbf{p}(t)$ ist ein stochastischer Vektor und beschreibt die Wahrscheinlichkeitsverteilung auf die Zustände der homogenen Markoffkette zu einem bestimmten Zeitpunkt t. Für einen anderen Zeitpunkt wird diese Verteilung im allgemeinen eine andere sein.

Wir wollen nun bei einer bekannten Übergangsmatrix $\mathbf{P}$, ausgehend von der Wahrscheinlichkeitsverteilung zu einem Zeitpunkt t, die Wahrscheinlichkeitsverteilung für den folgenden Zeitpunkt t + 1 berechnen. Die folgende Skizze soll den Sachverhalt veranschaulichen.

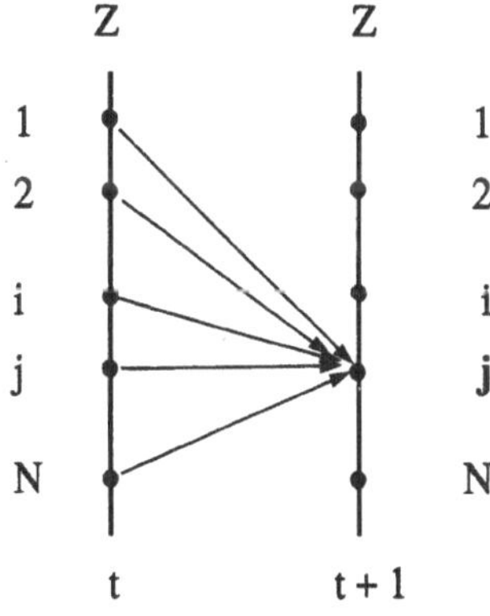

Die Wahrscheinlichkeit dafür, daß sich der Prozeß zum Zeitpunkt t im Zustand i befindet und in den Zustand j übergeht, sodaß er sich zum Zeitpunkt t + 1 im Zustand j befindet, ist gegeben durch

$$p_i(t) \cdot p_{ij}$$

Insgesamt ergibt sich damit für die Wahrscheinlichkeit des Zustandes j zum Zeitpunkt t + 1:

$$p_j(t+1) \; = \; \sum_{i=1}^{N} p_i(t) \cdot p_{ij}$$

Es sei $\mathbf{P}$ die Übergangsmatrix einer homogenen Markoffkette. Für die Wahrscheinlichkeitsvektoren gilt die Gleichung

$$\mathbf{p}(t+1) \; = \; \mathbf{p}(t) \cdot P \tag{2.2}$$

Die Multiplikation des Wahrscheinlichkeitsvektors (Matrix mit nur einer Zeile) mit der Übergangsmatrix P kann übersichtlich im Falk'schen Schema durchgeführt werden.

$$
\begin{array}{cccccc}
p_{11} & p_{12} & \cdots & p_{1j} & \cdots & p_{1N} \\
p_{21} & p_{22} & \cdots & p_{2j} & \cdots & p_{2N} \\
\cdot & \cdot & \cdots & \cdot & \cdots & \cdot \\
p_{N1} & p_{N2} & \cdots & p_{Nj} & \cdots & p_{NN}
\end{array}
$$

$$
p_1(t) \quad p_2(t) \quad \cdots \quad p_N(t) \qquad\qquad p_j(t+1) = \sum_{i=1}^{N} p_i(t) \cdot p_{ij}
$$

Man erhält das Element $p_j(t+1)$ des Wahrscheinlichkeitsvektors $p(t+1)$ als skalares Produkt des Vektors $p(t)$ mit dem j-ten Spaltenvektor der Übergangsmatrix P.

Ferner gilt: $p(t+2) = p(t+1).P = p(t).P^2$. Durch wiederholtes Anwenden dieser Überlegung erhält man:

$$
p(t+k) = p(t) \cdot P^k \qquad \text{bzw.} \qquad p(k) = p(0) \cdot P^k \tag{2.3}
$$

Eine homogene Markoffkette ist durch die Anfangsverteilung $p(0)$ und die (einstufige) Übergangsmatrix P bestimmt.

Es gilt der leicht beweisbare Satz:

Sind die Matrizen A und B stochastische Matrizen, so ist auch die Matrix $C = A.B$ eine stochastische Matrix.

Da die Übergangsmatrix P eine stochastische Matrix ist, folgt daraus, daß auch die Potenzen P^k stochastische Matrizen sind.

Für die rechnerische Durchführung der Matrizenoperationen ist eine Vielzahl von Software erhältlich.

II. Übergangsgraph einer homogenen Markoffkette

Definition 2.7

Ein orientierter Graph G ist ein Mengenpaar (B_G , F_G), wobei B_G eine nichtleere Menge von Punkten (Zuständen) und $F_G \subseteq B_G \times B_G$ eine Menge von Pfeilen (Übergängen) ist.

Ordnet man jedem Pfeil (Übergang) eine Übergangswahrscheinlichkeit p_{ij}

$$0 \le p_{ij} \le 1 \qquad \text{und} \qquad \sum_j p_{ij} = 1$$

zu, so entsteht ein **bewerteter Graph**, der **Übergangsgraph** einer homogenen Markoffkette ist.

Jede homogene Markoffkette läßt sich als Irrfahrt auf einem gerichteten bewerteten Graph deuten.

Beispiel 2.4. Gegeben sei der Zustandsraum $Z = \{1, 2, 3\}$ und die Übergangsmatrix

$$P = \begin{pmatrix} 0{,}5 & 0{,}25 & 0{,}25 \\ 0 & 0{,}5 & 0{,}5 \\ 0{,}3 & 0 & 0{,}7 \end{pmatrix}$$

einer homogenen Markoffkette. Man bestimme den zugehörigen Übergangsgraphen G.

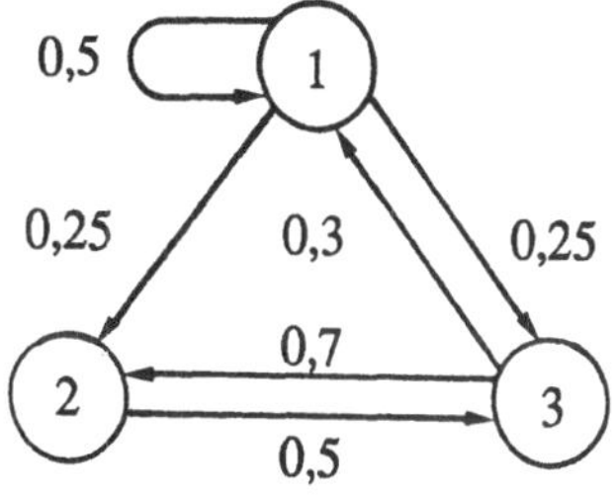

Bild 2.2 Übergangsgraph

Beispiel 2.5. Ein Teilchen bewegt sich auf einem Teil der Zahlengeraden (1 - 5) pro Zeiteinheit mit der Wahrscheinlichkeit $p = 0{,}6$ nach rechts und mit der Wahrscheinlichkeit $1 - p = 0{,}4$ nach links. Erreicht es die Zustände 1 oder 5, so ist die Irrfahrt beendet.
Man berechne die Wahrscheinlichkeitsverteilung $p(3)$ zum Zeitpunkt $t = 3$, wenn die Anfangsverteilung $p(0) = (0, 1, 0, 0, 0)$ gegeben ist, d.h. der zufällige Prozeß zum Zeitpunkt $t = 0$ im Zustand 2 startet.

a)   Lösung mit den Regeln der Matrizenmultiplikation

$$P = \begin{pmatrix} 1 & 0 & 0 & 0 & 0 \\ 0{,}4 & 0 & 0{,}6 & 0 & 0 \\ 0 & 0{,}4 & 0 & 0{,}6 & 0 \\ 0 & 0 & 0{,}4 & 0 & 0{,}6 \\ 0 & 0 & 0 & 0 & 1 \end{pmatrix} \Rightarrow P^3 = \begin{pmatrix} 1 & 0 & 0 & 0 & 0 \\ 0{,}496 & 0 & 0{,}288 & 0 & 0{,}216 \\ 0{,}160 & 0{,}192 & 0 & 0{,}288 & 0{,}360 \\ 0{,}064 & 0 & 0{,}192 & 0 & 0{,}744 \\ 0 & 0 & 0 & 0 & 1 \end{pmatrix}$$

Damit erhält man $p(3) = p(0) \cdot P^3 = (0{,}496 \,;\, 0 \,;\, 0{,}288 \,;\, 0 \,;\, 0{,}216)$

b)   In einfachen Fällen kann die gesuchte Wahrscheinlichkeitsverteilung an einem übersichtlichen Graphen abgelesen werden

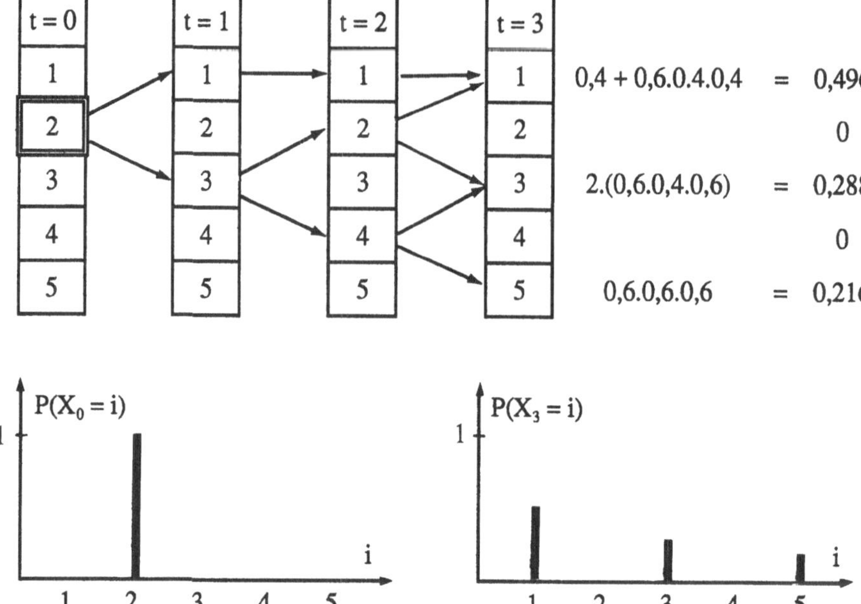

Bild 2.3 Wahrscheinlichkeitsverteilungen für die Zeitpunkte $t_1 = 0$ und $t_2 = 3$

III. Absorbierende Markoffketten

Definition 2.8

1. Ein Zustand i heißt absorbierend, wenn die Übergangswahrscheinlichkeit $p_{ii} = 1$ ist.

2. Die Menge R der absorbierenden Zustände heißt Rand. Der Rand R kann leer sein.

3. $Z \setminus R$ ist die Menge der inneren Zustände.

4. Eine Markoffkette heißt absorbierend, wenn der Rand R nicht leer ist und wenn der Rand R von jedem inneren Zustand aus erreichbar ist.

Für absorbierende Markoffketten gilt der folgende Satz:

In einer absorbierenden Markoffkette endet die Irrfahrt mit Wahrscheinlichkeit 1 früher oder später in einem Zustand des Randes.

Beispiel 2.6. Für die Markoffkette von Beispiel 2.5 sollen der Übergangsgraph, der Rand R und die Menge der inneren Zustände angegeben werden.

Übergangsgraph G der absorbierenden Markoffkette:

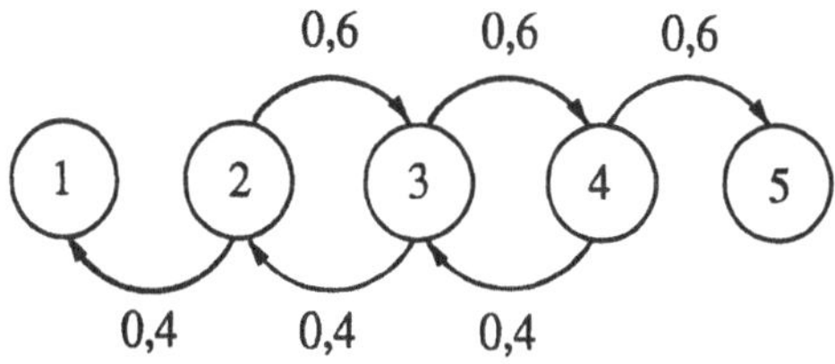

Rand R = { 1 , 5 }.
Menge der inneren Zustände:
Z\R = { 2 , 3 , 4 }.
Der Rand ist von jedem inneren Zustand aus erreichbar.

Methode der Mittelwertsregeln bei absorbierenden homogenen Markoffketten

Gegeben sei eine absorbierende homogene Markoffkette mit dem Zustandsraum $Z = \{ 1 , 2 , 3 , \ldots , N \}$. Wir haben gesehen, daß sich jede homogene Markoffkette als Irrfahrt auf einem bewerteten gerichteten Graphen deuten läßt. Ein Teilchen bewegt sich auf dem Zustandsraum Z. Befindet es sich im Zustand i, so entscheidet der Zufall über den nächsten Schritt. Sobald das Teilchen den Rand R trifft, wird die Irrfahrt gestoppt. Es sei $T \subseteq R$ eine Teilmenge des Randes. Es interessiert die Wahrscheinlichkeit dafür, daß die Irrfahrt in der Teilmenge T endet, sowie die mittlere Dauer der Irrfahrt bis zur Absorption im Rand R. Häufig ist T ein bestimmter Zustand des Randes.

Definition 2.9

1. Es sei P_i die Wahrscheinlichkeit, vom Zustand i aus in T absorbiert zu werden.

2. Es sei m_i die mittlere Dauer der Irrfahrt vom Zustand i aus bis zur Absorption im Rand R.

1. Mittelwertsregel:

Die Wahrscheinlichkeit P_i für die Absorption in T von einem inneren Zustand i aus, ist das gewichtete Mittel aller Wahrscheinlichkeiten P_k. Der Gewichtungsfaktor ist die Wahrscheinlichkeit p_{ik} mit welcher der Übergang von Zustand i in den Nachbarzustand k erfolgt. Für $p_{ii} \neq 0$ ist i auch Nachbar vom Zustand i. Es gilt also

$$P_i = \sum_{k=1}^{N} p_{ik} \cdot P_k \tag{2.3}$$

mit den Randwerten: $P_k = 1$ für alle $k \in T$ und $P_k = 0$ für alle $k \in R \setminus T$.

Beweis:

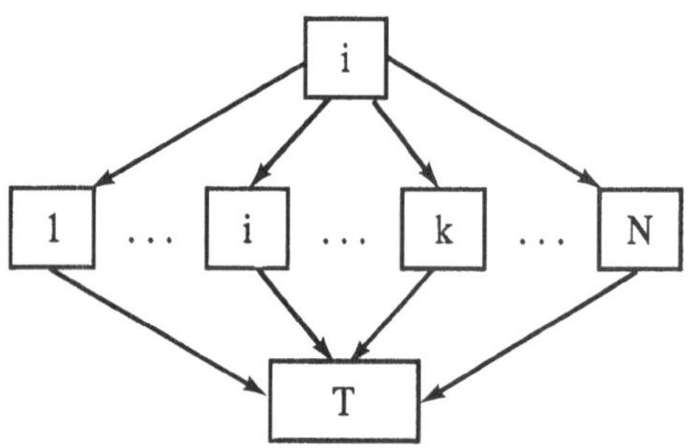

Der Beweis der 1. Mittelwertsregel kann über die 2. Pfadregel (Satz von der totalen Wahrscheinlichkeit) erfolgen.

Aus der nebenstehenden Skizze folgt mit der 2. Pfadregel

$$P_i = \sum_{k=1}^{N} p_{ik} \cdot P_k$$

2. Mittelwertsregel:

Die mittlere Dauer m_i der Irrfahrt von einem Zustand i bis zur Absorption im Rand R ist um 1 größer als das gewichtete Mittel der mittleren Irrfahrtdauern aller Zustände.

$$m_i = 1 + \sum_{k=1}^{N} p_{ik} \cdot m_k \tag{2.4}$$

mit den Randwerten: $m_k = 0$ für alle $k \in R$.

Beweis:

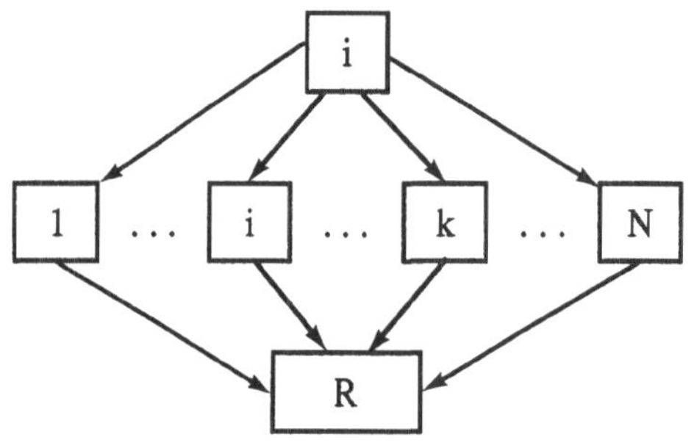

1 Schritt für den Übergang von i nach k

im Mittel m_k Schritte bis zur Absorption im Rand

$$m_i = \sum_{k=1}^{N} p_{ik}(1+m_k) = \sum_{k=1}^{N} p_{ik} + \sum_{k=1}^{N} p_{ik} \cdot m_k = 1 + \sum_{k=1}^{N} p_{ik} \cdot m_i$$

Beispiel 2.7. Jemand hat 1 DM und möchte gern 5 DM. Er versucht dieses Ziel durch ein Glücksspiel mit der Gewinnwahrscheinlichkeit 0,5 zu erreichen. In jeder Runde setzt er so viel, um seinem Ziel möglichst nahe zu kommen.

a)   Wie groß ist die Wahrscheinlichkeit, daß der Spieler sein Ziel erreicht?

b)   Man berechne die mittlere Spieldauer.

a) Übergangsgraph der homogenen Markoffkette

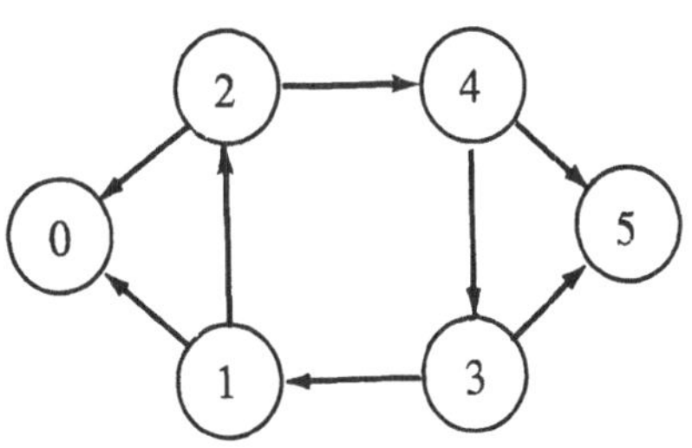

Die Bezeichnung der Zustände entspricht dem jeweiligen Kapitalstand des Spielers.

Jedem Spielverlauf entspricht ein Pfad, der im Zustand 1 beginnt und auf dem Rand $R = \{0, 5\}$ endet. Es ist $T = \{5\}$ die Teilmenge des Randes, die dem Ziel des Spieles entspricht.

Alle Übergänge erfolgen mit d. Wahrsch. 0,5

Es sei P_i die Wahrscheinlichkeit, daß der Spieler vom Zustand i aus sein Ziel, den Zustand 5, erreicht. Verwendet man die 1. Mittelwertsregel und berücksichtigt die Randwerte $P_0 = 0$ und $P_5 = 1$, so erhält man die folgenden Gleichungen:

(1) $P_1 = 0,5 \cdot P_2$

(2) $P_2 = 0,5 \cdot P_4$

(3) $P_3 = 0,5 \cdot 1 + 0.5 \cdot P_1$

(4) $P_4 = 0,5 \cdot 1 + 0,5 \cdot P_3$

Aus diesen Gleichungen errechnet sich $P_1 = 0,2$.

Die Wahrscheinlichkeit, daß der Spieler vom Zustand 1 aus sein Ziel erreicht, beträgt 20 %.

b) Es sei m_i die mittlere Dauer des Spieles vom Zustand i aus. Mit den Randbedingungen $m_1 = 0$ und $m_5 = 0$ erhält man mit der 2. Mittelwertsregel:

(1) $m_1 = 1 + 0,5 \cdot m_2$

(2) $m_2 = 1 + 0,5 \cdot m_4$

(3) $m_3 = 1 + 0.5 \cdot m_1$

(4) $m_4 = 1 + 0,5 \cdot m_3$

Das Gleichungssystem hat die Lösungen $m_1 = m_2 = m_3 = m_4 = 2$.

Die mittlere Spieldauer beträgt von jedem inneren Zustand aus jeweils 2 Spielrunden.

Beispiel 2.8. Eine Laplacemünze mit den Seiten 0 und 1 wird so lange geworfen bis eines der Wörter 100 oder 001 erscheint. Der Spieler A gewinnt, wenn zuerst das Wort 100 erscheint.

a) Wie groß ist die Wahrscheinlichkeit, daß der Spieler A gewinnt?

b) Wie groß ist die mittlere Dauer eines Spieles?

a) Übergangsgraph

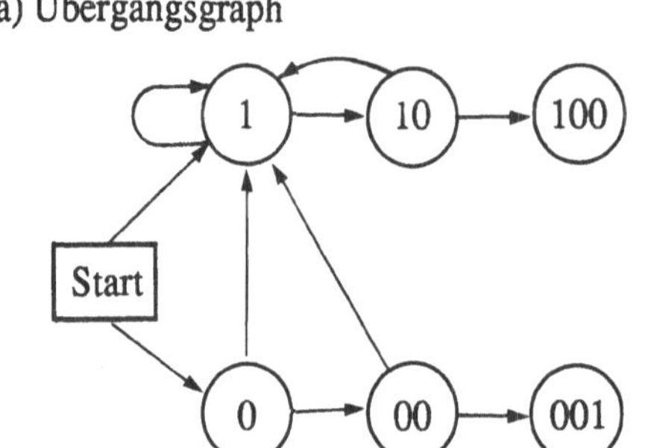

Das Spiel beginnt im Zustand "START". Die anderen Zustände sind entsprechend den jeweils bereits aufgebauten Teilen der beiden Gewinnwörter bezeichnet. Das Spiel endet im Rand R = { 001 , 100 }.

Es ist T = { 100 } die Teilmenge des Randes, die dem Gewinn des Spielers A entspricht.

Alle Übergänge erfolgen mit d. Wahrsch. 0,5

Der Übergangsgraph zeigt anschaulich den Aufbau und die Zerstörung der konkurrierenden Gewinnwörter. Es sei P_i die Wahrscheinlichkeit, daß der Spieler A vom Zustand i aus gewinnt. Es gelten die Randbedingungen $P_{001} = 0$ und $P_{100} = 1$. Ferner ist am Übergangsgraph erkennbar, daß vom Zustand 00 aus A nicht mehr gewinnen kann, d.h. es ist $P_{00} = 0$. Vom Zustand 1 und vom Zustand 10 dagegen kann B nicht mehr gewinnen, d.h. $P_1 = 1$ und $P_{10} = 1$. Mit der 1. Mittelwertsregel folgt:

$$(1) \quad P_0 = 0{,}5 \cdot P_1 + 0{,}5 \cdot P_{00} = 0{,}5$$

$$(2) \quad P_{START} = 0{,}5 \cdot P_0 + 0{,}5 \cdot P_1 = 0{,}75$$

Die Gewinnwahrscheinlichkeit des Spielers A ist mit 75 % überraschend groß.

Würden beide Spieler abwechselnd je dreimal die Laplacemünze werfen und dieses Zufallsexperiment so lange wiederholen, bis ein Spieler sein Gewinnwort erhält, so besteht für jedes Gewinnwort bei jedem Versuch wegen der Unabhängigkeit der einzelnen Münzwürfe die gleiche Wahrscheinlichkeit $0{,}5 \cdot 0{,}5 \cdot 0{,}5 = 0{,}125$.

b) Es sei m_i die mittlere Spieldauer vom Zustand i aus. Mit den Randbedingungen $m_{001} = 0$ und $m_{100} = 0$ folgt mit der 2. Mittelwertsregel:

$$(1) \quad m_{10} = 1 + 0{,}5 \cdot m_1$$

$$(2) \quad m_1 = 1 + 0{,}5 \cdot m_1 + 0{,}5 \cdot m_{10}$$

Aus den Gleichungen (1) und (2) folgt $m_1 = 6$.

$$(3) \quad m_{00} = 1 + 0{,}5 \cdot m_{00} \quad \Rightarrow \quad m_{00} = 2$$

$$(4) \quad m_0 = 1 + 0{,}5 \cdot m_1 + 0{,}5 \cdot m_{00} = 5$$

Damit ergibt sich schließlich

$$m_{START} = 1 + 0{,}5 \cdot m_0 + 0{,}5 \cdot m_1 = 6{,}5$$

Die mittlere Spieldauer beträgt 6,5 Münzwürfe. Der Spieler A gewinnt mit einer Wahrscheinlichkeit $P(A) = 0{,}75$.

Beispiel 2.9. Ein Experiment mit der Erfolgswahrscheinlichkeit p (0 < p < 1) wird so lange unabhängig wiederholt, bis es erstmals gelingt. Man bestimme die mittlere Anzahl der dazu notwendigen Versuche.

Der stochastische Prozeß (homogene Markoffkette) kann sich in zwei Zuständen befinden.

Zustand 1:   Das Experiment ist noch nicht gelungen
Zustand 2:   Das Experiment ist erstmalig gelungen

Übergangsmatrix   Übergangsgraph

$$\mathbf{P} = \begin{pmatrix} 1-p & p \\ 0 & 1 \end{pmatrix}$$

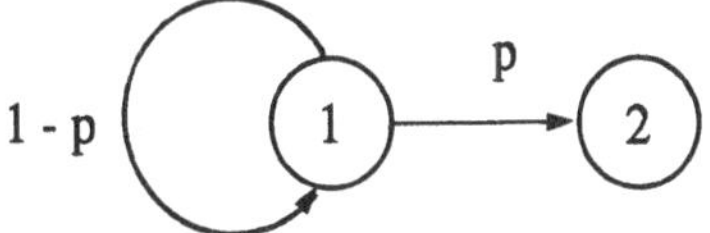

Am Übergangsgraphen läßt sich einfach die Wahrscheinlichkeitsfunktion f(x) der Zufallsgröße X = Anzahl der notwendigen Versuche bis zum erstmaligen Gelingen des Experiments, ablesen. Für die Wahrscheinlichkeit eines zum Zustand 2 führenden Pfades der Länge x gilt (1. Pfadregel):

$$f(x) = P(X=x) = p \cdot (1-p)^{x-1} \qquad x = 1, 2, 3, \ldots$$

Die Verteilung einer diskreten Zufallsgröße X mit dieser Wahrscheinlichkeitsfunktion heißt geometrische Verteilung.

Mit der 2. Mittelwertsregel und der Randbedingung $m_2 = 0$ erhält man

$$m_1 = 1 + (1-p) \cdot m_1 \qquad \Rightarrow \qquad m_1 = E(X) = \frac{1}{p}$$

Beispiel 2.10. Beim Kauf einer Tafel einer bestimmten Schokoladensorte erhält man einen Gutschein mit einer der Nummern { 1, 2, 3, ..., n }. Die Wahrscheinlichkeit jeder Nummer sei 1/n. Bei einem vollständigen Satz von Gutscheinen erhält man einen Preis. Es sei die diskrete Zufallsgröße T_n die Anzahl Versuche (Durchführungen des Zufallsexperiments "Kauf einer Tafel Schokolade") bis zu einem vollständigen Satz. Man berechne $E(T_n)$, die mittlere Anzahl der dazu notwendigen Versuche.

Hat der Sammler bereits i - 1 verschiedene Nummern (Zustand i - 1), so sind von den n im Handeln befindlichen Nummern n - (i - 1) für den Übergang in den Zustand i günstig.

Der zufällig ablaufende Prozeß startet im Zustand 0. Es ergibt sich damit der folgende Übergangsgraph einer homogenen Markoffkette mit dem Rand R = { n }.

Übergangsgraph

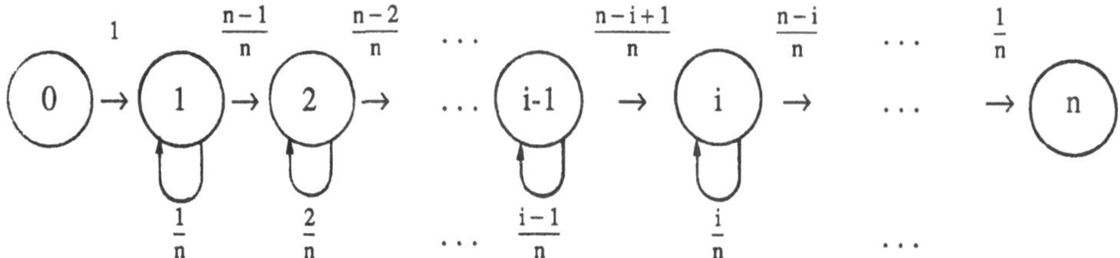

Es sei die Zufallsgröße X_i = Anzahl der Versuche, um vom Zustand i - 1 in den Zustand i zu kommen

X_i genügt einer geometrischen Verteilung mit $\quad p_i = \dfrac{n-i+1}{n} \quad$ und $\quad E(X_i) = \dfrac{1}{p_i}$

$\qquad$ (siehe Beispiel 2.9)

Aus $\quad T_n = \sum\limits_{i=1}^{n} X_i \quad$ folgt

$$E(T_n) = \sum_{i=1}^{n} E(X_i) = \sum_{i=1}^{n} \frac{1}{p_i} = n \left[\frac{1}{n} + \frac{1}{n-1} + \frac{1}{n-2} + \dots + 1 \right]$$

$$E(T_n) = n \cdot \sum_{i=1}^{n} \frac{1}{n} = n \cdot H_n \qquad\qquad (H_n = \text{endliche harmonische Reihe})$$

Für große Werte n gilt für die endliche harmonische Reihe

$$H_n = \ln(n) + \gamma + \frac{1}{2n} - \frac{1}{12n^2} + \frac{1}{120n^4} - \varepsilon$$

$$\gamma = 0{,}5772156649\dots \quad \text{(Euler'sche Konstante)}; \quad 0 < \varepsilon < \frac{1}{256n^6}$$

Für n = 6 (Würfeln) läßt sich H_n leicht explizit angeben und es ergibt sich

$$T_6 = 6 \left[\frac{1}{6} + \frac{1}{5} + \frac{1}{4} + \frac{1}{3} + \frac{1}{2} + 1 \right] = 14{,}7$$

Man muß im Mittel 14,7 mal Würfeln, um jede Augenzahl einmal erhalten zu haben.

2.2.3 Äquivalenzklassen einer Markoffkette

I. Äquivalenzklassen einer Markoffkette

Definition 2.10 Erreichbarkeitsrelation

Es sei $p_{ij}^{(n)}$ die Wahrscheinlichkeit für den Übergang vom Zustand i in den Zustand j in n Schritten.

Der Zustand j heißt vom Zustand i aus **erreichbar** ($i \rightarrow j$), wenn gilt:

$$p_{ij}^{(n)} > 0 \qquad \text{für } i \neq j \cdot$$

Der Zustand i ist vom Zustand i aus stets erreichbar ($p_{ii}^{(0)} = 1$).

Die Erreichbarkeitsrelation ist nach Definition reflexiv. Ist der Zustand j von i aus und der Zustand k von j aus erreichbar, so ist der Zustand k auch von i aus erreichbar.

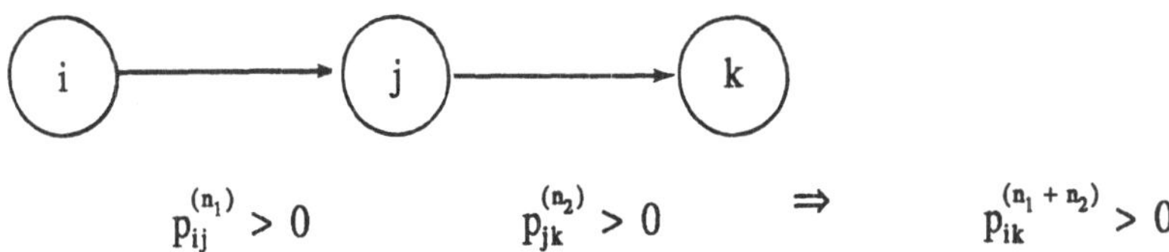

$$p_{ij}^{(n_1)} > 0 \qquad p_{jk}^{(n_2)} > 0 \qquad \Rightarrow \qquad p_{ik}^{(n_1 + n_2)} > 0$$

Die Erreichbarkeitsrelation ist daher auch transitiv. Sie ist aber nicht notwendigerweise symmetrisch.

Definition 2.11 Gegenseitige Erreichbarkeit

Die Zustände i und j **heißen gegenseitig erreichbar** ($i \leftrightarrow j$), wenn gilt:

$$p_{ij}^{(n_1)} > 0 \qquad \wedge \qquad p_{ji}^{(n_2)} > 0 .$$

Die Relation "gegenseitige Erreichbarkeit" ist reflexiv, transitiv und symmetrisch, sie ist daher eine **Äquivalenzrelation**.

Durch die Äquivalenzrelation "gegenseitige Erreichbarkeit" wird der Zustandsraum Z einer Markoffkette in disjunkte Klassen K_i von Zuständen (Äquivalenzklassen) zerlegt. Innerhalb einer Äquivalenzklasse sind alle Zustände gegenseitig erreichbar.

Definition 2.11

1. Eine Menge M von Zuständen einer Markoffkette heißt **abgeschlossen**, wenn von M aus kein Zustand der Menge $Z \setminus M$ erreichbar ist.
   Die Menge Z aller Zustände ist abgeschlossen.
   Eine nicht abgeschlossene Menge von Zuständen heißt **offen**.

2. Ein Zustand i heißt **absorbierend**, wenn $M = \{\, i\, \}$ abgeschlossen ist.

3. Eine abgeschlossene Menge M von Zuständen heißt **irreduzibel**, wenn es keine echte Teilmenge von M gibt, die abgeschlossen ist.
   Eine Markoffkette heißt irreduzibel, wenn ihr Zustandsraum Z nur aus einer einzigen Äquivalenzklasse besteht.

Bemerkungen zu 2. Zustand i absorbierend $\Leftrightarrow$ $p_{ii} = 1$.

3. In einer irreduziblen Markoffkette sind demnach alle Zustände des Zustandraumes Z gegenseitig erreichbar.

Beispiel 2.10. Gegeben sei der folgende Übergangsgraph einer Markoffkette.

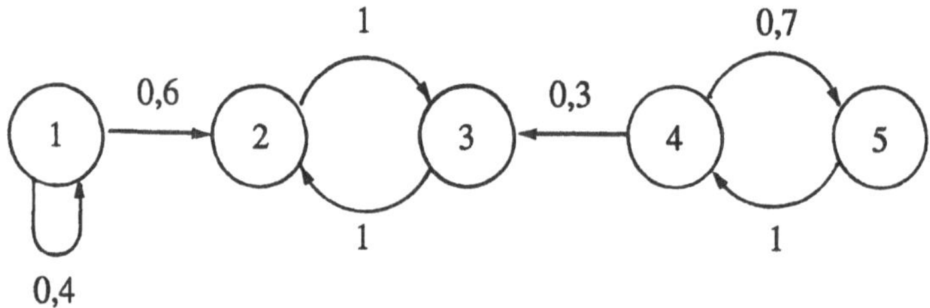

a) Äquivalenzklassen: $K_1 = \{\, 1\, \}$, $K_2 = \{\, 2, 3\, \}$ und $K_3 = \{\, 4, 5\, \}$.

b) Die Menge $M_1 = \{\, 2, 3, 4, 5\, \}$ von Zuständen ist abgeschlossen, jedoch nicht irreduzibel, da es eine echte Teilmenge $T = \{\, 2, 3\, \}$ von M gibt, die abgeschlossen ist. Die Menge T ist irreduzibel.
   Auch die Menge $M_2 = \{\, 1, 2, 3\, \}$ von Zuständen der Markoffkette ist abgeschlossen, da von M_2 aus kein Punkt der Menge $Z \setminus M_2 = \{\, 4, 5\, \}$ erreichbar ist. Wie M_1 ist auch M_2 nicht irreduzibel.

II. Klassifizierung der Zustände einer Markoffkette

Definition 2.12   Prozeßübergangswahrscheinlichkeit

Es sei $f_{ij}^{(n)} = P(X_n = j \mid X_0 = i, X_k \neq j \text{ für } k = 1, 2, \ldots, n-1)$ die Wahrscheinlichkeit für das erstmalige Erreichen des Zustandes j vom Zustand i aus.

Die Wahrscheinlichkeit

$$f_{ij} = \sum_{n=1}^{\infty} f_{ij}^{(n)} \tag{2.5}$$

dafür, daß der zufällige Prozeß, ausgehend vom Zustand i mindestens einmal den Zustand
j annimmt, heißt **Prozeßübergangswahrscheinlichkeit**. Die Wahrscheinlichkeit

$$f_{ii} = \sum_{n=1}^{\infty} f_{ij}^{(n)} \tag{2.6}$$

heißt **Rückkehrwahrscheinlichkeit**.

Definition 2.13

1)   Ein Zustand i des Zustandsraumes heißt **rekurrent**, wenn er mit Wahrscheinlichkeit
     1 wieder angenommen wird.
     $i \in Z \text{ rekurrent } \Leftrightarrow f_{ii} = 1$
     Anderenfalls ($f_{ii} < 1$) heißt der Zustand i **transient**.

2)   Ist der Zustand i rekurrent, so ist die Rückkehrzeit T_{ii} eine Zufallsgröße im engeren
     Sinn und

$$m_{ii} = E(T_{ii}) = \sum_{n=1}^{\infty} n \cdot f_{ii}^{(n)} \tag{2.7}$$

     heißt **mittlere Rückkehrzeit**.

3.   Ein rekurrenter Zustand i heißt **positiv rekurrent**, wenn die mittlere Rückkehrzeit
     m_{ii} endlich ist. Anderenfalls ($m_{ii} = \infty$) heißt der Zustand **null-rekurrent**.

4.   Ein Zustand heißt **periodisch** mit der Periode d_i, wenn eine Rückkehr nach i nur
     nach einer Schrittzahl möglich ist, die ein Vielfaches von $d_i > 1$ ist und d_i die größte
     Zahl mit dieser Eigenschaft ist.

5.   Ein Zustand i heißt **ergodisch**, wenn er aperiodisch und positiv rekurrent ist.

Rekurrenz, Nullrekurrenz, positive Rekurrenz, Transienz, Periodizität und Ergodizität sind **Klasseneigenschaften**, d.h. alle Zustände einer Äquivalenzklassen sind vom gleichen Typ.

In einer irreduziblen Markoffkette, die nur aus einer einzigen Äquivalenzklasse besteht, sind demnach alle Zustände vom gleichen Typ.

Beispiel 2.11. Gegeben sei die folgende homogene Markoffkette

Übergangsgraph   Übergangsmatrix

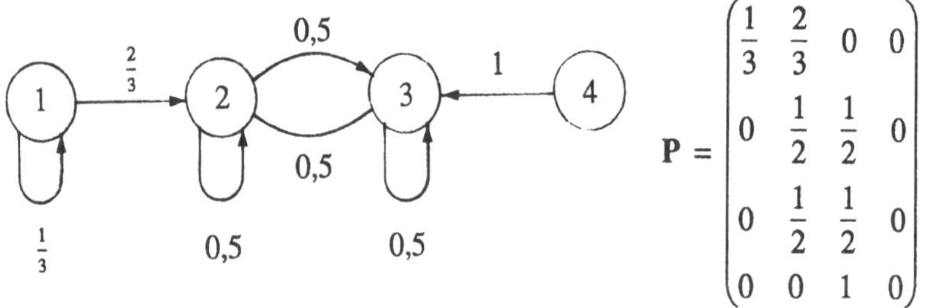

$$P = \begin{pmatrix} \dfrac{1}{3} & \dfrac{2}{3} & 0 & 0 \\[2mm] 0 & \dfrac{1}{2} & \dfrac{1}{2} & 0 \\[2mm] 0 & \dfrac{1}{2} & \dfrac{1}{2} & 0 \\[2mm] 0 & 0 & 1 & 0 \end{pmatrix}$$

a) Rückkehrwahrscheinlichkeit für den Zustand 1:

$$f_{11}^{(1)} = \frac{1}{3}$$

$$f_{11}^{(k)} = 0 \quad \text{für } k \geq 2$$

$$f_{11} = \sum_{n=1}^{\infty} f_{11}^{(n)} = \frac{1}{3} < 1$$

Der Zustand 1 ist transient. Nach Verlassen des Zustandes 1 wird er nicht wieder angenommen.

b) Rückkehrwahrscheinlichkeit für den Zustand 2:

$$f_{22}^{(1)} = \frac{1}{2}, \quad f_{22}^{(2)} = \left(\frac{1}{2}\right)^2, \quad f_{22}^{(3)} = \left(\frac{1}{2}\right)^3, \quad \ldots \quad , \quad f_{22}^{(n)} = \left(\frac{1}{2}\right)^n$$

Bei der Prozeßübergangswahrscheinlichkeit $f_{22}^{(n)}$ wird vorausgesetzt, daß der Zustand 2 nach n Schritten erstmalig wieder erreicht wird.

$$f_{22} = \sum_{n=1}^{\infty} f_{22}^{(n)} = \sum_{n=1}^{\infty}\left(\frac{1}{2}\right)^n = \frac{1}{2}\cdot\sum_{k=0}^{\infty}\left(\frac{1}{2}\right)^k = \frac{1}{2}\cdot\frac{1}{1-\frac{1}{2}} = 1$$

(unendliche geometrische Reihe mit q = 0,5) . Der Zustand 2 ist **rekurrent**.

c) Mittlere Rückkehrzeit für den Zustand 2:

$$m_{22} = E(T_{22}) = \sum_{n=1}^{\infty} n \cdot \left(\frac{1}{2}\right)^n = \frac{\frac{1}{2}}{\left(1 - \frac{1}{2}\right)^2} = 2 < \infty$$

$$\left(\sum_{n=1}^{\infty} n \cdot q^n = \frac{q}{(1 - q)^2} \quad |q| < 1 \right)$$

Der Zustand 2 ist positiv rekurrent. Er wird im Mittel nach 2 Schritten wieder angenommen. Da der Zustand 2 nach jeder Schrittzahl n wieder angenommen werden kann, ist er aperiodisch. Der Zustand ist also positiv rekurrent und aperiodisch, d.h. ergodisch.

Definition 2.14

Eine Markoffkette heißt **aperiodisch**, wenn jeder Zustand aperiodisch ist.
Eine Markoffkette heißt **regulär**, wenn sie aperiodisch und irreduzibel ist.

Wir werden im nächsten Abschnitt erkennen, daß für reguläre Markoffketten das langfristige Verhalten schon durch die Übergangsmatrix P bestimmt ist.

Beispiel 2.12. Lineare Irrfahrt mit reflektierenden Schranken

Übergangsgraph   Übergangsmatrix

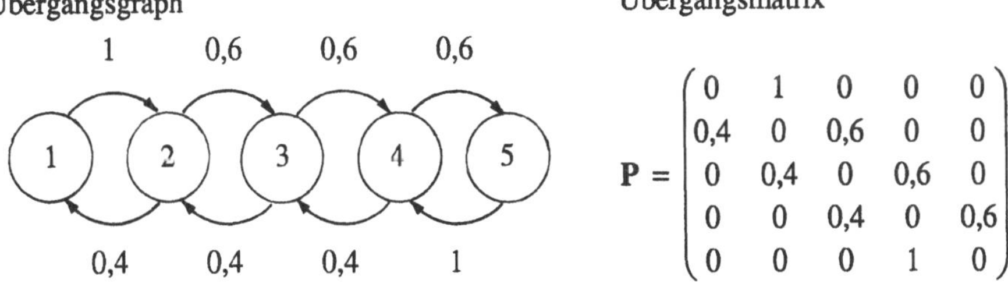

$$P = \begin{pmatrix} 0 & 1 & 0 & 0 & 0 \\ 0{,}4 & 0 & 0{,}6 & 0 & 0 \\ 0 & 0{,}4 & 0 & 0{,}6 & 0 \\ 0 & 0 & 0{,}4 & 0 & 0{,}6 \\ 0 & 0 & 0 & 1 & 0 \end{pmatrix}$$

Die Markoffkette ist irreduzibel, da jeder Zustand von jedem anderen Zustand aus erreichbar ist.

Es sei h_i die Anzahl der Schritte für die Rückkehr zum Zustand 1. Man erkennt, daß dafür nur Schrittezahlen $h_i = 2, 4, 6, 8, 10, \ldots$ in Frage kommen. Der Zustand 1 ist periodisch mit der Periode $d_1 = 2$. Aber auch alle anderen Zustände sind periodisch mit der Periode $d_i = 2$. Die Periodizität ist eine Klasseneigenschaft.
Die Markoffkette ist daher nicht regulär.

2.2.4 Asymptotisches Verhalten einer endlichen Markoffkette

Wir wollen zunächst ein Beispiel betrachten, welches uns die Situation veranschaulichen soll.

Beispiel 2.13. Gegeben ist die homogene Markoffkette mit zwei Zuständen:

Übergangsgraph

Übergangsmatrix

$$P = \begin{pmatrix} 0,5 & 0,5 \\ 0,3 & 0,7 \end{pmatrix}$$

Durch Matrizenmultiplikation erhält man die folgenden Potenzen der Übergangsmatrix:

$$P^2 = \begin{pmatrix} 0,4 & 0,6 \\ 0,36 & 0,64 \end{pmatrix}; \qquad P^3 = \begin{pmatrix} 0,38 & 0,62 \\ 0,372 & 0,628 \end{pmatrix}; \qquad P^4 = \begin{pmatrix} 0,376 & 0,624 \\ 0,374 & 0,626 \end{pmatrix}.$$

In diesen Beispiel konvergieren die Potenzen der Übergangsmatrix schnell gegen

$$\lim_{n \to \infty} P^n = P_\infty = \begin{pmatrix} \dfrac{3}{8} & \dfrac{5}{8} \\[2ex] \dfrac{3}{8} & \dfrac{5}{8} \end{pmatrix}$$

In dieser Matrix P_∞ stimmen die Zeilenvektoren überein. Es ist daher für jede Anfangsverteilung

$$p = p(0) \cdot P_\infty = (p_1(0)\,;p_2(0)\,) \cdot \begin{pmatrix} \dfrac{3}{8} & \dfrac{5}{8} \\[2ex] \dfrac{3}{8} & \dfrac{5}{8} \end{pmatrix} = \left(\dfrac{3}{8}\,;\dfrac{5}{8} \right)$$

Jede Anfangsverteilung nähert sich in diesen Beispiel der Grenzverteilung

$$p = \lim_{n \to \infty} p(n) = \left(\dfrac{3}{8}\,;\dfrac{5}{8} \right)$$

Definition 2.15

Eine Markoffkette besitzt eine **ergodische Verteilung**, wenn eine von der Anfangsverteilung unabhängige Grenzverteilung existiert.

Hauptsatz für reguläre Markoffketten (Ergodensatz)

1. Bei einer regulären Markoffkette konvergieren die Potenzen der Übergangsmatrix gegen eine stochastische Matrix mit gleichen Zeilenvektoren

$$\lim_{n \to \infty} \mathbf{P}^n = \mathbf{P}_\infty = \begin{pmatrix} p_1 & p_2 & \cdots & p_N \\ p_1 & p_2 & \cdots & p_N \\ . & . & \cdots & . \\ . & . & \cdots & . \\ p_1 & p_2 & \cdots & p_N \end{pmatrix}. \tag{2.8}$$

2. Der Zeilenvektor $\mathbf{p} = (p_1, p_2, \ldots, p_N)$ der Matrix $\mathbf{P}_\infty$ hat nur positive Elemente ($p_i > 0$ für $i = 1, 2, 3, \ldots, N$).

   Er ist der einzige stochastische Vektor ($\sum_{i=1}^{N} p_i = 1$) mit der Eigenschaft

$$\mathbf{p} \cdot \mathbf{P} = \mathbf{p} \tag{2.9}$$

3. Die mittlere Rückkehrzeit in den Zustand i ist gegeben durch

$$m_{ii} = \frac{1}{p_i} \tag{2.10}$$

Da die Beweise zu den Aussagen dieses Hauptsatzes für reguläre Markoffketten umfangreich sind, sei auf die weiterführende Literatur verwiesen.

Definition 2.16

Die durch den Zeilenvektor $\mathbf{p} = (p_1, p_2, \ldots, p_N)$ der Matrix $\mathbf{P}_\infty$ bestimmte Verteilung heißt **Grenzverteilung**. Es gilt

$$\mathbf{p} = \lim_{n \to \infty} \mathbf{p}(n) \tag{2.11}$$

Die Berechnung der Grenzverteilung $\mathbf{p}$ erfolgt nach Gl. (2.9). Man erkennt, daß $\mathbf{p}$ Eigenvektor zum Eigenwert 1 der Übergangsmatrix $\mathbf{P}$ ist. Aus dem Hauptsatz für reguläre Markoffketten folgt, daß für die zugehörige Übergangsmatrix $\mathbf{P}$ stets genau ein Eigenvektor zum Eigenwert 1 existiert.

Da das durch Gl. (2.9) bestimmte homogene lineare Gleichungssystem

$$\mathbf{p} \cdot \mathbf{P} = \mathbf{p} \quad \Rightarrow \quad \mathbf{p} \cdot (\mathbf{P} - \mathbf{E}) = 0 \qquad (\mathbf{E} = \text{Einheitsmatrix})$$

ist linear abhängig. Um die Grenzverteilung $\mathbf{p}$ eindeutig bestimmen zu können, muß noch berücksichtigt werden, daß $\mathbf{p}$ ein stochastischer Vektor ist, d.h. aus

$$\mathbf{p} \cdot (\mathbf{P} - \mathbf{E}) = 0 \quad \text{und} \quad \sum_{i=1}^{N} p_i = 1$$

läßt sich $\mathbf{p}$ eindeutig berechnen.

Beispiel 2.14. Eine Nachricht von der Form "ja" oder "nein" wird mündlich weitergegeben. Bei jeder Weitergabe wird mit der Wahrscheinlichkeit α "ja" in "nein" und mit der Wahrscheinlichkeit β "nein" in "ja" verfälscht.

Es sei Zustand 1 = "ja" und Zustand 2 = "nein".

Übergangsgraph   Übergangsmatrix

$$\mathbf{P} = \begin{pmatrix} 1 - \alpha & \alpha \\ \beta & 1 - \beta \end{pmatrix}$$

Wie man leicht erkennen kann, ist die Markoffkette irreduzibel und aperiodisch, d.h. regulär und es existiert eine Grenzverteilung $\mathbf{p}$.

Das Gleichungssystem $\mathbf{p}\,(\mathbf{P} - \mathbf{E}) = 0$ führt zu den beiden linear abhängigen Gleichungen

$$(1) \quad -\alpha p_1 + \beta p_2 = 0 \qquad \text{und} \qquad (2) \quad \alpha p_1 - \beta p_2 = 0$$

Da $\mathbf{p}$ ein stochastischer Vektor ist, erhalten wir mit den Gleichungen (1) und (3)

$$(1) \quad -\alpha p_1 + \beta p_2 = 0 \qquad \text{und} \qquad (3) \quad p_1 + p_2 = 1$$

die Grenzverteilung

$$\mathbf{p} = \left(\frac{\beta}{\alpha + \beta} \; ; \; \frac{\alpha}{\alpha + \beta} \right).$$

Im Falle einer unparteiischen Verfälschung ($\alpha = \beta$) erhält man die Grenzverteilung $\mathbf{p} = (\,0,\!5 \;;\; 0,\!5\,)$. Nach einer langen Kette von Zwischenträgern ist nur noch mit einer Wahrscheinlichkeit 0,5 die unverfälschte Ausgangsnachricht zu erwarten.

Beispiel 2.15. Zwei Laplace-Käfer bewegen sich unabhängig voneinander auf den Seiten eines regelmäßigen Achtecks. Sie legen pro Zeiteinheit eine Seitenlänge zurück. Die möglichen Abstände 4, 2, 0 Seitenlängen seien die Zustände 1, 2, 3.

a) Die Käfer starten an Gegenecken. Man berechne die mittlere Wanderzeit bis zur ersten Begegnung.

b) Die Käfer wandern nach der Begegnung weiter. Es soll die stationäre Verteilung und die mittlere Zeit zwischen 2 Begegnungen berechnet werden.

a) Die Käfer bewegen sich an jeder Ecke mit der Wahrscheinlichkeit 0,5 weiter, mit der Wahrscheinlichkeit 0,5 bewegen sie sich wieder zurück.

Achteck: Übergangsgraph:

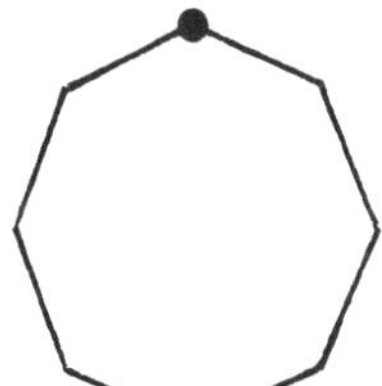

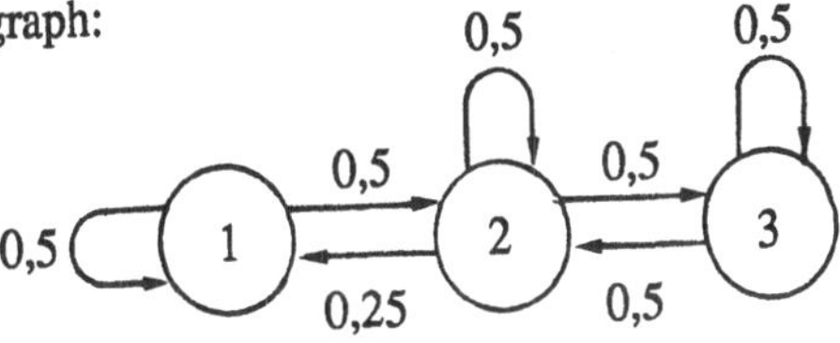

Randbedingung: $m_3 = 0$.

2. Mittelwertsregel: $m_2 = 1 + \dfrac{1}{2}m_2 + \dfrac{1}{4}m_1 \quad \Rightarrow \quad m_2 = 2 + \dfrac{1}{2}m_1$

$$m_1 = 1 + \frac{1}{2}m_1 + \frac{1}{2}\left(2 + \frac{1}{2}m_1\right) \quad \Rightarrow \quad m_1 = 8.$$

Vom Start von Gegenecken aus (Zustand 1) dauert es im Mittel 8 Zeiteinheiten bis zur ersten Begegnung.

b) Das Gleichungssystem $\mathbf{p}.(\mathbf{P} - \mathbf{E}) = \mathbf{0}$

$$(p_1, p_2, p_3) \cdot \begin{pmatrix} -0{,}5 & 0{,}5 & 0 \\ 0{,}25 & -0{,}5 & 0{,}25 \\ 0 & 0{,}5 & -0{,}5 \end{pmatrix} = (0, 0, 0)$$

hat die beiden linear unabhängigen Gleichungen (1) und (3). Zusammen mit der Gleichung (4) (stochastischer Vektor!) ist die Grenzverteilung eindeutig bestimmt.

(1) $-0{,}5\,p_1 + 0{,}25\,p_2 = 0 \quad \Rightarrow \quad p_2 = 2\,p_1$

(3) $0{,}25\,p_2 - 0{,}5\,p_3 = 0 \quad \Rightarrow \quad p_3 = 0{,}5\,p_2 = p_1$

(4) $p_1 + p_2 + p_3 = 1 \quad \Rightarrow \quad p_1 = 0{,}25;\ p_2 = 0{,}5;\ p_3 = 0{,}25.$

Grenzverteilung: $\quad \mathbf{p} = \left(\dfrac{1}{4}; \dfrac{1}{2}; \dfrac{1}{4}\right).$

Mittlere Zeit zwischen 2 Begegnungen = mittlere Rückkehrzeit in den Zustand 3:

$$m_{11} = \frac{1}{p_3} = 4.$$

Definition 2.17

Eine stochastische Matrix $\mathbf{P}$ heißt **doppeltstochastisch,** wenn auch die Spaltenvektoren stochastische Vektoren sind.

Es gilt der folgende Satz:

Die Grenzverteilung einer homogenen Markoffkette mit N Zuständen und einer doppeltstochastischen Übergangsmatrix ist die Gleichverteilung mit dem Wahrscheinlichkeitsvektor

$$\mathbf{p} = \left(\frac{1}{N}; \frac{1}{N}; \frac{1}{N}; \ \ldots \ ; \frac{1}{N}\right).$$

Beweis: Es ist mit den Regeln der Matrizenmultiplikation einfach zu zeigen, daß der stochastische Vektor $\mathbf{p}$ die Gleichung (2.9) $\mathbf{p}.\mathbf{P} = \mathbf{p}$ erfüllt.

So ist das skalare Produkt des Vektors $\mathbf{p}$ mit dem j-ten Spaltenvektor der doppeltstochastischen Übergangsmatrix $\mathbf{P}$ für alle j

$$\left(\frac{1}{N}; \frac{1}{N}; \frac{1}{N}; \ \ldots \ ; \frac{1}{N}\right) \cdot \begin{pmatrix} p_{1j} \\ p_{2j} \\ \cdot \\ \cdot \\ \cdot \\ p_{Nj} \end{pmatrix} = \frac{1}{N} \sum_{i=1}^{N} p_{ij} = \frac{1}{N}$$

Beispiel 2.16. Zirkuläre Irrfahrt

Auf einem Kreis sind 5 Zustände definiert. Ein Objekt bewegt sich vom jeweiligen Zustand mit der Wahrscheinlichkeit 0,5 zu einem der Nachbarzustände.

Übergangsgraph: Übergangsmatrix

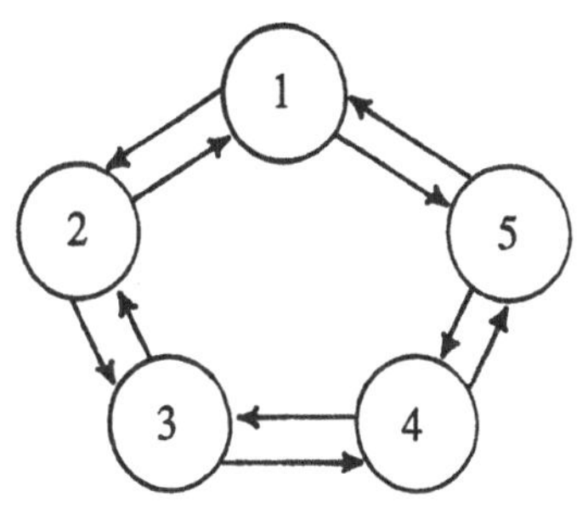

$$P = \begin{pmatrix} 0 & 0{,}5 & 0 & 0 & 0{,}5 \\ 0{,}5 & 0 & 0{,}5 & 0 & 0 \\ 0 & 0{,}5 & 0 & 0{,}5 & 0 \\ 0 & 0 & 0{,}5 & 0 & 0{,}5 \\ 0{,}5 & 0 & 0 & 0{,}5 & 0 \end{pmatrix}$$

Man erkennt, daß die Matrix P doppeltstochastisch ist. Die Grenzverteilung ist durch den Vektor

$$p = \left(\frac{1}{5}; \frac{1}{5}; \frac{1}{5}; \frac{1}{5}; \frac{1}{5} \right).$$

gegeben. Wegen der Symmetrie der Zustände war dies hier von Anfang an zu vermuten. Die mittlere Rückkehrzeit ist für jeden Zustand $m_{ii} = 5$ Zeiteinheiten.

Übungsaufgaben zum Abschnitt 2.2 (Lösungen im Anhang)

Beispiel 2.17. Spiel bis zum Ruin eines Spielers

Der Spieler A hat 2 DM, der Spieler B besitzt 3 DM. Der Wurf einer Laplacemünze entscheidet über den Gewinn oder den Verlust von 1 DM. Der Spieler A beginnt. Es wird so lange gespielt, bis einer der Spieler kein Geld mehr hat (Ruin des Spielers A oder des Spielers B).

a)   Wie groß ist die Wahrscheinlichkeit für den Ruin des Spielers A?

b)   Wie groß ist die mittlere Anzahl von Spielen bis zum Ruin eines der Spieler?

Beispiel 2.18. Ein Generator erzeugt pro Zeiteinheit mit der Wahrscheinlichkeit p = 0,6 das Zeichen A, mit der Wahrscheinlichkeit q = 0,4 das Zeichen B.

Der Prozeß wird gestoppt, wenn erstmals das Wort AAA auftritt.

a)   Bestimmen Sie den Übergangsgraphen und die Übergangsmatrix.

b)   Wie groß ist die mittlere Dauer des Prozesses?

c)   Der Prozeß werde durch eines der Wörter AA oder BB gestoppt. Wie groß ist die Wahrscheinlichkeit, daß der Prozeß durch das Wort AA gestoppt wird und wie lange dauert dieser Prozeß im Mittel?

Beispiel 2.19. Gegeben ist eine homogene Markoffkette mit dem folgenden Übergangsgraphen:

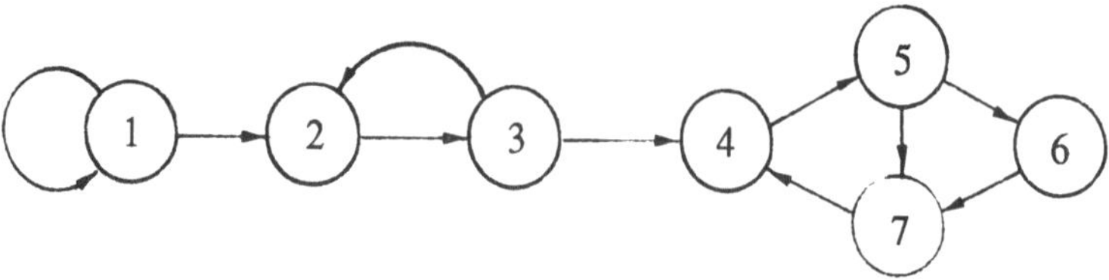

Man bestimme die Äquivalenzklassen und prüfe bei jeder Klasse, ob sie transient oder rekurrent ist. Für die rekurrenten Zustände sollen die mittleren Rückkehrzeiten berechnet werden.

Beispiel 2.20. Ein Laplace-Käfer bewegt sich auf dem skizzierten ebenen Gitter an jedem der markierten Punkte mit der gleichen Wahrscheinlichkeit in eine der möglichen Richtungen.

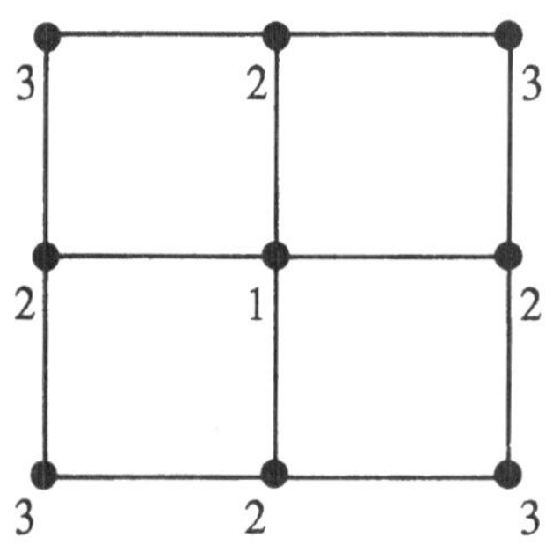

a) Bestimmen Sie die Übergangsmatrix und den Übergangsgraphen der homogenen Markoffkette mit $N = 3$ Zuständen.

b) Zeigen Sie daß die Markoffkette regulär ist und berechnen Sie die Grenzverteilung **p**.

c) Der Käfer startet im Zustand 1. Bestimmen Sie die Wahrscheinlichkeitsverteilung für $t = 2$ und die mittlere Rückkehrzeit in den Zustand 1.

Beispiel 2.21. Gegeben sind zwei Urnen A und B und zwei Kugeln mit den Ziffern 1 und 2. Pro Zeiteinheit wird eine der Zahlen 1 oder 2 durch ein Laplace-Experiment bestimmt und die entsprechende Kugel in die andere Urne gelegt. Die möglichen Inhalte der Urne A können als die verschiedenen Zustände des zufälligen Geschehens betrachtet werden. Zu Beginn sind beide Kugeln in der Urne A.

a) Man bestimme die Übergangsmatrix und den Übergangsgraphen der zugehörigen Markoffkette.

b) Man gebe die Grenzverteilung **p** und die mittleren Rückkehrzeiten zu den einzelnen Zuständen an.

2.3   Stochastische Prozesse mit stetigem Parameterraum

Bei den stochastischen Ketten mit einem diskreten Parameterraum wurde der zufällig ablaufende Prozeß nur zu den Zeitpunkten $t_0, t_1, t_2, t_3, \ldots$ betrachtet. Bei den folgenden stochastischen Prozessen wird ein stetiger Parameterraum T vorausgesetzt.

2.3.1   Poisson-Prozeß

Wir haben den Poisson-Prozeß schon im Zusammenhang mit der Poisson-Verteilung im Abschnitt 1.5.2 als einen Signalprozeß kennengelernt, bei dem die für zufällig auftretenden "Signale" drei Axiome erfüllt sind. Zur Wiederholung sei noch einmal eine Definition eines Poisson-Prozesses gegeben.

Definition 2.18

Die Menge $\{ X_t \mid t \geq 0 \}$ von Zufallsgrößen heißt **Poisson-Prozeß**, wenn die folgenden drei Axiome erfüllt sind:

Axiom I: Die Wahrscheinlichkeit für x Signale in einem Zeitintervall der Länge t hängt nur von x und t ab, nicht von der Lage des Zeitintervalls auf der Zeitachse.

Axiom II: Die Anzahl der Signale in disjunkten Zeitintervallen sind unabhängige Zufallsgrößen.

Axiom III: Die Wahrscheinlichkeit für mehr als ein Signal in einem kleinen Zeitintervall der Länge Δt ist von kleinerer Größenordnung als Δt.

Von kleinerer Größenordnung als Δt ($o(\Delta t)$) ist definiert durch

$$\lim_{\Delta t \to 0} \frac{o(\Delta t)}{\Delta t} = 0 \, .$$

Aus den Axiomen kann die Wahrscheinlichkeitsverteilung der Zufallsgröße X_t = Anzahl der Signale eines Poisson-Prozesses in einem Zeitintervall der Länge t berechnet werden.

Es sei $p_x(t) = P(X_t = x)$ die Wahrscheinlichkeit für x Signale im Zeitintervall $[\, 0, t \,)$.

Mit den Axiomen I und II folgt für die Wahrscheinlichkeit von 0 Signalen im Zeitintervall $[0, t + \Delta t)$

$$(1) \qquad p_0(t + \Delta t) = p_0(t) \cdot p_0(\Delta t)$$

Die Funktionalgleichung hat als einzige hier brauchbare Lösung

$$(2) \qquad p_0 = e^{-\lambda t} \qquad \text{mit } \lambda > 0 \quad \text{wegen} \quad p_0(t) < 1$$

Durch eine Reihenentwicklung erhält man

$$(3) \qquad p_0(\Delta t) = e^{-\lambda \Delta t} = 1 - \lambda \cdot \Delta t + o(\Delta t)$$

und unter Verwendung von Axiom III

$$(4) \qquad p_1(\Delta t) = 1 - p_0(\Delta t) + o(\Delta t) = \lambda \cdot \Delta t + o(\Delta t)$$

Die Wahrscheinlichkeit für ein Signal im Zeitintervall Δt ist im wesentlichen der Länge Δt des Zeitintervalls proportional. Die Proportionalitätskonstante ist λ.

Zu x Signalen im Zeitintervall der Länge $t + \Delta t$ führen die folgenden drei Pfade:

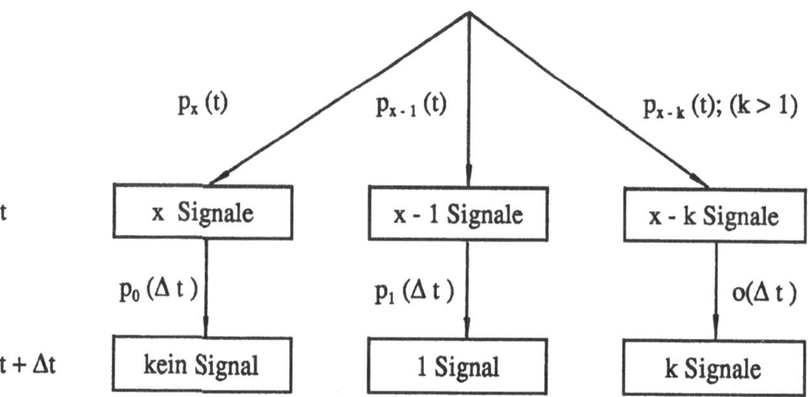

Damit erhält man:

$$p_x(t + \Delta t) = p_x(t) \cdot p_0(\Delta t) + p_{x-1}(t) \cdot p_1(\Delta t) + o(\Delta t) = p_x(1 - \lambda \Delta t) + p_{x-1}\lambda \Delta t + o(\Delta t)$$

und durch Umformen

$$\frac{p_x(t + \Delta t) - p_x(t)}{\Delta t} = \lambda \cdot [p_{x-1}(t) - p_x] + \frac{o\Delta t}{\Delta t}.$$

Im Grenzfall $\Delta t \to 0$ ergibt sich das folgende System von Differentialgleichungen

$$p_x'(t) = [p_{x-1}(t) - p_x(t)] \qquad x = 1, 2, 3, \ldots \qquad (2.12)$$

Mit dem Lösungsansatz $\qquad p_x(t) = q_x(t) \cdot e^{-\lambda t} \qquad$ folgt aus Gl.(2.12)

$$q_x(t)' = \lambda \cdot q_{x-1}(t) \qquad (2.13)$$

Aus $\quad p_0(t) = e^{-\lambda t} \quad$ erhält man den Anfangswert $\quad q_0(t) = 1$.

Damit läßt sich das durch Gl. (2.13) bestimmte System schrittweise lösen.

$$q_1'(t) = \lambda q_0(t) \quad \Rightarrow \quad q_1(t) = \lambda \cdot t$$

$$q_2'(t) = \lambda q_1(t) \quad \Rightarrow \quad q_2(t) = \frac{\lambda^2 \cdot t^2}{2!}$$

$$q_3'(t) = \lambda q_2(t) \quad \Rightarrow \quad q_3(t) = \frac{\lambda^3 \cdot t^3}{3!} \quad \Rightarrow \quad \text{allgemein} \quad q_x(t) = \frac{(\lambda \cdot t)^x}{x!}$$

Da die Wahrscheinlichkeit für mehr als ein Signal in einem Zeitintervall der Länge 0 den Wert Null hat, verschwinden alle bei den Integrationsschritten noch möglichen Integrationskonstanten.

$$p_k(t) = q_k(t) \cdot e^{-\lambda t} \quad \Rightarrow \quad p_k(0) = q_k(0) = 0 \quad \text{für } k \geq 1.$$

Für die Wahrscheinlichkeit für x Signale eines Poisson-Prozesses in einem Zeitintervall der Länge t ergibt sich hiermit schließlich

$$P(X_t = x) = p_x(t) = \frac{(\lambda \cdot t)^x}{x!} \cdot e^{-\lambda t} \qquad (2.14)$$

Mittelwert und Varianz der Zufallsgröße X_t :

$$E(X_t) = \lambda \cdot t \qquad \text{Var}(X_t) = \lambda \cdot t \qquad (2.15)$$

Um den Parameter λ eines Poisson-Prozesses (näherungsweise) aus beobachtbaren Daten bestimmen zu können, sind folgende Zusammenhänge nützlich:

λ = mittlere Anzahl von Signalen pro Zeiteinheit

$\dfrac{1}{\lambda}$ = mittlerer Abstand zweier Signale eines Poisson-Prozesses

Aus den Axiomen des Poisson-Prozesses folgt, daß der Poisson-Prozeß ein **Markoff-Prozeß** ist, bei dem der weitere Ablauf des zufälligen Geschehens von der Vergangenheit unabhängig ist.

Wartezeit bis zum nächsten Signal eines Poisson-Prozesses

Die stetige Zufallsgröße T = Wartezeit bis zum nächsten Signal eines Poisson-Prozesses genügt einer Exponentialverteilung (s. Beispiel 1.71) mit der Dichtefunktion

$$f(t) = \begin{cases} \lambda \cdot e^{-\lambda t} & t \geq 0 \\ 0 & t < 0 \end{cases} \qquad E(T) = \frac{1}{\lambda} \qquad Var(T) = \frac{1}{\lambda^2}$$

Der Erwartungswert $\frac{1}{\lambda}$ der Zufallsgröße T entspricht der mittleren Zeit zwischen zwei Signalen eines Poisson-Prozesses.

Anschauliche Deutung eines Poisson-Prozesses

Man kann einen Poisson-Prozeß als Irrfahrt eines Teilchens auf dem Zustandsraum $Z = \{0, 1, 2, \dots\}$ deuten. Das Teilchen startet im Zustand 0. Bei jedem Signal springt es vom Zustand i in den nächsten Zustand i + 1. Alle Zustände sind transient.

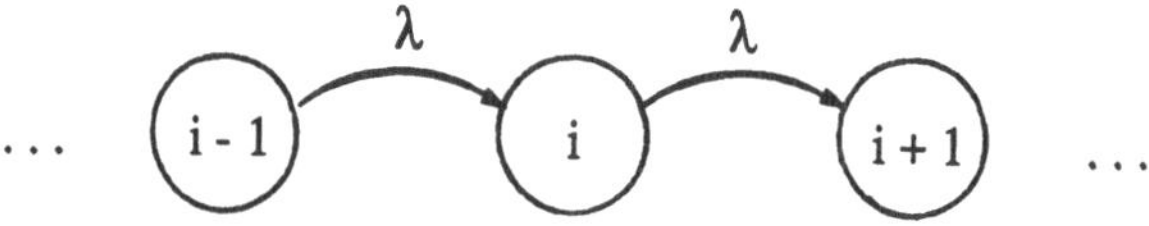

Das Teilchen springt im Zeitintervall [t, t + Δt) vom Zustand i in den Zustand i + 1 mit der Wahrscheinlichkeit $p_i(\Delta t) = \lambda \cdot \Delta t + o(\Delta t)$. In einem kleinen Zeitintervall Δt ist die Übergangswahrscheinlichkeit vom Zustand i in den Zustand i +1

$$p_{i,i+1} \approx \lambda \cdot \Delta t \qquad \qquad \lambda \text{ heißt } \textbf{Übergangsrate.}$$

Wir können die Irrfahrtdeutung eines Poisson-Prozesses auch so formulieren:
Das Teilchen startet im Zustand 0, verweilt dort die Zeit T_0, ehe es in den Zustand 1 springt. Dort bleibt es die Zeit T_1. Im Zustand i verweilt das Teilchen die Zeit T_i.
Diese Verweilzeiten T_i sind alle exponentialverteilt mit dem gemeinsamen Parameter λ.

Die Zufallsgröße W_n = Wartezeit bis zum n-ten Signal eines Poisson-Prozesses genügt als Summe von n stochastisch unabhängigen mit dem gleichen Parameter λ exponentialverteilten Zufallsgrößen T_i einer Erlang-Verteilung, die wir im Abschn. 1.5.7 als Sonderfall einer Gammaverteilung kennengelernt haben.

Die Lebensdauer von elektronischen Bauteilen oder anderen technischen Produkten genügt bei konstanter Ausfallrate einer Exponentialverteilung (s. Abschn. 1.5.9).

a) Wir betrachten die Reihenschaltung von n unabhängigen Komponenten

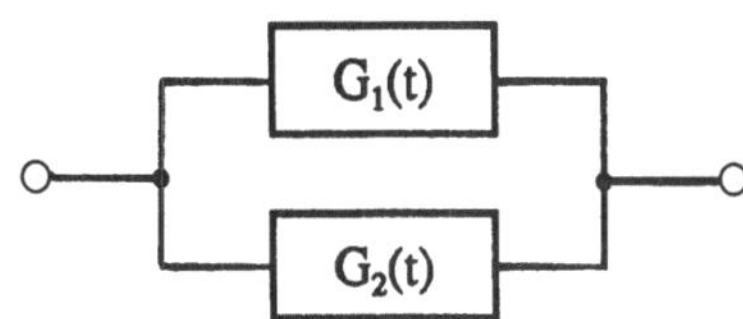

Die Lebensdauer T_i der i-ten Komponente ist exponentialverteilt mit dem Parameter λ_i. Das System fällt aus, wenn eine Komponente ausfällt. T sei die Lebensdauer des Systems (Wartezeit bis zum ersten Ausfall einer Komponente).

$$G(t) = P(T > t) = P(T_1 > t) \cdot P(T_2 > t) \cdots P(T_n > t) = e^{-(\lambda_1 + \lambda_2 + \ldots + \lambda_n)t}$$

Die Lebensdauer des Systems "Reihenschaltung" ist ebenfalls exponentialverteilt mit dem Parameter $\lambda = \lambda_1 + \lambda_2 + \ldots + \lambda_n$. Die mittlere Lebensdauer ergibt sich daraus zu

$$E(T) = \frac{1}{\lambda_1 + \lambda_2 + \ldots + \lambda_n} \tag{2.16}$$

b) Wir betrachten nun die Parallelschaltung von zwei Komponenten.

T_1 und T_2 sind exponentialverteilt mit den Parametern λ_1 und λ_2.

Es sei: $T_{min} = \inf(T_1, T_2)$ = Zeit bis zum ersten Ausfall einer Komponente
$T_{max} = \sup(T_1, T_2)$ = Lebensdauer des Systems
p_1 = Wahrscheinlichkeit, daß die Komponente 1 zuerst ausfällt
p_2 = Wahrscheinlichkeit, daß die Komponente 2 zuerst ausfällt.

Ferner gilt: $E(T_1) = \dfrac{1}{\lambda_1}$; $E(T_2) = \dfrac{1}{\lambda_2}$; $E(T_{min}) = \dfrac{1}{\lambda_1 + \lambda_2}$ (s. Teil a)

Nun ist aber offensichtlich:

$$T_{max} = T_1 + T_2 - T_{min} \quad \Rightarrow \quad E(T_{max}) = E(T_1) + E(T_2) - E(T_{min})$$

$$E(T_{max}) = \frac{1}{\lambda_1} + \frac{1}{\lambda_2} - \frac{1}{\lambda_1 + \lambda_2} \tag{2.17}$$

Berechnung von $p_1 = P(T_2 > T_1)$:

$$p_1 = \int_0^\infty P(T_1 = t) \cdot P(T_2 > t)\, dt = \int_0^\infty f_1(t) \cdot G_2(t)\, dt = \lambda_1 \int_0^\infty e^{-(\lambda_1 + \lambda_2)}\, dt$$

$$p_1 = \frac{\lambda_1}{\lambda_1 + \lambda_2} \qquad p_2 = 1 - p_1 = \frac{\lambda_2}{\lambda_1 + \lambda_2} \qquad\qquad (2.18)$$

Beispiel 2.22. Die Lebensdauer von zwei Bauteilen sei exponentialverteilt mit den Parameter $\lambda_1 = 0{,}001\ \text{h}^{-1}$ und $\lambda_2 = 0{,}0008\ \text{h}^{-1}$.

Man bestimme die mittlere Lebensdauer der Reihenschaltung und der Parallelschaltung der Bauteile. Wie groß ist die Wahrscheinlichkeit, daß das Bauteil 1 zuerst ausfällt?

a) Reihenschaltung der Bauteile: $E(T_{min}) = \dfrac{1}{\lambda_1 + \lambda_2} = 555{,}56\ \text{h}\,.$

b) Parallelschaltung der Bauteile: $E(T_{max}) = \dfrac{1}{\lambda_1} + \dfrac{1}{\lambda_2} - \dfrac{1}{\lambda_1 + \lambda_2} = 1694{,}44\ \text{h}\,.$

c) Wahrscheinlichkeit, daß Bauteil 1 zuerst ausfällt $p_1 = \dfrac{\lambda_1}{\lambda_1 + \lambda_2} = \dfrac{5}{9}\,.$

Konkurrierendes Risiko

Ein Technisches System habe k verschiedene Ausfallursachen $U_1, U_2, \ldots, U_k$. Die Anteile $q_1, q_2, \ldots, q_k$ der Systeme, die in einem festen Zeitraum ($t = 1$) an den Ursachen $U_1, U_2, \ldots, U_k$ ausfallen seien bekannt.

Welcher Anteil der Systeme fällt im Zeitraum $t = 1$ aus, wenn nur ein Risiko wirkt?
Der zufällige Prozeß startet zur Zeit $t = 0$. Das System kann zur Zeit $t = 1$ in drei verschiedenen Zuständen befinden.

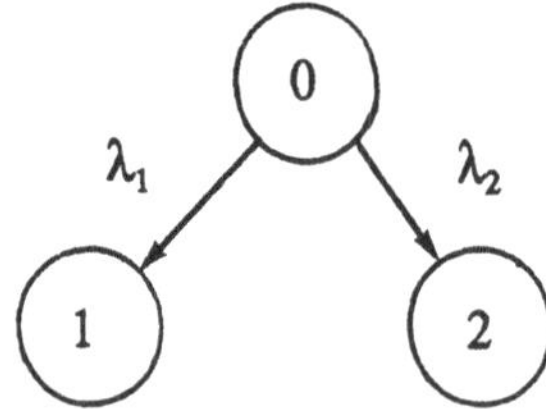

Zustand 0:   Das System ist nicht ausgefallen

Zustand 1:   Ausfall durch Ursache 1

Zustand 2:   Ausfall durch eine andere Ursache

Wir haben zwei Poissonprozesse mit den Übergangsraten λ_1 und λ_2, die unbekannt sind.

Jeder der beiden Poisson-Prozesse endet beim Auftreten des ersten "Signals" (Ausfallen des Systems). Die Wartezeit bis zum Auftreten des ersten Signals (Lebensdauer des Systems) ist exponentialverteilt.

Zur Zeit t = 1 bestimmt man die Anteile q_0, q_1, q_2 der Systeme in den Zuständen 0, 1 und 2. Dabei gilt für die Wahrscheinlichkeit die Zeit t = 1 zu überleben (Überlebenswahrscheinlichkeit G(t)), wenn beide Ursachen vorhanden sind

$$(1) \qquad q_0 = e^{-(\lambda_1 + \lambda_2)} \qquad \Rightarrow \qquad (1a) \qquad -\ln q_0 = \lambda_1 + \lambda_2$$

Mit p_1 = Wahrscheinlichkeit, daß die Ausfallursache 1 zuerst eintritt nach Gl. (2.18) erhält man

$$(2) \qquad q_1 = \frac{\lambda_1}{\lambda_1 + \lambda_2} \cdot (1 - q_0) \qquad \text{unter Verwendung von (1a) folgt:}$$

$$q_1 = \frac{\lambda_1}{-\ln q_0} \cdot (1 - q_0) \qquad \Rightarrow \qquad -\lambda_1 = \frac{q_1 \cdot \ln q_0}{1 - q_0} = \ln q_0^{\frac{q_1}{1-q_0}}$$

Nach Ausschalten der anderen Risiken ($\lambda_2 = 0$) erhält man für den Anteil a_0 der Systeme, welche die Zeit t = 1 überleben, unter der Voraussetzung, daß nur die Ausfallursache 1 wirksam war

$$a_0 = e^{-\lambda_1} = q_0^{\frac{q_1}{1-q_0}} \tag{2.19}$$

Es ist dies die Wahrscheinlichkeit, daß sich das System nach der Zeit t = 1 im Zustand 0 befindet, wenn nur das Risiko 1 wirksam ist.

Beispiel 2.23. Ein Gerät besteht aus drei Komponenten. Es überlebt eine Betriebszeit von einem Jahr mit der Wahrscheinlichkeit $q_0 = 0{,}3$. Ausfallursachen sind die Komponenten 1 und 2 mit zusammen $q_1 = 0{,}5$ und Komponente 3 mit $q_2 = 0{,}2$.
Eine Neukonstruktion macht die Komponente 3 entbehrlich. Mit welcher Wahrscheinlichkeit überlebt die Neukonstruktion eine Betriebsdauer von einem Jahr?

$$a_0 = 0{,}3^{\frac{0{,}5}{0{,}3}} = 0{,}4232$$

Die Neukonstruktion überlebt mit einer Wahrscheinlichkeit von 42,32 % ein Jahr Betrieb.

2.3.2 Geburt- und Todprozesse

Wir haben gesehen, daß ein Poisson-Prozeß als Irrfahrt eines Teilchens auf dem Zustandsraum $Z = \{ 0, 1, 2, \ldots \}$ interpretiert werden kann. Das Teilchen startet im Zustand 0. Bei jedem Signal springt es mit der konstanten Übergangsrate λ vom Zustand i in den nächsten Zustand i + 1.

Eine erste Verallgemeinerung besteht nun darin, daß man eine vom Zustand i abhängende Übergangsrate λ_i annimmt. Als zweite Verallgemeinerung werden auch Übergänge vom Zustand i zum Zustand i - 1 zugelassen.

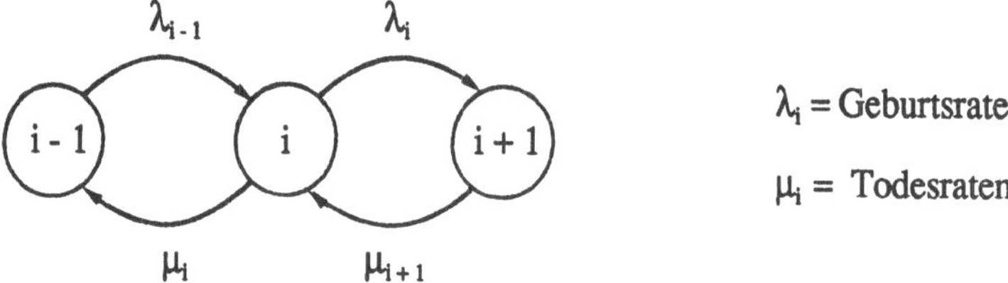

λ_i = Geburtsraten

μ_i = Todesraten

Im Zustand i ist das "Teilchen" zwei konkurrierenden Poisson-Prozessen mit den Übergangsraten λ_i und μ_i ausgesetzt. Der Zustand i eines solchen Prozesses kann beispielsweise die Anzahl der Individuen einer Population angeben, die beim Übergang vom Zustand i zum Zustand i + 1 um ein Individuum vergrößert, beim Übergang vom Zustand i zum Zustand i - 1 um ein Individuum verkleinert wird.

Stochastische Prozesse dieser Art heißen **Geburt- und Todprozesse**. Der Poisson-Prozeß ist demnach ein reiner Geburtprozeß mit konstanter Geburtsrate λ.

Es sei $P(X_t = i) = p_i(t)$ die Wahrscheinlichkeit, daß sich der Prozeß zum Zeitpunkt t im Zustand i befindet. Für die Übergangswahrscheinlichkeiten gelten analog zum Poisson-Prozeß folgende Aussagen:

$$i-1 \quad \rightarrow \quad i: \qquad p_{i-1;i} = \lambda_{i-1} \cdot \Delta t + o(\Delta t)$$

$$i+1 \quad \rightarrow \quad i: \qquad p_{i+1;i} = \mu_{i+1} \cdot \Delta t + o(\Delta t)$$

$$i \quad \rightarrow \quad i: \qquad p_{i;i} = 1 - (\lambda_i + \mu_i) \cdot \Delta t + o(\Delta t)$$

Zum Zustand i zur Zeit t + Δt führen mit einer Wahrscheinlichkeit, die nicht von kleinerer Größenordnung als Δt ist, folgende Pfade.

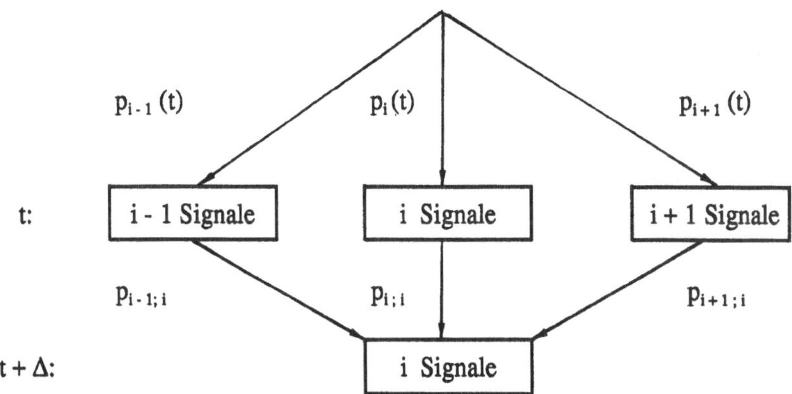

Mit der 2. Pfadregel erhält man:

$$p_i(t + \Delta t) = p_{i-1}(t) \cdot \lambda_{i-1} \cdot \Delta t + p_i(t)[\,1 - (\lambda_i + \mu_i)\,\Delta t\,] + p_{i+1}(t) \cdot \mu_{i+1} \cdot \Delta t + o(\Delta t)$$

Nach einem geeigneten Umformen dieser Gleichung erhält man im Grenzfall $\Delta t \to 0$:

$$p_i'(t) = \lambda_{i-1}p_{i-1}(t) - (\lambda_i + \mu_i)\,p_i(t) + \mu_{i+1}p_{i+1}(t) \qquad (2.20)$$

Dieses System von Differentialgleichung kann unter Beachtung entsprechender Anfangsbedingungen schrittweise gelöst werden. Es sollen hier die **stationären Wahrscheinlichkeiten**

$$p_i = \lim_{t \to \infty} p_i(t) \qquad \text{mit} \qquad p_i' = 0$$

bestimmt werden. Mit den Anfangsbedingungen $\lambda_{-1} = 0$ und $\mu_0 = 0$ ergibt sich folgendes Gleichungssystem

$$i = 0: \qquad -\lambda_0 p_0 + \mu_1 p_1 = 0$$

$$i = 1: \qquad \lambda_0 p_0 - (\lambda_1 + \mu_1)p_1 + \mu_2 p_2 = 0$$

$$i = 2: \qquad \lambda_1 p_1 - (\lambda_2 + \mu_2)p_2 + \mu_2 p_3 = 0$$

$$\cdot \quad \cdot \quad \cdot \quad \cdot$$

Ferner gilt: $\qquad p_0 + p_1 + p_2 + \dots \; = 1$

Dieses Gleichungssystem hat die Lösungen

$$p_1 = \frac{\lambda_0}{\mu_1} \cdot p_0 ; \quad p_2 = \frac{\lambda_0}{\mu_1} \cdot \frac{\lambda_1}{\mu_2} \cdot p_0 ; \quad p_3 = \frac{\lambda_0}{\mu_1} \cdot \frac{\lambda_1}{\mu_2} \cdot \frac{\lambda_2}{\mu_3} \cdot p_0 ; \quad \ldots \tag{2.21}$$

Für einen Prozeß mit konstanten Geburts- und Todesraten $(\lambda_i = \lambda,\ \mu_i = \mu)$ erhält man als Sonderfall

$$p_1 = \frac{\lambda}{\mu} \cdot p_0 ; \qquad p_2 = \left(\frac{\lambda}{\mu}\right)^2 \cdot p_0 ; \qquad p_3 = \left(\frac{\lambda}{\mu}\right)^3 \cdot p_0 ; \qquad \ldots \tag{2.22}$$

Die Wahrscheinlichkeit p_0 ist durch die Bedingung

$$p_0 + p_1 + p_2 + p_3 + \ldots = 1$$

bestimmbar. Anwendungen ergeben sich im nächsten Abschnitt.

2.3.3 Warteschlangen

a) Einteilung der Warteschlangensysteme

Eine Warteschlangensystem besteht aus einem oder mehreren parallelen Schaltern, an denen die Kunden bedient werden und einem Warteraum, in dem sich eine Warteschlange befinden kann.

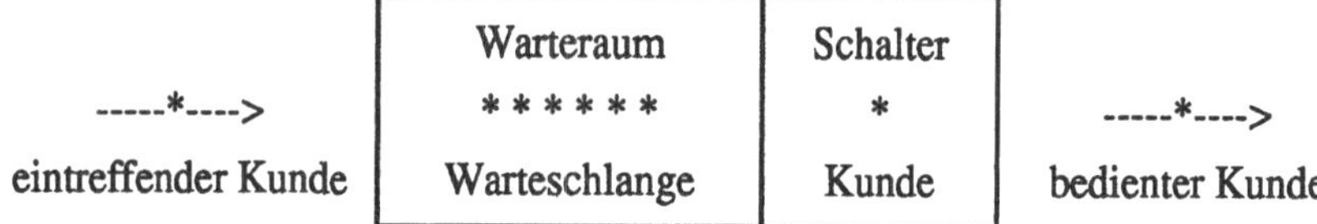

Die eintreffenden Kunden werden durch einen stochastischen Prozeß bestimmt. Häufig wird ein Poisson-Prozeß angenommen. Die ankommenden Kunden bilden einen "Poisson-Strom". Die Zeiten zwischen den Ankünften der Kunden (Zwischenankunftszeiten) sind dann exponentialverteilt. In vielen Situationen können auch die Bedienungszeiten als exponentialverteilt angesetzt werden. Die Anzahl der Kunden im Warteschlangensystem nimmt bei der Ankunft eines neuen Kunden um einen Kunden zu, nachdem ein Kunde bedient worden ist, um einen Kunden ab.

Nach Kendall wird ein Warteschlangensystem durch die Symbole   A I B I X I Y I Z charakterisiert, welche folgende Bedeutung haben:

		Symbol	Erläuterung
A	Verteilung der Zwischenankunftszeiten	M D E GI	Exponentialverteilung (Markoffeigenschaft) Deterministisch Erlangverteilung Allgemeine Verteilung
B	Verteilung der Bedienungszeit	M D E G	siehe oben
X	Anzahl der parallelen Schalter	1,2,3,...	
Y	Systemkapazität	1,2,3,...	
Z	Warteschlangendisziplin	FIFO LIFO SIRO PRI	first in, first out last in, first out service in random order priority

b) Das Warteschlangensystem M I M I 1 I ∞ I FIFO   (kurz M I M I 1)

Exponentialverteilte Zwischenankunftszeiten bedeuten, daß die Kunden einen Poissonstrom mit dem Parameter λ bilden. Dabei ist

λ = mittlere Anzahl von Ankünften pro Zeiteinheit

$\dfrac{1}{\lambda}$ = mittlere Zeit zwischen zwei Ankünften

Die Zufallsgröße Bedienungszeit eines Kunden ist bei diesen Warteschlangenmodell exponentialverteilt mit dem Parameter μ. Es gilt

μ = mittlere Anzahl von Abfertigungen pro Zeiteinheit

$\dfrac{1}{\mu}$ = mittlere Bedienungszeit

Das System enthält einen Schalter, an dem die Kunden einzeln in der Reihenfolge der Ankünfte bedient werden. Der Warteraum sei "unendlich" groß, d.h. so groß, daß keine Kunden wegen eines überfüllten Warteraumes zurückgewiesen werden müssen.

Nimmt man die Anzahl der Kunden im Warteschlangensystem als Zustand des stochastischen Prozesses, so handelt es sich hier um einen Geburt- und Todprozeß mit der konstanten Geburtsrate λ und der ebenfalls konstanten Sterberate μ.

Definition 2.19

Unter der **Verkehrsintensität** versteht man

$$\rho = \frac{\lambda}{\mu} = \frac{\text{mittlere Anzahl von Ankünften / Zeiteimheit}}{\text{mittlere Anzahl von Abfertigungen / Zeiteinheit}}$$

$$= \frac{\left(\frac{1}{\mu}\right)}{\left(\frac{1}{\lambda}\right)} = \frac{\text{mittlere Bedienungsdauer}}{\text{mittlere Zeit zwischen zwei Kundenankünften}}$$

Für die stationären Wahrscheinlichkeiten gilt nach Gl. (2.22)

$$p_i = p_0 \cdot \rho^i \qquad i = 0, 1, 2, 3, \ldots$$

$$\sum_{i=0}^{\infty} p_0 \cdot \rho^i = p_0 \sum_{i=0}^{\infty} \rho^i = 1 \tag{2.23}$$

Zur Konvergenz der unendlichen geometrischen Reihe in Gl. (2.19) muß $\rho < 1$ vorausgesetzt werden. Soll das Warteschlangensystem im stationären Zustand nicht unendlich viele Kunden enthalten, so muß die mittlere Bedienungszeit kleiner sein, als die mittlere Zeit zwischen zwei Kundenankünften. Damit ergibt sich mit der Summenformel einer konvergenten geometrischen Reihe:

$$p_0 \frac{1}{1 - \rho} = 1 \quad \Rightarrow \quad p_0 = 1 - \rho$$

$$p_i = (1 - \rho) \cdot \rho^i \qquad \rho < 1; \quad i = 0, 1, 2, 3, \ldots$$

Dies ist eine geometrische Verteilung mit dem Parameter $1 - \rho$.

1. Mittlere Anzahl von Kunden im System

Es sei die Zufallsgröße L = Anzahl der Kunden im Warteschlangensystem.

$$E(L) = \sum_{i=1}^{\infty} i \cdot p_i = \sum_{i=1}^{\infty} i \cdot (1-\rho) \cdot \rho^i = (1-\rho) \cdot \frac{\rho}{(1-\rho)^2}$$

$$E(L) = \frac{\rho}{1-\rho} \tag{2.24}$$

Hierbei wurde die Formel $\quad \sum_{n=1}^{\infty} n \cdot q^n = \dfrac{q}{(1-q)^2} \quad$ ($|q| < 1$) $\quad$ verwendet.

2. Mittlere Anzahl von Kunden in der Schlange

Es sei die Zufallsgröße L_S = Anzahl der Kunden in der Warteschlange. Von den i Kunden im System befinden sich i - 1 in der Warteschlange ($i \geq 1$).

$$E(L_S) = \sum_{i=1}^{\infty} (i-1) \cdot p_i = \sum_{i=1}^{\infty} i \cdot p_i - \sum_{i=1}^{\infty} p_i = E(L) - \rho$$

$$\left[\; \sum_{i=1}^{\infty} p_i = \sum_{i=0}^{\infty} p_i - p_0 = 1 - p_0 = \rho \;\right]$$

$$E(L_S) = \frac{\rho^2}{1-\rho} \tag{2.25}$$

Es ist $E(L_S) \neq E(L) - 1$, da aus $L = 0$ auch $L_S = 0$ folgt. Bei großen Verkehrsdichten $\rho \approx 1$ ist jedoch $E(L_S) \approx E(L) - 1$.

3. Mittlere Wartezeit eines Kunden im System

Die mittlere Bedienungszeit eines Kunden ist $\frac{1}{\mu}$. Findet der ankommende Kunde i

Kunden vor, so beträgt seine mittlere Wartezeit $(i+1) \cdot \frac{1}{\mu}$.

$$E(T) = E(\frac{i+1}{\mu}) = \frac{1}{\mu} \sum_{i=0}^{\infty} (i+1) \cdot p_i = \frac{1}{\mu}[E(L)+1]$$

$$E(T) = \frac{1}{\mu - \lambda} \tag{2.26}$$

4. Mittlere Wartezeit in der Schlange

$$E(T_S) = E(T) - \frac{1}{\mu} \quad \Rightarrow \quad E(T_S) = \frac{\lambda}{\mu(\mu - \lambda)} \tag{2.27}$$

5. Verteilung der Zufallsgröße T = Wartezeit im System

Die Zeit, die ein Kunde insgesamt im System verbringt, falls er i Kunden vorfindet, ist

$$T = \quad B_1 + B_2 + B_3 + \ldots + B_i \qquad\qquad + B_{i+1}$$

Bedienungszeit der schon im   eigene Bedienungszeit
System vorhandenen Kunden

Die Zufallsgrößen B_k = Bedienungszeit des k-ten Kunden sind stochastisch unabhängig und exponentialverteilt mit dem gemeinsamen Parameter μ. Die Summe von i + 1 stochastisch unabhängigen, exponentialverteilten Zufallsgrößen genügt einer Erlangverteilung (s. Abschn. 1.5.7) mit der Dichtefunktion

$$f_E(t) = \frac{\mu^{i+1}}{i!} t^i e^{-\mu t} \qquad (t \geq 0)$$

und der Verteilungsfunktion

$$F_E(t) = \frac{\mu^{i+1}}{i!} \int_0^t \tau^i e^{-\mu\tau} d\tau$$

Nun kann aber die Anzahl i der schon im System vorhandenen Kunden sehr verschieden sein ($0 \leq i < \infty$). Mit $P(L = i) = (1 - \rho) \cdot \rho^i$ erhält man daher:

$$P(T \leq t) = \sum_{i=0}^{\infty} (1-\rho) \cdot \rho^i \int_0^t \frac{\mu^{i+1}}{i!} \tau^i e^{\mu\tau} d\tau = \mu(1-\rho) \int_0^t e^{-\mu\tau} \sum_{i=0}^{\infty} \frac{(\rho\mu\tau)^i}{i} d\tau$$

Mit $\quad \sum_{i=0}^{\infty} \frac{(\rho\mu\tau)^i}{i!} = e^{\rho\mu\tau} \quad$ folgt weiter

$$P(T \leq t) = \mu(1-\rho) \int_0^t e^{-\mu(1-\rho\tau)} d\tau = 1 - e^{-\mu(1-\rho)t}$$

Dies ist aber die Verteilungsfunktion einer Exponentialverteilung mit dem Parameter $\mu(1 - \rho) = \mu - \lambda$.

Die Zufallsgröße T = Wartezeit in einem (M I M I 1) - Warteschlangensystem genügt einer Exponentialverteilung mit dem Parameter $\mu(1 - \rho) = \mu - \lambda$.
Daraus ergibt sich auch Gl. (2.26).

6. Verteilung der Zufallsgröße T_S = Wartezeit in der Schlange

Die Zufallsgröße T_S = Wartezeit in der Schlange eines (M I M I 1) - Warteschlangensystems hat die Verteilungsfunktion

$$P(T_S \leq t) = \begin{cases} 0 & t < 0 \\ 1 - \rho & t = 0 \\ 1 - \rho \cdot e^{-\mu(1-\rho)t} & t > 0 \end{cases}$$

$$E(T_S) = \frac{\rho}{\mu(1-\rho)} = \frac{\rho}{\mu - \lambda} \qquad\qquad \text{(s. Gl. (2.27))}$$

Falls das System leer ist, ist keine Wartezeit notwendig. Dies trifft mit der Wahrscheinlichkeit $p_0 = 1 - \rho$ zu.

Beispiel 2.24. Die Zwischenankunftszeiten und die Bedienungszeiten an einem Schalter seien exponentialverteilt. Es treffen pro Stunde im Mittel 5 Kunden ein und es werden im Mittel 6 Kunden pro Stunde bedient.

a)   Man berechne die Systemparameter E(L), $E(L_S)$, E(T) und $E(T_S)$.

b)   Mit welcher Wahrscheinlichkeit beträgt die Wartezeit in der Schlange höchstens 30 Minuten?

c)   Ein ankommender Kunde findet im System 2 Kunden vor. Wie groß ist die Wahrscheinlichkeit, daß seine Wartezeit in der Schlange höchstens 20 Minuten beträgt?

a) $E(L) = \dfrac{\rho}{1-\rho} = 5$ Kunden $\qquad E(L_S) = \dfrac{\rho^2}{1-\rho} = 4{,}16667$ Kunden

$E(T) = \dfrac{1}{\mu - \lambda} = 1$ Std. $= 60$ Min. $\qquad E(L_S) = \dfrac{\lambda}{\mu(\mu - \lambda)} = \dfrac{5}{6}$ Std. $= 50$ Min.

b) $P(T_S \leq t) = 1 - \rho \cdot e^{-\mu(1-\rho)t} \quad \Rightarrow \quad P(T_S \leq 0{,}5) = 1 - \dfrac{5}{6} \cdot e^{-0{,}5} = 0{,}49456$

c)   Der ankommende Kunde muß zwei mit dem Parameter $\mu = 6$ exponentialverteilte Bedienungszeiten abwarten. Die Zufallsgröße $T_2 = B_1 + B_2$ genügt einer Erlang-Verteilung mit der Dichtefunktion

$$f(t) = \mu^2 t \cdot e^{-\mu t} \quad \Rightarrow \quad P(T_2 \leq \tfrac{1}{3}) = \mu^2 \int_0^{\frac{1}{3}} t \cdot e^{-\mu t} dt = 0{,}59399$$

Formeln von Little

In einem (M | G | 1)-Warteschlangensystem gelten im stationären Zustand die folgenden Formeln:

$$E(L_S) \;=\; \lambda \cdot E(T_S) \tag{2.28}$$

$$E(L) \;=\; \lambda \cdot E(T) \tag{2.29}$$

Auf eine Herleitung der Formeln von Little sei hier verzichtet. Man findet sie in der weiterführenden Literatur. Wesentlich ist, daß über die Art der Verteilung der Bedienungszeiten keine Voraussetzung gemacht werden muß.

Zur Veranschaulichung der Formeln von Little sei die folgende Überlegung angegeben: Ein ankommender Kunde findet im Mittel die gleiche Anzahl von Kunden im System (bzw. in der Schlange) vor, wie er beim Verlassen des Systems (bzw. der Schlange) zurückläßt. Diese ist aber gegeben durch das Produkt aus der mittleren Anzahl der Ankünfte pro Zeiteinheit (λ) und der mittleren Zeit, die der Kunde im System (bzw. in der Schlange) verbracht hat.

$$\text{Mit} \quad E(T) = E(T_S) + \frac{1}{\mu} \quad \text{bzw.} \quad \frac{E(L)}{\lambda} = \frac{E(L_S)}{\lambda} + \frac{1}{\mu} \;\bigg|\cdot\lambda \quad \text{folgt}$$

$$E(L) = E(L_S) + \rho \tag{2.30}$$

Little (1961) und Jewell (1967) haben gezeigt, daß diese Formeln auch für allgemeinere Systeme als das (M | G | 1)-Warteschlangensystem gültig sind.

c) Warteschlangenmodell M | M | s | k

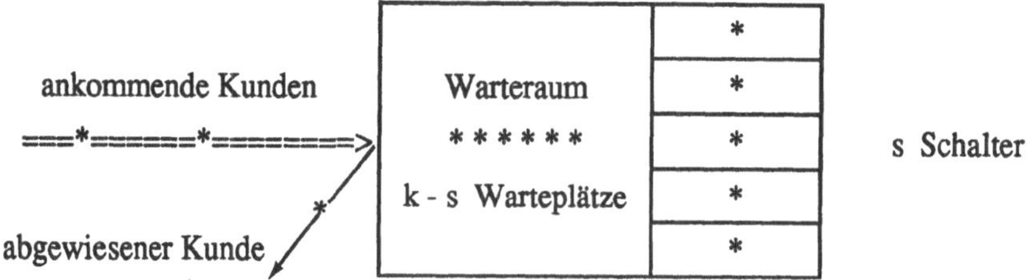

Ankommende Kunden: Poisson-Strom mit dem Parameter λ
Abgewiesene Kunden: Poisson-Strom mit dem Parameter $\lambda.p_k$

Mit der Wahrscheinlichkeit p_k trifft ein ankommender Kunde bereits k Kunden im System vor und wird abgewiesen. Die abgewiesenen Kunden bilden eine Poissonstrom mit dem Parameter $\lambda.p_k$, die in das System eintretenden Kunden einen Poisson-Strom mit dem Parameter $\lambda^* = \lambda(1 - p_k)$.

Für die Zufallsgröße L = Anzahl der Kunden im System gilt:

$$P(L=i) = p_i = \begin{cases} \dfrac{1}{i!}\rho^i p_0 & 0 \leq i < s \\[2mm] \dfrac{1}{s^{i-s}s!}\rho^i p_0 & s \leq i \leq k \\[2mm] 0 & i > k \end{cases} \qquad (2.31)$$

mit $\quad \xi = \dfrac{\rho}{s}\quad$ (Verkehrsintensität pro Schalter) ergibt sich für p_0

$$p_0 = \begin{cases} \left[\displaystyle\sum_{i=0}^{s-1}\frac{\rho^i}{i!} + \frac{\rho^s}{s!}\cdot\frac{1-\xi^{k-s+1}}{1-\xi} \right]^{-1} & \xi \neq 1 \\[4mm] \left[\displaystyle\sum_{i=0}^{s-1}\frac{\rho^i}{i!} + \frac{\rho^s}{s!}\cdot(k-s+1) \right]^{-1} & \xi = 1 \end{cases}$$

Beweis: Es handelt sich hier um einen Geburt- und Todprozeß mit den

Geburtsraten $\qquad \lambda_i = \begin{cases} \lambda & 0 \leq i < k \\ 0 & n > k \end{cases}$

und den Sterberaten $\qquad \mu_i = \begin{cases} i\cdot\mu & 0 \leq i < s \\ s\cdot\mu & s \leq i \leq k \end{cases}$

Für die stationären Wahrscheinlichkeiten nach Gl. (2.17)

$$p_i = \frac{\lambda_0}{\mu_1}\cdot\frac{\lambda_1}{\mu_2}\cdot\frac{\lambda_2}{\mu_3}\cdots\frac{\lambda_{i-1}}{\mu_i}\cdot p_0$$

erhält man in diesem Warteschlangensystem

$$p_i = \begin{cases} \dfrac{\lambda}{\mu} \cdot \dfrac{\lambda}{2\mu} \cdot \dfrac{\lambda}{3\mu} \cdots \dfrac{\lambda}{i\mu} \cdot p_0 = \dfrac{\rho^i}{i!} \cdot p_0 & 0 \leq i < s \\[2ex] \dfrac{\lambda}{\mu} \cdot \dfrac{\lambda}{2\mu} \cdots \dfrac{\lambda}{s\mu} \cdot \dfrac{\lambda}{s\mu} \cdots \dfrac{\lambda}{s\mu} \cdot p_0 = \dfrac{\rho^i}{s!\,s^{i-s}} \cdot p_0 & s \leq i < k \\[2ex] 0 & i > k \end{cases}$$

p_0 wird aus der Bedingung $\displaystyle\sum_{i=1}^{k} p_i = 1$ bestimmt.

Bemerkungen:

1. Wegen der begrenzten Systemkapazität existieren für ein (M I M I s I k)-Warteschlangensystem auch für $\xi > 1$ stationäre Lösungen.

2. p_k gibt sie Wahrscheinlichkeit an, daß ein ankommender Kunde bereits k Kunden im System antrifft und daher abgewiesen wird.

Für ein (M I M I s I k)-Warteschlangensystem gilt im stationären Zustand

$$E(L_S) = \begin{cases} p_0 \dfrac{\rho^s \cdot \xi}{s!(1-\xi)^2} [1 - \xi^{k-s+1} - (1-\xi)(k-s+1)\xi^{k-s}] & \xi \neq 1 \\[3ex] p_0 \dfrac{\rho^s}{s!} \cdot \dfrac{(k-s)(k-s+1)}{2} & \xi = 1 \end{cases} \tag{2.32}$$

$$E(L) = E(L_S) + s - p_0 \sum_{i=0}^{s-1} \frac{(s-i)}{i!} \cdot \rho^i \tag{2.33}$$

Mit den Formeln von Little erhält man für die mittleren Wartezeiten in der Schlange, bzw. im System

$$E(T_S) = \frac{1}{\lambda^*} E(L_S) \tag{2.34}$$

$$E(T) = \frac{1}{\lambda^*} E(L) \tag{2.35}$$

Die Formeln von Little gelten hier analog, wenn der Parameter λ ersetzt wird durch $\lambda^* = \lambda \cdot (1 - p_k)$. λ^* berücksichtigt die tatsächlich in das System eintretenden Kunden, nur sie bestimmen die mittleren Wartezeiten.

d) Das Warteschlangenmodell $M \mid M \mid s \mid \infty$

Aus dem Warteschlangensystem $M \mid M \mid s \mid k$ erhält man im Grenzfall $k \to \infty$ und für $\xi < 1$:

$$P(L = i) = p_i = \begin{cases} \dfrac{1}{i!}\rho^i p_0 & 0 \le i < s \\[2ex] \dfrac{1}{s^{i-s}s!}\rho^i p_0 & i \ge s \end{cases} \tag{2.36}$$

$$p_0 = \left[\sum_{i=0}^{s-1} \frac{\rho^i}{i!} + \frac{\rho^s}{s!} \cdot \frac{1}{1-\xi} \right]^{-1}$$

$$E(L_S) = p_0 \frac{\rho^s \cdot \xi}{s!(1-\xi)^2} \qquad E(L) = E(L_S) + \rho \tag{2.37}$$

Mit den Formeln von Little erhält man für die mittleren Wartezeiten in der Schlange, bzw. im System

$$E(T_S) = \frac{1}{\lambda} E(L_S) \qquad E(T) = \frac{1}{\lambda} E(L) \tag{2.38}$$

e) Das Warteschlangenmodell $M \mid M \mid s \mid s$

In diesem Warteschlangenmodell ist kein Warteraum vorhanden. Ein ankommender Kunde wird entweder sofort bedient oder abgewiesen.
Die für dieses Warteschlangensystem geltenden Aussagen erhält man aus denen des $(M \mid M \mid k \mid s)$- Warteschlangensystems für den Sonderfall $k = s$.

In einem $(M \mid M \mid s \mid s)$-Warteschlangensystem gilt daher:

$$p_i = \begin{cases} \dfrac{\rho^i}{i!} \cdot p_0 & i \leq s \\[2ex] 0 & i > s \end{cases}$$

(2.39)

$$p_0 = \left[\sum_{i=0}^{s} \frac{\rho^i}{i!} \right]^{-1}$$

Die Wahrscheinlichkeit, daß ein Kunde abgewiesen wird, entspricht der Wahrscheinlichkeit, daß ein ankommender Kunde bereits s Kunden im System vorfindet. Dieser Kunde geht dem System verloren. Für diese Verlustwahrscheinlichkeit ergibt sich:

$$p_s = \frac{\dfrac{\rho^s}{s!}}{\displaystyle\sum_{i=0}^{s} \frac{\rho^i}{i!}} = \frac{\dfrac{1}{s!} \cdot \left(\dfrac{\lambda}{\mu}\right)^s}{\displaystyle\sum_{i=0}^{s} \frac{1}{i!} \cdot \left(\dfrac{\lambda}{\mu}\right)^i}$$

(2.40)

Diese Formel heißt **Erlang'sche Verlustformel** und wurde 1917 von dem Dänen **A. K. Erlang** (1878 - 1929) hergeleitet.

Die Verlustwahrscheinlichkeit p_s hängt nicht von der Wahrscheinlichkeitsverteilung der Bedienungszeit ab, sondern nur vom Mittelwert $1/\mu$. Die Erlang'sche Verlustformel gilt daher allgemein für (M I G I s I s)-Warteschlangensysteme.

Beispiel 2.25. An einem Schalter treffen im Mittel 8 Kunden pro Stunde ein. Die Bedienungszeit sei exponentialverteilt mit dem Parameter $\mu = 10$ Kunden pro Stunde. Der Warteraum hat 5 Plätze. Trifft ein Kunde auf einen besetzten Warteraum, so wird er abgewiesen.

a) Wie groß ist die Wahrscheinlichkeit, daß ein Kunde abgewiesen wird?
b) Wieviele Kunden befinden sich im Mittel im Warteraum?
c) Wie groß ist die mittlere Wartezeit in der Schlange?

Es handelt sich hier um ein (M I M I 1 I 6)-Warteschlangensystem mit den Parametern $\lambda = 8$ Kunden h^{-1}, $\mu = 10$ Kunden h^{-1} und $\rho = \xi = 0{,}8$.

a) $\quad p_6 = \rho^6 \cdot p_0 \quad$ mit $\quad p_0 = \left[1 + \frac{\rho(1-\rho^6)}{1-\rho} \right]^{-1} = \left[\frac{1-\rho^7}{1-\rho} \right]^{-1} = \frac{1-\rho}{1-\rho^7}$

$\qquad p_6 = \rho^6 \frac{1-\rho}{1-\rho^7} = 0{,}06634$

b) $\quad E(L_s) = p_0 \dfrac{\rho^2}{(1-\rho)^2}[1 - \rho^6 - (1-\rho)\cdot 6\rho^5] \qquad\qquad (\xi = \rho)$

$$= \dfrac{1-\rho}{1-\rho^7}\cdot\dfrac{\rho^2}{(1-\rho)^2}[1 - 6\rho^5 + 5\rho^6] = 1{,}3955 \approx 1{,}4 \text{ Kunden}$$

c) $\quad E(T_s) = \dfrac{E(L_s)}{\lambda^*} = \dfrac{1{,}3955}{8\cdot(1-0{,}0663)} = 0{,}1868 \text{ Stunden} = 11{,}2 \text{ Minuten}.$

Beispiel 2.26. Eine telefonische Auskunftszentrale besitzt 5 Auskunftsplätze. Ein ankommender Anruf wird auf eine freie Leitung gelegt. Ist keine Leitung frei, so wird der Anrufer abgewiesen. Welcher Anteil der Anrufer wird im Mittel abgewiesen, wenn die ankommenden Anrufe einen Poissonstrom mit dem Parameter $\lambda = 30\text{ h}^{-1}$ bilden und die Gesprächszeiten exponentialverteilt sind mit dem Mittelwert 5 Minuten?

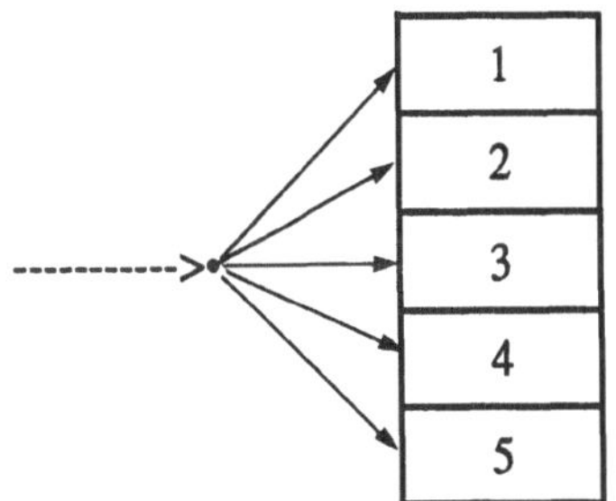

(M | M | 5 | 5)-Warteschlangensystem mit:

$$\lambda = 30\text{ h}^{-1} \text{ und } \mu = 12\text{ h}^{-1}.$$

Der Anteil der abgewiesenen Anrufe wird mit der Erlang'schen Verlustformel berechnet:

$$p_5 = \dfrac{\frac{1}{5!}\cdot\left(\frac{\lambda}{\mu}\right)^5}{\sum\limits_{i=0}^{5}\frac{1}{i!}\cdot\left(\frac{\lambda}{\mu}\right)^i} = \dfrac{\frac{1}{5!}\cdot(2{,}5)^5}{\sum\limits_{i=0}^{5}\frac{1}{i!}\cdot(2{,}5)^i} = 0{,}06973 \approx 7\,\%.$$

Etwa 7 % der ankommenden Anrufe finden keine freie Leitung und werden abgewiesen.

Übungsaufgaben zum Abschnitt 2.3 (Lösungen im Anhang)

Beispiel 2.27. Eine Maschine stellt Faden her. Längs des Fadens sind Herstellungsfehler zufällig verteilt. Die Fehler längs des Fadens können als "Signale" eines Poisson-Prozesses aufgefaßt werden. Die Maschine erzeugt im Mittel 0,5 Fehler pro 100 m Fadenlänge. Wie groß ist die Wahrscheinlichkeit, daß ein zufällig herausgeschnittener Faden der Länge 250 m mehr als einen Fehler enthält?

Beispiel 2.28. In einer öffentlichen Telefonzelle werden (während einer bestimmten Tageszeit) im Durchschnitt 20 Gespräche pro Stunde geführt, deren mittlere Dauer 2 Minuten beträgt. Die Gesprächszeiten und die Zwischenankunftszeiten können als exponentialverteilt angenommen werden.

a) Man berechne die mittlere Wartezeit vor der Zelle.

b) Mit welcher Wahrscheinlichkeit braucht ein Kunde überhaupt nicht zu warten?

c) Mit welcher Wahrscheinlichkeit beträgt die Wartezeit vor der Zelle mehr als 6 Minuten?

Beispiel 2.29. In einer Kiesbaggerei können in der Stunde 5 Lastkraftwagen beladen werden. Die ankommenden Kundenfahrzeuge bilden einen Poissonstrom mit $\lambda = 4$ Fahrzeuge pro Stunde.

a) Wieviele Fahrzeuge befinden sich im Mittel in der Beladestation?

b) Wie groß ist die mittlere Aufenthaltsdauer in der Kiesbaggerei?

c) Mit welcher Wahrscheinlichkeit ist die Wartezeit vor dem Beladen größer als 20 Minuten?

Beispiel 2.30. An einem Schalter kommen im Mittel pro Stunde 20 Kunden an. Die Zwischenankunftszeiten und die Bedienungszeiten können als exponentialverteilt angenommen werden.

a) Welche mittlere Bedienungszeit muß eingehalten werden, damit mit einer Wahrscheinlichkeit von mindestens 0,95 nicht mehr als 5 Kunden in der Schlange warten müssen?

b) Welche mittlere Bedienungszeit muß eingehalten werden, wenn die mittlere Länge der Warteschlange nicht größer als 3 Kunden sein soll?

Beispiel 2.31. Gegeben sei ein (M I M I 1 I ∞)-Warteschlangensystem mit den Parametern $\lambda = 10$ und $\mu = 12$. Wie ändern sich die Systemcharakteristika $E(L_S)$ und $E(T_S)$, wenn die Anzahl der Bedienungsschalter auf 2 verdoppelt wird?

3 Einführung in die Informationstheorie

Im Anschluß an die Wahrscheinlichkeitsrechnung sollen nun Grundlagen der Informationstheorie behandelt werden. Vor allem der dabei sehr wichtige Begriff der Entropie ist eng mit der Wahrscheinlichkeitsrechnung verbunden.

3.1 Entropie

3.1.1 Unsicherheit eines Zufallsexperiments

Es gehört zum Wesen eines Zufallsexperiments, daß sein Ergebnis unbestimmt ist. Es herrscht daher Unsicherheit über den Ausgang eines Versuches, d.h. einer konkreten Durchführung des Zufallsexperiments. Diese Unsicherheit ist bei verschiedenen Zufallsexperimenten unterschiedlich.

Wir wollen nun ein Maß für den Grad der Unsicherheit eines Versuches definieren.

Betrachten wir zuerst ein Laplace-Experiment L, dessen m Ergebnisse alle die gleiche Wahrscheinlichkeit haben.

Hat das Laplace-Experiment $m = 1$ mögliches Ergebnis, so ist der Ausgang eines Versuches eindeutig bestimmt. Über den Ausgang des Zufallsexperiments herrscht keine Unsicherheit.
Offensichtlich wird der Ausgang des Laplace-Experiments immer unbestimmter, je größer die Anzahl m der möglichen Ergebnisse ist.

Definition 3.1

Die **Entropie** als ein Maß für den Grad der Unbestimmtheit eines Laplace-Experiments L mit m Ergebnissen ist definiert durch

$$H(L) = H(m) = \log_2 m \tag{3.1}$$

Hierbei ist $\log_2 m$ der Logarithmus zur Basis 2.

Die Logarithmusfunktion gibt den Sachverhalt richtig wieder. Für $m = 1$ (keine Unsicherheit über den Ausgang des Laplace-Experiments) wird $H(L) = 0$. Mit zunehmender Anzahl m der möglichen Ergebnisse wir $H(L)$ größer. Diese Eigenschaft hat jede

Logarithmusfunktion. Durch die Wahl der Basis wird die Maßeinheit für die Unsicherheit festgelegt. Ein Übergang zu einer anderen Basis ist gleichbedeutend mit einer Änderung der Maßeinheit für den Grad der Unsicherheit.

Mit der Basis 2 wird für $m = 2$ mögliche Ergebnisse des Laplace-Experiments L

$$H(L) = \log_2 2 = 1.$$

Wir haben damit als Maßeinheit für die Entropie die Unsicherheit, die besteht, wenn wir ein Laplace-Experiment mit $m = 2$ Ergebnissen durchführen.

Diese Maßeinheit wird mit 1 bit bezeichnet.

Der Ausgang eines Zufallsexperiments mit der Entropie 1 bit hat demnach den gleichen Grad der Unsicherheit wie ein Laplace-Experiment mit $m = 2$ möglichen, gleichwahrscheinlichen Ergebnissen.

Da die Zahlenwerte der Logarithmusfunktion zur Basis 2 auf den meisten Taschenrechnern nicht direkt verfügbar sind, sei die folgende Formel zur Bestimmung des Logarithmus zur Basis 2 angegeben

$$\log_2 x = \frac{\ln x}{\ln 2} = 1{,}442695 \cdot \ln x = \frac{\log x}{\log 2} = 3{,}321928 \cdot \log x$$

Es seien A_i ($i = 1,2,3 \ldots\ldots, m$) die Elementarereignisse (Ergebnisse) eines Laplace-Experiments. Dann gilt:

Elementarereignisse	A_1	A_2	$\ldots$	A_i	$\ldots$	A_m
Wahrscheinlichkeiten	$\frac{1}{m}$	$\frac{1}{m}$	$\ldots$	$\frac{1}{m}$	$\ldots$	$\frac{1}{m}$

Ordnen wir jedem möglichen Ergebnis die Unsicherheit $\frac{1}{m}\log_2 m = -\frac{1}{m}\log_2\frac{1}{m}$ zu, so ergibt sich für die Unsicherheit des gesamten Laplace-Experiments als Summe der Unsicherheiten der einzelnen Ergebnisse des Experiments

$$H(L) = -\frac{1}{m}\sum_{i=1}^{m}\log_2\frac{1}{m} = \log_2 m \tag{3.2}$$

Verwendet man $P(A_i) = p_i = 1/m$, so geht Gl. (3.2) über in

$$H(L) = - \sum_{i=1}^{m} p_i \cdot \log_2 p_i \qquad (3.3)$$

Damit hat man die Möglichkeit, die Entropiedefinition auf Zufallsexperimente zu erweitern, die keine Laplace-Experimente sind.

Definition 3.2

Unter dem **Wahrscheinlichkeitsvektor** eines Zufallsexperiments mit m möglichen Ergebnissen A_i und den Wahrscheinlichkeiten $p_i = P(A_i)$ versteht man

$$\mathbf{p} = (p_1, p_2, \ldots, p_m)$$

Bemerkung: Sind die Ergebnisse des Zufallsexperiments reelle Zahlen, so können wir uns anstelle des Zufallsexperiments mit m möglichen Ergebnissen auch eine diskrete Zufallsgröße X vorstellen, die mit den Wahrscheinlichkeiten $p_i = P(X = x_i)$ die Werte x_i annimmt. Der Wahrscheinlichkeitsvektor $\mathbf{p}$ gibt dann die Verteilung der diskreten Zufallsgröße X an.

Definition 3.3

Es sei A ein Zufallsexperiment mit den Ergebnissen A_i (i = 1, 2, ... , m) und den Wahrscheinlichkeiten $p_i = P(A_i)$.

Elementarereignisse	A_1	A_2	...	A_i	...	A_m
Wahrscheinlichkeiten	p_1	p_2	...	p_i	...	p_m

Die Entropie eines Zufallsexperiments A mit dem Wahrscheinlichkeitsvektor $\mathbf{p}$ ist gegeben durch

$$H(A) = H(p_1, p_2, \ldots p_m) = - \sum_{i=1}^{m} p_i \cdot \log_2 p_i \qquad (3.4)$$

Ist X eine diskrete Zufallsgröße mit den Wahrscheinlichkeiten $P(X = x_i) = p_i$, so gilt analog für die Entropie der Zufallsgröße X

$$H(X) = H(p_1, p_2, \ldots p_m) = - \sum_{i=1}^{m} p_i \cdot \log_2 p_i$$

Man kann zu einer Definition der Entropie auch dadurch kommen, daß man Eigenschaften der Entropie axiomatisch festlegt und dann zeigt, daß

$$H(p_1, p_2, \ldots, p_m) = - K \sum_{i=1}^{m} p_i \cdot \log p_i$$

die einzige Funktion des Wahrscheinlichkeitsvektors **p** ist, welche die Axiome erfüllt, wobei K eine positive Konstante ist. Durch die Wahl dieser Konstanten und der Basis der Logarithmusfunktion wird die Einheit der Entropie festgelegt.

Ohne Beweis sei der folgende Satz angegeben:

Ist A ein Zufallsexperiment mit m möglichen Ergebnissen, so ist die Entropie des Zufallsexperiments

$$H(A) = -\sum_{i=1}^{m} p_i \cdot \log_2 p_i \leq H(L) = \log_2 m \tag{3.5}$$

Das Gleichheitszeichen der Ungleichung gilt für den Fall, daß das Zufallsexperiment A ein Laplace-Experiment L ist.

Die Aussage von Gl. (3.5) ist jedoch anschaulich klar. Die Unsicherheit über den Ausgang eines Versuches ist dann am größten, wenn kein Ergebnis im Vergleich zu den anderen Ergebnissen eine größere Wahrscheinlichkeit hat.

Von allen Zufallsexperimenten mit der gleichen Anzahl m von Ergebnissen, hat das Laplace-Experiment (Gleichverteilung) die größte Entropie H. Für die Entropie eines Zufallsexperiments A mit m möglichen Ergebnissen gilt daher

$$0 \leq H(A) \leq \log_2 m \tag{3.6}$$

Durch die Definition 3.3 wird die Entropie als ein abstraktes Maß für den Grad der Unsicherheit eines Versuchs eingeführt. Es ist notwendig, sich um eine Interpretation der so definierten Entropie H zu bemühen. Eine vernünftige Anwendung ist nur möglich, wenn wir wissen, was ein bestimmter Zahlenwert der Entropie, z.B. H = 3 bit, konkret bedeutet.

Wir stellen uns vor, ein bestimmtes Zufallsexperiment sei durchgeführt und wir versuchen von einer Person, die den Ausgang bereits kennt, also über mehr Information verfügt, das Ergebnis des Versuches durch Fragen zu erfahren, bei denen nur die Antworten "ja" oder "nein" erlaubt sind.

Bei Versuchen mit der Entropie H = 0, deren Ergebnis bestimmt ist, ist offensichtlich keine Frage notwendig.

Bei einem Laplace-Experiment mit m = 2 Ergebnissen und der Entropie H = 1 genügt eine Frage.

Es ist leicht einsehbar, daß bei einem Laplace-Experiment mit $m = 2^k$ Ergebnissen und der Entropie $H = k$ bei einer optimalen Fragestrategie k Fragen genügen, um das Ergebnis zu erfragen. Die Strategie besteht hier einfach darin, die Menge der jeweils noch in Frage kommenden Ergebnisse zu halbieren.

Bei Laplace-Experimenten mit $m = 2^k$ Ergebnissen gibt die Entropie H die Anzahl dieser notwendigen Fragen an.

Wie ist dies aber bei einem Laplace-Experiment mit beispielsweise $m = 5$ Ergebnissen und der Entropie $H = \log_2 5 = 2{,}32$ bit oder bei Zufallsexperimenten, die keine Laplace-Experimente sind? Können wir annehmen, daß die Entropie H in diesen Fällen dann die mittlere Anzahl der notwendigen Fragen angibt?

Definition 3.4

Unter der **wirklichen Entropie** eines Versuches versteht man

H_w = mittlere Anzahl von Fragen, die bei einer optimalen Fragestrategie
      notwendig sind, das Ergebnis eines Zufallsexperiments zu erfragen.

Die durch Gl. (3.3) definierte Entropie H eines Zufallsexperiments wird zur Unterscheidung von der wirklichen Entropie H_w nach Definition 3.4 auch als ideelle Entropie bezeichnet. Ein Beispiel soll die Situation veranschaulichen.

Beispiel 3.1. In einer Urne befinden sich eine weiße und zwei schwarze Kugeln. Das Zufallsexperiment A^1 besteht im Ziehen **einer** der drei gleichartigen Kugeln.

<table>
<tr><td>Ergebnisse</td><td>S</td><td>W</td></tr>
<tr><td>Wahrscheinlichkeiten</td><td>$\dfrac{2}{3}$</td><td>$\dfrac{1}{3}$</td></tr>
</table>

Wahrscheinlichkeitsvektor

$$\mathbf{p} = \left(\frac{2}{3}; \frac{1}{3}\right)$$

Ein Versuch des Zufallsexperiments A^1 hat die ideelle Entropie

$$H = -\left[\frac{2}{3}\log_2\frac{2}{3} + \frac{1}{3}\log_2\frac{1}{3}\right] = 0{,}918 \text{ bit}$$

Um das Ergebnis eines Versuches zu erfahren, ist eine Frage notwendig. Die wirkliche Entropie ist daher $H_w = 1$ bit.

Wir betrachten nun das Zufallsexperiment A^2, bei dem mit Zurücklegen **zweimal** eine Kugel entnommen wird.

Ergebnisse	SS	SW	WS	WW
Wahrscheinlichkeiten	$\dfrac{4}{9}$	$\dfrac{2}{9}$	$\dfrac{2}{9}$	$\dfrac{1}{9}$

Es sei die Zufallsgröße F die Anzahl der notwendigen Alternativfragen, um das Ergebnis der **beiden** Versuche zu erfahren.

Wir fragen zunächst nach dem wahrscheinlichsten Ergebnis { SS }, welches mit der Wahrscheinlichkeit 4/9 eintritt. Ist { SS } eingetreten, so war eine Frage notwendig.

Ist das Ergebnis { SS } nicht eingetreten, dies ist mit der Wahrscheinlichkeit 5/9 der Fall, so fragen wir nach dem Ergebnis { SW }, für welches jetzt die bedingte Wahrscheinlichkeit

$$P(\,WS\,|\,\overline{SS}\,) = \frac{2}{5} = 0{,}4$$

besteht. Ist { WS } eingetreten, so sind 2 Fragen, anderenfalls 3 Fragen erforderlich. Die Zufallsgröße F hat daher die folgende Verteilung

Realisationen von F	1	2	3
Wahrscheinlichkeiten	$\dfrac{4}{9}$	$\dfrac{5}{9}\cdot\dfrac{2}{5}$	$\dfrac{5}{9}\cdot\dfrac{3}{5}$

Für den Erwartungswert der Zufallsgröße F, die mittlere Anzahl der notwendigen Alternativfragen, erhält man damit

$$E(F) = \frac{4}{9}\cdot 1 + \frac{5}{9}\cdot\frac{2}{5}\cdot 2 + \frac{5}{9}\cdot\frac{3}{5}\cdot 3 = \frac{17}{9} = 1{,}889$$

Die wirkliche Entropie des Zufallsexperiments A^2 beträgt demnach

$$H_w(A^2) = \frac{17}{9} = 1{,}889 \text{ bit.}$$

Mittlere wirkliche Entropie pro Versuch $\qquad \dfrac{1}{2}\cdot H_w(A^2) = \dfrac{17}{18} = 0{,}944 \text{ bit.}$

Bei dem Zufallsexperiment A^3, bei dem mit Zurücklegen **dreimal** eine Kugel entnommen wird, ergibt sich

Mittlere wirkliche Entropie pro Versuch $\dfrac{1}{3} \cdot H_w(A^3) = \dfrac{76}{27} = 0{,}938$ bit.

k	1	2	3	...	H
$\dfrac{1}{k}H_0(A^K)$	1	0,944	0,938	...	0,918

Für die ideellen Entropie H und die wirkliche Entropie H_w gelten die folgenden Zusammenhänge:

$$H_w(A) \geq H(A) \tag{3.7}$$

Die wirkliche Entropie H_w ist größer oder höchstens gleich der ideellen Entropie H. Das Gleichheitszeichen gilt für ein Laplace-Experiment mit $m = 2^k$ Ergebnissen.

Es sei A^k ein Zufallsexperiment, welches in der k-maligen Wiederholung des Zufallsexperiments A besteht. $H_w(A^k)$ sei die wirkliche Entropie von A^k, d.h. die mittlere Anzahl von Fragen, die bei einer optimalen Strategie notwendig sind, das Ergebnis von A^k zu erfahren. Dann gilt

$$H(A) = \lim_{k \to \infty} \frac{1}{k} H_w(A^k) \tag{3.8}$$

Beweise für die in den Gleichungen 3.7 und 3.8 enthaltenen Aussagen findet man bei Topsøe [12].

Beispiel 3.2. In einer Urne befinden sich 1 weiße Kugel, 2 schwarze Kugeln und 2 rote Kugeln. Es wird eine Kugel zufällig gezogen. Welche Entropie hat dieses Zufallsexperiment?

Entropie $H = -[\, 0{,}2.\log_2 0{,}2 + 0{,}4.\log_2 0{,}4 + 0{,}4.\log_2 0{,}4 \,] = 1{,}52$ bit.

Da die wirkliche Entropie H_w größer als die ideelle Entropie $H = 1{,}52$ bit ist, benötigt man im Mittel mehr als 1,52 Fragen, um das Ergebnis zu erfahren.

Beispiel 3.3. In einer Urne befinden sich weiße Kugeln (W) und schwarze Kugeln. Der Anteil der weißen Kugeln sei $P(W) = p$.
Wie groß sind a) die Entropie H und b) die wirkliche Entropie H_w des Zufallsexperiments "Ziehen einer Kugel" ?

Das Zufallsexperiment hat die zwei möglichen Ergebnisse W (weiße Kugel) und (S) (schwarze Kugel).

a) Mit dem Wahrscheinlichkeitsvektor $\mathbf{p} = (p; 1 - p)$ erhält man die ideelle Entropie

$$H(p, 1 - p) = -[p.\log_2 p + (1 - p).\log_2 (1 - p)]$$

In Bild 3.1 ist die Entropie H des Zufallsexperiments als Funktion von p dargestellt. Ersetzt man den für $p = 0$ nicht definierten Ausdruck $p.\log_2 p$ durch den Grenzwert

$$\lim_{p \to 0} p \cdot \log_2 p = 0,$$

so erhält man $H(0; 1) = 0$. Ebenso gilt $H(1; 0) = 0$. In diesen Fällen ist der Ausgang des Versuchs bestimmt. Für $p = 0,5$ ist die Entropie $H(0,5; 0,5) = 1$ bit am größten.

b) Für $p = 0$ und für $p = 1$ ist das Ergebnis eines Versuches bestimmt. In diesen Fällen ist auch $H_w = 0$. In allen anderen Fällen ist eine Frage notwendig, um das Ergebnis des Versuches zu erfragen. Für die wirkliche Entropie gilt daher

$$H_w(p; 1-p) = \begin{cases} 0 & \text{für } p = 0 \text{ oder } p = 1 \\ 1 & \text{für } 0 < p < 1 \end{cases}$$

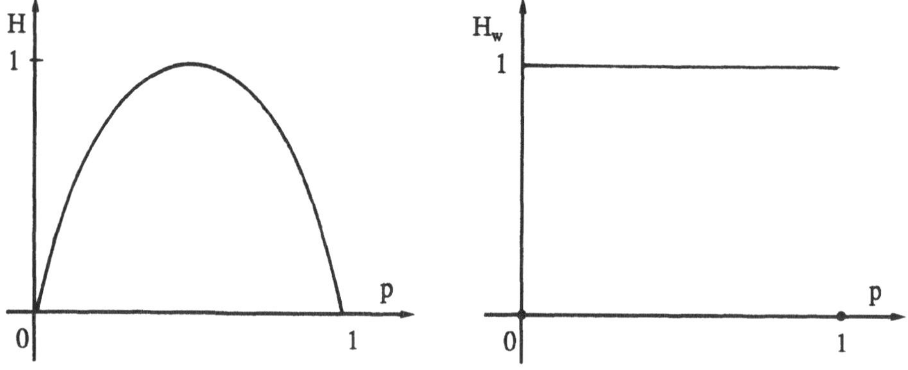

Bild 3.1   a) Entropie H   und b) wirkliche Entropie H_w

3.1.2 Entropie zusammengesetzter Zufallsexperimente

a) Die Zufallsexperimente sind unabhängig

Sind die Zufallsexperimente A und B und damit auch ihre Durchführungen (Versuche) stochastisch unabhängig, so gilt für die Entropie des zusammengesetzten Versuches (A , B), der im Durchführen beider Zufallsexperimente besteht, folgende Regel

$$H(A,B) = H(A) + H(B) \tag{3.9}$$

Beweis: Das Zufallsexperiment A habe die Ergebnisse A_i (i = 1,2,3, ... , m), das Zufallsexperiment B die Ergebnisse B_k (k = 1,2,3, .. , n). Wegen der Unabhängigkeit der beiden Zufallsexperimente sind die Wahrscheinlichkeiten für das gemeinsame Eintreten der Ereignisse A_i und B_k durch

$$P(A_i \cdot B_k) = P(A_i) \cdot P(B_k)$$

(Multiplikationssatz für unabhängige Ereignisse)

gegeben. Berücksichtigt man noch $\sum_i P(A_i) = 1$ und $\sum_k P(B_k) = 1$, so folgt

$$H(A,B) = -\sum_{i=1}^{m} \sum_{k=1}^{n} P(A_i \cdot B_k) \cdot \log_2 P(A_i \cdot B_k)$$

$$= -\sum_{i=1}^{m} \sum_{k=1}^{n} P(A_i) \cdot P(B_k) \cdot [\log_2 P(A_i) + \log_2 P(B_k)]$$

$$= -\sum_{i=1}^{m} P(A_i) \cdot \log_2 P(A_i) \sum_{k=1}^{n} P(B_k) - \sum_{i=1}^{m} P(A_i) \sum_{k=1}^{k} P(B_k) \cdot \log_2 P(B_k)$$

$$= H(A) + H(B)$$

b) Die Zufallsexperimente sind nicht unabhängig

Für die Entropie des zusammengesetzten Zufallsexperiments (A , B) gilt wieder

$$H(A,B) = -\sum_{i=1}^{m} \sum_{k=1}^{n} P(A_i \cdot B_k) \cdot \log_2 P(A_i \cdot B_k)$$

Da die Unabhängigkeit der Zufallsexperimente nicht vorausgesetzt werden kann, muß der Multiplikationssatz in der allgemeineren Form

$$P(A_i \cdot B_k) = P(A_i) \cdot P(B_k | A_i)$$

verwendet werden. Hierbei ist $P(B_k | A_i)$ die bedingte Wahrscheinlichkeit des Ereignisses B_k unter der Voraussetzung des Ereignisses A_i. Damit ergibt sich Gl. (3.10):

$$H(A,B) = -\sum_{i=1}^{m} \sum_{k=1}^{n} P(A_i) \cdot P(B_k | A_i) \cdot \log_2 [P(A_i) \cdot P(B_k | A_i)]$$

$$= -\sum_{i=1}^{m} \sum_{k=1}^{n} P(A_i) \cdot P(B_k | A_i) \cdot \log_2 P(A_i) - \sum_{i=1}^{m} \sum_{k=1}^{n} P(A_i) \cdot P(B_k | A_i) \cdot \log_2 P(B_k | A_i)$$

Bei einem festen Wert i ist $\sum_k P(B_k | A_i) = 1$, da es sich hier um ein sicheres Ereignis handelt. Irgendein Ereignis B_k muß ja zusammen mit dem Ereignis A_i eintreten. Es gilt daher für die erste Summe von Gl. (3.10)

$$-\sum_{i=1}^{m} \sum_{k=1}^{n} P(A_i) \cdot P(B_k | A_i) \cdot \log_2 P(A_i) = -\sum_{i=1}^{m} P(A_i) \cdot \log_2 P(A_i) = H(A)$$

Zur Auswertung der zweiten Summe von Gl. (3.10) machen wir zuerst folgende Definitionen.

Definition 3.5

Es sei (A,B) ein zusammengesetztes Zufallsexperiment, bei dem das Zufallsexperiment A die Ergebnisse A_i und das Zufallsexperiment B die Ergebnisse B_k hat.

Unter der bedingten Entropie des Zufallsexperiments B unter der Voraussetzung des Ereignisses A_i versteht man

$$H(B | A_i) = -\sum_{k=1}^{n} P(B_k | A_i) \cdot \log_2 P(B_k | A_i) \tag{3.11}$$

Unter der bedingten Entropie des Zufallsexperiments B unter der Voraussetzung des Zufallsexperiments A versteht man

$$H(B | A) = \sum_{i=1}^{m} P(A_i) \cdot H(B | A_i)$$

$$= -\sum_{i=1}^{m} \sum_{k=1}^{n} P(A_i) \cdot P(B_k | A_i) \cdot \log_2 P(B_k | A_i) \tag{3.12}$$

Mit diesen Definitionen folgt aus Gl. (3.10) schließlich

$$H(A,B) = H(A) + H(B|A)) \tag{3.13}$$

Für die bedingte Entropie des Zufallsexperiments B unter der Voraussetzung des Zufallsexperiments A gilt

$$0 \leq H(B|A) \leq H(B) \tag{2.14}$$

Die bedingte Entropie hat den Wert 0, wenn das Ergebnis von B durch das Ergebnis von A schon eindeutig festgelegt ist. Andererseits wird sich die Unsicherheit über den Ausgang des Zufallsexperiments B durch die Kenntnis des Ergebnisses von A sicher verkleinern, es sei denn die Zufallsexperimente sind unabhängig.

Sind die Durchführungen der Zufallsexperimente A und B stochastisch unabhängige Ereignisse, so gilt

$$H(B|A_1) = H(B|A_2) = \cdots = H(B|A_m) \quad \text{und} \quad H(B|A) = H(B)$$

Beispiel 3.4. In einer Urne befinden sich 2 weiße und 3 schwarze gleichartige Kugeln. Im Zufallsexperiment A mit den Ergebnissen W_1 und S_1 wird eine erste Kugel gezogen. Ohne Zurücklegen wird dann im Zufallsexperiment B mit den Ergebnissen W_2 und S_2 eine zweite Kugel entnommen.

Ein Versuch des Zufallsexperiments A mit dem Wahrscheinlichkeitsvektor $\mathbf{p} = (0,4 ; 0,6)$ hat nach Gl. (3.4) die Entropie $H(A) = 0,971$ bit.
Ein Versuch des Zufallsexperiments B hat mit den totalen Wahrscheinlichkeiten (s. Beispiel 1.21) ebenfalls den Wahrscheinlichkeitsvektor $\mathbf{p} = (0,4 ; 0,6)$ und die Entropie $H(B) = 0,971$ bit.

a) Beim Zufallsexperiment A sei das Ereignis W_1 (Ziehen einer weißen Kugel beim 1. Versuch) eingetreten. Damit ergibt sich für das Zufallsexperiment B folgende bedingte Verteilung:

Ergebnisse	W_2	S_2
bedingte Wahrscheinlichkeiten	$P(W_2|W_1) = 0,25$	$P(S_2|W_1) = 0,75$

Aus $\mathbf{p}_{W_1} = (0,25 ; 0,75)$ folgt $H(B|W_1) = 0,811$ bit.

b) Beim Zufallsexperiment A sei das Ereignis S_1 (Ziehen einer schwarzen Kugel beim 1. Versuch) eingetreten. Damit ergibt sich für das Zufallsexperiment B folgende bedingte Verteilung:

Ergebnisse	W_2	S_2
bedingte Wahrscheinlichkeiten	$P(W_2 \mid S_1) = 0{,}5$	$P(S_2 \mid S_1) = 0{,}5$

Aus $\mathbf{p}_{S_1} = (0{,}5\,;0{,}5)$ folgt $H(B \mid S_1) = 1$ bit.

Für die bedingte Entropie des Zufallsexperiments B unter der Voraussetzung des Zufallsexperiments A erhält man mit Gl. (3.12)

$$H(B \mid A) = 0{,}4 \cdot 0{,}811 \text{ bit} + 0{,}6 \cdot 1 \text{ bit} = 0{,}924 \text{ bit}.$$

Die Entropie des zusammengesetzten Zufallsexperiments ist demnach

$$H(A, B) = H(A) + H(B \mid A) = 0{,}971 \text{ bit} + 0{,}924 \text{ bit} = 1{,}895 \text{ bit}.$$

Werden die Kugeln **mit** Zurücklegen entnommen, so sind die Zufallsexperimente stochastisch unabhängig und für die Entropie des zusammengesetzten Zufallsexperiments erhält man

$$H(A, B) = H(A) + H(B) = 0{,}971 \text{ bit} + 0{,}971 \text{ bit} = 1{,}942 \text{ bit}.$$

Bei stochastisch unabhängigen Versuchen ist die Entropie als Maß für die Unsicherheit des Ergebnisses größer, als bei abhängigen Versuchen.

Übungsaufgaben zum Abschnitt 3.1 (Lösungen im Anhang)

Beispiel 3.5. Gegeben sind die beiden Zufallsexperimente A und B mit den Wahrscheinlichkeitsvektoren $\mathbf{p}_A = (0{,}1\,;0{,}1\,;0{,}8)$ und $\mathbf{p}_B = (0{,}45\,;0{,}55)$.
Bei welchem Zufallsexperiment besteht über das Ergebnis die größere Unsicherheit?

Beispiel 3.6. Eine Urne enthält eine weiße und drei schwarze gleichartige Kugeln. Im Zufallsexperiment A wird eine erste Kugel gezogen. Ohne Zurücklegen wird dann im Zufallsexperiment B eine zweite Kugel entnommen.
Man bestimmen die bedingte Entropie des Zufallsexperiments B, wenn bekannt ist, daß beim 1. Versuch a) eine weiße   b) eine schwarze Kugel gezogen wurde.

3.2 Information

3.2.1 Grundlagen

Als Begründer der Informationstheorie gilt der Amerikaner **C.E. Shannon**, der seine Arbeit "A mathematical theory of communication" 1948 veröffentlichte. Es handelt sich hierbei um die mathematische Behandlung von Problemen, die bei der Speicherung, Umformumg (Codierung, Decodierung) und Übermittlung von Nachrichten auftreten. Auf die Bedeutung einer Nachricht (Semantik) wird nicht eingegangen. Nachrichten mit dem gleichen Informationsgehalt im Sinne der Informationstheorie können in ihrer Bedeutung sehr verschieden sein.

Nach Shannon kann man sich ein Kommunikationssystem schematisch folgendermaßen vorstellen:

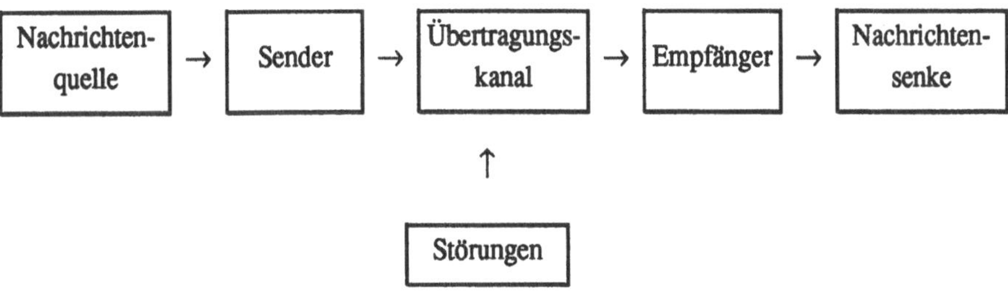

Bild 3.2 Schema eines Kommunikationssystems

Die von einer Nachrichtenquelle erzeugten Nachrichten können Buchstaben sein oder diskrete bzw. stetige Zeitfunktionen. Im Sender (Codierer) wird die Nachricht in ein übertragbares Signal umgewandelt, welches über den möglicherweise gestörten Nachrichtenkanal den Empfänger erreicht, wo es decodiert und schließlich der Nachrichtensenke (Nachrichtenziel) zugeführt wird. Bei gestörten Nachrichtenkanälen kann man aus der empfangenen Nachricht nur mit einer bestimmten Wahrscheinlichkeit auf die gesendete Nachricht schließen.

Alle hier betrachteten Begriffe sind sehr allgemein aufzufassen. Die von der Nachrichtenquelle erzeugten Nachrichten können einfache "Punkte" und "Striche" des Morse-Codes sein oder in einer Folge von Fernsehbildern bestehen, die im Sender in übertragbare Signale codiert, als elektromagnetische Wellen über den Raum hin übertragen werden und im Empfänger wieder in eine Folge von Bildern decodiert werden, um schließlich als Nachrichtenziel den Fernsehzuschauer zu erreichen.

3.2.2 Stationäre diskrete Nachrichtenquellen

a) Mittlerer Informationsgehalt

Definition 3.6

Eine Nachrichtenquelle heißt diskret und stationär, wenn sie über einen endlichen Zeichenvorrat verfügt, aus dem die einzelnen Zeichen durch einen stochastischen Prozeß mit stationären (zeitunabhängigen) Wahrscheinlichkeiten ausgewählt werden.

Eine diskrete stationäre Nachrichtenquelle wählt aus einer endlichen Anzahl von Zeichen (Buchstaben, Ziffern, Interpunktionszeichen, Steuerzeichen, Ideogramme) mit Wiederholungen Zeichen so aus, daß ein stationärer stochastischer Prozeß entsteht, bei dem jedem Zeichen, bzw. jeder Folge von Zeichen (jedem Wort) eine bestimmte Wahrscheinlichkeit zugeordnet wird.
Es sei beispielsweise $X = \{ x_1, x_2, x_3, \ldots, x_m \}$ eine Alphabet (geordneter Zeichenvorrat) mit dem Wahrscheinlichkeitsvektor $\mathbf{p} = \{ p_1, p_2, p_3, \ldots, p_m \}$.

Einem Zeichen x_i wird nun der Informationsgehalt $I(x_i) = - \log_2 (p_i)$ zugeordnet. Häufig auftretenden Zeichen haben dadurch einen geringen, selten auftretende Zeichen einen hohen Informationsgehalt.

Definition 3.7

Unter dem **Informationsgehalt** des zufälligen Ereignisses "Auftreten des Zeichens x_i" mit der Wahrscheinlichkeit p_i versteht man

$$I(x_i) = \log_2 \frac{1}{p_i} = -\log_2 p_i \tag{3.15}$$

Als mittlerer Informationsgehalt der Quelle wird der Erwartungswert (Mittelwert) des Informationsgehaltes aller Zeichen der Quelle festgelegt.

Definition 3.8

Unter dem **mittleren Informationsgehalt** einer diskreten und stationären Nachrichtenquelle mit dem Alphabet $X = \{ x_1, x_2, x_3, \ldots, x_m \}$ und dem Wahrscheinlichkeitsvektor $\mathbf{p} = \{ p_1, p_2, p_3, \ldots, p_m \}$ versteht man

$$H(X) = \sum_{i=1}^{m} p_i I(x_i) = -\sum_{i=1}^{m} p_i \cdot \log_2 p_i \tag{3.16}$$

Der so definierte mittlere Informationsgehalt einer Quelle stimmt mit im Abschn. 3.1 definierten Entropie überein. Die zunächst als Maß für die Unbestimmtheit eines Zufallsexperiments definierte Entropie ist auch als Maß für den mittleren Informationsgehalt einer Nachrichtenquelle geeignet und wird als solches verwendet. Der mittlere Informationsgehalt pro Zeichen einer Quelle steht damit, wie bei der Entropie bereits gezeigt wurde, in Zusammenhang mit der bei einer optimalen Fragestrategie im Mittel notwendigen Anzahl von Alternativfragen, die notwendig sind, um das von der Quelle ausgewählte Zeichen zu erfragen (s. Abschn. 3.1.1).

Der mittlere Informationsgehalt (Entropie) einer Quelle mit n Zeichen ist dann am größten (s. Gl. (3.5)), wenn die Zeichen, die Ergebnisse des Zufallsexperiments, alle mit der gleichen Wahrscheinlichkeit $p_i = 1/n$ auftreten, wenn das Zufallsexperiment also ein Laplace-Experiment ist. Dieser größte mittlere Informationsgehalt heißt Entscheidungsgehalt.

Definition 3.9

Unter dem **Entscheidungsgehalt** einer Menge von n disjunkten Ereignissen versteht man

$$H_0 = \log_2 n \tag{3.17}$$

Beispiel 3.7. Der Zeichenvorrat einer diskreten stationären Quelle und die zugehörigen Wahrscheinlichkeiten, mit denen die Zeichen ausgewählt werden, ist in der folgenden Tabelle zusammengefasst und durch die Angabe des Informationsgehaltes $I(x_i)$ der Zeichen ergänzt.

x_i	a	b	c	d	e	f
p_i	$\frac{1}{4}$	$\frac{1}{4}$	$\frac{1}{8}$	$\frac{1}{8}$	$\frac{1}{8}$	$\frac{1}{8}$
$I(x_i)$	2 bit	2 bit	3 bit	3 bit	3 bit	3 bit

Der mittlere Informationsgehalt pro Zeichen der Quelle ist nach Gl. (3.16)

$$H(X) = \sum_{i=1}^{m} p_i H(x_i) = - \sum_{i=1}^{m} p_i \cdot \log_2 p_i = 2,5 \text{ bit}.$$

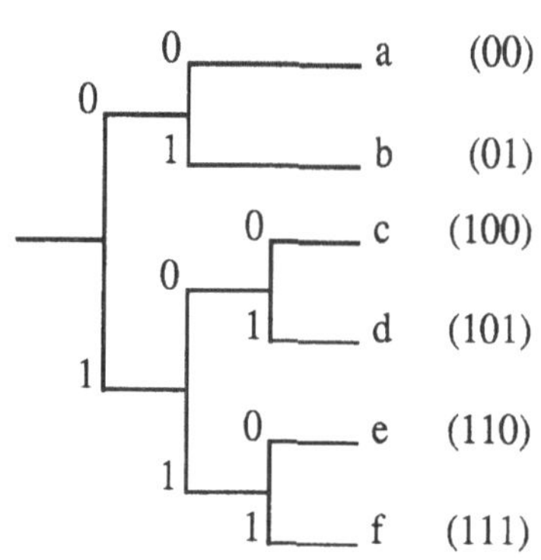

Bild 3.3 Codebaum

Aus der nebenstehenden Skizze, einem Codebaum (s. Abschn. 3.3) ist eine Fragestrategie zu ersichtlich. Man wird zuerst nach den wahrscheinlicheren Zeichen "a oder b" fragen. Bei der Antwort "ja" ist nur noch eine zweite Frage notwendig. Bei der Antwort "nein" sind zwei weitere Fragen erforderlich, um das ausgewählte Zeichen zu erkennen.

Mit der Wahrscheinlichkeit 0,5 sind demnach 2 Fragen und mit der Wahrscheinlichkeit 0,5 sind 3 Fragen notwendig. Die mittlere Anzahl von Alternativfragen ergibt sich damit zu 2,5.

Diese Anzahl entspricht in diesem Beispiel genau dem mittleren Informationsgehalt pro Zeichen von $H(X) = 2{,}5$ bit. Bei der durch den Codebaum von Bild 3.3 angegebenen Codierung der Zeichen wird eine digitale Übertragung der Zeichen dieser Quelle im Mittel 2,5 bit beanspruchen.

In Definition 3.4 wurde die mittlere Anzahl von Fragen, die notwendig sind, bei einer optimalen Fragestrategie das Ergebnis eines Zufallsexperiments zu erfragen, als wirkliche Entropie H_w bezeichnet, für die nach Gl. (3.7) gilt

$$H_w(X) \leq H(X).$$

Die Gültigkeit des Gleichheitszeichens ist damit erklärbar, daß die Situation dieses Beispiels auf einen Urnenmodell mit $m = 2^3 = 8$ gleichartigen Kugeln (Laplace-Experiment) übertragbar ist, von denen je zwei das Zeichen a bzw. b darstellen. Dies ist im nächsten Beispiel nicht möglich.

Beispiel 3.8. Eine Nachrichtenquelle erzeuge Zeichen in Form von Buchstaben x_i mit den folgenden zeitunabhängigen Wahrscheinlichkeiten.

Wahrscheinlichkeiten für das Auftreten der Buchstaben x_i einschließlich des Wortzwischenraumes "-" in Texten der englischen Sprache nach F.M. Reza (An introduction to information theory. New York 1961).

Der Entscheidungsgehalt H_0 der $n = 27$ Zeichen ist $H_0 = \log_2 27 = 4{,}75$ bit / Zeichen.

x_i	$P(X = x_i)$		x_i	$P(X = x_i)$		x_i	$P(X = x_i)$
a	0,0642		j	0,0008		s	0,0514
b	0,0127		k	0,0049		t	0,0796
c	0,0218		l	0,0321		u	0,0228
d	0,0317		m	0,0198		v	0,0083
e	0,1031		n	0,0574		w	0,0175
f	0,0208		o	0,0632		x	0,0013
g	0,0152		p	0,0152		y	0,0164
h	0,0467		q	0,0008		z	0,0005
i	0,0575		r	0,0484		-	0,1859

Eine derartige Quelle erzeugt Nachrichten in Form eines Textes, in dem die Buchstaben mit den angegebenen Wahrscheinlichkeiten auftreten.

Nach Gl. (3.16) ergibt sich ein mittlerer Informationsgehalt pro Zeichen der Quelle zu $H(X) = 4,03$ bit. Dabei wird angenommen, daß die einzelnen Zeichen unabhängig voneinander mit den angegebenen Wahrscheinlichkeiten auftreten, daß die Quelle also "ohne Gedächtnis" die Zeichen auswählt. Bei jeder lebenden Sprache aber ist das Auftreten der Buchstaben sicher nicht unabhängig voneinander. So ist das "th" eine im Englischen häufig autretenden Buchstabenfolge. In der deutschen Sprache etwa folgt auf den Buchstaben "q" (fast) immer der Buchstabe "u". Bei einer Quelle "mit Gedächtnis", die diese Abhängigkeiten berücksichtigt, ist der mittlere Informationsgehalt pro Zeichen sicherlich kleiner als bei einer Quelle ohne Gedächtnis, da insgesamt weniger Unsicherheit vorhanden ist. Tritt in einem deutschen Text das Zeichen "q" auf, so besteht so gut wie keine Unsicherheit mehr über das folgende Zeichen.

Zusammengestzte Nachrichtenquellen (Verbundquellen)

Betrachten wir nun eine Nachrichtenquelle, die Nachrichten im Form von Zeichenpaaren (x_i , y_j) erzeugt.

Eine derartige Nachrichtenquelle kann man sich als **Verbundquelle** von zwei diskreten Nachrichtenquellen vorstellen, wobei die erste Quelle ein Zeichen aus dem Alphabet

$X = \{x_1, x_2, x_3, \ldots, x_m\}$ mit dem Wahrscheinlichkeitsvektor $\mathbf{p} = \{p_1, p_2, p_3, \ldots, p_m\}$, die zweite Quelle ein Zeichen aus dem Alphabet $Y = \{y_1, y_2, y_3, \ldots, y_n\}$ mit dem Wahrscheinlichkeitsvektor $\mathbf{q} = \{q_1, q_2, q_3, \ldots, q_n\}$ auswählt. Die Quellen können voneinander unabhängig, aber auch abhängig sein.

Für den mittleren Informationsgehalt eines Wortes (x_i, y_j) einer Verbundquelle gilt

$$H(X, Y) = - \sum_{i=1}^{m} \sum_{j=1}^{n} P(X = x_i, X = y_j) \cdot \log_2 P(X = x_i, X = y_j)$$

1. Die Quellen X und Y sind stochastisch unabhängig

In diesem Falle gilt Gl. (3.9): Der mittlere Informationsgehalt (Entropie) der Verbundquelle (X,Y) ist die Summe der Entropien der Quellen X und Y.

$$H(X, Y) = H(X) + H(Y)$$

Diese Aussage läßt sich einfach auf k stochastisch unabhängige Quellen $X_1, X_2, \ldots, X_k$ verallgemeinern.

$$H(X_1, X_2, \ldots, X_k) = H(X_1) + H(X_2) + \ldots + H(X_k) \tag{3.18}$$

2. Die Quellen X und Y sind stochastisch abhängig

Sind die Quellen X und Y nicht unabhängig, so gilt für den mittleren Informationsgehalt der zusammengesetzten Quelle nach Gl. (3.13)

$$H(X, Y) = H(X) + H(Y|X) = H(Y) + H(X|Y)$$

$H(X \mid Y)$ bzw. $H(Y \mid X)$ sind bedingte Entropien (s. Definition 3.5, Abschn. 3.1.2).

Da für die bedingten Entropien nach Gl. (3.14) folgende Ungleichungen

$$H(X|Y) \leq H(X) \quad \text{bzw.} \quad H(Y|X) \leq H(Y)$$

gelten, folgt daraus für den mittleren Informationsgehalt einer zusammengestzten Quelle

$$H(X, Y) \leq H(X) + H(Y) \qquad \text{bzw.}$$

$$H(X_1, X_2, \ldots, X_k) \leq \sum_{i=1}^{k} H(X_i) \tag{3.19}$$

Das Gleichheitszeichen gilt dann, wenn die Teilquellen unabhängig sind. Bei abhängigen Teilquellen ist die Entropie der zusammengestzten Quelle kleiner als die Summe der Entropien der Teilquellen.

Beispiel 3.9. Eine Verbundquelle besteht aus den im Folgenden beschriebenen Teilquellen X und Y.

x_i	a	b	c	d
$P(X=x_i)$	0,25	0,25	0,25	0,25

y_j	a	b	c	d
$P(Y=y_j)$	0,4	0,3	0,2	0,1

a) Man bestimme die Entropie der zusammengesetzten Quelle, wenn die beiden Teilquellen unabhängig sind.

Für die Entropien der Teilquellen gilt $H(X) = \log_2 4 = 2$ bit (Gleichverteilung) und

$$H(Y) = - \sum_{j=1}^{4} P(Y = y_j) \cdot \log_2 P(Y = y_j) = 1{,}174 \text{ bit}.$$

Aus der Unabhängigkeit der Teilquellen folgt $H(X , Y) = H(X) + H(Y) = 3{,}174$ bit. Der mittlere Informationsgehalt eines Wortes (x_i, y_j) der Verbundquelle beträgt 3,174 bit.

b) Nun sei die Quelle Y in der durch den folgenden Übergangsgraphen beschriebenen Weise von X abhängig.

Auf x = a folgt y = a mit der bedingten Wahrscheinlichkeit $P(Y = a \mid X = a) = 0{,}2$.
Auf x = a folgt y = b mit der bedingten Wahrscheinlichkeit $P(Y = b \mid X = a) = 0{,}8$ u.s.w.
Anstelle einer unübersichtlichen Auflistung aller bedingten Wahrscheinlichkeiten sei die Abhängigkeit der Quelle Y von der Quelle X durch einen Übergangsgraphen und einer Übergangsmatrix anschaulich beschrieben.

Übergangsgraph   Übergangsmatrix

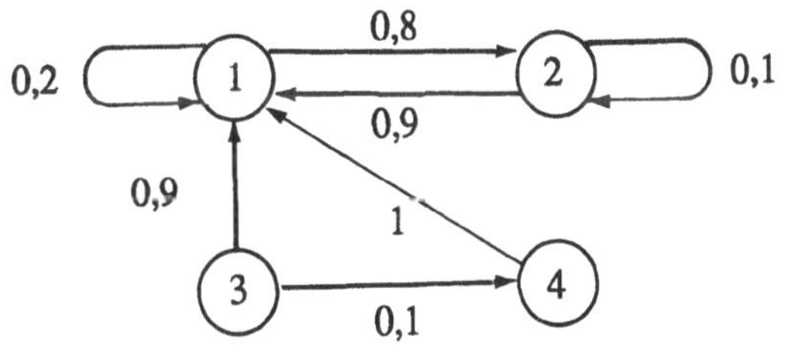

$$P = \begin{pmatrix} 0{,}2 & 0{,}8 & 0 & 0 \\ 0{,}9 & 0{,}1 & 0 & 0 \\ 0{,}9 & 0 & 0 & 0{,}1 \\ 1 & 0 & 0 & 0 \end{pmatrix}$$

$$H(Y \mid X) = \sum_{i=1}^{4} \sum_{k=1}^{4} P(X = x_i) \cdot P(Y = y_k \mid x_i) \cdot \log_2 P(Y = y_k \mid x_i) = 0{,}415 \text{ bit}.$$

Die bedingte Entropie $H(Y|X)$ hat wegen der starken Abhängigkeit der Quelle Y von der Quelle X den geringen Wert von 0,415 bit. Da etwa auf x = d mit Sicherheit y = a folgt, hat in diesem Fall das Zeichen y = a keinen Informationsgehalt. Damit erhält man für die Entropie der zusammengestzten Quelle:

$H(X , Y) = H(X) + H(Y \mid X) = 2$ bit $+ 0{,}415$ bit $= 2{,}415$ bit.

Man könnte die zusammengesetzte Quelle (X,Y) auch als eine einzige Quelle Z betrachten, bei der die Zeichen $z_{ij} = (x_i, y_j)$ mit der in der Tabelle angegebenen Wahrscheinlichkeiten auftreten.

$x_i \setminus y_j$	a	b	c	d
a	0,05	0,20	0	0
b	0,225	0,025	0	0
c	0,225	0	0	0,025
d	0,25	0	0	0

Die Entropie der Quelle Z erhält man dann direkt zu $H(Z) = 2{,}415$ bit.

Wir betrachten nun eine Quelle, die aus k Teilquellen zusammengesetzt ist. Diese Quelle erzeugt Wörter $(x_1, x_2, \ldots, x_k)$. Für den mittleren Informationsgehalt eines Wortes dieser Quelle erhält man mit der Verallgemeinerung von Gl. (3.13):

$$H(X_1, X_2, \ldots, H_k) = H(X_1) + H(X_2 | X_1) + \ldots + H(X_k | X_1, X_2, \ldots, X_{k-1})$$

$$= H(X_1) + \sum_{i=2}^{k} H(X_i | X_1, \ldots, X_{i-1})$$

$$= \sum_{i=1}^{k} H(X_i | X_1, \ldots, X_{i-1}) \tag{3.20}$$

Im Sonderfall gleicher Entropien der Teilquellen $H(X_1) = H(X_2) = \ldots = H(X_k) = H(X)$, gilt für die Entropie der zusammengestzten Quelle

$$H(X) \leq H(X_1, H_2, \ldots, H_k) \leq k \cdot H(X). \tag{3.21}$$

Die zusammengestzte Quelle hat, wie wir bereits wissen, die größte Entropie, wenn die Teilquellen unabhängig sind. Im Falle der stärksten Abhängigkeit, wenn zwischen den Zeichen der Teilquellen ein fester Zusammenhang besteht, sodaß durch ein Zeichen einer Teilquelle die Zeichen der anderen Teilquellen eindeutig bestimmt sind, reduziert sich die Entropie der Verbundquelle auf die Entropie einer der Teilquellen.

Die Entropie der zusammengestzten Quelle gibt den mittleren Informationsgehalt eines Wortes dieser Quelle, d.h. den mittleren Informationsgehalt einer Folge von k Zeichen an, wobei das i-te Zeichen des Wortes von der Quelle X_i ausgewählt wurde. Es liegt nun nahe, den mittleren Informationsgehalt pro Zeichen eines Wortes der Verbundquelle anzugeben. Diese mittlere Entropie pro Zeichen eines Wortes einer Verbundquelle wird auch als Markoff'sche Entropie bezeichnet.

Definition 3.10

Der mittlere Informationsgehalt pro Zeichen einer Folge von k Zeichen einer diskreten stationären Nachrichtenquelle heißt **Markoff'sche Entropie**

$$H_M = \frac{1}{k} \cdot H(X_1, X_2, \ldots, X_k) \tag{3.22}$$

Mit Gl. (3.21) folgt für die Markoff'sche Entropie

$$\frac{1}{k} \cdot H(X) \leq H_M \leq H(X). \tag{3.23}$$

Definition 3.11

Unter dem **mittleren Informationsbelag** einer diskreten stationären Nachrichtenquelle versteht man

$$H' = \lim_{k \to \infty} H_M = \lim_{k \to \infty} \frac{H(X_1, H_2, \ldots, X_k)}{k} \tag{3.24}$$

Beispiel 3.10. Entropie einer lebenden Sprache

Der Entscheidungsgehalt eines aus 27 Zeichen bestehenden Textes (s. Beispiel 3.8) ist $H_0 = \log_2 27 = 4{,}75$ bit / Zeichen.

Es sei nun $H_i = H(X_i \mid X_1, X_2, \ldots, X_{i-1})$ die bedingte Entropie des i-ten Zeichens (Buchstabe oder Wortzwischenraum) unter der Voraussetzung, daß die i -1 vorhergehenden Zeichen bekannt sind.

Shannon hat für diese bedingten Entropien in Texten der englischen Sprache folgende Werte angegeben:

H_0	H_1	H_2	H_3	H_5	H_8
4,75	4,03	3,32	3,10	2,1	1,9

Daß der mittlere Informationsgehalt pro Zeichen mit zunehmender Wortlänge zunächst abnimmt, ist zu erwarten, da in jeder lebenden Sprache bestimmte Buchstabenfolgen besonders wahrscheinlich sind und mit wachsender Länge der Zeichenfolge immer mehr Abhängigkeiten auftreten. Es existieren die Grenzwerte

$$H' = \lim_{k \to \infty} \frac{H(X_1, X_2, \ldots, X_k)}{k} = \lim_{k \to \infty} H(X_k | X_1, X_2, \ldots, X_{k-1}).$$

Für diesen Grenzwert H' gibt es nur ungenaue Abschätzungen. Man bedenke, daß es schon $27^{10} = 2{,}06.10^{14}$ verschiedene Folgen aus je 10 Zeichen gibt. Shannon [Prediction und entropy of printed Englisch, Bell System Techn. J. 30 (1951)] schätzte für H_{100} Werte zwischen 0,6 bit und 1,3 bit.

Für die deutsche Sprache gab Küpfmüller [Die Entropie der deutschen Sprache, Fernmeldetechn. Z (FTZ) Nr.6 (1954)] H' $\approx$ 1,3 bit an. In einem Vortrag bezifferte Prof. K. Steinbuch den mittleren Informationsgehalt der deutschen Sprache zu "etwa 1 bit".

Definition 3.12

Die Differenz zwischen Entscheidungsgehalt und Entropie heißt **Redundanz** R.

$$R = H_0 - H \tag{3.25}$$

Unter der **relativen Redundanz** r versteht man die auf den Entscheidungsgehalt bezogene Redundanz.

$$r = \frac{R}{H_0} = \frac{H_0 - H}{H_0} = 1 - \frac{H}{H_0} \tag{3.26}$$

Beispiel 3.11. Redundanz einer Sprache

Geht man für die deutsche und englische Sprache von einer Entropie H' $\approx$ 1,3 bit aus (s. Beispiel 3.10), so ergibt sich eine Redundanz R = 4,75 bit - 1,3 bit = 3,45 bit und eine relative Redundanz r = 0,72. Diese hohe Redundanz, es werden nur etwa 28 % des Entscheidungsgehaltes ausgenützt, ist für eine lebende Sprache von großem Vorteil, weil deswegen auch fehlerhafte Texte noch verstanden werden können.

Wegen der ungenauen Abschätzungen der Entropie H', sind die hier angegebenen Zahlenwerte nur als Näherungswerte zu verstehen. Bei einem mittleren Informationsgehalt von etwa 1 bit pro Zeichen erhält man für die relative Redundanz Werte von nahe 80 %. Ähnliche Werte wurden aber auch für andere europäische Sprachen errechnet. Dabei ist Redundanz von "Fachsprachen" sicher noch größer als die Redundanz der "Literatursprache".

b) Mittlerer Informationsfluß

Eine diskrete stationäre Nachrichtenquelle sende eine Folge von N Zeichen mit dem Informationsgehalt $H(X_1, X_2, \ldots, X_N)$. Im Falle einer sehr langen Folge von Zeichen ist der mittlere Informationsgehalt pro Zeichen durch den Informationsbelag H' der Nachrichtenquelle gegeben (s. Gl. 3.24). Es sei τ_i die Sendezeit für das Zeichen x_i, welches in der Folge der Zeichen mit der Wahrscheinlichkeit p_i auftritt. Die mittlere Sendezeit pro Zeichen ist dann

$$\tau = \sum_{i=1}^{N} p_i \cdot \tau_i$$

Definition 3.13

Unter dem **mittleren Informationsfluß** H^* einer diskreten Nachrichtenquelle versteht man den Quotienten aus dem mittleren Informationsbelag der Quelle und der mittleren Sendedauer eines Zeichens

$$H^* = \frac{H'}{\tau} = v \cdot H' \quad \text{bit} / \text{s}. \tag{3.27}$$

Die **Schrittgeschwindigkeit** $v = \frac{1}{\tau}$ gibt die Zahl der pro Sekunde im Mittel gesendeten Zeichen an.

Beispiel 3.12. Ein Drucker schreibt 80 Zeichen pro Sekunde. Handelt es sich um Text der deutschen Sprache und geht man von einem mittleren Informationsbelag von etwa 1,3 bit pro Zeichen aus, so ergibt sich ein mittlerer Informationsfluß von

$$H^* = v \cdot H' = 80.1{,}3 = 104 \quad \text{bit} / \text{s}.$$

Dieser mittlere Informationsfluß von 104 bit/s darf nicht verwechselt werden mit der pro Sekunde vom Computer im Übertragungskanal (Druckerkabel) gesendeten Binärzeichen. Da im üblichen ASCII-Code pro Zeichen 8 bit verwendet werden ist diese Anzahl selbst ohne Berücksichtigung von zusätzlichen Kontrollbits und Steuerzeichen wesentlich größer.

Es ist nun eine Aufgabe der Codierungstheorie Codes zu entwickeln, bei denen die Anzahl der pro Zeichen im Mittel zur Informationsübertragung benötigten Binärzeichen dem mittleren Informationsgehalt der Nachrichtenquelle möglichst nahe kommt.

3.2.3 Diskrete Nachrichtenkanäle

a) Entropie und Informationsübertragung

Es sei X eine diskrete Nachrichtenquelle, welche die Zeichen x_i (i = 1, 2, ..., n) mit den Wahrscheinlichkeiten $P(X = x_i)$ sendet.
Y sei die Nachrichtensenke, welche die Zeichen y_j (j = 1, 2, ..., m) empfängt. Wegen möglicher Störungen im Übertragungskanal muß die Anzahl m der empfangenen Zeichen nicht mit der Anzahl n der gesendeten Zeichen übereinstimmen. Für die mittleren Informationsgehalte (Entropien) der Quelle und Senke gilt:

$$H(X) = - \sum_{i=1}^{n} P(X = x_i) \cdot \log_2 P(X = x_i) \,; \quad H(Y) = - \sum_{j=1}^{m} P(Y = y_j) \cdot \log_2 P(Y = y_j) \,.$$

$$\boxed{\begin{array}{c} \text{Nachrichten-} \\ \text{quelle } X \end{array}} \;\rightarrow\; \boxed{\begin{array}{c} \text{Übertragungs-} \\ \text{kanal} \end{array}} \;\rightarrow\; \boxed{\begin{array}{c} \text{Nachrichten-} \\ \text{senke } Y \end{array}}$$

$$\uparrow$$

$$\boxed{\text{Störungen}}$$

Ist der Nachrichtenkanal ungestört, so stimmen gesendete und empfangene Nachricht überein und es gilt: $H(X) = H(Y)$.

$$H(X) \rightarrow \boxed{\text{Nachrichtenkanal}} \rightarrow H(Y)$$

Bild 3.4 Ungestörter Nachrichtenkanal

Beim ungestörten Nachrichtenkanal ist bei bekannter Quellennachricht die bei der Senke eintreffende Nachricht eindeutig bestimmt und umgekehrt. Beim ungestörten Nachrichtenkanal gilt daher für die bedingten Entropien

$$H(X\,|\,Y) = 0 \quad \text{und} \quad H(Y\,|\,X) = 0.$$

Es gehen hier weder Information verloren, noch kommen Fehlinformationen an der Nachrichtenquelle an.

Im Falle eines gestörten Nachrichtenkanals geht ein Teil der gesendeten Information verloren. Andererseits erreichen infolge der Störungen Fehlinformationen die Nachrichtensenke.

Definition 3.14

Die bedingte Entropie H(X I Y), die mittlere Unbestimmtheit über das gesendete Zeichen nach Beobachtung des empfangenen Zeichens, heißt durchschnittliche Vieldeutigkeit oder **Äquivokation**.

Die bedingte Entropie H(Y I X), die mittlere Unbestimmtheit über das empfangene Zeichen bei bekanntem gesendeten Zeichen, heißt **Irrelevanz**.

Die Äquivokation H(X I Y) ist die durchschnittliche Information, die durch die gesendeten Zeichen noch geliefert wird, wenn die empfangene Zeichen bereits bekannt sind, gibt also den mittleren Informationsverlust über die gesendeten Zeichen infolge der auf den Nachrichtenkanal einwirkenden Störungen an.

Die Irrelevanz H(Y I X) ist die für die Nachrichtensenke nicht relevante Entropie. Diese Fehlinformation wird durch die Störungen des Nachrichtenkanals hervorgerufen.

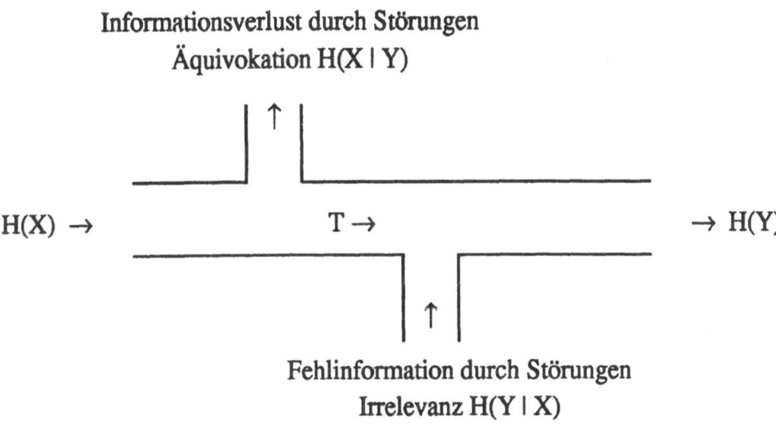

Bild 3.5 Gestörter Nachrichtenkanal

Definition 3.15

Unter dem **mittleren Transinformationsgehalt T** versteht man den Teil der Quellenentropie, der die Nachrichtensenke erreicht.

$$T = H(X) - H(X|Y) = H(Y) - H(Y|X) \tag{3.28}$$

Beispiel 3.13. Eine digitale Nachrichtenquelle sendet die Zeichen 0 und 1 mit den Wahrscheinlichkeiten $P(X = 0) = P(X = 1) = 0{,}5$. Infolge von Störungen des Nachrichtenkanals gilt:

$$P(Y = 0 \mid X = 0) = 0{,}96 \quad \text{und} \quad P(Y = 1 \mid X = 1) = 0{,}98$$

d.h. 96% der gesendeten Nullen und 98% der gesendeten Einsen werden richtig empfangen.

a) Entropie der Quelle: $\displaystyle H(X) = - \sum_{i=0}^{1} P(X = i) \cdot \log_2 P(X = i) = 1 \quad$ bit

b) Entropie der Senke: $\displaystyle H(Y) = - \sum_{k=0}^{1} P(Y = k) \cdot \log_2 P(Y = k) = 0{,}9997 \quad$ bit

Zur Berechnung von H(Y) wurde verwendet

$$P(Y = 0) = P(X = 0).P(Y = 0 \mid X = 0) + P(X = 1).P(Y = 0 \mid X = 1) = 0{,}49;$$
$$P(Y = 1) = P(X = 0).P(Y = 1 \mid X = 0) + P(X = 1).P(Y = 1 \mid X = 1) = 0{,}51.$$

c) Irrelevanz $\displaystyle H(Y \mid X) = - \sum_{i=0}^{1} \sum_{k=0}^{1} P(X = i) \cdot P(Y = k \mid X = i) \cdot \log_2 P(Y = k \mid X = i)$

$$= 0{,}1919 \quad \text{bit}$$

Die zur Berechnung der Irrelevanz benötigten bedingten Wahrscheinlichkeiten sind gegeben.

d) Äquivokation: Die Äquivokation H(X | Y) kann nun aus der Gleichung

$$H(X) - H(X \mid Y) + H(Y \mid X) = H(Y) \quad \text{(s. Bild 3.5)}$$

zu H(X | Y) = 0,1922 bit berechnet werden. Zu einer davon unabhängigen Berechnung der Äquivokation benötigt man die bedingten Wahrscheinlichkeiten $P(X = i \mid Y = k)$. So erhält z.B. mit der Definition der bedingten Wahrscheinlichkeit

$$P(X = 0 \mid Y = 0) = \frac{P(X = 0 \wedge Y = 0)}{P(Y = 0)} = 0{,}97959 \,.$$

Mit den analog berechneten bedingten Wahrscheinlichkeiten $P(X = 0 \mid Y = 1) = 0{,}03922$; $P(X = 1 \mid Y = 0) = 0{,}02041$ und $P(X = 1 \mid Y = 1) = 0{,}96078$ folgt

$$H(Y \mid X) = - \sum_{k=0}^{1} \sum_{i=0}^{1} P(Y = k) \cdot P(X = i \mid Y = k) \cdot \log_2 P(X = i \mid Y = k) = 0{,}1922 \quad \text{bit}$$

e) Mittlerer Transinformationsgehalt (Transinformation)
$$T = H(X) - H(X \mid Y) = 1 \text{ bit} - 0{,}1922 \text{ bit} = 0{,}8078 \text{ bit.}$$

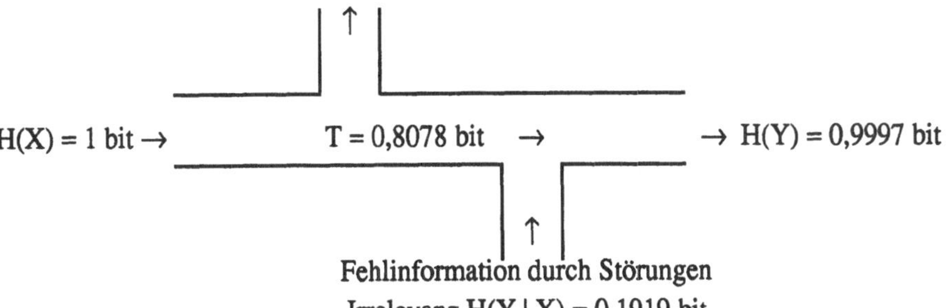

Bild 3.6 Gestörter Nachrichtenkanal von Beispiel 3.13

Beispiel 3.14. Der symmetrisch gestörte binäre Nachrichtenkanal
Für den symmetrisch gestörten binären Nachrichtenkanal gilt:

$$P(Y = 0 \mid X = 0) = P(Y = 1 \mid X = 1) = 1 - p \quad (p = \text{Bitfehlerwahrscheinlichkeit}).$$

Angenommen, es gelte für die Quelle $P(X = 0) = P(X = 1) = 0{,}5$, so folgt in diesem Fall auch für die Senke $P(Y = 0) = P(Y = 1) = 0{,}5$. Die Entropien der Nachrichtenquelle und der Nachrichtensenken stimmen überein: $H(X) = H(Y) = 1$ bit. Es müssen also auch Äquivokation und Irrelevanz gleich sein.

$$H(X \mid Y) = H(Y \mid X) = - \sum_{i=0}^{1} \sum_{k=0}^{1} P(X = i) \cdot P(Y = k \mid X = i) \cdot \log_2 P(Y = k \mid X = i)$$

$$= -[p \cdot \log_2 p + (1 - p) \cdot \log(1 - p)] \quad \text{bit}$$

Für den mittleren Transinformationsgehalt erhält man

$$T = H(X) - H(X \mid Y) = 1 + (p \cdot \log_2 p + (1 - p) \cdot \log(1 - p)) \quad \text{bit}$$

Ungestörter Kanal $p = 0$:   Mittlerer Transinformationsgehalt $T = 1$ bit,
Äquivokation = Irrelevanz = 0 bit.

Total gestörter Kanal $p = 0{,}5$:   Mittlerer Transinformationsgehalt $T = 0$ bit,
Äquivokation = Irrelevanz = 1 bit.

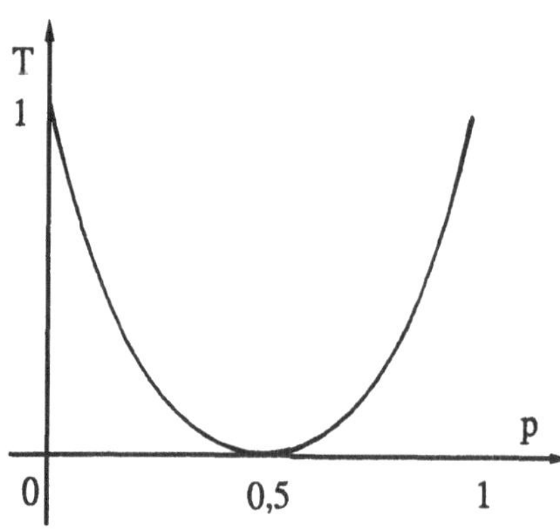

Bild 3.7 Transinformation T

Bild 3.7 zeigt den mittleren Transinformationsgehalt pro Zeichen eines symmetrisch gestörten Binärkanals in Abhängigkeit von der Fehlerwahrscheinlichkeit p. Man erkennt, daß für p = 0,5 keine Quelleninformation die Senke erreicht. Mit einer Wahrscheinlichkeit von 50 % kann jedes empfangene Zeichen eine Null oder eine Eins sein. Im Falle p = 1 wird aus jeder gesendeten Null eine Eins und aus jeder Eins eine Null. In diesen Fall besteht, informationstheoretisch gesehen, keine Unklarheit über das gesendte Zeichen.

Analog zu den Definitionen 3.11 und 3.13, in denen der mittlere Informationsbelag H' und der mittlere Informationsfluß H^* einer Nachrichtenquelle festgelegt wurden, soll auch ein mittlerer Transinformationsbelag T' und ein Transinformationsfluß T^* einer Nachrichtenverbindung definiert werden.

Definition 3.16

Es sei T_k der mittlere Transinformationsgehalt von k Paaren von einander entsprechenden Zeichen einer Nachrichtenverbindung. Unter dem mittleren **Transinformationsbelag** versteht man

$$T' = \lim_{k \to \infty} \frac{T_k}{k} \quad \text{bit/Zeichen} \tag{3.29}$$

Unter dem mittleren **Transinformationsfluß** einer Nachrichtenverbindung versteht man

$$T^* = \frac{T'}{\tau} \quad \text{bit/sec.} \tag{3.30}$$

Hierbei ist τ die mittlere Dauer für die Übertragung eines Zeichens.

Beispiel 3.15. Für die Nachrichtenverbindung von Beispiel 3.13 gilt T' = T = 0,8078 bit. Angenommen, die Nachrichtenquelle sendet im Mittel 1000 Zeichen pro Sekunde, so ergibt sich hieraus ein mittlerer Transinformationsfluß T^* = 807,8 bit/sec.

b) Kapazität eines diskreten Übertragungskanals

Definition 3.17

Unter der **Kanalkapazität** C eines diskreten Nachrichtenkanals versteht man den Maximalwert des Transinformationsflusses.

$$C = T^*_{max} = Max\{H^*(X) - H^*(X|Y)\} \qquad (3.21)$$

Hierbei sind alle zulässigen Nachrichtenquellen zum Vergleich heranzuziehen.

In diesem Zusammenhang ist der folgende auf **Shannon** zurückgehende Satz von Interesse.

Gegeben sei eine diskrete Informationsquelle mit dem mittleren Informationsfluß $H^*(X)$ und ein diskreter Übertragungskanal der Kanalkapazität C.

a) Für $H^*(X) \leq C$ läßt sich die Quellennachricht stets so codieren, daß es möglich ist, die Information mit einem beliebig kleinen Fehler (Äquivokation) zu übertragen.

b) Im Falle $H^*(X) > C$ ist es nicht möglich, eine Äquivokation pro Sekunde (einen Äquivokationsfluß $H^*(X|Y)$) zu erreichen, der kleiner als $H^*(X) - C$ ist.

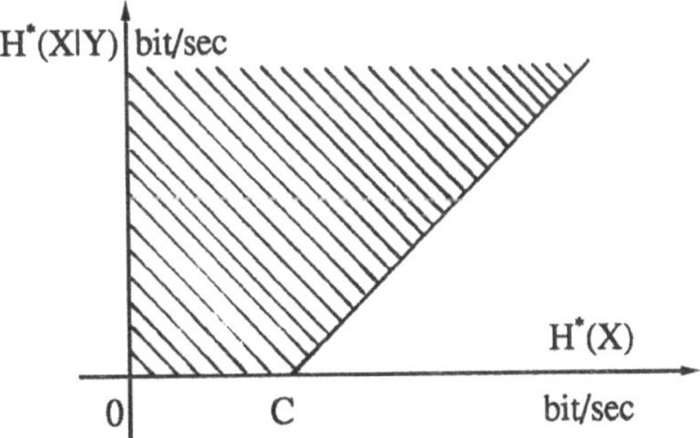

Bild 3.8   Äquivokation $H^*(X|Y)$
(nach Shannon)

Die möglichen Werte $H^*(X|Y)$ bit/sec. liegen innerhalb des markierten Gebietes.

Nachdem schon an verschiedenen Stellen der Begriff Codierung verwendet wurde, müssen wir uns im nächsten Abschnitt mit den Grundlagen der Codierungstheorie auseinandersetzen.

Übungsaufgaben zum Abschnitt 3.2 (Lösungen im Anhang)

Beispiel 3.16. Eine stationäre diskrete Nachrichtenquelle sendet die Zeichen a, b und c.

a)   Wie groß ist der Entscheidungsgehalt H_0 der Nachrichtenquelle

b)   Wie groß sind der mittlere Informationsgehalt und die Redundanz der Quelle, wenn die Zeichen unabhängig voneinander mit den Wahrscheinlichkeiten $P(X = a) = 0,5$; $P(X = b) = 0,25$ und $P(X = c) = 0,25$ auftreten?

c)   Wie groß sind der mittlere Informationsgehalt und die Redundanz der Informationsquelle, wenn zwischen 2 aufeinanderfolgenden Zeichen die durch die Übergangsmatrix

$$\ddot{U} = (p_{ij}) = (P(Y=j|X=i)) = \begin{pmatrix} 0{,}05 & 0{,}80 & 0{,}15 \\ 0{,}90 & 0{,}05 & 0{,}05 \\ 1 & 0 & 0 \end{pmatrix}$$

bestimmten Abhängigkeiten bestehen?

Beispiel 3.17. Gegeben sei eine diskrete Nachrichtenquelle, welche die Zeichen "0" und "1" mit den Wahrscheinlichkeiten $P(X = 0) = P(X = 1) = 0,5$ sendet. Der Übertragungskanal sei mit der Fehlerwahrscheinlichkeit $p = 0,02$ symmetrisch gestört. Beim Empfänger kann neben den Zeichen $y_1 = 0$ und $y_2 = 1$ auch das Zeichen y_3 (Auslöschung) auftreten, welches mit der gleichen Wahrscheinlichkeit $p' = 0,005$ aus dem Zeichen $x_1 = 0$ oder dem Zeichen $x_2 = 1$ entstanden sein kann.

Übergangsgraph:

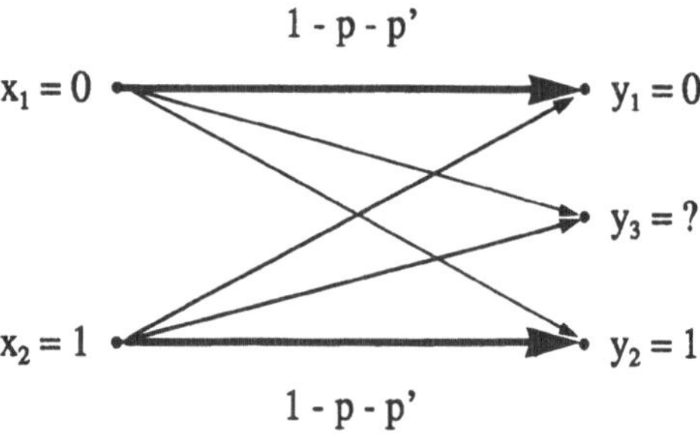

a)   Berechnen Sie die Entropie der Nachrichtenquelle und der Nachrichtenenke.

b)   Bestimmen Sie die Äquivokation H(X I Y), die Irrelevanz H(Y I X) und den mittleren Transinformationsgehalt T.

3.3 Grundlagen der Codierungstheorie

3.3.1 Einführung

Die Zeichen eines Alphabets einer diskreten Nachrichtenquelle sollen über einen Nachrichtenkanal übertragen werden. Dazu ist es notwendig, den Zeichen der Nachrichtenquelle Folgen von übertragbaren Signalen zuzuordnen.

Beispiel 3.18. Morsecode (Samuel Morse, 1837)
Der Morsecode arbeitet mit den drei Codeelementen "•" (Punkt), "-" (Strich) und ","
(Zwischenraum).

Codezeichen	Signal
• (Punkt)	Stromstoß einer Punktlänge + Stromunterbrechung von einer Punktlänge
- (Strich)	Stromstoß von 3 Punktlängen + Stromunterbrechung von einer Punktlänge
, (Zwischenraum)	Stromunterbrechung einer Punktlänge

Den Zeichen der Nachrichtenquelle werden Folgen von Codeelementen (Codewörter) zugeordnet.

Codetabelle des Morsecodes							
a	• -	j	• - -	s	• • •	1	• - - - -
ä	• - • -	k	- • -	t	-	2	• • - - -
c	- • • •	l	• - • •	u	• • -	3	• • • - -
ch	- - - -	m	- -	ü	• • - -	4	• • • • -
d	- • •	n	- •	v	• • • -	5	• • • • •
e	•	o	- - -	w	• - -	6	- • • • •
f	• • - •	ö	- - - •	x	- • • -	7	- - • • •
g	- - •	p	• - - •	y	- • - -	8	- - - • •
h	• • • •	q	- - • -	z	- - • •	9	- - - - •
i	• •	r	• • •	0	- - - - -		

Neben den in der Codetabelle aufgeführten Codewörtern enthält der Morsecode noch Codewörter für die Interpunktions- und Sonderzeichen, Codewörter für Anfang und Ende und das bekannte Notrufzeichen (SOS).

Durch Einführen des Morsecodes wurde es möglich, einen alphanumerischen Text in eine Folge von nachrichtentechnisch übertragbaren Signalen umzuwandeln, die beim Empfänger wieder zu den ursprünglichen Text decodiert werden können.

Die beim Morsecode verwendeten Codewörter haben unterschiedliche Wortlänge. Dabei wurden häufig auftretenden Zeichen kurze Codewörter (z.B e := "•"), seltener auftretenden Zeichen längere Codewörter zugeordnet. Dadurch wird eine Reduzierung der Redundanz erreicht.

Der Morsecode ist ein **Kommacode**, er besitzt ein besonderes Codelement, das Komma, welches zwei aufeinanderfolgende Codewörter trennt.

x_i	Codewort
1	10
2	110
3	1110
4	11110
5	111110
6	1111110
7	11111110
8	111111110
9	1111111110
0	11111111110

Beispiel 3.19. Zählcode des Fernsprechwählsystems

Der Zählcode des Fernsprechwählsystems ist ein binärer Kommacode mit dem Codeelement 0 als "Komma".

Derartige Kommacodes haben den Vorteil sofort eindeutig decodierbar zu sein.

Dieser Code hat noch eine andere wichtige Eigenschaft. Kein Codewort (einschließlich des Kommaelementes) ist Anfang (Präfix) eines anderen Codewortes.

Definition 3.18

Ein Code, bei dem kein Codewort Anfang (Präfix) eines anderen Codewortes ist, heißt **Präfixcode**.

Präfixcodes haben die Eigenschaft auch ohne ein Kommaelement sofort eindeutig decodierbar zu sein. Es wird jeweils so lange gelesen, bis ein gültiges Codewort der Codetabelle entstanden ist. Da dieses Wort nicht Anfang eines anderen Codewortes sein kann, ist damit eindeutig das Ende eines Codewortes erkannt.

Definition 3.19

Ein Code mit gleichlangen Codewörtern heißt **Blockcode**.

Der bekannte ASCII-Code ein Blockcode der Länge 8 bit. Ein Blockcode ist trivialerweise auch ein Präfixcode.

Blockcodes haben die Eigenschaft, daß sie für die Codierung jedes Quellenzeichens gleich viele Codeelemente verwenden. Dadurch werden im allgemeinen im Mittel mehr als notwendig viele Codeelemente verwendet. Es müssen also unnötig viele Codeelemente übertragen werden. Die Entwicklung redundanzarmer Codes (Quellencodierung) ist daher eine der Aufgaben der Codierungstheorie. Zur Quellencodierung sind Blockcodes nicht geeignet.

Wird infolge von Störungen des Nachrichtenkanals ein Codezeichen falsch empfangen, so entsteht bei redundanzarmen Codes mit hoher Wahrscheinlichkeit ein anderes Codewort der Codetabelle. Der Übertragungsfehler bleibt unentdeckt.

Eine zweite Aufgabe der Codierungstheorie ist daher fehlererkennende und fehlerkorrigierende Codes zu konstruieren (Kanalcodierung), bei denen zur Aufdeckung von Übertragungsfehlern gezielt Redundanz zugesetzt wird. Bei der Kanalcodierung werden bevorzugt Blockcodes verwendet.

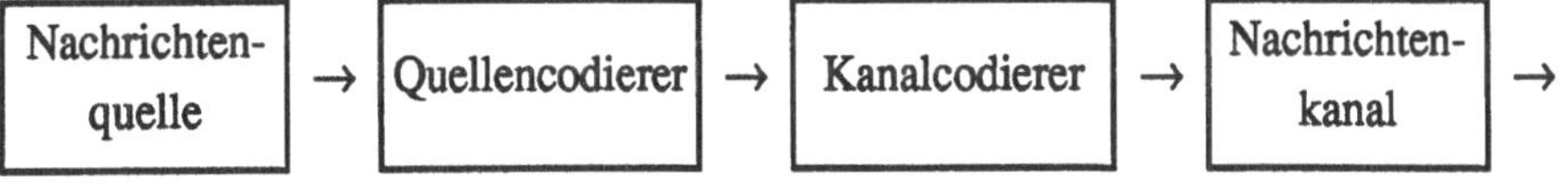

Wegen ihrer besonderen Bedeutung wollen wir uns auf Binärcodes, d.h. auf Codes mit den beiden Codeelementen 0 und 1 beschränken.

3.3.2 Quellencodierung

Aufgabe der Quellencodierung ist die Codierung der Wörter einer Nachrichtenquelle im allgemeinen mit dem Ziel, die Redundanz der codierten Nachricht zu verringern.
Eine andere Art der Quellencodierung besteht darin, die Entropie der Nachrichtenquelle irreversibel zu reduzieren. Bei der Übertragung von Sprache oder Musik kann dies durch Amplituden- und Frequenzbegrenzungen geschehen. Darauf kann hier nicht eingegangen werden.

Definition 3.20

Ein Code mit minimaler verbleibender Redundanz heißt **Optimalcode.**

a) Fano - Code

Das folgende Verfahren zur Konstruktion eines redundanzarmen Codes wurde in den Jahren 1948 - 1949 von R. F. Fano und unabhängig davon in ähnlicher Form von C. Shannon vorgeschlagen. Der durch diese Codierungsmethode erzeugte Code wird daher auch Shannon-Fano-Code genannt.

Codierungsmethode:

Die Zeichen x_i des Quellenalphabets werden nach fallenden Wahrscheinlichkeiten $pi = P(X = x_i)$ geordnet untereinander geschrieben.

Man teilt die Liste der Quellenzeichen x_i so in zwei Teilmengen, daß in beiden Teilmengen die Summe der Wahrscheinlichkeiten ihrer Zeichen möglichst gleich ist. Den Zeichen der einen (oberen) Teilmenge wird das erste Codeelement 0, den Zeichen der anderen (unteren Teilmenge) das erste Codeelement 1 zugeordnet.

Die beiden so entstandenen Teilmengen werden nun so unterteilt, daß die Summen der Wahrscheinlichkeiten in den neuen Teilmengen wieder möglichst gleich groß sind. Den oberen Teilmengen wird das zweites Codeelement 0, den unteren das zweite Codelement 1 zugeordnet.

Der Prozeß wird so lange wiederholt, bis Teilmengen mit nur einem Quellenzeichen x_i entstanden sind.

x_1 .		0 .		00 .	$\Sigma p_i \approx 0,125$	000
.	$\Sigma p_i \approx 0,5$	.	$\Sigma p_i \approx 0,25$	. 00	$\Sigma p_i \approx 0,125$	001
.		.		01 .	$\Sigma p_i \approx 0,125$	010
. .		. 0	$\Sigma p_i \approx 0,25$	. 01	$\Sigma p_i \approx 0,125$	011
.		1 .		10 .	$\Sigma p_i \approx 0,125$	100
.	$\Sigma p_i \approx 0,5$	.	$\Sigma p_i \approx 0,25$	. 10	$\Sigma p_i \approx 0,125$	101
.		.		11 .	$\Sigma p_i \approx 0,125$	110
x_n		. 1	$\Sigma p_i \approx 0,25$	. 11	$\Sigma p_i \approx 0,125$	111

Bei dieser Codierungsmethode bemüht man sich den Informationsgehalt jedes Codeelementes möglichst groß zu machen, indem man zu erreichen versucht, daß an jeder Stelle des Codewortes die Wahrscheinlichkeiten für die Codeelemente 0 und 1 möglichst gleich groß sind. Wir wissen, daß der Informationsgehalt bei gleichwahrscheinlichen Codeelementen am größten ist.

Sind die Wahrscheinlichkeiten $p_i = P(X = x_i)$ unterschiedlich, so ist auch die Anzahl der Quellenzeichen x_i in den einzelnen Teilmengen unterschiedlich. Man erhält so im allgemeinen verschieden lange Codewörter, wobei den wahrscheinlicheren Quellenzeichen kürzere Codewörter, den weniger wahrscheinlichen Quellenzeichen x_i längere Codewörter zugeordnet werden.

Beispiel 3.20. Eine stationäre diskrete Nachrichtenquelle sende die Zeichen a, b, c, d und e mit den in der Tabelle angegebenen Wahrscheinlichkeiten.

x_i	p_i	1. Code-element	2. Code-element	3. Code-element	Codewort	l_i
a	0,35	0	0		0 0	2
b	0,20	0	1		0 1	2
c	0,20	1	0		1 0	2
d	0,15	1	1	0	1 1 0	3
e	0,10	1	1	1	1 1 1	3

Man erhält eine mittlere Codewortlänge $\mu_L = \sum\limits_{i=1}^{5} p_i \cdot l_i = 2{,}25$ bit/Zeichen

bei einer Quellenentropie $H(X) = -\sum\limits_{i=1}^{5} p_i \cdot \log_2 p_i = 2{,}202$ bit/Zeichen.

Man benötigt also im Mittel 2,25 bit, um ein Zeichen zu übertragen. Der Code hat demnach eine Redundanz

$$R = 2{,}25 - 2{,}202 = 0{,}048 \text{ bit / Zeichen}$$

bzw. eine relative Redundanz von

$$r = 0{,}048 / 2{,}25 = 0{,}021 = 2{,}1\ \% \ .$$

Damit wurde ein Code mit einer relativ geringen Redundanz erzeugt.

b) Huffman - Code

Der Huffman-Code (D.A. Huffman, 1952) ist ein Optimalcode, d.h. ein Code mit minimaler Redundanz. Der Aufbau des Huffman-Codes besteht in einfachen Umformungen des Quellenalphabets $X = \{ x_1, x_2, x_3, \ldots x_n \}$, die Verdichtungen des Alphabets genannt werden.

Wir stellen uns vor, daß die Zeichen x_i des Alphabets nach fallenden Wahrscheinlichkeiten geordnet sind. Es sei also $p_1 \geq p_2 \geq p_3 \geq \ldots \geq p_{n-1} \geq p_n$.

Man erhält eine erste Verdichtung des Alphabets, indem man die beiden Zeichen x_{n-1} und x_n mit den geringsten Wahrscheinlichkeiten zu einem Zeichen α_1 zusammenfasst und entsprechend der Wahrscheinlichkeit $p_{n-1} + p_n$ des Zeichens α_1 in das neue Alphabet A_1 einfügt, welches nun über die Zeichen $x_1, x_2, \ldots x_{n-2}$ und α_1 verfügt.

Das Verfahren wird so lange fortgesetzt, bis ein Alphabet A_k mit nur zwei Zeichen entstanden ist. Diese Zeichen erhalten die ersten Codeelemente 0 bzw. 1.

Wird nun die Verdichtung des Alphabets schrittweise rückgängig gemacht, so erhält man bei jedem der Zeichen α_i eine Verzweigung des Codebaumes. Wird ein Zeichen x_i des Quellenalphabets erreicht, so folgt keine weitere Verzweigung des Codebaumes. Die Zeichen x_i des Quellenalphabets erscheinen daher an den Enden der Zweige des Codebaumes. Daran erkennt man auch, daß ein Präfixcode erzeugt wurde. Kein Codewort ist Anfang eines anderen, längeren Codewortes. Damit ist auch die eindeutige Decodierung gesichert.

Der Huffman-Code ist wie auch der Fano-Code nicht eindeutig festgelegt. Bei jedem Schritt, bei jeder Verzweigung des Codebaumes, können die Codeelemente 0 und 1 vertauscht werden. Die dadurch entstandenen Codes unterscheiden sich nicht wesentlich. So haben die Codewörter für alle x_i jeweils die gleiche Länge.

Nun kann es aber auch vorkommen, daß bei gleichen Wahrscheinlichkeiten die Einordnung der neuen Zeichen α_i in das nächste verdichtete Alphabet nicht eindeutig ist. Dadurch können verschiedene Codes entwickelt werden, die sich gegebenenfalls auch in der Länge der Codewörter unterscheiden. Die mittlere Länge, d.h. die im Mittel pro Quellenzeichen benötigte Anzahl von Codeelementen, ist jedoch bei allen Huffman-Codes die gleiche.

Ohne Beweis sei angegeben, daß der Huffman-Code ein optimaler Code ist. Es gibt daher kein anderes Codierungsverfahren für die Zeichen eines Quellenalphabets, bei dem die im Mittel pro Zeichen benötigte Anzahl von Codeelementen kleiner wäre.

Daraus folgt auch, daß verschiedene Huffman-Codes für das gleiche Quellenalphabet, sie sind ja alle optimale Codes, die gleiche mittlere Länge haben.

Beispiel 3.21. Gegeben sei eine stationäre diskrete Nachrichtenquelle mit dem Alphabet $X = \{a, b, c, d\}$ und dem Wahrscheinlichkeitsvektor $\mathbf{p} = (\,0{,}55;\ 0{,}20;\ 0{,}15;\ 0{,}10\,)$. Man bestimme einen Huffman-Code für die Zeichen des Quellenalphabets.

x_i	p_i	
a	0,55	
b	0,20	
c	0,15	α_1
d	0,10	**0,25**

x_i	p_i	
a	0,55	
α_1	0,25	α_2
b	0,20	**0,45**

x_i	p_i	
a	0,55	α_3
α_2	0,45	**1,00**

$$E(L) = 0{,}25 + 0{,}45 + 1{,}00 = 1{,}7 \ \text{bit/Zeichen}$$

Daraus ergibt sich der folgende Codebaum

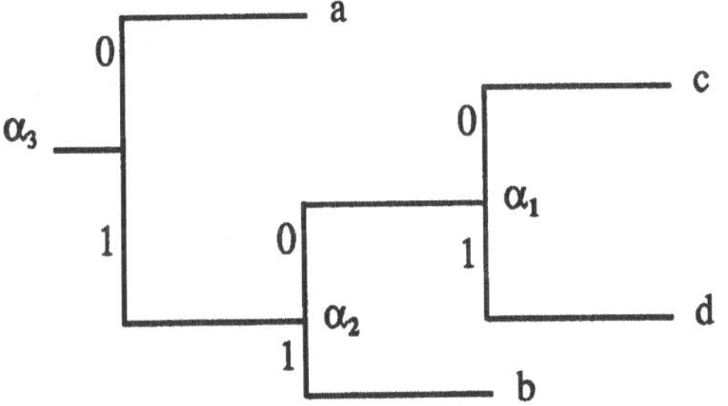

x_i	Codewort
a	0
b	11
c	100
d	101

Bei einer Quellenentropie $H(X) = 1{,}6815$ bit/Zeichen hat der Code eine mittlere Länge $\mu_L = 1{,}7$ bit/Zeichen. Dies bedeutet Redundanz $R = 1{,}7 - 1{,}6815 = 0{,}0185$ bit/Zeichen, bzw. eine relative Redundanz $r = 1{,}1\,\%$. Bei einer anderen Zuordnung der Codeelemente 0 und 1 erhält man einen anderen Huffman-Code mit der gleichen mittleren Länge. Betrachten wir die Zufallsgröße $L = $ Codewortlänge mit den Realisationen $l_i = 1,2,3$ und der in der Tabelle angegebenen Wahrscheinlichkeitsverteilung

l_i	1	2	3
p_i	0,55	0,20	0,25

so kann neben dem Erwartungswert $E(L) = \mu_L = 1{,}7$ bit auch die Varianz der Zufallsgröße $\mathrm{Var}(L) = E(L^2) - [\,E(L)\,]^2 = 3{,}6 - 1{,}7^2 = 0{,}71$ berechnet werden. Man erhält daraus die Standardabweichung $\sigma_L = 0{,}8426$ bit. Diese Standardabweichung bestimmt die Größe des Pufferspeichers im Codierer, sodaß Codes mit kleinerer Standardabweichung günstiger sind.

Beispiel 3.22. Die Aufgabenstellung sei wie im Beispiel 3.21. Nur sind jetzt die Wahrscheinlichkeiten der Quellenzeichen so gewählt, daß Huffman-Codes mit verschieden langen Codewörtern für die gleichen Quellenzeichen x_i konstruiert werden können.

a) Huffman-Code 1

x_i	p_i	
a	0,40	
b	0,20	
c	0,20	α_1
d	0,20	**0,40**

x_i	p_i	
a	0,4	
α_1	0,4	α_2
b	0,20	**0,60**

x_i	p_i	
α_2	0,6	α_3
a	0,4	**1,00**

$E(L) = 0,4 + 0,6 + 1,0 = 2,0$ bit/Zeichen

Im ersten verdichteten Alphabet A_1 wurde das neue Zeichen α_1, welches die gleiche Wahrscheinlichkeit wie das Quellenzeichen a hat, an die zweite Stelle gesetzt.

b) Huffman-Code 2

x_i	p_i	
a	0,40	
b	0,20	
c	0,20	α_1
d	0,20	**0,40**

x_i	p_i	
α_1	0,40	
a	0,40	α_2
b	0,20	**0,60**

x_i	p_i	
α_2	0,60	α_3
α_1	0,40	**1,00**

Im ersten verdichteten Alphabet A_1 wurde nun das neue Zeichen α_1, welches die gleiche Wahrscheinlichkeit wie das Quellenzeichen a hat, an die erste Stelle gesetzt.

x_i	a	b	c	d	mittlere Länge
Code 1	1	01	000	001	2 bit/Zeichen
Code 2	00	01	10	11	2 bit/Zeichen

Beide Codes sind Optimalcodes, d.h. sie haben beide die minimale mittlere Codewortlänge von 2 bit/Zeichen. Sie unterscheiden sich jedoch in den Standardabweichungen. So ist $\sigma_1 = 0,894$ bit und $\sigma_2 = 0$. Code 2 ist daher vorzuziehen.

Wir haben gesehen, daß bei der Quellencodierung den Zeichen x_i der Nachrichtenquelle ein (binärer) Präfixcode zugeordnet wird, dessen mittlere Codewortlänge

$$\mu_L = E(L) = \sum_i l_i \cdot p_i$$

möglichst klein ist. Ein Code heißt optimal oder kompakt, wenn es keinen anderen Code gibt, dessen mittlere Codewortlänge kleiner ist. Es wurde bereits angegeben, daß Huffman-Codes optimale Codes sind. Sind verschiedene optimale Codes möglich, so wird man im allgemeinen den Code bevorzugen, bei dem die Varianz

$$\sigma_L^2 = Var(L) = \sum_i (l_i - \mu_L)^2 \cdot p_i$$

kleiner ist. Zwischen der Quellenentropie H(X) und den mittleren Codewortlängen nach Fano, bzw. nach Huffman besteht der durch die folgende Ungleichung ausgedrückte Zusammenhang.

$$H(X) \le \mu_L(\text{Huffman}) \le \mu_L(\text{Fano}) \le 1 + H(X) \tag{3.31}$$

3.3.3 Kanalcodierung

Ein redundanzfreier Code bietet keine Möglichkeiten, Übertragungsfehler zu erkennen. Bei der Kanalcodierung wird daher gezielt wieder Redundanz zugesetzt, um Übertragungsfehler erkennen und möglichst auch korrigieren zu können.

Aufgabe der Kanalcodierung ist es, fehlererkennende und fehlerkorrigierende Codes zu erzeugen. Ohne leistungsfähige Codierungsverfahren zur Fehlererkennung und Fehlerkorrektur ist eine Nachrichtenübertragung über stark gestörte Kanäle (etwa bei interplanetarischen Sonden) nicht möglich.

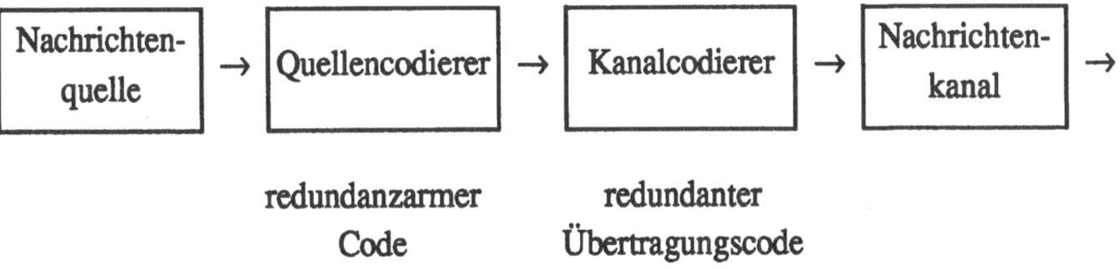

Bei der Kanalcodierung arbeitet man mit Blockcodes, d.h. mit Codes konstanter Länge. Es werden je k Informationszeichen des redundanzarmen durch Quellencodierung erzeugten Codes zusammengefaßt und durch m = n - k Kontroll- oder Prüfzeichen zu einem Codewort der konstanten Länge n ergänzt.

Die Kontrollzeichen werden dabei durch die Kanalcodierungsvorschrift aus den Informationszeichen gebildet.

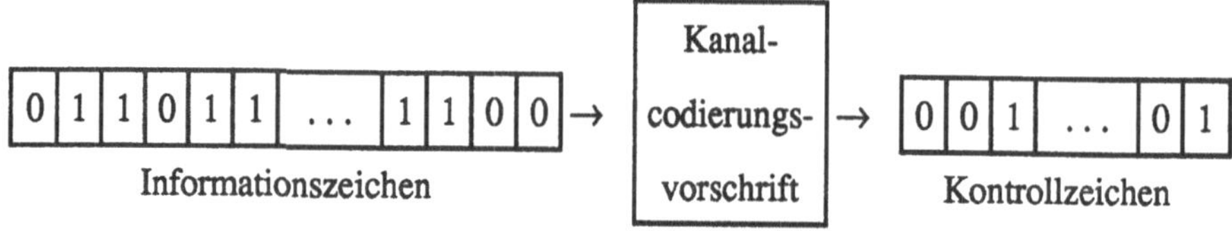

Bild 3.9 Erzeugung der Kontroll- oder Prüfzeichen

Das so entstandene Codewort der Länge n des Blockcodes wird über den Nachrichtenkanal übertragen.

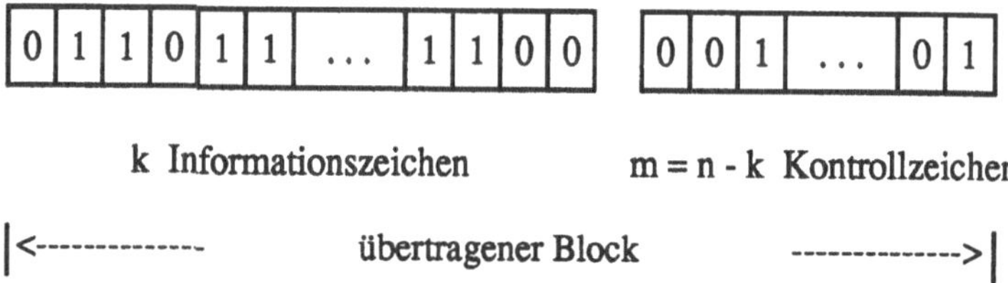

Bild 3.10 Bildung des Übertragungsblocks

Durch die Verwendung fehlererkennender und fehlerkorrigierender Codes wird die Übertragungsgeschwindigkeit einer Nachricht zugunsten einer erhöhten Übertragungssicherheit vermindert.

Der **Shannon'sche Kanalcodierungsatz**, der nur ein "Existenzsatz" ist und kein bestimmtes Codierungsverfahren angibt, sichert

a)   die Existenz eines Blockcodes, dessen Informationsrate beliebig wenig unter der Kanalkapazität liegt und

b)   die Existenz einer Decodierungsvorschrift derart, daß die Wahrscheinlichkeit eines Decodierfehlers für jedes Codewort beliebig klein ist.

Zum Beweis des Shannon'schen Kanalcodierungssatz werden Blockcodes von so großer Länge n verwendet, daß sie für die Praxis keine Bedeutung haben.

a) Fehlererkennung

Zur Fehlererkennung werden aus den Informationszeichen des empfangenen Blocks durch die Kanalcodierungsvorschrift die Prüfzeichen neu berechnet und mit den empfangenen Prüfzeichen verglichen. Stimmen die neu berechneten und die empfangenen Prüfzeichen überein, so wird angenommen, daß der Block fehlerfrei übertragen wurde. Anderenfalls ist ein oder sind sogar mehrere Übertragungsfehler aufgetreten. Man wird versuchen, die Codierungsvorschrift so zu gestalten, daß möglichst viele Übertragungsfehler aufgedeckt werden können.

Dazu müssen um so mehr redundante Zeichen mit übertragen werden, je höher die Übertragungssicherheit sein soll. Selbstverständlich wird dadurch die Übertragungsgeschwindigkeit der eigentlichen Information verringert.

Beispiel 3.23. Fehlererkennung durch ein Paritätsbit

Den Informationszeichen wird ein Prüfzeichen, ein "Paritätsbit", angehängt. Das Paritätsbit wird durch die Anzahl der Codeelemente "1" der Informationszeichen bestimmt. Enthalten die Informationszeichen eine gerade Anzahl von Codeelementen "1", so ist das Paritätsbit "0", anderenfalls gilt Paritätsbit = "1". Dadurch enthält jedes Codewort, bestehend aus den Informationszeichen und dem Paritätsbit, eine gerade Anzahl von Codeelementen "1".

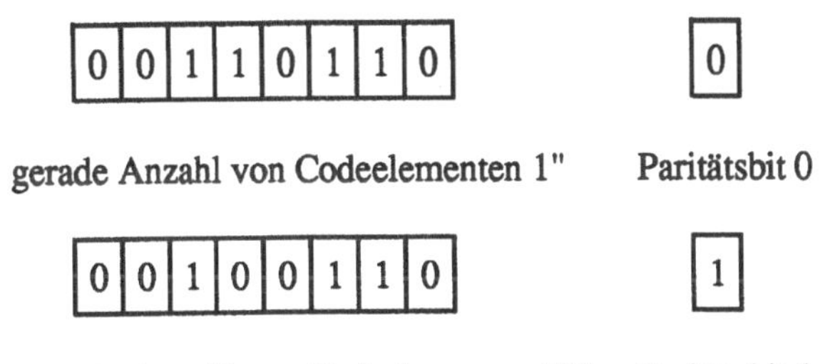

gerade Anzahl von Codeelementen 1"   Paritätsbit 0

ungerade Anzahl von Codeelementen "1"   Paritätsbit 1

Wird durch die Übertragung **ein** Zeichen (oder eine ungerade Anzahl von Zeichen) verändert, so stimmt das aus den empfangenen Informationsbits bestimmte Paritätsbit nicht mehr mit dem empfangenen Paritätsbit überein. Das Vorhandensein eines Übertragungsfehlers ist erkannt, wobei jedoch nicht angegeben werden kann, welches Zeichen falsch übertragen wurde. Die fehlerhafte Übertragung von **zwei** Zeichen (oder einer geraden Anzahl von Zeichen) wird nicht erkannt.

Geometrische Veranschaulichung eines Binärcodes

Ein zweistelliger, das heißt ein aus zwei Codeelementen bestehender Binärcode, läßt sich anschaulich in einer Ebene, ein dreistelliger Binärcode in einem dreidimensionalen Coderaum veranschaulichen (s. Bild 3.11). Die Darstellung eines n-stelligen Binärcodes (n > 3) in einem n-dimensionalen Coderaum ist anschaulich nicht mehr möglich.

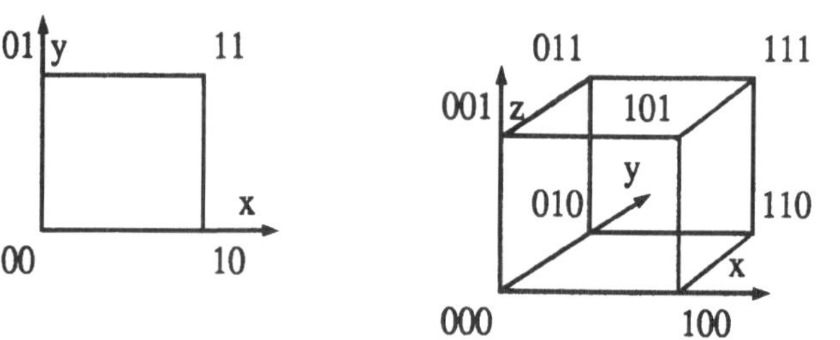

Bild 3.11 Veranschaulichung eines zwei- und eines dreistelligen Binärcodes

Eine wichtige Rolle bei der Beurteilung eines Binärcodes bezüglich seiner Fähigkeit Übertragungsfehler erkennen und korrigieren zu können, ist der Hamming-Abstand der Codewörter. Im Coderaum ist der Hamming-Abstand h zweier Codewörter die Summe der Teilstrecken, um von dem einen Codewort auf dem kürzesten Weg zum anderen Codewort zu gelangen. Dies entspricht der Anzahl der Stellen, in denen sich die beiden Codewörter unterscheiden.

Definition 3.21

Unter dem **Hamming-Abstand h** zweier Codewörter eines Binärcodes versteht man die Anzahl der Codeelemente entsprechender Stellen, in denen sich die beiden gleich langen Codewörter unterscheiden.
Der kleinste der Hamming-Abstände aller Codewörter eines Codes heißt **Hamming-Abstand d des Codes.**

Da sich die k Codeelemente der Informationszeichen in mindestens einem Codeelement unterscheiden, erhält man durch Hinzufügen eines Paritätsbits einen Code mit dem Hamming-Abstand d = 2. Mit einem derartigem Code ist ein Fehler erkennbar.

Allgemein gilt: Bei einem Code mit dem Hamming-Abstand d können d - 1
                    Übertragungsfehler erkannt werden.

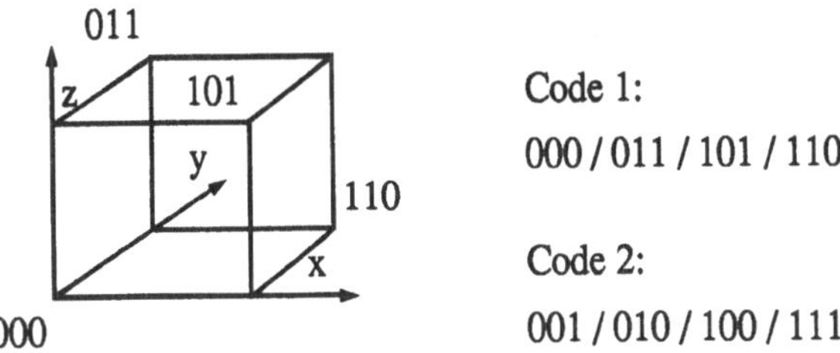

Bild 3.12 Dreistellige Binärcodes mit dem Hamming-Abstand d = 2

In Bild 3.12 wurde Code 1 eingezeichnet. Aber auch die vier anderen Ecken des Würfels
bilden einen Code 2 mit dem Hamming-Abstand d = 2.

Mit diesen Codes sind jeweils nur 4 Nachrichten übertragbar. Will man Codes entwickeln,
mit denen deutlich mehr Nachrichten übertragbar sind, so gestaltet sich das Problem
wesentlich komplexer und unanschaulicher. Da "Probiermethoden" sicher uneffektiv
sind, müssen zur Lösung der Aufgabe algebraische Methoden herangezogen werden, auf
die hier zunächst nicht eingegangen werden kann.

b) Fehlerkorrektur

Bei einem symmetrisch gestörten Kanal mit der Bitfehlerwahrscheinlichkeit p ist die
Zufallsgröße F = Anzahl der falsch übertragenen Bits eines Codewortes der Länge n
binomialverteilt mit den Parametern n und p, wenn angenommen werden kann, daß die
einzelnen Bits unabhängig voneinander übertragen werden.

Wahrscheinlichkeit für f Fehler in einem Codewort der Länge n:

$$P(F = f) = \binom{n}{f} \cdot p^f \cdot (1 - p)^{n-f} \tag{3.32}$$

Wir betrachten die Fehlerkorrektur zunächst am Beispiel der **Hamming-Codes** (R.W.
Hamming, 1950). Es sind 1-fehlerkorrigierende Codes mit dem Hamming-Abstand
d = 3 und den folgenden Parametern

Blocklänge	$n = 2^m - 1$
Anzahl der Informationsbits	$k = 2^m - m - 1$
Anzahl der Kontrollbits	m
Hamming-Abstand	$d = 3$

Hamming-Codes:

m	n	k	d
2	3	1	3
3	7	4	3
4	15	11	3
5	31	26	3
6	63	57	3

Im einfachsten Fall von m = 2 Kontrollbits erhält man einen Hamming-Code mit der Blocklänge n = 3 und k = 1 Informationsbit. Es sind nur die beiden ungestörten Codewörter 000 und 111 mit dem Hamming-Abstand d = 3 möglich.

Decodiertabelle:

000	111	ungestörte Codewörter
001	110	
010	101	an **einer** Stelle gestörte Codewörter
100	011	

Von den $2^3 = 8$ möglichen Codewörtern der Länge n = 3 sind zwei ungestörte Codewörter, die je eine bestimmte Nachricht bedeuten. Die restlichen 6 Codewörter sind, unter der Voraussetzung, daß nur **eine** Stelle gestört wurde, eindeutig einer Nachricht zuzuordnen. Der Übertragungsfehler wird dadurch korrigiert.

Mit m = 4 Kontrollbits ergibt sich ein Hammingcode der Blocklänge n = 15 und k = 11 Informationsbits. Die 2^{11} = 2048 ungestörten Codewörter können je eine bestimmte Bedeutung haben. Die restlichen 2048.15 = 30720 Codewörter sind eindeutig einem ungestörten Codewort zuzuordnen, wenn angenommen wird, daß nur ein Bit falsch übertragen wurde.

Die Decodierung mittels einer Decodiertabelle, die zu jedem ungestörten Codewort die jeweils einer Stelle gestörten Codewörter enthält, führt bei Blockcodes größerer Blocklänge zu einer großen Anzahl von Vergleichsoperationen, sodaß bei Codes mit größerer Blocklänge geeignetere Decodierverfahren verwendet werden müssen.

3.3.4 Lineare Codes

a) Galois-Felder

Definition 3.22

Unter einem **Galois-Feld** GF(n) versteht man eine endliche Menge von n Elementen (Zahlen), für die zwei Rechenoperationen (Addition und Multiplikation) definiert sind, welche die Körperaxiome erfüllen.

Zur Erinnerung sind die Körperaxiome angegeben.

Eine Menge $\{E_0, E_1, E_2, E_3, \dots\}$ von Elementen (Zahlen), für die eindeutig zwei Operationen (+, *) definiert sind, hat die Struktur eines Körpers, wenn die folgenden Axiome gelten:

1. Kommutativgesetze:
$$E_i + E_j = E_j + E_i \quad \text{und} \quad E_i*E_j = E_j*E_i$$

2. Assoziativgesetze:
$$(E_i + E_j) + E_k = E_i + (E_j + E_k) \text{ und}$$
$$(E_i*E_j)*E_k = E_i*(E_j*E_k)$$

3. Distributivgesetz:
$$E_i*(E_j + E_k) = E_i*E_j + E_i*E_k$$

4. Existenz neutraler Elemente: Es gibt ein Element E_0 und ein davon verschiedenes Element E_1, so daß für alle E_i gilt:
$$E_i + E_0 = E_i \quad \text{und} \quad E_i*E_1 = E_i$$

5. Existenz inverser Elemente: Zu jedem E_i gibt es ein Element $-E_i$ und ein Element $(E_i)^{-1}$ so daß gilt:
$$E_i + (-E_i) = E_0 \quad \text{und} \quad E_i*(E_i)^{-1} = E_1.$$

Da bei der binären Codierung nur die beiden Elemente $E_0 = 0$ und $E_1 = 1$ verwendet werden, können wir uns auf das Galois-Feld GF(2) beschränken.

1. Operation: Modulo-2-Addition

+	0	1
0	0	1
1	1	0

2. Operation: Multiplikation

*	0	1
0	0	0
1	0	1

b) Vektoren und Matrizen im GF(2), Codierung

Da der binäre Körper GF(2) die gleiche Struktur hat wie der Körper der reellen Zahlen, gelten im GF(2) analog die gleichen Rechengesetze. Insbesondere sind auch Vektoren und Matrizen gleich definiert. Es sind jedoch dabei die durch die Additions- und Multiplikationstabelle definierten Rechenregeln zu beachten. So ist beispielsweise im GF(2) $1 + 1 = 0$ (Modulo-2-Addition).

Ein n-Bit-Codewort kann als ein **Vektor**

$$v = (v_1, v_2, v_3, \ldots, v_n)$$

aufgefasst werden. Die Komponenten v_i des Vektors sind Elemente der Menge $\{0, 1\}$. Es gibt 2^n verschiedenen n-dimensionale Vektoren im GF(2), die einen Vektorraum **V** bilden.

Ein Codewort der Länge n besteht aus m Kontrollzeichen und $k = n - m$ Informationszeichen.

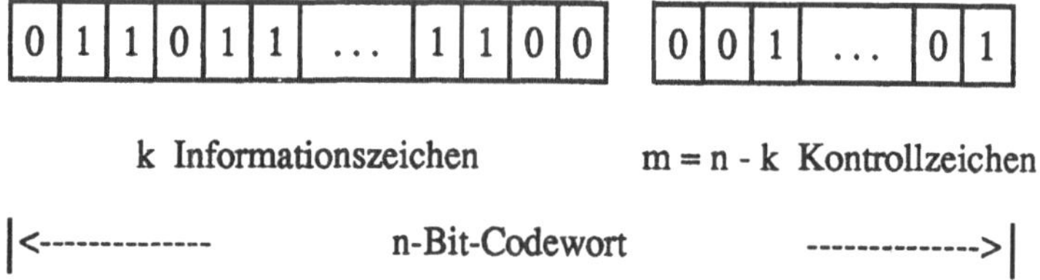

Nur die 2^k bezüglich der Informationsbits verschiedenen Codewörter haben eine Bedeutung, sie bilden den "Code".

Bei den linearen Codes werden die 2^k Codevektoren als ein k-dimensionaler Unterraum des n-dimensionalen Vektoraumes V dargestellt. Damit sind alle 2^k Codevektoren als Linearkombinationen

$$v = c_1 \cdot g_1 + c_2 \cdot g_2 + c_3 \cdot g_3 + \ldots + c_k \cdot g_k \tag{3.33}$$

von nur $k = n - m$ linear unabhängigen Vektoren g_i darstellbar. Die skalaren Größen c_i sind direkt die Informationsbits. Der Vektor

$$c = (c_1, c_2, c_3, \ldots, c_k)$$

heißt daher **Informations- oder Nachrichtenvektor**.

Der durch Gleichung (3.33) ausgedrückte Zusammenhang läßt sich als Multiplikation des Nachrichtenvektors **c** mit einer Matrix **G** auffassen.

$$\mathbf{v} = \mathbf{c} \cdot \mathbf{G} \tag{3.34}$$

Man erhält also den Codevektor **v** als Produkt des Nachrichtenvektors **c** mit der **Generatormatrix**

$$\mathbf{G} = \begin{pmatrix} g_1 \\ g_2 \\ g_3 \\ \cdot \\ \cdot \\ g_k \end{pmatrix} = \begin{pmatrix} 1 & 0 & 0 & \ldots & 0 & g_{11} & g_{12} & \cdots & g_{1m} \\ 0 & 1 & 0 & \ldots & 0 & g_{21} & g_{22} & \cdots & g_{2m} \\ 0 & 0 & 1 & \ldots & 0 & g_{31} & g_{32} & \cdots & g_{3m} \\ \cdot & \cdot & \cdot & \ldots & \cdot & \cdot & \cdot & \cdots & \cdot \\ \cdot & \cdot & \cdot & \ldots & \cdot & \cdot & \cdot & \cdots & \cdot \\ 0 & 0 & 0 & \ldots & 1 & g_{k1} & g_{k2} & \cdots & g_{km} \end{pmatrix} \tag{3.35}$$

$$\mathbf{G} = (\, \mathbf{E}^k , \mathbf{G'} \,) \tag{3.36}$$

Dabei ist $\mathbf{E}^k$ die aus k Zeilen und k Spalten bestehende Einheitsmatrix. Ihre k Zeilenvektoren sind die Basisvektoren der 2^k Nachrichtenvektoren. Die Matrix **G'** besitzt k Zeilen und m Spalten. Ihre Zeilenvektoren sind die Kontrollbits der m Basisvektoren der Informationsvektoren. Jede Linearkombination von Codevektoren v_i ist wieder ein Codevektor v.

Definition 3.23

Unter einen **Linearcode** versteht man einen Code, bei dem jede Linearkombination von Codewörtern wieder ein Codewort ergibt.
Ein linearer Code der Codewortlänge n, einer Anzahl k von Informationsbits und einer Hamming-Distanz d wird als (n, k, d)-Code bezeichnet.

Eine Generatormatrix in der in den Gleichungen (3.35) bzw. (3.36) angegebenen Form ist Generatormatrix eines systematischen Codes.

Definition 3.24

Ein **systematischer Code** ist ein Code, bei dem die Lage der Informationsbits und der Kontrollbits eindeutig festgelegt ist.

Beispiel:	

k Informationsbits	m = n - k Kontrollbits

Der Codiervorgang eines Linearcodes besteht darin, daß ein aus k Bits bestehender Nachrichtenvektor c mit der Generatormatrix G des Codes multipliziert wird. Dadurch erhält man den zu übertragenden Codevektor v. Der Codierer besteht also aus einem Pufferspeicher für den Nachrichtenvektor c und einer Schaltung zur Multiplikation mit der Generatormatrix G des Codes.

Beispiel 3.24. $(5, 3, 2)$-Code

Die Generatormatrix des Codes hat die Form $\qquad G = \begin{pmatrix} 1 & 0 & 0 & g_{11} & g_{12} \\ 0 & 1 & 0 & g_{21} & g_{22} \\ 0 & 0 & 1 & g_{31} & g_{32} \end{pmatrix}.$

Mit einem beliebigen Nachrichtenvektor $c = (c_1, c_2, c_3)$ erhält man als Codevektor

$$v = c \cdot G = \left(c_1, \; c_2, \; c_3, \; \sum_{i=1}^{3} c_i \cdot g_{i1}, \; \sum_{i=1}^{3} c_i \cdot g_{i2} \right)$$

Die Kontrollbits des Codevektors werden durch die Paritätsprüfungsgleichungen oder Kontrollgleichungen

$$v_4 = \sum_{i=1}^{3} c_i \cdot g_{i1} = c_1 \cdot g_{11} + c_2 \cdot g_{21} + c_3 \cdot g_{31}$$

$$v_5 = \sum_{i=1}^{3} c_i \cdot g_{i2} = c_1 \cdot g_{12} + c_2 \cdot g_{22} + c_3 \cdot g_{32}$$

festgelegt. Man erhält einen linearen Code der Hamming-Distanz $d = 2$ mit den Kontrollgleichungen

$$c_4 = c_2 + c_3 \quad \text{und} \quad c_5 = c_1 + c_3.$$

Die Generatormatrix hat dann die Form $\qquad G = \begin{pmatrix} 1 & 0 & 0 & 0 & 1 \\ 0 & 1 & 0 & 1 & 0 \\ 0 & 0 & 1 & 1 & 1 \end{pmatrix}.$

Der Codevektor kann in der einfachen Form $v = (c_1, c_2, c_3, c_2 + c_3, c_1 + c_3)$ dargestellt werden.

Beispiel: Nachrichtenvektor $c = (1, 0, 1)$ $\rightarrow$ Codevektor $v = (1, 0, 1, 1, 0)$.

c) Decodierung

Betrachten wir noch einmal die Paritätsprüfungsgleichungen bzw. Kontrollgleichungen des (5, 3, 2)-Codes von Beispiel 3.24:

$$v_4 = \sum_{i=1}^{3} c_i \cdot g_{i1} = c_1 \cdot g_{11} + c_2 \cdot g_{21} + c_3 \cdot g_{31}$$

$$v_5 = \sum_{i=1}^{3} c_i \cdot g_{i2} = c_1 \cdot g_{12} + c_2 \cdot g_{22} + c_3 \cdot g_{32}$$

Damit äquivalent sind die Gleichungen

$$c_1 \cdot g_{11} + c_2 \cdot g_{21} + c_3 \cdot g_{31} + c_4 = 0$$

$$c_1 \cdot g_{12} + c_2 \cdot g_{22} + c_3 \cdot g_{32} + c_5 = 0 \,.$$

Da in der Arithmetik des GF(2) nicht zwischen der Addition und der Subtraktion unterschieden werden muß, können die Gleichungen auf die Form

$$\begin{pmatrix} g_{11} & g_{21} & g_{31} & 1 & 0 \\ g_{12} & g_{22} & g_{32} & 0 & 1 \end{pmatrix} \cdot \begin{pmatrix} c_1 \\ c_2 \\ c_3 \\ c_4 \\ c_5 \end{pmatrix} = \begin{pmatrix} 0 \\ 0 \end{pmatrix}$$

gebracht werden. Die Matrix $\quad \mathbf{H} = \begin{pmatrix} g_{11} & g_{21} & g_{31} & 1 & 0 \\ g_{12} & g_{22} & g_{32} & 0 & 1 \end{pmatrix},$

bzw. in der vom Beispiel 3.24 unabhängigen, verallgemeinerten Form

$$\mathbf{H} = (G'^T, E^m) = \begin{pmatrix} g_{11} & g_{21} & \cdots & g_{k,1} & 1 & 0 & \cdots & 0 \\ g_{12} & g_{22} & \cdots & g_{k,2} & 0 & 1 & \cdots & 0 \\ g_{1,m} & g_{2,m} & \cdots & g_{k,m} & 0 & 0 & \cdots & 1 \end{pmatrix} \qquad (3.37)$$

heißt **Prüfmatrix** oder **Kontrollmatrix**.

Für jeden (ungestörten) Codevektor $\mathbf{v}$ gilt daher

$$\mathbf{H} \cdot \mathbf{v}^T = \mathbf{0} \quad \text{bzw.} \quad \mathbf{v} \cdot \mathbf{H}^T = \mathbf{0} \qquad (3.38)$$

Definition 3.25

Der Vektor $s = v_{empfangen} \cdot H^T$, der durch Multiplikation des empfangenen Codevektors mit der transponierten Kontrollmatrix gebildet wird, heißt **Syndrom**.

Wird nun beim Decodieren mit einem empfangenen Codevektor $v_{empfangen}$ durch Multiplikation mit der transponierten Kontrollmatrix H^T das Syndrom s berechnet, so liegt bei einem vom Nullvektor verschiedenen Syndrom ein Übertragungsfehler vor.

Im Falle $s = 0$ ist der empfangene Codevektor ein (nicht notwendigerweise mit dem gesendeten Codevektor übereinstimmendes) Codewort.

Damit ist die Möglichkeit einer Fehlererkennung gegeben. Es gilt

$$s = (s_1, s_2, s_3, \ldots, s_m) = v_{empfangen} \cdot H^T \tag{3.39}$$

Nach Einführung eines **Fehlervektors** $e = (e_1, e_2, e_3, \ldots, e_n)$ erhält man:

$$v_{empfangen} = v_{gesendet} + e \tag{3.40}$$

Bei einem fehlerfreien Empfang ist der Fehlervektor $e = 0$. Für das Syndrom gilt

$$s = (v_{gesendet} + e) \cdot H^T = v_{gesendet} \cdot H^T + e \cdot H^T = e \cdot H^T,$$

da $v_{gesendet}$ ein gültiger Codevektor ist und daher $v_{gesendet} \cdot H^T = 0$ gilt. Damit erhält man schließlich für das Syndrom

$$s = (e_1, e_2, e_3, \ldots, e_m) \cdot H^T \tag{3.41}$$

Das Syndrom wird daher durch den Fehlervektor bestimmt und enthält die verwertbaren Informationen über die bei der Übertragung aufgetretenen Fehler. Wichtig ist, daß bei einem bestimmten Code das Syndrom allein durch den Fehlervektor (Fehlermuster) e bestimmt ist. Der gesendete Codevektor $v_{gesendet}$ hat keinen Einfluß aus das Syndrom s. Übertragungsfehler, bei denen das gestört empfangene Codewort ein anderes gültiges Codewort ist, können nicht erkannt werden. Dazu müßten aber bei einem Code mit der Hamming-Distanz d (alle Codewörter unterscheiden sich mindestens an d Stellen) wenigstens d Übertragungsfehler eingetreten sein. Die Wahrscheinlichkeit dafür ist jedoch meist sehr gering. Nach Gl.(3.32) ist in einem symmetrisch gestörten Kanal mit der Bitfehlerwahrscheinlichkeit p die Wahrscheinlichkeit für d unabhängige Fehler

$$P(F=d) = \binom{n}{d} \cdot p^d \cdot (1-p)^{n-d}$$

Für $p = 0{,}0001$; $n = 7$ und $d = 3$ ergibt sich: $P(F=3) = 3{,}5 \cdot 10^{-11}$.

Beispiel 3.25. Decodierung eines linearen (7, 4, 3)-Codes (Hamming-Code)

Wegen der k = 4 Informationsbits sind 2^4 = 16 Codeworte v_i (Nachrichten) möglich. Codes mit der Hamming-Distanz d = 3 sind 1-fehler-korrigierende Codes, d.h. verfälscht empfangene Codewörter mit einem Übertragungsfehler können korrigiert werden.

a) Decodierung mit der Decodiertabelle

In der folgenden Tabelle sind zu jedem gültigen Codewort die je an einer Stelle verfälschten Codewörter angegeben. Unter der Voraussetzung, daß ein Übertragungsfehler vorliegt, kann der Übertragungsfehler korrigiert werden. Liegen mehr als ein Übertragungsfehler vor, so wird falsch decodiert. Es besteht also noch eine Restfehlerwahrscheinlichkeit

$$P(F \geq 1) = 1 - [P(F = 0) + P(F = 1)]$$

Für p = 0,0001 erhält man P(F $\geq$ 1) = 0,00000021 = $2,1 \cdot 10^{-7}$.

Decodiertabelle:

Codewörter	an einer Stelle gestörte Codewörter						
0000000	0000001	0000010	0000100	0001000	0010000	0100000	1000000
0001011	0001010	0001001	0001111	0000011	0011011	0101011	1001011
0010101	0010100	0010111	0010001	0011101	0000101	0110101	1010101
0011110	0011111	0011100	0011010	0010110	0001110	0111110	1011110
0100110	0100111	0100100	0100010	0101110	0110110	0000110	1100110
0101101	0101100	0101111	0101001	0100101	0111101	0001101	1101101
0110011	0110010	0110001	0110111	0111011	0100011	0010011	1110011
0111000	0111001	0111010	0111100	0110000	0101000	0011000	1111000
1000111	1000110	1000101	1000011	1001111	1010111	1100111	0000111
1001100	1001101	1001110	1001000	1000100	1011100	1101100	0001100
1010010	1010011	1010000	1010110	1011010	1000010	1110010	0010010
1011001	1011000	1011011	1011101	1010001	1001001	1111001	0011001
1100001	1100000	1100011	1100101	1101001	1110001	1000001	0100001
1101010	1101011	1101000	1101110	1100010	1111010	1001010	0101010
1110100	1110101	1110110	1110000	1111100	1100100	1010100	0110100
1111111	1111110	1111101	1111011	1110111	1101111	1011111	0111111
Fehlervektor	0000001	0000010	0000100	0001000	0010000	0100000	1000000

Bei größeren Blocklängen n ist die entsprechende Tabelle wesentlich umfangreicher. Einfacher, weil entscheidend weniger Speicherplatz und Vergleichsoperationen notwendig sind, ist die Verwendung einer Syndromtabelle. Da alle je 2^k an der gleichen Stelle verfälschten Codewörter den gleichen Fehlervektor haben, führt die Berechnung des Syndroms

$$s = v_{empfangen} \cdot H^T = e \cdot H^T$$

zu ein und denselben Syndromvektor s. Das Syndrom bestimmt den Fehlervektor. Mit dem Fehlervektor wird dann die Korrektur durchgeführt.

Syndromtabelle:

Syndrom	001	010	100	011	101	110	111
Fehlervektor	0000001	0000010	0000100	0001000	0010000	0100000	1000000

Generatormatrix und Prüfmatrix des Codes sind

$$G = \begin{pmatrix} 1 & 0 & 0 & 0 & 1 & 1 & 1 \\ 0 & 1 & 0 & 0 & 1 & 1 & 0 \\ 0 & 0 & 1 & 0 & 1 & 0 & 1 \\ 0 & 0 & 0 & 1 & 0 & 1 & 1 \end{pmatrix} \qquad H = \begin{pmatrix} 1 & 1 & 1 & 0 & 1 & 0 & 0 \\ 1 & 1 & 0 & 1 & 0 & 1 & 0 \\ 1 & 0 & 1 & 1 & 0 & 0 & 1 \end{pmatrix}$$

Zahlenbeispiel: $v_{empfangen} = 1010000.$

$$\text{Syndrom} \quad s = v_{empfangen} \cdot H^T = (1,0,1,0,0,0,0) \cdot \begin{pmatrix} 1 & 1 & 1 \\ 1 & 1 & 0 \\ 1 & 0 & 1 \\ 0 & 1 & 1 \\ 1 & 0 & 0 \\ 0 & 1 & 0 \\ 0 & 0 & 1 \end{pmatrix} = (0,1,0)$$

$$s = (0,1,0) \quad \Rightarrow \quad e = (0,0,0,0,0,1,0) \quad \Rightarrow \quad v_{korrigiert} = (1,0,1,0,0,1,0).$$

Allgmeines Schema der Syndromdecodierung:

$$\boxed{v_{empfangen}} \rightarrow \boxed{s} \rightarrow \boxed{\text{Syndromtabelle}} \rightarrow \boxed{e} \rightarrow \boxed{v_{korrigiert}}$$

Bild 3.13 Syndromdecodierung

Mit dem empfangenen Codevektor $v_{empfangen}$ wird das Syndrom s berechnet. Die Syndromtabelle liefert den zugehörigen Fehlervektor e, der bei einem von Nullvektor verschiedenen Syndrom angibt, an welchen Stellen die Verfälschung eingetreten ist. Damit kann einfach der korrigierte Codevektor $v_{korrigiert}$ angegeben werden.

Die Anzahl der pro Codewort korrigierbaren Übertragungsfehler wird durch die Hamming-Distanz d des Codes bestimmt. Beispiel 3.25 zeigte, daß bei einer Hamming-Distanz d = 3 ein Fehler korrigierbar ist. Allgemein gilt:

Um f Fehler pro Codewort korrigieren zu können, muß der Code eine Hamming Distanz

$$d = 2 \cdot f + 1 \tag{3.42}$$

besitzen. Damit sind bei einer geraden Hamming-Distanz f = d/2 - 1 und bei einer ungeraden Hamming-Distanz f = (d - 1)/2 Fehler pro Codewort korrigierbar.

So wird beispielsweise bei der digitalen Übertragung von Hörfunkprogrammen über Satellit ein (63, 44, 8)-Code verwendet, der aus k = 44 Informationsbits und m = 19 Kontrollbits besteht. Wegen der Hamming-Distanz d = 8 können pro Codevektor 3 Übertragungsfehler korrigiert werden.

Eine Unterklasse der linearen Codes bilden die **zyklischen Codes**.

Definition 3.26

Ein Blockcode mit der Eigenschaft, daß eine zyklische Verschiebung (Rotation) der Stellen eines Codewortes wieder ein Codewort ergibt, heißt **zyklischer Code**.

Bei zyklischen Codes werden die aus n Bits bestehenden Codewörter $(v_0, v_1, v_2, \ldots v_{n-1})$ als Polynome dargestellt.

$$(v_0\, v_1\, v_2 \ldots v_{n-1}) := v(z) = v_0 + v_1 \cdot z + v_2 \cdot z^2 + \ldots + v_{n-1} \cdot z^{n-1}$$

Dem Nachrichtenwort $(c_0, c_1, c_2, \ldots, c_{k-1})$ mit dem k Informationsbits c_i entspricht analog das Polynom

$$(c_0\, c_1\, c_2 \ldots c_{k-1}) := c(z) = c_0 + c_1 \cdot z + c_2 \cdot z^2 + \ldots + c_{k-1} \cdot z^{k-1}$$

Codewörter eines zyklischen Codes entstehen durch Multiplikation (entsprechend den Rechenregeln des GF(2)!) des dem Nachrichtenwort entsprechenden Polynom c(z) mit dem **Generatorpolynom** g(z) des Codes.

$$v(z) = c(z) \cdot g(z) \tag{3.43}$$

Das Generatorpolynom hat demnach den Grad $m = n - k$ (m = Anzahl der Kontrollbits).

$$g(z) = g_0 + g_1 \cdot z + g_2 \cdot z^2 + \ldots + g_m \cdot z^m$$

Nun ist aber nicht jedes Polynom m-ten Grades als Generatorpolynom eines zyklischen Codes brauchbar. Das Generatorpolynom muß ein Faktor des Polynoms $z^n + 1$ sein, d.h. das Polynom $z^n + 1$ muß durch das Generatorpolynom $g(z)$ ohne Rest teilbar sein.

$$\frac{z^n + 1}{g(z)} = h(z) \tag{3.44}$$

Das Polynom $h(z)$ vom Grade k heißt **Kontrollpolynom** oder **Orthogonalpolynom**.

Wir erkennen daraus zwei Möglichkeiten, ein empfangenes Codewort auf Übertragungsfehler zu prüfen:

1. Jedes ungestörte Codewort muß durch das Generatorpolynom ohne Rest teilbar sein.

$$\frac{v_{empfangen}}{g(z)} = c(z) + \frac{r(z)}{g(z)} \tag{3.45}$$

2. Das Produkt eines ungestörten Codewortes mit dem Kontrollpolynom muß durch das Polynom $z^n + 1$ ohne Rest teilbar sein.

$$\frac{v_{empfangen} \cdot h(z)}{z^n + 1} = q(z) + \frac{r(z)}{g(z)} \tag{3.46}$$

In beiden Fällen gilt:

$r(z) = 0$ kein erkennbarer Übertragungsfehler vorhanden

$r(z) \neq 0$ Übertragungsfehler vorhanden

Dem Fehlervektor **e** entspricht bei zyklischen Codes das Fehlerpolynom

$$e(z) = e_0 + e_1 z + e_2 z^2 + e_3 z^3 + \ldots + e_{n-1} z^{n-1}.$$

Setzt man $v_{empfangen}(z) = v_{gesendet}(z) + e(z)$ in Gl.(3.45) ein, so folgt

$$\frac{v_{empfangen}(z)}{g(z)} = \frac{v_{gesendet}(z) + e(z)}{g(z)} = \frac{v_{gesendet}(z)}{g(z)} + \frac{e(z)}{g(z)} = c(z) + \frac{e(z)}{g(z)}$$

Da $v_{gesendet}$ ohne Rest durch g(z) teilbar ist, ist ein eventuell vorhandener Rest allein von der Division des Fehlerpolynoms durch das Generatorpolynom bestimmt. Es gilt daher

$$\frac{e(z)}{g(z)} = p(z) + \frac{s(z)}{g(z)} \tag{3.47}$$

Der bei der Division des empfangenen Codewortes durch das Generatorpolynom verbleibende Rest s(z) heißt **Syndrom** und ist ebenfalls ein Polynom, welches die Informationen über die Übertragungsfehler enthält. Das hier eingeführte Syndrom s(z) entspricht dem Rest r(z) von Gl.(3.45).

Beispiel 3.26. Zyklischer (7, 4, 3)-Code

Als Generatorpolynom vom Grade $m = n - k = 3$ kann $\quad g(z) = 1 + z + z^3\quad$ verwendet werden. Das Polynom $z^7 + 1$ ist durch g(z) ohne Rest teilbar.

$$(1 + z^7) : (1 + z + z^3) = 1 + z + z^2 + z^4 = h(z)$$

Codiervorschrift: $v(z) = c(z).g(z)$

$$\Rightarrow \; v(z) = (c_0 + c_1 z + c_2 z^2 + c_3 z^3)(1 + z + z^3) =$$
$$c_0 + (c_0 + c_1)z + (c_1 + c_3)z^2 + (c_0 + c_2 + c_3)z^3 + (c_1 + c_3)z^4 + c_2 z^5 + c_3 z^6$$

Damit erhält man als Codevektor $v = (\, c_0, (c_0 + c_1), (c_0 + c_2 + c_3), (c_1 + c_3), c_2, c_3\,)$.
Man erkennt, daß der dadurch bestimmte zyklische Code kein systematischer Code ist.
Auf die Überführung in einen systematischen Code sei verzichtet.

Nachrichtenvektor c	Codevektor v
0000	0000000
0001	0001101
0010	0011010
0011	0010111
0100	0110100
0101	0111001
0110	0101110
0111	0100011
1000	1101000
1001	1100101
1010	1110010
1011	1111111
1100	1011100
1101	1010001
1110	1000110
1111	1001011

Nun sei $v_{\text{empfangen}} = 1001011$ mit dem Polynom $v_{\text{empfangen}}(z) = 1 + z^3 + z^5 + z^6$. Fehlerprüfung mit Gl. (3.45) ergibt

$$\frac{v_{\text{empfangen}}}{g(z)} = \frac{1 + z^3 + z^5 + z^6}{1 + z + z^3} = 1 + z + z^2 + z^3 = c(z)$$

$$\Rightarrow \quad \text{Syndrom } s(z) = 0; \quad \text{Nachrichtenvektor } \mathbf{c} = (1, 1, 1, 1)$$

Da die Division ohne Rest aufgeht, ist kein erkennbarer Übertragungsfehler aufgetreten.

Nun sei $v_{\text{empfangen}} = 1001010$ mit dem Polynom $v_{\text{empfangen}}(z) = 1 + z^3 + z^5$. Fehlerprüfung mit Gl. (3.45) ergibt

$$\frac{v_{\text{empfangen}}}{g(z)} = \frac{1 + z^3 + z^5}{1 + z + z^3} = z^2 + \frac{z^2 + 1}{1 + z + z^3} \quad \Rightarrow \quad s(z) = 1 + z^2$$

In diesem Fall ergibt die Division durch das Generatorpolynom ein von Null verschiedenes Syndrom $s(z) = 1 + z^2$. Die Übertragung war daher fehlerhaft. Mit den Fehlerpolynomen, die je einem Übertragungsfehler pro Codewort entsprechen, erhält man die folgende Syndromtabelle. Das Syndrom $s(z) = 1 + z^2$ entspricht einem Fehlerpolynom $e(z) = z^6$ oder einem Fehlervektor $\mathbf{e} = (0, 0, 0, 0, 0, 0, 1)$. Das korrigierte Codewort ist daher: $v_{\text{korrigiert}} = 1001011$.

Fehlerpolynom e(z)	Syndrom s(z)
1	1
z	z
z^2	z^2
z^3	$z + 1$
z^4	$z^2 + z$
z^5	$z^2 + z + 1$
z^6	$z^2 + 1$

Der hier betrachtete zyklische Code hat die Hamming-Distanz $d = 3$. Es ist daher ein Fehler pro Codewort korigierbar. Die Syndromtabelle enthält daher nur Fehlerpolynome, die zu einem Fehler pro Codewort gehören.

Da zyklische Codes lineare Codes sind, ist auch eine Darstellung zyklischer Codes durch eine Generatormatrix $\mathbf{G}$ und eine Prüfung mit der Prüfmatrix $\mathbf{H}$ möglich.

Hierauf und auf viele andere Aspekte der Codierungstheorie kann im Rahmen eines Buches, dessen Hauptinhalt die Wahrscheinlichkeitsrechnung und die Statistik sind, nicht eingegangen werden.

4 Beschreibende Statistik

Jeder statistischen Untersuchung liegt eine bestimmte **Grundgesamtheit** zugrunde. Soll etwa vor einer Landtagswahl das Wählerverhalten untersucht werden, so ist die zugehörige Grundgesamtheit die Menge aller Wahlberechtigten dieses Landes.

Da ein vollständiges Erfassen der gesamten Grundgesamtheit aus vielen Gründen nicht möglich ist, wird aus der Grundgesamtheit zufällig eine **Stichprobe** entnommen und die Elemente dieser Stichprobe auf ein oder mehrere Merkmale hin untersucht.

Auf die sehr wichtige Methodik der statistischen Erhebung (Planung und Durchführung der Untersuchung) kann hier nicht eingegangen werden. Näheres und weitere Literaturhinweise findet man etwa bei Cochran [2].

Aufgabe der beschreibenden Statistik ist es, das durch empirische Untersuchungen gewonnene, meist sehr umfangreiche Datenmaterial aufzubereiten und übersichtlich darzustellen.

4.1 Meßniveau von Daten

Bei jeder im Zuge einer statistischen Erhebung erfaßten Untersuchungseinheit werden gewisse Merkmale registriert bzw. bestimmte Merkmalswerte gemessen. Es soll daher zuerst ein kurzer Überblick über das Meßniveau von Daten gegeben werden.

1. Nominalskala

Die Ausprägungen von nominal skalierten Daten werden nur dem Namen nach verschiedenen Merkmalsklassen zugeordnet. Damit ist keine Rangordnung verbunden.

Typische Beispiele hierfür sind der Beruf, das Geschlecht oder die Blutgruppe einer Person, das Herkunftsland einer Ware oder die Gründe für ein bestimmtes Verhalten von Testpersonen.

Daten einer Nominalskala sind invariant gegenüber eineindeutigen Transformationen. So können etwa die Busse einer Kleinstadt mit den Nummern 1,2,3,4,5 oder mit den Buchstaben A,B,C,D,E bezeichnet werden, wobei weder mit der Ziffern- noch die Buchstabenfolge eine Rangfolge verbunden ist.

2. Ordinalskala

Die Merkmalsausprägungen werden in eine bestimmte Rangfolge gebracht oder Merkmalsklassen zugeordnet, für die eine Rangordnung besteht.

Beispiele hierfür sind Ranglisten in einer Sportart, Güteklassen oder Windstärken.

Dabei sind die Unterschiede der Merkmalswerte zwischen den verschiedenen Rangplätzen im allgemeinen verschieden. Rangplätze machen also über die Unterschiede von Merkmalswerten keine Aussage.

Das Meßniveau von Daten einer Ordinalskala ist höher, enthält also mehr Information, als das von Daten einer Nominalskala. Nominal- und Ordinalskala sind topologische Skalen.

3. Intervallskala

Bei Daten einer Intervallskala haben die Unterschiede von Merkmalswerten, im Gegensatz zu denen einer Ordinalskala, einen Informationsinhalt.

Daten einer Intervallskala sind invariant gegenüber linearen Transformationen der Form:

$$y = a.x + b \quad (a > 0).$$

Beispiel: x = Temperatur in °C, y = Temperatur in °F $\Rightarrow$ y = 1,8.x +32

Man erkennt an diesem Beispiel folgende Eigenschaften von Daten einer Intervallskala:

1. Der Nullpunkt liegt nicht fest: $0\ °C \neq 0\ °F$

2. Das Verhältnis von Differenzen bleibt unverändert: $\dfrac{y_1 - y_2}{y_3 - y_4} = \dfrac{x_1 - x_2}{x_3 - x_4}$

3. Das Verhältnis von Merkmalswerten ändert sich mit dem Skalenwechsel: $\dfrac{y_1}{y_2} \neq \dfrac{x_1}{x_2}$

4. Verhältnisskala

Eine Verhältnisskala ist eine Intervallskala mit einem natürlichem Nullpunkt. Hier sind Verhältnisse von Merkmalswerten durchaus sinnvoll. Eine Masse von 20 kg ist das Doppelte einer Masse von 10 kg.

Das Meßniveau von Daten einer Verhältnisskala ist höher als das einer Intervallskala.

Intervall- und Verhältnisskala sind Kardinalskalen. Die bei naturwissenschaftlich-technischen Untersuchungen anfallenden Daten haben im allgemeinen kardinales Meßniveau.

Übersicht:

Topologische Skalen	Kardinalskalen
1. Nominalskala 2. Ordinalskala	3.Intervallskala 4. Verhältnisskala

4.2   Empirische Verteilung eines Merkmals

Wir betrachten hier den Fall, daß bei einer statistischen Untersuchung pro Untersuchungseinheit nur die Ausprägung **eines** Merkmales erfaßt wird.

4.2.1   Häufigkeitstabelle, Histogramm

Das Ergebnis einer statistischen Untersuchung liegt zunächst in Form einer **Urliste** vor. Sind die Elemente der Stichprobe Personen, so kann die Urliste eine Namensliste sein, in der bei jeder untersuchten Person der ermittelte Merkmalswert angegeben ist. Derartige Urlisten sind in der Regel unübersichtlich. Durch Weglassen von Informationen, die für den Zweck der Untersuchung irrelevant sind, kann das Ergebnis übersichtlicher in einer Häufigkeitstabelle angegeben werden.

Bei einer **Häufigkeitstabelle** werden zu den möglichen Ausprägungen x_i des Merkmals X jeweils die absoluten Häufigkeiten n_i angegeben, mit denen diese Merkmalswerte in der Stichprobe aufgetreten sind.

Kann das betrachtete Merkmal sehr viele mögliche Werte annehmen, so ist es zweckmäßig, **Merkmalsklassen** zu bilden. Es werden dabei immer mehrere Ausprägungen eines diskreten Merkmals oder die Ausprägungen eines bestimmten Intervalls eines stetigen Merkmals zu einer Merkmalsklasse zusammengefaßt. Eine Merkmalsklasse kann entweder durch die Angabe der unteren und oberen Klassengrenze oder durch die Klassenmitte $\bar{x}_i$ definiert werden. Selbstverständlich muß eindeutig festgelegt sein, welcher Merkmalsklasse ein bestimmter Merkmalswert zuzuordnen ist.

Durch die Bildung von Merkmalsklassen tritt ein **Informationsverlust** ein. Eine in Merkmalsklassen unterteilte Häufigkeitstabelle enthält weniger Information als die Urliste. Es sind nicht nur irrelevante Informationen verloren gegangen. Es ist nur noch bekannt, mit welcher Häufigkeit eine Merkmalsklasse besetzt ist. Verloren gegangen ist jedoch die Information, wie sich diese Besetzungshäufigkeit auf die verschiedenen in der Klasse zusammengefaßten Merkmalsausprägungen verteilt. Dieser Informationsverlust ist umso größer, je geringer die Anzahl k der Klassen ist. Die Wahl der Klassenzahl k hängt auch vom Stichprobenumfang n ab. Als Faustregel wird oft $k \approx \sqrt{n}$ angegeben.

Die beobachtete Verteilung eines Merkmals kann graphisch am einfachsten als **Histo-gramm** oder **Säulendiagramm** dargestellt werden, bei dem über den einzelnen Merkmalswerten Säulen errichtet werden, die den ermittelten absoluten oder relativen Häufigkeiten proportional sind.

Eine andere mögliche graphische Darstellung ist das **Kreisdiagramm**, bei dem ein Kreis in Teilflächen (Sektoren) zerlegt wird, die zu den beobachteten Häufigkeiten proportional sind.

Beispiel 4.1: Eine Untersuchung von n = 60 Personen hinsichtlich des Merkmals X = Punktezahl bei einem Test, ergab folgende Verteilung:

x_i	$\bar{x}_i$	n_i
0 - 4	2	6
5 - 9	7	10
10 - 14	12	17
15 - 19	17	14
20 - 24	22	8
25 - 29	27	4
30 - 34	32	1

Häufigkeitstabelle

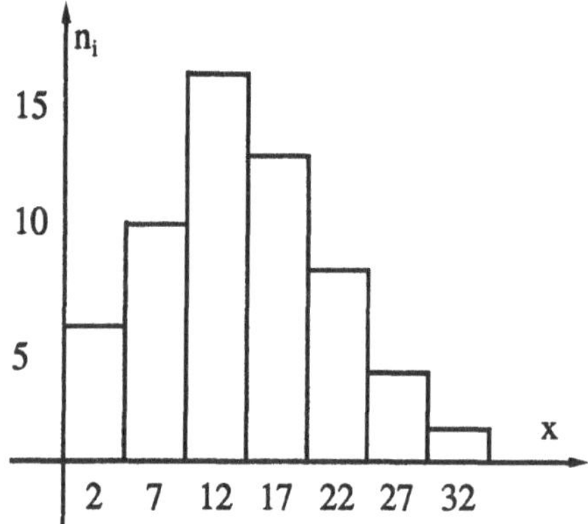

Bild 4.1 Histogramm

Aus der Urliste wurde eine in k = 7 Merkmalsklassen unterteilte Häufigkeitstabelle mit der Klassenbreite w = 5 Punkte gebildet. Das Ergebnis der Untersuchung ist dadurch übersichtlich dargestellt.

Aus der Häufigkeitstabelle ist z. B. erkennbar, daß 10 Versuchspersonen Punktezahlen erreicht haben, die zur Merkmalsklasse mit der Klassenmitte $\bar{x}_i$ = 7 gehören. Die Information darüber, welche Punktezahlen (5, 6, 7, 8 oder 9 Punkte) die Personen im einzelnen wirklich erreicht haben, ist verloren gegangen.

Ist nur die in Merkmalsklassen unterteilte Häufigkeitsverteilung vorhanden, so werden bei der Berechnung von Maßzahlen der Verteilung den 10 Versuchspersonen jeweils je 7 Punkte zugeordnet.

4.2.2 Maßzahlen einer monovariablen Verteilung

a) Mittelwerte (Lageparameter)

1. Arithmetisches Mittel $\bar{x}$

Definition 4.1

Unter dem **arithmetischen Mittel** $\bar{x}_i$ von n Werten $x_1, x_2, ..., x_n$ versteht man

$$\bar{x} = \frac{1}{n} \sum_{i=1}^{n} x_i . \tag{4.1}$$

Das arithmetische Mitte erhält man als Summe aller Merkmalswerte dividiert durch die Anzahl der Werte. Liegt eine Häufigkeitstabelle vor, so erhält man das arithmetische Mittel durch

$$\bar{x} = \frac{1}{n} \sum_{i=1}^{k} \bar{x}_i \cdot n_i , \tag{4.2}$$

wobei hier über die einzelnen Klassen (k = Anzahl der Klassen) summiert wird. Im Falle einer in Merkmalsklassen unterteilten Häufigkeitstabelle kann wegen des Informationsverlustes sich mit Gl. (4.2) ein etwas anderer Wert für das arithmetische Mittel ergeben als unter Verwendung der Urliste und Gl. (4.1).

2. Geometrisches Mittel $\bar{x}_G$

Definition 4.2

Unter dem **geometrischen Mittel** der n positiven Zahlen $x_1, x_2, ..., x_n$ versteht man

$$\bar{x}_G = \sqrt[n]{x_1 \cdot x_2 \cdots x_n} \tag{4.3}$$

$(x_i > 0 \text{ für alle } i)$

Das geometrische Mittel ist stets kleiner, höchstens gleich dem arithmetischen Mittel. Die Verwendung des geometrischen Mittel ist dann sinnvoll, wenn relative Änderungen gemittelt werden sollen, d.h. Änderungen, bei denen nicht die Differenz, sondern das Verhältnis der Merkmalswerte wesentlich ist.

Beispiel 4.2. Ein Angestellter erhält in drei aufeinanderfolgen Jahren Gehaltsaufbesserungen von 6%, 10% und 2%, d.h. sein Gehalt steigt jeweils auf das 1,06-, 1,10- bzw. 1,02-fache des Gehaltes des Vorjahres. Welche durchschnittliche jährliche Gehaltssteigerung hatte er in diesen drei Jahren?

$$\text{Geometrisches Mittel} \quad \overline{x}_G = \sqrt[3]{1,06 \cdot 1,10 \cdot 1,02} = 1,0595$$

Das Gehalt des Angestellten stieg im Mittel um den Faktor 1,0595, d.h. um 5,95% jeweils bezogen auf das Vorjahr.

3. Zentralwert oder Median $\tilde{x}$

Definition 4.3

Unter dem **Median** oder **Zentralwert** einer geordneten Datenreihe $x_1, x_2, \ldots, x_n$
($x_1 \leq x_2 \leq \ldots \leq x_n$) versteht man

a) bei einer ungeraden Anzahl n den in der Mitte stehenden Merkmalswert,
b) bei einer geraden Anzahl n das arithmetische Mittel der beiden in der Mitte stehen
    Werte.

Beispiel 4.3.
Datenreihe: 3, 4, **7**, 8, 13   Median $\tilde{x} = 7$
Datenreihe: 2, 4, **5**, **6**, 9, 15   Median $\tilde{x} = 5,5$

4. Modalwert $\overline{x}_D$

Definition 4.4

Unter dem **Modalwert** versteht man den häufigsten Merkmalswert einer Verteilung.

Der Modalwert einer empirischen Verteilung ist der Merkmalswert, der am häufigsten beobachtet wird. Er ist nur dann ein vernünftiger Lageparameter, wenn die Verteilung eingipfelig (unimodal) ist.
Da bei der Bestimmung des Medians und des Modalwertes nur ein Teil der in der Stichprobe enthaltenen Informationen verwendet wird, ist die Aussagekraft und ihre Verwendbarkeit in der beurteilenden Statistik gering im Vergleich zum arithmetischen Mittel.

b) Streuungsmaße (Dispersionsmaße)

1. Spannweite R_n

Definition 4.5

Unter der **Spannweite** einer Datenmenge versteht man die Differenz zwischen dem größten und dem kleinsten Merkmalswert

$$R_n = x_{max} - x_{min} \tag{3.4}$$

Die Spannweite als Maß für die Streuung der Merkmalswerte ist zwar leicht bestimmbar, sie ist jedoch wenig stabil gegenüber Zufallseinflüssen. So kann durch Hinzunahme neuer Stichprobenelemente die Spannweite nicht kleiner werden. Die Spannweite liefert daher nur unzuverlässige Schätzwerte für die Streuung der Merkmalswerte in der Grundgesamtheit.

2. Stichprobenvarianz s^2 und Standardabweichung s

Bei der Festlegung eines Maßes für die Streuung der Merkmalswerte liegt es nahe, vom arithmetischen Mittel $\overline{x}$ auszugehen und die Streuungen um diesen Mittelwert, d.h. die Abweichungen $x_i - \overline{x}$ zu betrachten.

Definition 4.6

Unter der **Stichprobenvarianz** s^2 versteht man

$$s^2 = \frac{1}{n-1} \sum_{i=1}^{n} (x_i - \overline{x})^2 . \tag{4.5}$$

Die Quadratwurzel aus der Stichprobenvarianz heißt Stichprobenstandardabweichung oder empirische Standardabweichung s.

Liegt das Stichprobenergebnis in Form einer Häufigkeitstabelle vor, so erhält man analog

$$s^2 = \frac{1}{n-1} \sum_{n-1}^{k} (\overline{x}_i - \overline{x})^2 \cdot n_i \tag{4.6}$$

Es wird hier gleich berücksichtigt, mit welcher Häufigkeit n_i das Abweichungsquadrat $(\overline{x}_i - \overline{x})^2$ auftritt.

Die Varianz s^2 ist als ein "mittleres Abweichungsquadrat" festgelegt. Daß bei der Mittelung die **Summe der Abweichungsquadrate**

$$SAQ = \sum_{i=1}^{n} (x_i - \bar{x})^2 \qquad \text{bzw.} \qquad SAQ = \sum_{i=1}^{k} (\bar{x}_i - \bar{x})^2 \cdot n_i$$

durch n - 1 und nicht, wie erwartet werden könnte durch n dividiert wird, ist keine willkürliche Definitionssache. Im Abschnitt 5.1 wird gezeigt, daß mit der Stichprobenvarianz $s^2 = \frac{1}{n-1} \cdot SAQ$ bessere Schätzwerte für die Varianz σ^2 erhalten werden, als

mit einer Stichprobenvarianz $(s^*)^2 = \frac{1}{n} \cdot SAQ$.

Die Standardabweichung s hat die gleiche Dimension wie das Merkmal X und wird im allgemeinen auch in der gleichen Einheit angegeben.

3. Variationskoeffizient v

Definition 4.7

Unter dem **Variationskoeffizienten** einer Menge von Merkmalswerten versteht man

$$v = \frac{s}{\bar{x}} = \frac{s}{\bar{x}} \cdot 100\,\% \tag{4.7}$$

Zum Vergleich von Streuungen, die zu Datenmengen mit verschiedenen Mittelwerten gehören, sind Standardabweichungen wenig geeignet. Man verwendet hierfür besser den Variationskoeffizienten, der häufig in Prozenten angegeben wird. Der Variationskoeffizient ist eine "relative Standardabweichung", bezogen auf den Mittelwert. Seine Verwendung ist nicht angebracht bei Merkmalen, die einen Mittelwert $\bar{x} \approx 0$ besitzen.
Wird eine bestimmte Größe in einer Meßreihe mehrmals gemessen, so ist der Variationskoeffizient ein Maß für die Präzision der Messung. Je kleiner der Variationskoeffizient ist, desto größer ist die Präzision der Meßreihe. So gilt z.B. bei klinisch-chemischen Untersuchungen, von Ausnahmefällen abgesehen, die Präzision einer Meßreihe als ausreichend, wenn der Variationskoeffizient 5% nicht überschreitet.

Beispiel 4.4. Eine Stichprobe vom Umfang n = 200 ergab für das Merkmal X = Nietkopfdurchmesser die folgende Häufigkeitsverteilung

$\overline{x}_i$ [mm]	13,15	13,25	13,35	13,45	13,55	13,65
n_i	5	24	57	63	42	9

Man berechne den Mittelwert $\overline{x}$, die Standardabweichung s und den Variationskoeffizienten v dieser empirischen Verteilung.

Die Durchführung der Berechnung geschieht am übersichtlichsten in Tabellenform.

$\overline{x}_i$	n_i	$\overline{x}_i \cdot n_i$	$\overline{x}_i - n_i$	$(\overline{x}_i - \overline{x})^2 \cdot n_i$
13,15	5	65,75	- 0,27	0,3645
13,25	24	318,00	- 0,17	0,6936
13,35	57	760,95	- 0,07	0,2793
13,45	63	847,35	0,03	0,0567
13,55	42	569,10	0,13	0,7098
13,65	9	122,85	0,23	0,4761
	n = 200	2684,00		SAQ = 2,5800

a) Mittelwert $\overline{x} = \dfrac{1}{n} \sum \overline{x}_i \cdot n_i = \dfrac{1}{200} \cdot 2684,00 = 13,42 \quad \text{mm}$

b) Standardabweichung $s = \sqrt{\dfrac{SAQ}{n-1}} = \sqrt{\dfrac{2,58}{199}} = 0,114 \quad \text{mm}$

c) Variationskoeffizient $v = \dfrac{s}{\overline{x}} = \dfrac{0,114\,\text{mm}}{13,42\,\text{mm}} = 0,0085 = 0,85\%$

4.3   Empirische Häufigkeitsverteilung von zwei Merkmalen

Es wird in diesem Abschnitt betrachtet, daß bei einer Stichprobenuntersuchung pro Untersuchungseinheit die Ausprägungen von zwei Merkmalen X und Y erfaßt werden. Einige willkürlich ausgewählte Beispiele für mögliche Merkmalspaare X und Y sind in der folgenden Übersicht dargestellt.

Untersuchungseinheiten	Merkmal X	Merkmal Y
Personen	Körpergröße	Körpergewicht
Haushalte	Einkommen	Mietausgaben
Unternehmen einer bestimmten Branche	Zahl der Beschäftigten	Umsatz
Getreidesorten	Art der Düngung	Ertrag

4.3.1 Darstellung bivariabler Verteilungen

Das Ergebnis einer Untersuchung von zwei Merkmalen liegt zunächst als Urliste vor. Eine derartige Urliste, bei der pro Unteruchungseinheit je zwei Merkmalswerte verzeichnet sind, ist unübersichtlich. Typische Verteilungsformen der Merkmale oder Hinweise auf mögliche Abhängigkeiten der Merkmale sind schwer erkennbar.

Eine übersichtlichere Darstellungsform einer empirischen Verteilung von zwei Merkmalen ist eine "zweidimensionale Häufigkeitstabelle", eine sogenannte **Mehrfeldertafel** oder **Kontingenztafel**.

In einer Mehrfeldertafel werden den verschiedenen Paaren (x_i, y_i) von Merkmalswerten bzw. von Paaren $(\bar{x}_i, \bar{y}_i)$ von Klassenmitten Felder zugeordnet, in denen die Häufigkeiten n_{ik} angegeben sind, mit denen diese Merkmalskombinationen beobachtet wurden.

$\bar{y}_i$	Verteilung des Merkmals X						
	4	11	19	10	6	n = 50	
23	0	0	2	3	3	8	Verteilung
18	0	1	4	5	2	12	des Merk-
13	1	3	8	2	1	15	mals Y
8	1	5	4	0	0	10	
3	2	2	1	0	0	5	
	2	5	8	11	14		$\bar{x}_i$

Die angegebene Mehrfeldertafel zeigt eine Verteilung der Merkmale X = Punktezahl bei einem Gedächtnistest und Y = Punktezahl bei einem Intelligenztest an n = 50 Versuchspersonen. Es erreichten bei diesen Test z.B. 8 Versuchspersonen beim Gedächtnistest eine Punktezahl der Klassenmitte $\overline{x}_i$ = 8 Punkte und beim Intelligenztest eine Punktezahl der Merkmalsklasse $\overline{y}_i$ = 13 Punkte.

Die eigentliche Mehrfeldertafel liegt innerhalb des doppelt umrandeten Teils. Die Durch Bilden der Spaltensummen, bzw. Zeilensummen erhaltenen **Randverteilungen** geben die Verteilung des Merkmals X bzw. die des Merkmals Y an.

Eine andere Darstellungsform bivariabler Verteilungen ist das **Streuungsdiagramm**. Bei einem Streuungsdiagramm wird jedem Datenpaar (x_i, y_i) umkehrbar eindeutig ein Punkt der x,y - Ebene zugeordnet. Die Verteilung von n Datenpaaren erscheint im Streuungsdiagramm als eine **Punktwolke**, bestehend aus n Punkten der x,y - Ebene.

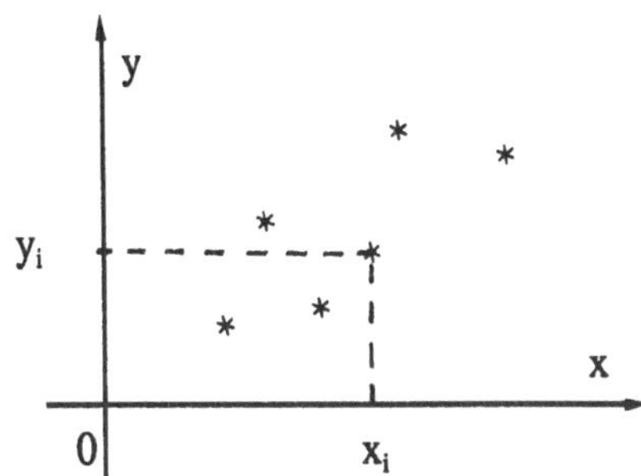

Bild 4.2   Streuungsdiagramm

4.3.2 Maßzahlen bivariabler Verteilungen

Neben den für die Einzelmerkmale charakteristischen Maßzahlen, wie Mittelwerte $(\overline{x}, \overline{y})$, Standardabweichungen (s_x, s_y) und Variationskoeffizienten (v_x, v_y) interessieren hier insbesondere auch Maßzahlen, welche die zwischen den Merkmalen vorhandenen Wechselwirkungen oder Abhängigkeiten ausdrücken (Maßzahlen der Verbundenheit oder Assoziationsmaße).

1. Lineare Regression, Regressionskoeffizient b

Gegeben sei eine empirische Verteilung zweier Merkmale, die wir uns in einem Streuungsdiagramm dargestellt vorstellen. Die Art der Punktwolke sei so, daß die Annahme eines linearen Zusammenhanges zwischen den beiden Merkmalen X und Y gerechtfertigt erscheint.

Gesucht wird nun diejenige Gerade (Regressionsgerade), die sich der gegebenen Punktwolke am besten anpaßt.

In der Mathematik heißt eine derartige Gerade Ausgleichsgerade. Den Begriff Regression führte Galton 1889 in Zusammenhang mit seinen Studien zur Vererbungslehre ein. Galton behauptete, daß Eltern, die hinsichtlich eines Merkmals vom Durchschnitt abweichen, Kinder haben, die bezüglich dieses Merkmals zwar in der gleichen Richtung vom Mittel abweichen, jedoch in geringerem Maße als ihre Eltern. Galton nannte diesen Effekt Regression. K. Pearson, ein Freund Galtons, untersuchte 1903 an 1078 Vater-Sohn-Paaren den Zusammenhang zwischen den Merkmalen X = Körpergröße des Vaters und Y = Körpergröße des Sohnes und erhielt als Gerade, die sich dem von ihm erhaltenen Streuungsdiagramm am besten anpaßte

$$y = 85{,}674 + 0{,}516.x \quad [\text{cm}],$$

die er Regressionsgerade nannte. Dieses spezielle Beispiel bestimmte die Namensgebung für ein Teilgebiet der Statistik.

Bei der linearen Regression wird zwischen den beiden Merkmalen (Zufallsgrößen) ein linearer Zusammenhang

$$Y = \alpha + \beta.X$$

angenommen (s. Abschn. 5.5). Bei dem hier behandelten Regressionsmodell wird zu einer Folge von festen Werten x_i nur Y als Zufallsgröße angesehen. Entsprechend der Wahrscheinlichkeitsverteilung der Zufallsgröße Y streuen die beobachteten Werte y_i mehr oder weniger um eine Gerade. Zur Bestimmung der empirischen Regressionsgeraden

$$y = a + b.x$$

im Rahmen der beschreibenden Statistik, betrachtet man bei festen x_i die Abweichungen

$$d_i = y_i - y_{i0},$$

wobei y_i der zu x_i gehörende beobachtete und $y_{i0} = a + b.x_i$ der entsprechende auf der Regressionsgeraden liegende Wert der Zufallsgröße Y ist.

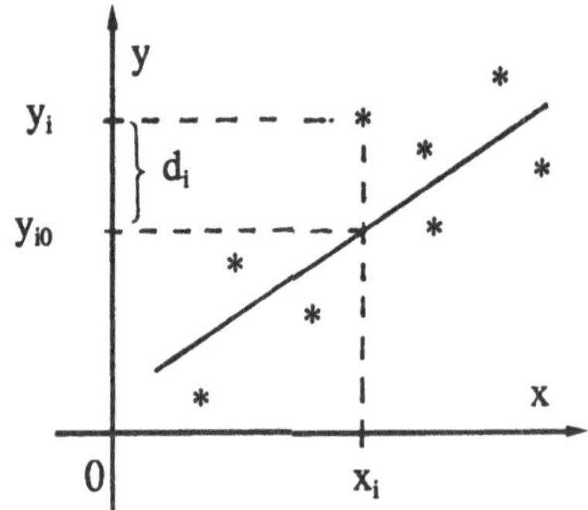

Bild 4.3 Empirische Regressionsgerade

Als Kriterium für die Güte der Anpassung der empirischen Regressionsgeraden an die Punktwolke wird die Summe der Abweichungsquadrate

$$\sum_{i=1}^{n} d_i^2 = \sum_{i=1}^{n} (y_i - a - bx_i)^2$$

verwendet, die im Falle optimaler Anpassung zu einem Minimum wird (Gauß'sches Prinzip der kleinsten Quadrate).

Bei diesem Extremwertproblem sind die Parameter a und b die Variablen, die n beobachteten Wertepaare (x_i, y_i) vorgegebene Zahlenwerte.

Die notwendigen Extremwertsbedingungen einer Funktion von zwei Veränderlichen ergeben die folgenden Gleichungen:

$$(1) \qquad \frac{\partial \sum d_i^2}{\partial a} = -2 \sum (y_i - a - b \cdot x_i) = 0$$

$$(2) \qquad \frac{\partial \sum d_i^2}{\partial b} = -2 \sum x_i (y_i - a - b \cdot x_i) = 0$$

Durch Umformen erhält man daraus

$$(1) \qquad n \cdot a + b \sum x_i = \sum y_i$$

$$(2) \qquad a \sum x_i + b \sum x_i^2 = \sum x_i y_i$$

mit den Lösungen

$$a = \frac{\sum y_i \sum x_i^2 - \sum x_i \sum x_i y_i}{n \sum x_i^2 - [\sum x_i]^2} \qquad \text{und} \qquad b = \frac{n \sum x_i y_i - \sum x_i \sum y_i}{n \sum x_i^2 - [\sum x_i]^2}$$

Definition 4.8

Die Steigung $\quad b = \dfrac{n \sum x_i y_i - \sum x_i \sum y_i}{n \sum x_i^2 - [\sum x_i]^2}$ $\hspace{3cm}$ (4.8)

der Regressionsgeraden $y = a + b.x$, heißt **empirischer Regressionskoeffizient**.

Der Regressionskoeffizient b gibt die durchschnittliche Änderung des Merkmals Y pro Änderung des Merkmals X an.

Es läßt sich zeigen, daß der Schwerpunkt $S(\bar{x}; \bar{y})$ der Punktwolke des Streuungsdiagramms, dessen Koordinaten das arithmetische Mittel der in der Stichprobenuntersuchung beobachteten x_i-Werte und das Mittel der y_i-Werte sind, auf der Regressionsgeraden liegt, da die Gleichung $\bar{y} = a + b \cdot \bar{x}$ mit den Koeffizienten a und b nach Gl. (4.8) stets erfüllt ist.

Die Regressionsgerade verläuft demnach mit einer Steigung b nach Gl. (4.8) durch den Schwerpunkt $S(\bar{x}; \bar{y})$ der Punktwolke des Streuungsdiagramms.

Durch einfache algebraische Umformungen erhält man die folgenden Gleichungen

$$n \sum x_i y_i - \sum x_i \sum y_i = n \sum (x_i - \bar{x})(y_i - \bar{y}) \tag{4.9}$$

$$n \sum x_i^2 - [\sum x_i]^2 = n \sum (x_i - \bar{x})^2 \tag{4.10}$$

Unter Verwendung der Gleichungen (4.9) und (4.10) geht Gl. (4.8) über in

$$b = \frac{\sum (x_i - \bar{x})(y_i - \bar{y})}{\sum (x_i - \bar{x})^2} \qquad \text{bzw.} \quad b = \frac{\frac{1}{n-1}\sum (x_i - \bar{x})(y_i - \bar{y})}{\frac{1}{n-1}\sum (x_i - \bar{x})^2}$$

Der Nenner des letzten Ausdrucks ist die empirische Varianz s_x^2 der beobachteten x_i-Werte, der Zähler die empirische Kovarianz zwischen den Merkmalen X und Y.

Definition 4.9

Unter der **empirischen Kovarianz** zwischen den Merkmalen X und Y versteht man

$$s_{xy} = \frac{1}{n-1} \sum_{i=1}^{n} (x_i - \bar{x})(y_i - \bar{y}). \tag{4.11}$$

Der empirische Regressionskoeffizient b kann damit in der Form

$$b = \frac{s_{xy}}{s_x^2} \tag{4.12}$$

angegeben werden. Die empirische Kovarianz der beiden Merkmale kann positive und negative Werte annehmen und bestimmt wegen $s_x^2 > 0$ das Vorzeichen des Regressionskoeffizienten.

Da die Varianz s_x^2 und die Kovarianz s_{xy} nicht von der Wahl des Koordinatenursprungs abhängen, ist der Regressionskoeffizient b invariant gegenüber Koordinatenverschiebungen.

Stochastische Zusammenhänge sind natürlich nicht immer lineare Zusammenhänge. Regressionslinien (s. Abschn. 5.5) können auch Kurven höherer Ordnung sein.

2. Empirischer Korrelationskoeffizient r

Gegeben sei wieder eine empirische Verteilung von zwei Merkmalen X und Y, dargestellt als Punktwolke in einem Streuungsdiagramm. Die Form der Punktwolke sei so, daß ein linearer Zusammenhang zwischen den Merkmalen angenommen werden kann.

Es sollen nun Maßzahlen angegeben werden, die den Grad des stochastischen Zusammenhanges zwischen den Merkmalen X und Y beschreiben.

Definition 4.10

Unter dem **Bestimmtheitsmaß** versteht man

$$B = \frac{\sum\limits_{i=1}^{n} (y_{i0} - \overline{y})^2}{\sum\limits_{i=1}^{n} (y_i - \overline{y})^2}. \qquad (4.13)$$

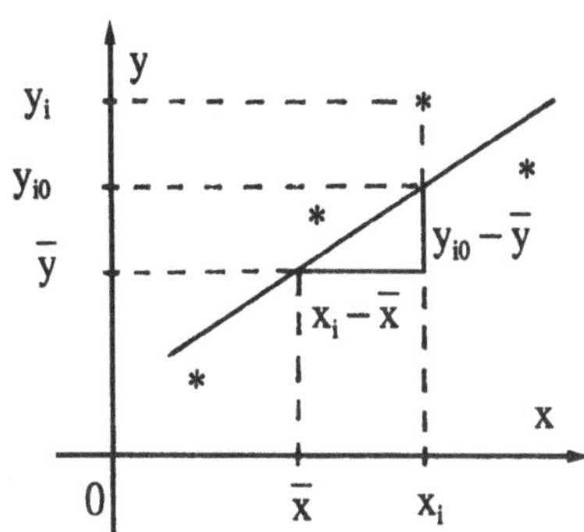

Bild 4.4   Streuungsdiagramm

Liegen alle Punkte des Streuungsdiagramm genau auf der Regressionsgeraden, so hat das Bestimmtheitsmaß den Wert $B = 1$, da alle beobachteten Werte y_i mit den entsprechenden, auf der Regressionsgeradem liegen Werten y_{i0} übereinstimmen. In allen anderen Fällen gilt $B < 1$.

Mit dem Regressionskoeffizienten $b = \frac{s_{xy}}{s_x^2}$ (= Steigung der Regressionsgeraden) folgt

wegen

$$y_{i0} - \overline{y} = b\,(x_i - \overline{x}) \qquad (\text{ s. Bild 4.4 })$$

für das Bestimmtheitsmaß

$$B = \frac{b^2 \sum (x_i - \overline{x})^2}{\sum (y_i - \overline{y})^2} = \frac{(s_{xy})^2}{(s_x^2)^2} \cdot \frac{s_x^2}{s_y^2} = \frac{(s_{xy})^2}{s_x^2 \cdot s_y^2} \qquad (4.14)$$

Als Maß für die Abhängigkeit der Merkmale X und Y wird im allgemeinen der Korrelationskoeffizient r verwendet.

Zwischen den beiden Maßzahlen besteht der Zusammenhang $r^2 = B$.

Definition 4.11

Unter dem **empirischen Korrelationskoeffizienten** r versteht man

$$r = \frac{s_{xy}}{s_x \cdot s_y} = \frac{\sum (x_i - \bar{x})(y_i - \bar{y})}{\sqrt{\sum (x_i - \bar{x})^2 \sum (y_i - \bar{y})^2}} \tag{4.15}$$

Unter Verwendung von Gl. (4.10) geht Gl. (4.15) über in die manchmal für die Berechnung günstigere Form

$$r = \frac{n \sum x_i y_i - \sum x_i \sum y_i}{\sqrt{[\sum x_i^2 - (\sum x_i)^2] \cdot [n \sum y_i^2 - (\sum y_i)^2]}} \tag{4.16}$$

Das Vorzeichen des Korrelationskoeffizienten r kann entsprechend dem Vorzeichen der Kovarianz s_{xy} positiv oder negativ sein. Aus $B \leq 1$ folgt $|r| \leq 1$. Es gilt daher für den Korrelationskoeffizienten

$$-1 \leq r \leq 1 \tag{4.17}$$

$r = -1$: Alle Punkte des Streuungsdiagramms liegen genau auf einer Geraden mit negativer Steigung (vollständige negative Korrelation).

$r = +1$: Alle Punkte des Streuungsdiagramms liegen genau auf einer Geraden mit positiver Steigung (vollständige positive Korrelation).

$r = 0$: Es besteht keine Korrelation zwischen den Merkmalen.

$r < 0$: Negative oder gegensinnige Korrelation, d.h. größeren Werten des Merkmals X entsprechen im Mittel kleinere Werte des Merkmals Y.

$r > 0$: Positive oder gleichsinnige Korrelation, d.h. größeren Werten des Merkmals X entsprechen im Mittel auch größere Werte des Merkmals Y.

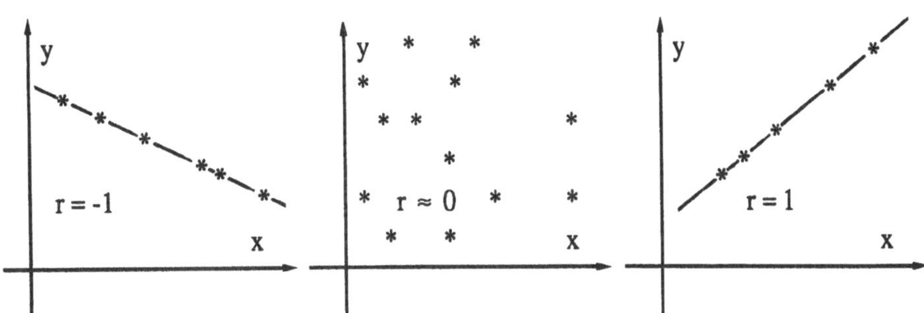

Bild 4.5 Streuungsdiagramme für verschiedene Werte des Korrelationskoeffizienten r

Der Korrelationskoeffizient r ist eine dimensionslose Größe. Er ist wie der Regressionskoeffizient b invariant gegenüber Verschiebungen des Koordinatensystems und zusätzlich auch invariant gegenüber Maßstabsänderungen.

Aus betragsmäßig großen Werten des empirischen Korrelationskoeffizienten auf eine Abhängigkeit der Merkmale X und Y zu schließen ist nur dann sinnvoll, wenn zwischen den beiden Merkmalen ein sachlich gegebenen Zusammenhang besteht.
Ein recht bekanntes Beispiel einer **Scheinkorrelation** ist der bei einem Korrelationskoeffizienten r = + 0,92 in Südschweden beobachtete "Zusammenhang" zwischen den Merkmalen X = Anzahl der Storchennester und Y = Anzahl der Geburten. Trägt man die in verschiedenen Jahren beobachteten Zahlen x_i = Anzahl der Storchennester und y_i = Anzahl der Geburten in ein Streuungsdiagramm ein, so erhält man Punkte, die nur sehr wenig um eine Gerade streuen. Es ist aber offensichtlich unsinnig hier von einem statistisch nachgewiesenen Zusammenhang zwischen diesen beiden Merkmalen zu sprechen.
Von welcher Größe des Korrelationskoeffizienten ab ein Zusammenhang zwischen den Merkmalen X und Y als statistisch nachgewiesen angesehen werden kann, hängt neben der gewählten statistischen Sicherheit auch vom Stichprobenumfang ab. Eine Antwort auf diese Frage kann erst die Beurteilende Statistik (Abschn. 5.4.2) geben.

Beispiel 4.5. Eine Untersuchung der Merkmale X = Siliziumgehalt [%] und Y = Druckfestigkeit [10^9 Pa] einer Stahlsorte ergab folgende n = 10 Wertepaare.

x_i [%]	0,20	0,22	0,22	0,25	0,28	0,30	0,32	0,32	0,34	0,35
y_i [10^9 Pa]	0,54	0,58	0,54	0,62	0,56	0,60	0,66	0,58	0,60	0,62

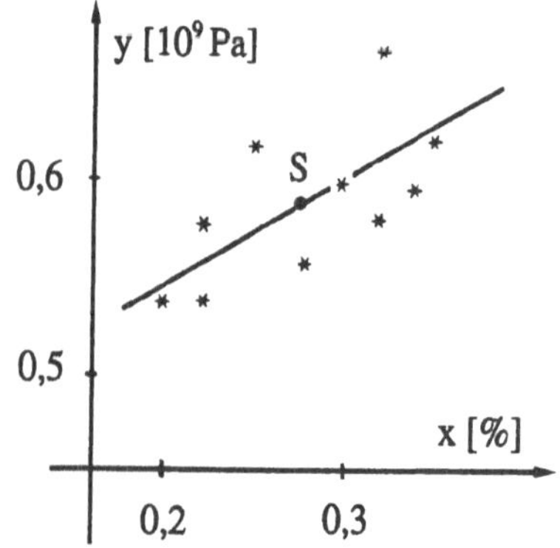

Bild 4.6 Streuungsdiagramm von Beispiel 4.5

Man berechne den Regressionskoeffizienten b und den Korrelationskoeffizienten r.

Die Berechnung der notwendigen Summen erfolgt am übersichtlichsten in Tabellenform.

x_i	y_i	x_i^2	y_i^2	$x_i \cdot y_i$
0,20	0,54	0,0400	0,2916	0,1080
0,22	0,58	0,0484	0,3364	0,1276
0,22	0,54	0,0484	0,2916	0,1188
0,25	0,62	0,0625	0,3864	0,1550
0,28	0,56	0,0784	0,3136	0,1568
0,30	0,60	0,0900	0,3600	0,1800
0,32	0,66	0,1024	0,4356	0,2112
0,32	0,58	0,1024	0,3364	0,1856
0,34	0,60	0,1156	0,3600	0,2040
0,35	0,62	0,1225	0,3844	0,2170
$\sum x_i = 2{,}80$	$\sum y_i = 5{,}90$	$\sum x_i^2 = 0{,}8106$	$\sum y_i^2 = 3{,}4940$	$\sum x_i y_i = 1{,}6640$

a) Regressionskoeffizient:

$$b = \frac{n \sum x_i y_i - \sum x_i \sum y_i}{n \sum x_i^2 - (\sum x_i)^2} = \frac{10 \cdot 1{,}664 - 2{,}8 \cdot 5{,}9}{10 \cdot 0{,}8106 - 2{,}8^2} = 0{,}45 \left[\frac{10^9 \mathrm{Pa}}{\%} \right]$$

Innerhalb des durch die Untersuchung erfaßten Bereiches ändert sich also das Merkmal Y im Mittel um $0,45.10^9$ Pa pro Änderung des Merkmals X um 1 %.

Mit dem Schwerpunkt der Punktmenge $S(\bar{x};\bar{y}) = S(0,28;0,59)$ und der durch den Regressionskoeffizienten b gegebenen Steigung kann die Regressionsgerade ins Streuungsdiagramm eingezeichnet werden.

b) Korrelationskoeffizient:

$$r = \frac{n\sum x_i y_i - \sum x_i \sum y_i}{\sqrt{[n\sum x_i^2 - (\sum x_i)^2][n\sum y_i^2 - (\sum y_i)^2]}}$$

$$= \frac{10\cdot 1,664 - 2,8\cdot 5,9}{\sqrt{(10\cdot 0,8106 - 2,8^2)(10\cdot 3,494 - 5,9^2)}} = 0,645$$

Zum Abschluß dieses kurzen Abschnittes über Beschreibende Statistik sei noch darauf hingewiesen, daß die mit der "Aufbereitung und übersichtlichen Darstellung von umfangreichen empirischen Datenmengen" verbundene Mühe uns heute von Computern abgenommen werden kann. Das Softwareangebot dazu ist umfangreich.

Übungsaufgaben zum Abschnitt 4 (Lösungen im Anhang)

Beispiel 4.6. Eine Messung des Merkmals X = Körpergröße an n = 648 jungen Männern ergab die folgende in Merkmalsklassen unterteilte Häufigkeitstabelle:

x_i [cm]	158	162	166	170	174	178	182	186
n_i	22	71	136	169	139	71	32	8

Man berechne das arithmetische Mittel $\bar{x}$, die Standardabweichung s und den Variationskoeffizienten v.

Beispiel 4.7. Wolle wird eine bestimmte Menge Synthetikfaser zugesetzt (Merkmal X) und zu einen Garn versponnen. In Abhängigkeit davon wird die Reißkraft des Garns (Merkmal Y) gemessen. Das Ergebnis ist in der folgenden Tabelle zusammengestellt.

x_i [g/kg]	y_i [N]		
10	1,0	1,3	1,4
20	1,3	1,5	1,7
30	1,4	1,7	2,2
40	2,1	2,5	2,6

Man berechne den Regressionskoeffizienten b und den Korrelationskoeffizienten r.

Beispiel 4.8. Zwei Gutachter A und B haben $n = 64$ Prüflinge hinsichtlich ihrer Eignung für eine bestimmte Tätigkeit beurteilt. Als Urteile waren "gut geeignet" (1), "geeignet" (2), "bedingte geeignet" (3) und "ungeeignet" (4) zugelassen.

Das Ergebnis ist in einer Tabelle zusammengestellt, wobei das Merkmal X = Urteil des Gutachters A und Y = Urteil des Gutachters B ist.

Man berechne den Korrelationskoeffizienten r als Maß für die Abhängigkeit der beiden Urteile.

Hinweis: Man beachte, daß jede Merkmalskombination mit der Häufigkeit n_{ik} auftritt.

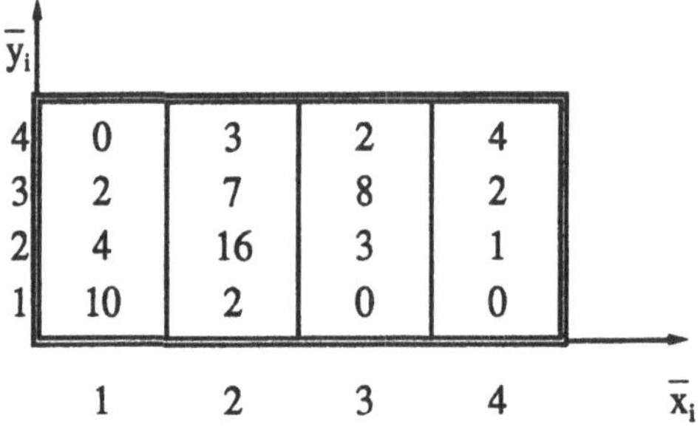

5 Beurteilende Statistik

Aufgabe der Beurteilenden Statistik ist es, aus den Informationen einer Stichprobe auf die Grundgesamtheit zu schließen, aus der die Stichprobe entnommen wurde.

Dabei können zwei Hauptaufgaben der Beurteilenden oder Schließenden Statistik unterschieden werden:

> **1. das Schätzen von Parametern und**
> **2. das Prüfen von Hypothesen.**

Für beide Aufgabengebiete verwendet man Schätzfunktionen bzw. Prüffunktionen, die aus den Stichprobenwerten gebildet werden.

Wir müssen uns daher zunächst mit derartigen Stichprobenfunktionen beschäftigen.

5.1 Stichprobenfunktionen

5.1.1 Grundlagen

Wir werden uns im folgenden auf **einfache Zufallsstichproben** beschränken, bei denen für alle Elemente der Grundgesamtheit die Wahrscheinlichkeit, in die Stichprobe zu gelangen, gleich und unabhängig davon ist, welche Elemente bereits ausgewählt wurden. Andere zur Stichprobenerhebung verwendete Auswahlverfahren führen zu **geschichteten Stichproben** oder zu **Klumpenstichproben**.

Bei den geschichteten Stichproben wird die Grundgesamtheit in Teilgesamtheiten (Schichten) zerlegt und innerhalb der Schichten eine Zufallsauswahl durchgeführt. Insbesondere bei Grundgesamtheiten, die bezüglich des untersuchten Merkmals sehr heterogen sind, können mit Schichten, die bezüglich des Merkmals homogen sind, genauere Aussagen über die Grundgesamtheit gemacht werden, als mit einer einfachen Zufallsstichprobe.

Bei der Klumpenauswahl werden aus einer in Teilgesamtheiten (Klumpen) zerlegten Grundgesamtheit einige Klumpen zufällig ausgewählt und diese dann vollständig in die Stichprobe übernommen.

Bei den weiteren Überlegungen dieses Abschnitts wird vorausgesetzt, daß die auftretenden Stichproben einfache Zufallsstichproben sind.

Das Zufallsexperiment "Ziehen einer einfachen Zufallsstichprobe vom Umfang n aus einer Grundgesamtheit von N Elementen hat

$$\binom{N}{n}$$ verschiedene mögliche Ergebnisse bei einer Entnahme ohne Zurücklegen,

$$\binom{N+n-1}{n}$$ verschiedene mögliche Ergebnisse bei einer Entnahme mit Zurücklegen,

jeweils ohne Beachtung der Reihenfolge der Entnahme der Stichprobenelemente.

Selbst bei einer kleinen Grundgesamtheit von beispielsweise N = 100 Elementen und einer kleinen Stichprobe von nur n = 5 Elementen gibt es schon 75 287 520 verschiedene Stichproben ohne Wiederholungen und 91 962 520 verschiedene Stichproben mit Wiederholungen.

Im allgemeinen hat man aber wesentlich größere Grundgesamtheiten und umfangreichere Stichproben. Die Anzahl der verschiedenen möglichen Stichproben ist daher sehr groß. Die erhaltene Zufallsstichprobe ist eine dieser sehr vielen möglichen Stichproben. Beabsichtigt man aus einer Grundgesamtheit eine Stichprobe vom Umfang n zu entnehmen, so sind die n Merkmalswerte, die man erhalten wird, Zufallsgrößen X_i, die alle die gleiche Verteilung wie das Merkmal X haben. Sie bilden einen **Stichprobenvektor**

$$X = (X_1, X_2, \ldots, X_n) \,.$$

Dieser Stichprobenvektor ist ein zufälliger Vektor, seine Komponenten X_i sind Zufallsgrößen. Nach Abschluß der Stichprobenuntersuchung erhält man eine der möglichen Realisationen

$$x = (x_1, x_2, \ldots, x_n) \,.$$

Definition 5.1
Eine Funktion des Stichprobenvektors $X = (X_1, X_2, \ldots, X_n)$ heißt **Stichprobenfunktion.**

Als Funktion von n Zufallsgrößen X_i ist jede Stichprobenfunktion eine Zufallsgröße, mit einer Wahrscheinlichkeitsverteilung, die von der Art der Funktion, von der Verteilung des Merkmals X in der Grundgesamtheit und vom Stichprobenumfang n abhängt.

5.1.2 Arithmetisches Mittel $\overline{X}$

Die Stichprobenfunktion $\overline{X}$ = arithmetisches Mittel einer Zufallsstichprobe ist gegeben durch

$$\overline{X} = \frac{1}{n} \sum_{i=1}^{n} X_i \tag{5.1}$$

a) Erwartungswert des arithmetischen Mittels

Hat das Merkmal X in der Grundgesamtheit eine Verteilung mit $E(X) = \mu$, so gilt für die Zufallsgrößen X_i = Merkmalswert des i-ten Stichprobenelements:

$$E(X_i) = \mu \quad \text{für alle i}$$

und man erhält

$$E(\overline{X}) = E(\frac{1}{n} \sum_{i=1}^{n} X_i) = \frac{1}{n} \sum_{i=1}^{n} E(X_i) = \frac{1}{n} \cdot n \cdot \mu = \mu \tag{5.2}$$

Der Erwartungswert des arithmetischen Mittels $\overline{X}$ ist gleich dem Erwartungswert des Merkmals X.

b) Varianz des arithmetischen Mittels

Es sei σ^2 die Varianz des Merkmals X. Da alle Zufallsgrößen X_i die gleiche Verteilung wie das Merkmals X haben, gilt für alle i auch $\text{Var}(X_i) = \sigma^2$. Es müssen nun zwei Fälle unterschieden werden.

1. Die Zufallsgrößen X_i sind stochastisch unabhängig

Dies ist der Fall bei unendlich großen Grundgesamtheiten oder bei endlichen Grundgesamtheiten und dem Entnahmemodell mit Zurücklegen. Aus

$$\text{Var}(\overline{X}) = \text{Var}\left(\frac{1}{n} \sum_{i=1}^{n} X_i\right) = \frac{1}{n^2} \text{Var}\left(\sum_{i=1}^{n} X_i\right)$$

folgt mit der stochastischen Unabhängigkeit der Zufallsgrößen X_i

$$\text{Var}(\overline{X}) = \frac{1}{n^2} \sum_{i=1}^{n} \text{Var}(X_i) = \frac{\sigma^2}{n} \tag{5.3}$$

Die Varianz des arithmetischen Mittels nimmt mit zunehmenden Stichprobenumfang n proportional 1/n ab. Die erhaltenen Werte des arithmetischen Mittels streuen daher umso weniger, je größer der Stichprobenumfang ist. Ein Ergebnis, welches mit der anschaulichen Vorstellung übereinstimmt.

2. Die Zufallsgrößen X_i sind stochastisch abhängig

Dies ist bei endlichen Grundgesamtheiten und dem Entnahmemodell ohne Zurücklegen der Fall. Für die Varianz des arithmetischen Mittels gilt dann

$$\text{Var}(\overline{X}) = \frac{\sigma^2}{n} \cdot \frac{N-n}{N-1} \tag{5.4}$$

Der Faktor $(N - n) / (N - 1)$ heißt **Korrekturfaktor für endliche Grundgesamtheiten**. Für $N \to \infty$ strebt der Korrekturfaktor gegen 1. Wählt man als Stichprobenumfang $n = N$, so wird stets die gesamte Grundgesamtheit in die Stichprobe genommen und man erhält immer $\overline{x} = \mu$. In diesem Falle ist daher $\text{Var}(\overline{X}) = 0$.

Über die Art der Wahrscheinlichkeitsverteilung der Stichprobenfunktion arithmetisches Mittel $\overline{X}$ gelten die folgenden Sätze:

I. Ist das Merkmal X $(\mu \,; \sigma^2)$ – normalverteilt, so ist das arithmetische Mittel $\overline{X}$ $\left(\mu \,; \frac{\sigma^2}{n}\right)$ – normalverteilt.

    Die Zufallsgrößen X_i sind unabhängig und wie das Merkmal X $(\mu \,; \sigma^2)$ – normalverteilt. Aus Gl. (5.2) und Gl. (5.3) folgt mit dem Additionssatz für normalverteilte Zufallsgrößen die Richtigkeit des Satzes.

II. Genügen die unabhängigen Zufallsgrößen X_i einer Verteilung mit $E(X_i) = \mu$ und $\text{Var}(X_i) = \sigma^2$, so ist bei großen Stichproben das arithmetische Mittel $\overline{X}$ näherungsweise $\left(\mu \,; \frac{\sigma^2}{n}\right)$ – normalverteilt.

Die Gültigkeit des Satzes folgt aus dem Satz von Lindeberg - Lévy.

Die Bedeutung des Satzes II für die Statistik liegt darin, daß für beliebige, oft nicht bekannte Verteilungen des Merkmals X, das arithmetische Mittel $\overline{X}$ bei großen Stichproben näherungsweise als normalverteilt angesehen werden kann.

5.1.3 Stichprobenvarianz S^2

Die Stichprobenfunktion S^2 = Stichprobenvarianz ist gegeben durch

$$S^2 = \frac{1}{n-1} \sum_{i=1}^{n} (X_i - \overline{X})^2 \qquad (5.5)$$

Die Stichprobenvarianz nach Gl. (5.5) kann umgeformt werden in

$$S^2 = \frac{1}{n-1} \sum_{i=1}^{n} (X_i - \mu)^2 - \frac{n}{n-1} (\overline{X} - \mu)^2 \qquad (5.6)$$

Erwartungswert der Stichprobenvarianz

$$E(S^2) = E\left[\frac{1}{n-1} \sum_{i=1}^{n} (X_i - \mu)^2 - \frac{n}{n-1} (\overline{X} - \mu)^2 \right] = \frac{1}{n-1} \left[n \cdot E(X_i - \mu)^2 - n \cdot E(\overline{X} - \mu)^2 \right]$$

$$= \frac{n}{n-1} [\, \mathrm{Var}(X_i) - \mathrm{Var}(\overline{X})] = \frac{n}{n-1} \left[\sigma^2 - \frac{\sigma^2}{n} \right]$$

$$E(S^2) = \sigma^2 \qquad (5.7)$$

Der Erwartungswert der Stichprobenvarianz S^2 stimmt mit der Varianz σ^2 des Merkmals überein.

Über die Art der Wahrscheinlichkeitsverteilung der Stichprobenvarianz werden wir am Ende des nächsten Abschnittes Aussagen machen können.

5.1.4 χ^2 - Verteilung

Definition 5.2

Es seien $U_1, U_2, ..., U_m$ stochastisch unabhängige, standardnormalverteilte Zufallsgrößen. Die Wahrscheinlichkeitsverteilung der Zufallsgröße

$$Y = U_1^2 + U_2^2 + ... U_m^2 = \sum_{i=1}^{m} U_i^2$$

heißt χ^2**-Verteilung mit m Freiheitsgraden.**

Wir haben im Abschn. 1.5.7 die χ^2-Verteilung als einen Sonderfall der Gammaverteilung bereits kennengelernt. Es wurde bereits gezeigt, daß die Zufallsgröße Y nach Definition 5.2 einer χ^2-Verteilung mit m Freiheitsgraden genügt.

a) Dichtefunktion, charakteristische Funktion

Wie bereits im Abschn. 1.5.7 gezeigt wurde, gilt für die Dichtefunktion $f_m(y)$ und für die charakteristische Funktion $\varphi_m(t)$ einer χ^2-Verteilung

$$f_m(y) = \begin{cases} 0 & \text{für } y < 0 \\[2em] \dfrac{0{,}5^{\frac{m}{2}}}{\Gamma\left(\frac{m}{2}\right)} \cdot y^{\frac{m}{2}-1} \cdot e^{-\frac{y}{2}} & \text{für } y \geq 0 \end{cases} \tag{5.8}$$

$$\varphi_m(t) = (1 - 2jt)^{-m/2} \tag{5.9}$$

Aus der charakteristischen Funktion erhält man in bekannter Weise den Erwartungswert und die Varianz der χ^2-Verteilung (siehe auch Abschn. 1.5.7)

$$E(Y) = m \tag{5.10}$$

$$\text{Var}(Y) = 2\,m \tag{5.11}$$

Da die Zufallsgröße Y als eine Summe von m unabhängigen Zufallsgrößen U_i^2 mit $\sigma_i^2 > 0$ definiert ist, gilt mit dem zentralen Grenzwertsatz:

Eine chiquadratverteilte Zufallsgröße ist asymptotisch $(m \to \infty)$ normalverteilt mit $\mu = m$ und $\sigma^2 = 2m$.

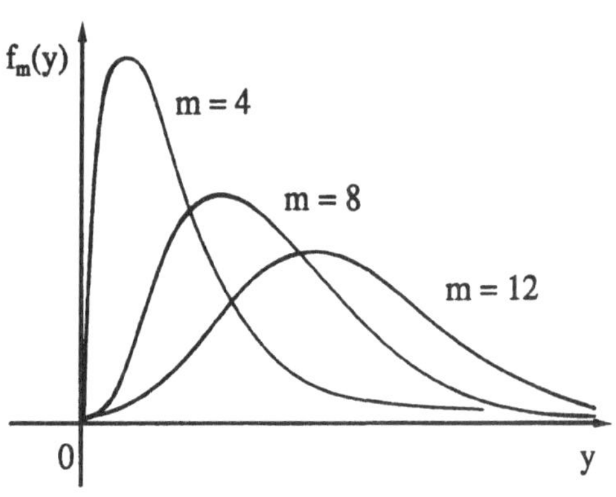

Bild 5.1 Dichtefunktionen der χ^2-Verteilung

b) Additionssatz für χ^2-verteilte Zufallsgrößen

Sind Y_1 und Y_2 unabhängige Zufallsgrößen, die χ^2-Verteilungen mit m_1 bzw. m_2 Freiheitsgraden genügen, so ist die Zufallsgröße $Y = Y_1 + Y_2$ ebenfalls χ^2-verteilt und zwar mit $m = m_1 + m_2$ Freiheitsgraden.

Beweis: Nach den Voraussetzungen gilt

$$Y_1 = \sum_{i=1}^{m_1} U_i^2 \quad \text{und} \quad Y_2 = \sum_{i=1}^{m_2} U_i^2 \;\Rightarrow\; Y = Y_1 + Y_2 = \sum_{i=1}^{m_1+m_2} U_i^2$$

Y genügt also offensichtlich einer χ^2-Verteilung mit $m = m_1 + m_2$ Freiheitsgraden. Der Beweis kann auch über die charakteristische Funktion χ^2-verteilter Zufallsgrößen geführt werden.

c) Quantile der χ^2-Verteilung

Für viele Anwendungen in der Statistik sind insbesondere die Quantile der χ^2-Verteilung wichtig.

Definition 5.3

Die Zahlenwerte $\chi^2_{m;1-\alpha}$, für welche gilt:

$$P(Y \leq \chi^2_{m;1-\alpha}) = 1 - \alpha \tag{5.12}$$

heißen **Quantile der χ^2-Verteilung.**

Aus einer Tabelle von Quantilen der χ^2-Verteilung (s. Anhang) erhält man z.B. für $m = 8$ und $\alpha = 0{,}10$:

$$\chi^2_{8;0,90} = 13{,}36$$

Mit einer Wahrscheinlichkeit von 90 % nimmt eine mit $m = 8$ Freiheitsgraden χ^2-verteilte Zufallsgröße Y Werte an, die höchstens gleich 13,36 sind, bzw. es besteht eine Wahrscheinlichkeit von 10 % dafür, daß die Zufallsgröße Y Werte annimmt, die größer als 13,36 sind.

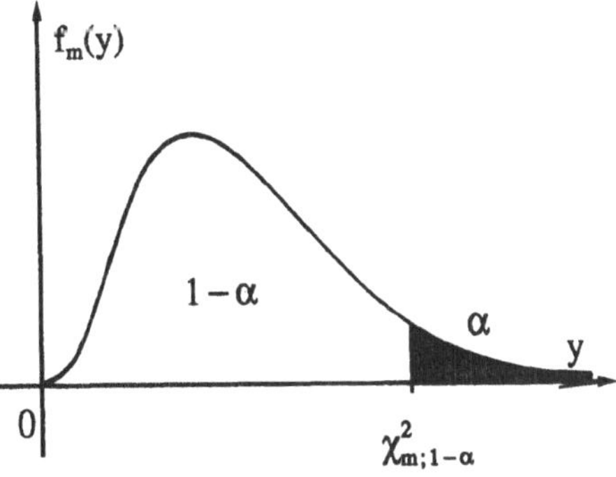

Bild 5.2   Quantil $\chi^2_{m;1-\alpha}$

Da eine χ^2-verteilte Zufallsgröße Y bei großen Freiheitsgraden näherungsweise normalverteilt ist mit $\mu = m$ und $\sigma^2 = 2m$, folgt mit dem Quantil $u_{1-\alpha}$ der Standardnormalverteilung

$$P(\frac{Y-m}{\sqrt{2m}} \leq u_{1-\alpha}) \approx 1-\alpha \qquad \text{bzw.} \qquad P(Y \leq m + u_{1-\alpha}\sqrt{2m}) \approx 1-\alpha$$

und daraus für große Freiheitsgrade m die Näherungsformel

$$\chi^2_{m;1-\alpha} = m + u_{1-\alpha}\sqrt{2m} \tag{5.13}$$

Für $1-\alpha = 0,90$, $u_{0,90} = 1,282$ und $m = 100$ erhält man mit dieser Näherungsformel:

$$\chi^2_{100;0,90} = 100 + 1,282 \cdot \sqrt{200} = 118,1$$

Eine bessere Approximation liefert die **Näherungsformel von Wilson und Hilferty**:

$$\chi^2_{m;1-\alpha} = m\left[1 - \frac{2}{9m} + u_{1-\alpha}\sqrt{\frac{2}{9m}}\right]^3 \tag{5.14}$$

Gl. (5.14) ergibt, mit dem Tabellenwert übereinstimmend, $\chi^2_{100;0,90} = 118,5$. Die Tabelle der Quantile der χ^2-Verteilung des Anhanges kann gegebenenfalls mit Gl. (5.14) für $m > 100$ ergänzt werden.

d) Verteilung der Stichprobenvarianz S^2 aus einer normalverteilten Grundgesamtheit

Das Merkmal X sei in der Grundgesamtheit normalverteilt mit $E(X) = \mu$ und $Var(X) = \sigma^2$. Aus dieser Grundgesamtheit werde eine Zufallsstichprobe vom Umfang n entnommen. Die unabhängigen Zufallsgrößen X_i = Merkmalswert des i-ten Stichprobenelements sind dann ebenfalls normalverteilt mit $E(X_i) = \mu$ und $Var(X_i) = \sigma^2$.

1. Es sei der Mittelwert μ der Grundgesamtheit bekannt und wir bilden die Stichprobenvarianz

$$S_0^2 = \frac{1}{n-1} \sum_{i=1}^{n} (X_i - \mu)^2 \tag{5.15}$$

$$\Rightarrow \quad \frac{(n-1)\cdot S_0^2}{\sigma^2} = \sum_{i=1}^{n} \left(\frac{X_i - \mu}{\sigma}\right)^2 = \sum_{i=1}^{n} U_i^2 \tag{5.16}$$

Aus Gl. (5.16) erkennt man:

Die Zufallsgröße $\quad \dfrac{(n-1)\,S_0^2}{\sigma^2}\quad$ genügt einer χ^2 – Verteilung mit $m = n$ Freiheits –

graden.

2. Da der Mittelwert μ eines Merkmals in der Grundgesamtheit bei statistischen Untersuchungen im allgemeinen nicht bekannt ist, wird die Stichprobenvarianz S^2 entsprechend der Definition 4.5 festgelegt zu

$$S^2 = \frac{1}{n-1} \sum_{i=1}^{n} (X_i - \overline{X})^2 \quad \Rightarrow \quad \frac{(n-1)\,S^2}{\sigma^2} = \sum_{i=1}^{n} \left(\frac{X_i - \overline{X}}{\sigma}\right)^2 \tag{5.17}$$

In Gl. (5.17) sind nicht alle Glieder der Summe unabhängig. Da zwischen den Zufallsgrößen X_i und ihrem arithmetischen Mittel $\overline{X}$ ein durch eine Gleichung angebbarer Zusammenhang besteht, sind nur n - 1 unabhängige Zufallsgrößen vorhanden. Ohne Beweis sei der folgende Satz angegeben:

Die Zufallsgröße $\quad \dfrac{(n-1)\,S^2}{\sigma^2}\quad$ genügt einer χ^2 – Verteilung mit $m = n - 1$ Freiheits

graden.

$$\text{Aus} \quad E(Y) = m \quad \text{folgt} \quad E\left[\frac{(n-1)\,S^2}{\sigma^2}\right] = n - 1 \quad \text{und daraus}$$

$$E(S^2) = \sigma^2 \qquad [\text{Gl. (5.7)}]$$

$$\text{Aus} \quad Var(Y) = 2m \quad \text{erhält man} \quad Var(S^2) = \frac{2\,\sigma^4}{n-1}.$$

Damit haben wir Aussagen über die Art der Wahrscheinlichkeitsverteilung der Zufallsgröße S^2 = Stichprobenvarianz erhalten, die wir später mehrmals benötigen werden.

5.1.5 t - Verteilung

Definition 5.4

Es sei U eine standardnormalverteilte Zufallsgröße und Y eine davon unabhängige, mit m Freiheitsgraden χ^2-verteilte Zufallsgröße. Die Verteilung der Zufallsgröße

$$T = \frac{U}{\sqrt{\frac{Y}{m}}} \tag{5.18}$$

heißt **t-Verteilung** mit m Freiheitsgraden.

Die Wahrscheinlichkeitsverteilung der Zufallsgröße T wurde 1908 von dem Engländer **Gosset** unter dem Pseudonym "Student" veröffentlicht und heißt daher auch **Student-Verteilung**.

a) Dichtefunktion, Erwartungswert und Varianz

$$f(t) = \frac{\Gamma\left(\frac{m+1}{2}\right)}{\sqrt{m\,\pi}\cdot\Gamma\left(\frac{m}{2}\right)} \cdot \left(1 + \frac{t^2}{m}\right)^{-\frac{m+1}{2}} \tag{5.19}$$

$$-\infty < t < \infty$$

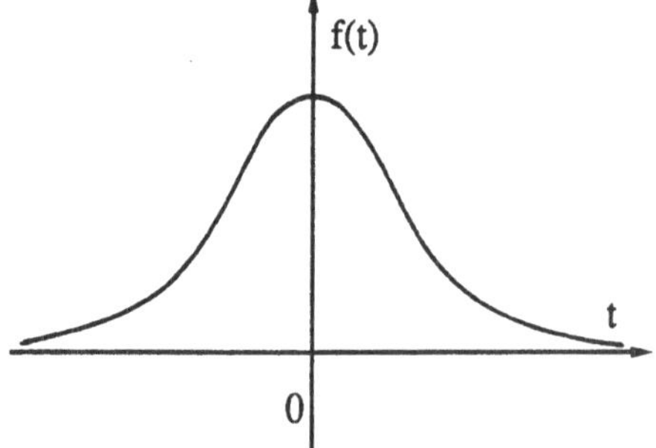

Bild 5.3 Dichtefunktion einer t-verteilten Zufallsgröße

$$E(T) = 0 \tag{5.20}$$

$$Var(T) = \frac{m}{m-2} \tag{5.21}$$

$$m > 2$$

Die Zufallsgröße T ist asymptotisch standardnormalverteilt.

b) Quantile der t-Verteilung

Definition 5.5

Die Zahlenwerte $t_{m;1-\alpha}$, für welche gilt:

$$P(T \leq t_{m;1-\alpha}) = 1 - \alpha \qquad (5.22)$$

heißen **Quantile der t-Verteilung.**

Eine Tabelle von Quantilen der t-Verteilung für verschiedene Werte von α und m befindet sich im Anhang.
Da die t-Verteilung für $m \to \infty$ gegen die Standardnormalverteilung konvergiert, konvergieren auch die Quantile der t-Verteilung gegen die der Standardnormalverteilung. In der letzten Zeile der Tabelle des Anhanges findet man daher auch die Quantile der Standardnormalverteilung.

$$\lim_{m \to \infty} t_{m;1-\alpha} = u_{1-\alpha}$$

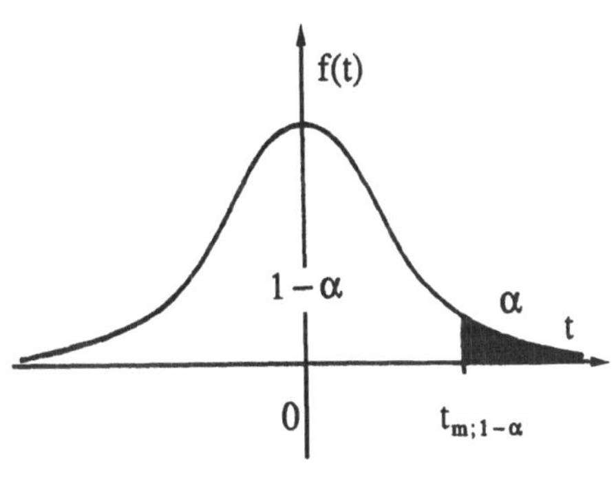

Bild 5.4   Quantil $t_{m;1-\alpha}$

c) Verteilung des Stichprobenmittels $\overline{X}$ bei unbekannter Varianz σ^2

Vorausgesetzt sei ein (μ, σ^2) - normalverteiltes Merkmal X. Das Stichprobenmittel $\overline{X}$ ist dann $\left(\mu, \dfrac{\sigma^2}{n}\right)$ - normalverteilt (Abschn. 5.1.2).

1. Die Zufallsgröße $U = \dfrac{\overline{X} - \mu}{\sigma} \sqrt{n}$ ist daher standardnormalverteilt.

2. Die Zufallsgröße $Y = \dfrac{(n-1)S^2}{\sigma^2}$ genügt einer χ^2–Verteilung mit $m = n - 1$

Freiheitsgraden (Abschn. 5.1.4.d).

Da bei normalverteilten Zufallsgrößen X die Zufallsgrößen $\overline{X}$ und S^2 unabhängige Zufallsgrößen sind, folgt mit Definition 5.4:

Die Zufallsgröße

$$T = \frac{U}{\sqrt{\dfrac{Y}{m}}} = \frac{\dfrac{\overline{X}-\mu}{\sigma}\sqrt{n}}{\sqrt{\dfrac{(n-1)S^2}{(n-1)\sigma^2}}} = \frac{\overline{X}-\mu}{S}\sqrt{n} \tag{5.23}$$

genügt einer t-Verteilung mit m = n - 1 Freiheitsgraden.

Die Bedeutung der t-Verteilung in der Statistik besteht darin, daß die Zufallsgröße T von Gl. (5.23) das Stichprobenmittel $\overline{X}$, das Mittel des Merkmals in der Grundgesamtheit μ, die Stichprobenstandardabweichung S, aber nicht mehr die meist unbekannte Standardabweichung σ der Grundgesamtheit enthält.

5.1.6 F - Verteilung

Definition 5.6

Es seien Y_1 und Y_2 stochastisch unabhängige Zufallsgrößen, die χ^2-Verteilungen mit m_1 bzw. m_2 Freiheitsgraden genügen. Die Verteilung der Zufallsgröße

$$X = \frac{\left(\dfrac{Y_1}{m_1}\right)}{\left(\dfrac{Y_2}{m_2}\right)} \tag{5.24}$$

heißt **F-Verteilung** mit m_1 und m_2 Freiheitsgraden.

Aus dieser Definition folgt:

Genügt X einer F-Verteilung mit m_1 und m_2 Freiheitsgraden, so genügt die Zufallsgröße

$$X^* = \frac{1}{X}$$

einer F-Verteilung mit m_2 und m_1 Freiheitsgraden.

a) Dichtefunktion einer F-Verteilung

Für die Dichtefunktion f(x) einer F-Verteilung gilt:

$$f(x) = \begin{cases} C_{m_1,m_2} \cdot \dfrac{x^{\frac{m_1}{2}-1}}{\left(\dfrac{m_1}{2}x + \dfrac{m_2}{2}\right)^{(m_1+m_2)/2}} & \text{für } x \geq 0 \\[3ex] 0 & \text{für } x < 0 \end{cases} \qquad (5.25)$$

$$C_{m_1,m_2} = \left(\frac{m_1}{2}\right)^{\frac{m_1}{2}} \cdot \left(\frac{m_2}{2}\right)^{\frac{m_2}{2}} \cdot \frac{\Gamma\left(\frac{m_1+m_2}{2}\right)}{\Gamma\left(\frac{m_1}{2}\right) \cdot \Gamma\left(\frac{m_2}{2}\right)} = B\left(\frac{m_1}{2},\frac{m_2}{2}\right) \qquad \text{(s. Def. 1.39)}$$

$$E(X) = \frac{m_2}{m_2-2}; \qquad Var(X) = \frac{2(m_1+m_2-2)\,m_2^2}{m_1(m_2-2)^2\,(m_2-4)} \qquad (5.26)$$

Entsprechend der Definition der F-Verteilung kann die F-verteilte Zufallsgröße X nur nichtnegative Realisationen x annehmen. Die beiden Parameter m_1 = Anzahl der Freiheitsgrade der χ^2-verteilten Zufallsgröße Y_1 des Zählers und m_2 = Anzahl der Freiheitsgrade der χ^2-verteilten Zufallsgröße Y_2 des Nenners der Definitionsgleichung (5.24) gehen nicht symmetrisch in die Dichtefunktion ein, sind daher nicht vertauschbar.

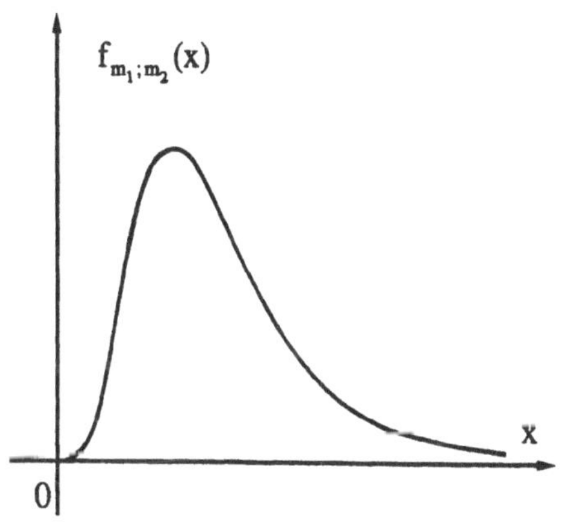

Bild 5.5 Dichtefunktion einer F-Verteilung

b) Quantile der F-Verteilung

Definition 5.7

Die Zahlenwerte $F_{m_1;m_2;1-\alpha}$, für welche gilt: $\qquad P(X \leq F_{m_1;m_2;1-\alpha}) = 1 - \alpha$

heißen **Quantile der F-Verteilung**.

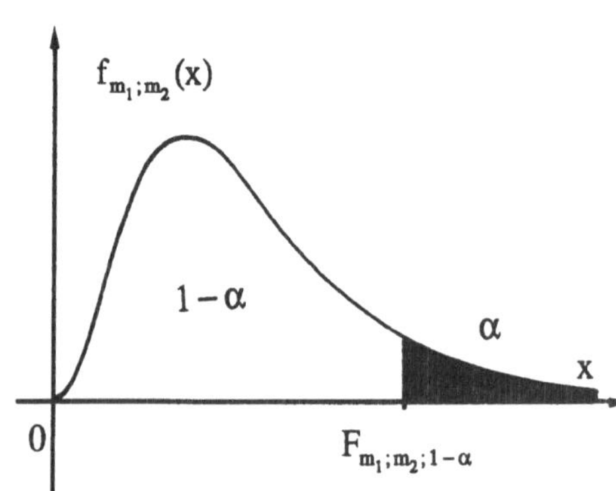

Im Anhang sind Tabellen mit Quantilen der F-Verteilung für $1 - \alpha = 0{,}95;\ 0{,}975;\ 0{,}99$ und $0{,}995$ für verschiedene Freiheitsgrade m_1 und m_2 angegeben.

Die Quantile $F_{m_1;m_2;0{,}05}$, $F_{m_1;m_2;0{,}025}$,

$F_{m_1;m_2;0{,}01}$ und $F_{m_1;m_2;0{,}005}$ erhält man

dann aus der Gleichung

$$F_{m_1;m_2;\alpha} = \frac{1}{F_{m_2;m_1;1-\alpha}} \qquad (5.27)$$

Bild 5.6 Quantile der F-Verteilung

Beweis: Es sei X eine F-verteilte Zufallsgröße mit m_1 und m_2 Freiheitsgraden. Dann ist $X^* = 1/X$ ebenfalls F-verteilt, jedoch mit m_2 und m_1 Freiheitsgraden und es gilt:

$$P(\frac{1}{X} \leq F_{m_2;m_1;1-\alpha}) = 1 - \alpha$$

Mit der gleichen Wahrscheinlichkeit gilt dann auch die äquivalente Aussage

$$P(X > \frac{1}{F_{m_2;m_1;1-\alpha}}) = 1 - \alpha \qquad \text{bzw.} \qquad P(X \leq \frac{1}{F_{m_2;m_1;1-\alpha}}) = \alpha$$

Aus der letzten Aussage folgt Gl. (5.27).

Beispiel 5.1. Man bestimme das Quantil $F_{10;20;0{,}05}$.

Aus der Tabelle der Quantile der F-Verteilung des Anhanges erhält man das Quantil $F_{20;10;0{,}95} = 2{,}774$ und daraus mit Gl. (5.27):

$$F_{10;20;0{,}05} = \frac{1}{2{,}774} = 0{,}360$$

5.2   Statistische Schätzverfahren

Mit Hilfe statistischer Schätzverfahren sollen aus den Stichprobenwerten möglichst genaue Schätzwerte für Parameter der Verteilung eines Merkmals X bestimmt werden.

5.2.1   Schätzfunktionen, Punktschätzungen

Definition 5.8

Stichprobenfunktionen, deren Realisationen Schätzwerte für Parameter einer Verteilung liefern, heißen **Schätzfunktionen** oder **Schätzer**.

Ist $\hat{\Psi}_n = g(X_1, X_2, \ldots, X_n)$ eine Schätzfunktion für den Parameter ψ einer Verteilung, so erhält man durch Einsetzen der Stichprobenwerte x_i als Realisation der Zufallsgröße $\hat{\Psi}_n$ einen bestimmten Zahlenwert $\hat{\psi}_n$, der ein Schätzwert für den Parameter ψ ist.

Damit ist eine **Punktschätzung** durchgeführt.

Oft gibt es für einen bestimmten Parameter mehrere Schätzfunktionen. So kann beispielsweise der Mittelwert μ durch das arithmetische Mittel $\bar{x}$, den Modalwert $\bar{x}_D$ oder den Median $\tilde{x}$ geschätzt werden. Welcher Schätzwert in einem konkreten Fall der genauere ist, läßt sich nicht sagen. Man wird aber von verschiedenen Schätzfunktionen für den gleichen Parameter diejenige auswählen, die mit einer größeren Wahrscheinlichkeit zu besseren Schätzwerten führt.
Folgende Eigenschaften sind für Schätzfunktionen von Bedeutung.

Definition 5.9

Eine Schätzfunktion $\hat{\Psi}_n$ für den Parameter ψ einer Verteilung heißt **erwartungstreu**, wenn sie den Erwartungswert

$$E(\hat{\Psi}_n) = \psi$$

besitzt. Eine Folge $\{\hat{\Psi}_n\}$ heißt **asymptotisch erwartungstreu**, wenn gilt:

$$\lim_{n \to \infty} E(\hat{\Psi}_n) = \psi.$$

Wegen $E(\overline{X}) = \mu$ und $E(S^2) = \sigma^2$ ist das arithmetische Mittel $\overline{X}$ eine erwartungstreue Schätzfunktion für den Parameter μ und die Stichprobenvarianz S^2 eine erwartungstreue Schätzfunktion für σ^2 und zwar für alle Verteilungen, deren Momente erster, bzw. zweiter Ordnung existieren.

Das Schätzen mit einer erwartungstreuen Schätzfunktion ist vergleichbar mit der Verwendung eines Meßgerätes, welches nur zufällige, aber keine systematischen Meßfehler liefert. Eine Meßanordnung ohne systematische Fehler liefert erwartungstreue Schätzwerte (Meßwerte) für den wahren Wert der zu messenden Größe.

Ist $\hat{\Psi}_n$ eine erwartungstreue Schätzfunktion für den Parameter ψ, so ist $g(\hat{\Psi}_n)$ nicht notwendigerweise eine erwartungstreue Schätzfunktion für $g(\psi)$.

So ist die Stichprobenvarianz S^2 eine erwartungstreue Schätzfunktion für die Varianz σ^2, die Stichprobenstandardabweichung S aber **keine** erwartungstreue Schätzfunktion für σ.

Mit Gl. (1.51): $\quad Var(X) = E(X^2) - [E(X)]^2$, folgt für die Zufallsgröße S:

$$Var(S) = E(S^2) - [E(S)]^2 > 0$$

$$\Rightarrow \quad [E(S)]^2 < E(S^2) = \sigma^2$$

$$\Rightarrow \quad E(S) < \sigma.$$

Die Zufallsgröße S liefert daher im Mittel zu kleine Schätzwerte für die Standardabweichung σ.

Definition 5.10

Eine Schätzfunktion $\hat{\Psi}_n$ für den Parameter ψ heißt **konsistent**, wenn für alle $\varepsilon > 0$ gilt:

$$\lim_{n \to \infty} P(|\hat{\Psi}_n - \psi| < \varepsilon) = 1.$$

Bei konsistenten Schätzfunktionen wird die Wahrscheinlichkeit dafür, daß der Betrag des Schätzfehlers einen kleinen Wert $\varepsilon > 0$ nicht überschreitet, mit zunehmenden Stichprobenumfang n immer größer.

So ist z.B. das arithmetische Mittel eine konsistente Schätzfunktion für den Parameter μ, da für alle $\varepsilon > 0$ gilt:

$$\lim_{n \to \infty} P(\, | \, \overline{X} - \mu \, | < \varepsilon \,) = 1$$

(Satz von Tschebyscheff, Abschn. 1.6.3).

Definition 5.11

Eine erwartungstreue Schätzfunktion $\hat{\Psi}_n$ für den Parameter ψ heißt **effizient**, wenn es für ψ keine andere erwartungstreue Schätzfunktion mit einer kleineren Varianz gibt.

Bei einer effizienten Schätzfunktion streuen also die bei einer Serie von Stichproben des Umfangs n erhaltenen Schätzwerte am wenigsten um den zu schätzenden Parameterwert. So ist das arithmetische Mittel $\overline{X}$ eine effiziente Schätzfunktion für den Parameter μ.

5.2.2 Bestimmung von Schätzfunktionen

Es stellt sich natürlich jetzt die Frage, wie man Schätzfunktionen für einen Parameter einer bestimmten Verteilung erhält. Dazu seien zwei Verfahren angegeben, das **Momentenverfahren** und das **Maximum - Likelihood - Verfahren**, die bei einem bestimmten Parameter zu gleichen, aber auch zu verschiedenen Schätzfunktionen führen können.

a) Momentenverfahren

Definition 5.12

Unter dem **k-ten empirischen Moment** einer Stichprobe versteht man

$$m_k = \frac{1}{n} \sum_{i=1}^{n} x_i^k \tag{5.28}$$

Man erhält nach dem Momentenverfahren Schätzfunktionen, wenn man den zu schätzenden Parameter ψ einer Verteilung als Funktion der Momente α_k der Verteilung ausdrückt und in dieser Funktion die Momente α_k durch die empirischen Momente m_k ersetzt.

$$\psi = g(\alpha_1, \alpha_2, \dots) \quad \Rightarrow \quad \hat{\psi} = g(m_1, m_2, \dots)$$

Beispiel 5.2. Man bestimme nach dem Momentenverfahren eine Schätzfunktion für den Parameter λ einer Pareto-Verteilung mit der Dichtefunktion

$$f(x/\lambda) = \begin{cases} 0 & \text{für } x < 1 \\ \lambda \cdot x^{-(\lambda+1)} & \text{für } x \geq 1 \end{cases}$$

$$\alpha_1 = E(X) = \int_1^\infty x \cdot \lambda \cdot x^{-(\lambda+1)}\, dx = \frac{\lambda}{\lambda-1} \qquad (\lambda > 1)$$

$$\Rightarrow \qquad \lambda = \frac{\alpha_1}{\alpha_1-1} = \frac{E(X)}{E(X)-1}$$

Damit ist der zu schätzende Parameter λ der Pareto-Verteilung als Funktion des ersten Moments $\alpha_1 = E(X)$ ausgedrückt. Nach der Momentenmethode erhält man damit als Schätzwert $\hat{\lambda}$ für den Parameter λ einer Pareto-Verteilung, indem man α_1 durch m_1 ersetzt

$$\hat{\lambda} = \frac{m_1}{m_1 - 1} = \frac{\bar{x}}{\bar{x} - 1}$$

b) Maximum - Likelihood - Verfahren

Der Grundgedanke des Maximum - Likelihood - Verfahrens (ML - Verfahrens) sei an dem bekannten "Fische-im-See-Beispiel" gezeigt.
Es soll die Anzahl N der Fische in einem See geschätzt werden. Dazu wird folgendermaßen vorgegangen.

1. Man fängt N_1 Fische. Jeder gefangene Fisch wird mit einer Marke versehen und wieder in den See ausgesetzt.

2. Nach einiger Zeit werden aus dem See, in dem sich nun N_1 markierte und $N - N_1$ nichtmarkierte Fische befinden, n Fische gefangen, unter denen sich x markierte Fische befinden.

Die Zufallsgröße X = Anzahl der gefangenen markierten Fische genügt einer Hypergeometrischen Verteilung.
Angenommen, es sei $N_1 = 1000$, n = 500 und x = 50, dann gilt:

$$P(X = 50) = \frac{\binom{1000}{50} \cdot \binom{N - 1000}{450}}{\binom{N}{500}}$$

Diese Wahrscheinlichkeit ist eine Funktion des zu schätzenden Parameters N. Es wird nun derjenige Wert N bestimmt, für den es am wahrscheinlichsten ist, daß in der Zufallsstichprobe vom Umfang n = 500 genau x = 50 markierte Fische enthalten sind. Der so bestimmte Wert ist ein ML - Schätzwert für die Anzahl N der Fische im See.

In Bild 5.7 ist die Wahrscheinlichkeit P(X = 50) als Funktion von N dargestellt.

Das Maximum liegt bei N = 10000.

Mit dem Schätzwert $\hat{N}$ = 10000 ist es also am wahrscheinlichsten, daß die Stichprobe genau x = 50 markierte Fische enthält.

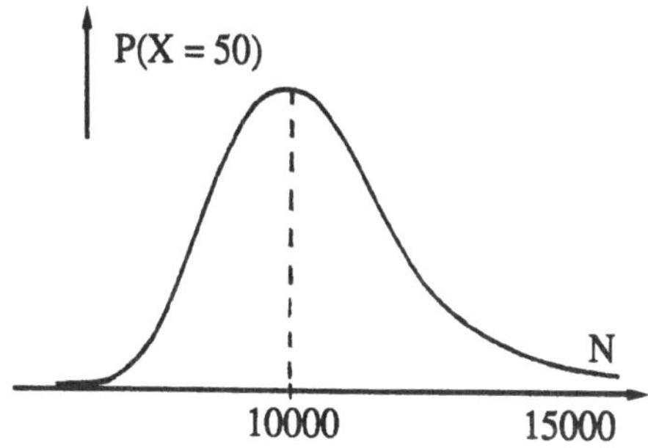

Bild 5.7 "Fische-im-See-Beispiel"

Definition 5.13

Es sei $f(x/\psi)$ die Wahrscheinlichkeitsfunktion, bzw. die Dichtefunktion der vom Parameter ψ abhängenden Verteilung des Merkmals X in einer Grundgesamtheit, aus der eine Stichprobe vom Umfang n mit den Stichprobenwerten x_i entnommen wurde. Die Funktion des Parameters ψ

$$L(\psi) = f(x_1/\psi) \cdot f(x_2/\psi) \cdots f(x_n/\psi) = \prod_{i=1}^{n} f(x_i/\psi) \qquad (5.29)$$

heißt **Likelihoodfunktion**.

Im Falle eines diskreten Merkmals X gibt die Likelihoodfunktion $L(\psi)$, in Abhängigkeit vom Parameter ψ, die Wahrscheinlichkeit dafür an, daß genau die beobachtete Stichprobe auftritt. Bei einem stetigen Merkmal X ist die Likelihoodfunktion die entsprechende Wahrscheinlichkeitsdichte.

Maximum-Likelihood-Verfahren:

Als Schätzwert $\hat{\psi}$ für den Parameter ψ wird der Wert berechnet, für den die Likelihoodfunktion $L(\psi)$ am größten ist.

Zur Bestimmung des Schätzwertes $\hat{\psi}$ ist es zweckmäßig, den Logarithmus der Likelihoodfunktion zu verwenden. Da der Logarithmus eine streng monoton wachsende Funktion ist, liegen die Maxima der Funktionen $L(\psi)$ und $\ln L(\psi)$ an derselben Stelle $\hat{\psi}$. Aus

$$\ln L(\psi) = \sum_{i=1}^{n} \ln\left(f(x_i / \psi)\right) \tag{5.30}$$

folgt die notwendige Extremwertsbedingung

$$\frac{d\,L(\psi)}{d\,\psi} = \sum_{i=1}^{n} \frac{d\,\ln[f(x_i / \psi)]}{d\,\psi} = 0 \tag{5.31}$$

Enthält die Verteilung des Merkmals k Parameter, die geschätzt werden sollen, so sind ihre ML - Schätzwerte $\hat{\psi}_1$, $\hat{\psi}_2$, $\ldots, \hat{\psi}_k$ Lösungen des Gleichungssystems

$$\frac{\partial}{\partial\,\psi_i}\,[\ln L(\psi_1, \psi_2, \ldots, \psi_k)] = 0 \tag{5.32}$$

$$i = 1, 2, \ldots, k$$

Die Lösungen dieses Gleichungssystems können nicht immer explizit angegeben werden. Zur Bestimmung von ML - Schätzungen muß man dann numerische Näherungsverfahren verwenden.

Beispiel 5.3. Es soll die Maximum - Likelihood - Schätzfunktion für den Parameter λ einer Poisson-Verteilung bestimmt werden.

Mit der Wahrscheinlichkeitsfunktion der Poisson-Verteilung

$$f(x / \lambda) = \frac{\lambda^x}{x\,!} \cdot e^{-\lambda}$$

erhält man als Likelihoodfunktion $\qquad L(\lambda) = \prod_{i=1}^{n} \frac{\lambda^{x_i}}{x_i\,!} \cdot e^{-\lambda}$

$$\Rightarrow \quad \ln L(\lambda) = \sum_{i=1}^{n} [x_i \ln \lambda - \ln(x_i!) - \lambda]$$

Der Schätzwert $\hat{\lambda}$ ergibt sich als Lösung der Gleichung

$$\frac{d \ln L(\lambda)}{d \lambda} = \sum_{i=1}^{n} \left[\frac{x_i}{\lambda} - 1 \right] = 0$$

$$\Rightarrow \quad \frac{1}{\lambda} \sum_{i=1}^{n} x_i - n = 0 \quad \Rightarrow \quad \hat{\lambda} = \frac{1}{n} \sum_{i=1}^{n} x_i = \overline{x}$$

Analog zum Schätzwert $\hat{\lambda}$, der nach erfolgter Stichprobenuntersuchung berechnet werden kann, erhält man die Zufallsgröße Schätzfunktion

$$\hat{\Lambda} = \frac{1}{n} \sum_{i=1}^{n} X_i = \overline{X}$$

Beispiel 5.4. Das Merkmal X = Lebensdauer einer bestimmten Sorte von Bauteilen genüge einer Exponentialverteilung mit der Dichtefunktion

$$f(x / \alpha) = \begin{cases} 0 & \text{für} \quad x < 0 \\ \alpha \cdot e^{-\alpha x} & \text{für} \quad x \geq 0 \end{cases}$$

Eine Stichprobe vom Umfang n = 10 ergab die folgenden Merkmalswerte x_i [Betriebsstunden].

$$276 / 552 / 1058 / 1518 / 1702 / 2116 / 2300 / 2806 / 3680 / 4692.$$

Man bestimme einen Maximum-Likelihood-Schätzwert für den Parameter α der Exponentialverteilung.

$$\text{Likelihoodfunktion} \quad L(\alpha) = \alpha^n \prod_{i=1}^{n} e^{-\alpha x_i} \quad \Rightarrow \quad \ln L(\alpha) = n \ln \alpha - \alpha \sum_{i=1}^{n} x_i$$

$$\frac{d \ln L(\alpha)}{d \alpha} = \frac{n}{\alpha} - \sum_{i=1}^{n} x_i = 0 \quad \Rightarrow \quad \hat{\alpha} = \frac{n}{\sum_{i=1}^{n} x_i} = \frac{1}{\overline{x}}$$

Mit den beobachteten Zahlenwerten erhält man als ML - Schätzwert

$$\hat{\alpha} = 0{,}000483 \quad h^{-1}$$

5.2.3 Intervallschätzungen, Konfidenzintervalle

Eine Punktschätzung ergibt einen bestimmten Zahlenwert als Schätzwert für einen Parameter einer Verteilung. Über die Genauigkeit des Schätzwertes wird dabei keine Aussage gemacht. Bei einer Intervallschätzung wird ein zufälliges Intervall bestimmt, welches mit einer wählbaren Wahrscheinlichkeit $1 - \alpha$ den zu schätzenden Parameter enthält.
Die Theorie der Konfidenzintervalle wurde 1935 von **J. Neyman** geschaffen.

Definition 5.14

Es seien $\hat{\Psi}_n^{(1)}$ und $\hat{\Psi}_n^{(2)}$ zwei Schätzfunktionen für den Parameter ψ einer Verteilung, für deren Realisationen stets gilt: $\hat{\psi}_n^{(1)} < \hat{\psi}_n^{(2)}$. Ein zufälliges Intervall $[\,\hat{\Psi}_n^{(1)}, \hat{\Psi}_n^{(2)}\,]$ heißt **Konfidenzintervallschätzer** (Konfidenzschätzer) für den Parameter ψ zum **Konfidenzniveau** $1 - \alpha$, wenn für alle ψ gilt:

$$P(\,\hat{\Psi}_n^{(1)} \leq \psi \leq \hat{\Psi}_n^{(2)}\,) = 1 - \alpha \qquad (5.33)$$

Eine Realisation der Zufallsgröße Konfidenzintervallschätzer heißt **Konfidenzintervall**.

In Gl. (5.33) ist ψ der zu schätzende Parameter, also ein fester Zahlenwert. Die Zufallsgrößen sind die Intervallgrenzen. Vor dem Ziehen der Stichprobe besteht die Wahrscheinlichkeit $1 - \alpha$, ein Intervall zu erhalten, welches den unbekannten Parameter ψ enthält. Liegt nach der Stichprobenuntersuchung eine Realisation der Zufallsgröße Konfidenzintervallschätzer vor, so ist eine derartige Wahrscheinlichkeitsaussage nicht möglich. Entweder enthält das erhaltene Konfidenzintervall den Parameter ψ oder es enthält ihn nicht. Nach der Durchführung eines Zufallsexperiments ist die Verwendung des Begriffs Wahrscheinlichkeit nicht möglich. Für die Realisationen der Zufallsgröße Konfidenzschätzer läßt sich nur sagen, daß in einer langen Serie von Stichproben des Umfangs n die Häufigkeit der Fälle, in denen diese Konfidenzintervalle den Parameter ψ enthalten, näherungsweise den Wert $1 - \alpha$ annehmen wird.
Das Vertrauen (Konfidenz), nicht die Wahrscheinlichkeit, ein Intervall erhalten zu haben, welches den Wert des Parameters ψ enthält, ist durch $1 - \alpha$ quantitativ ausgedrückt.

$$\text{Konf.}\,(\hat{\psi}_n^{(1)} \leq \psi \leq \hat{\psi}_n^{(2)}) = 1 - \alpha \qquad (5.34)$$

a) Konfidenzintervalle für den Mittelwert μ einer Verteilung

Bei der Bestimmung von Konfidenzintervallen für den Mittelwert μ einer Verteilung sollen die folgenden vier Fälle unterschieden werden.

Fall I: Grundgesamtheit normalverteilt, Varianz σ^2 bekannt	Fall II: Grundgesamtheit beliebig verteilt, Varianz σ^2 bekannt
Fall III: Grundgesamtheit normalverteilt, Varianz σ^2 unbekannt	Fall IV: Grundgesamtheit beliebig verteilt, Varianz σ^2 unbekannt

Fall I: Die Zufallsgröße X ist normalverteilt mit dem unbekannten Mittelwert μ und der bekannten Varianz σ^2.

Unter diesen Voraussetzungen ist die Schätzfunktion $\overline{X} = \dfrac{1}{n}\sum_{i=1}^{n} X_i$ $\left(\mu; \dfrac{\sigma^2}{n}\right)$ – nor-

malverteilt. Die Zufallsgröße $U = \dfrac{\overline{X}-\mu}{\sigma}\sqrt{n}$ genügt einer Standarnormalverteilung.

Es gilt daher:

$$P\left(-u_{1-\frac{\alpha}{2}} \leq \frac{\overline{X}-\mu}{\sigma}\sqrt{n} \leq u_{1-\frac{\alpha}{2}}\right) = 1 - \alpha \tag{5.35}$$

Nach Umformen der mit der Wahrscheinlichkeit $1 - \alpha$ geltenden Ungleichung

$$-u_{1-\frac{\alpha}{2}} \leq \frac{\overline{X}-\mu}{\sigma}\sqrt{n} \leq u_{1-\frac{\alpha}{2}}$$

in $\overline{X}-u_{1-\frac{\alpha}{2}}\dfrac{\sigma}{\sqrt{n}} \leq \mu \leq \overline{X}+u_{1-\frac{\alpha}{2}}\dfrac{\sigma}{\sqrt{n}}$

nach den Regeln der Algebra folgt:

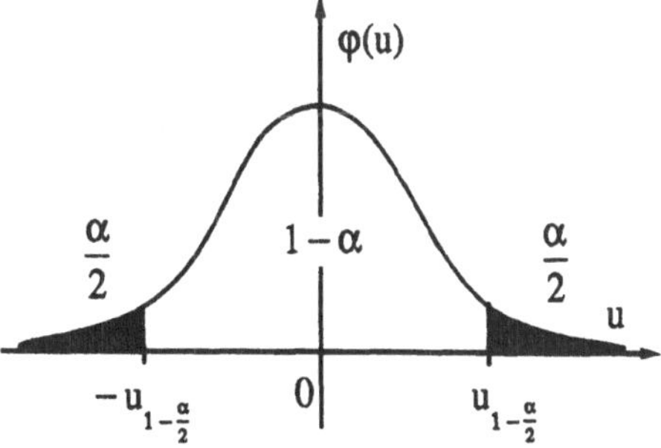

Bild 5.8 Zentrales Konfidenzintervall

$$P\left(\overline{X}-u_{1-\frac{\alpha}{2}}\frac{\sigma}{\sqrt{n}} \leq \mu \leq \overline{X}+u_{1-\frac{\alpha}{2}}\frac{\sigma}{\sqrt{n}}\right) = 1 - \alpha \tag{5.36}$$

Daraus erkennt man:

Das Intervall $\left[\overline{X} - u_{1-\frac{\alpha}{2}}\dfrac{\sigma}{\sqrt{n}},\ \overline{X} + u_{1-\frac{\alpha}{2}}\dfrac{\sigma}{\sqrt{n}}\right]$ ist ein Konfidenzintervallschätzer zum

Konfidenzniveau $1 - \alpha$ für den Mittelwert μ eines normalverteilten Merkmals X. Für eine Realisation dieses zufälligen Intervalls gilt:

$$\text{Konf.}\left(\overline{x} - u_{1-\frac{\alpha}{2}}\frac{\sigma}{\sqrt{n}} \le \mu \le \overline{x} + u_{1-\frac{\alpha}{2}}\frac{\sigma}{\sqrt{n}}\right) = 1 - \alpha, \tag{5.37}$$

d.h. das Vertrauen, ein Intervall erhalten zu haben, welches den Mittelwert μ enthält, wird durch $1 - \alpha$ quantitativ zum Ausdruck gebracht.

Da das Intervall, wie allgemein üblich, symmetrisch zum Mittelwert μ ($u = 0$) angesetzt wurde, handelt es sich um ein "zentrales Konfidenzintervall". Wir wollen im folgenden unter "Konfidenzintervall" immer ein "zentrales Konfidenzintervall" verstehen.

Bei festem Stichprobenumfang n hat hier das Konfidenzintervall die konstante Breite $2\,u_{1-\frac{\alpha}{2}}\dfrac{\sigma}{\sqrt{n}}$, die Mitte des Intervalls wird durch die Zufallsgröße $\overline{X}$ bestimmt.

Beispiel 5.5. Ein Merkmal X sei normalverteilt mit der Varianz $\sigma^2 = 144$ und einem unbekannten Mittelwert μ, der geschätzt werden soll.

a) Es ist beabsichtigt, aus dieser Grundgesamtheit eine Stichprobe vom Umfang $n = 100$ zu entnehmen. Bei einem gewählten Konfidenzniveau $1 - \alpha = 0{,}95$ und dem Quantil $u_{0,975} = 1{,}960$ erhält man mit Gl. (5.36):

$$P(\overline{X} - 2{,}352 \le \mu \le \overline{X} + 2{,}352) = 0{,}95$$

Mit einer **Wahrscheinlichkeit** von 95 % überdeckt das zufällige Intervall $[\overline{X} - 2{,}352,\ \overline{X} + 2{,}352]$ den Mittelwert μ.

b) Nach der Auswertung der Stichprobe liege der Zahlenwert $\overline{x} = 30$ vor. Gl. (5.37) ergibt:

$$\text{Konf.}\,(27{,}648 \le \mu \le 32{,}352) = 0{,}95 \,.$$

Mit einem **Vertrauen** von 95 % enthält das Intervall $[27{,}648\,;\,32{,}352]$ den Mittelwert μ des normalverteilten Merkmals X.

Fall II: Die Zufallsgröße X genüge einer beliebigen Verteilung mit dem unbekannten Mittelwert μ und der bekannten Varianz σ^2.

Die Schätzfunktion $\overline{X}$ ist asymptotisch normalverteilt (zentraler Grenzwertsatz!).

Bei großen Stichproben (n > 30) kann daher dieser Fall näherungsweise wie Fall I behandelt werden.

Fall III: Die Zufallsgröße X sei normalverteilt mit dem unbekannten Mittelwert μ und der unbekannten Varianz σ^2.

Da die Standardabweichung σ nicht bekannt ist, verwenden wir anstelle der standard-normalverteilten Zufallsgröße U die Zufallsgröße

$$T = \frac{\overline{X} - \mu}{S} \sqrt{n},$$

die, wie im Abschn. 5.1.5 gezeigt wurde, einer t-Verteilung mit m = n - 1 Freiheitsgraden genügt. Bei der Konstruktion eines zentralen Konfidenzintervalls verfahren wir wie im Fall I und erhalten analog

$$P(\overline{X} - t_{n-1;1-\frac{\alpha}{2}} \frac{S}{\sqrt{n}} \leq \mu \leq \overline{X} + t_{n-1;1-\frac{\alpha}{2}} \frac{S}{\sqrt{n}}) = 1 - \alpha \tag{5.38}$$

Das Intervall $\left[\overline{x} - t_{n-1;1-\frac{\alpha}{2}} \frac{S}{\sqrt{n}}, \ \overline{x} + t_{n-1;1-\frac{\alpha}{2}} \frac{S}{\sqrt{n}} \right]$ ist ein Konfidenzintervall zum

Konfidenzniveau 1 - α für den Parameter μ einer Normalverteilung.

Gl. (5.38) entsteht aus Gl. (5.36) indem man in Gl. (5.36) σ durch S und die Quantile der Standardabweichung durch die entsprechenden Quantile der t-Verteilung ersetzt. Die Breite des Konfidenzintervalls ist jetzt bei festem Stichprobenumfang n von der Zufallsgröße S = Stichprobenstandardabweichung abhängig, die Mitte des Konfidenz-intervalls ist durch die Zufallsgröße $\overline{X}$ bestimmt.

$t_{n-1;1-\frac{\alpha}{2}} > u_{1-\frac{\alpha}{2}}$ berücksichtigt auch die Tatsache, daß S im Mittel zu kleine Schätz-

werte für σ liefert.

Beispiel 5.6. Aus $n = 20$ Messungen der Dichte von Aluminium ergab sich ein Mittelwert $\bar{x} = 2{,}705$ g/cm^3 bei einer empirischen Standardabweichung $s = 0{,}03$ g/cm^3. Man bestimme ein Intervall (Konfidenzintervall), welches mit einem Vertrauen $1 - \alpha = 0{,}99$ den wahren Wert der Dichte der untersuchten Aluminiumsorte enthält.

Die vorliegenden $n = 20$ Messungen können als Zufallsstichprobe aus der Grundgesamtheit aller denkbaren Messungen angenommen werden. Liegen nur zufällige, keine systematischen Meßfehler vor, so ist der Mittelwert μ dieser Grundgesamtheit der wahre Wert der gesuchten Dichte. Gauß zeigte, daß bei zufälligen Fehlern die Meßfehler normalverteilt sind. Normalverteilung der Zufallsgröße X = Meßwert kann daher angenommen werden.

Aus der Tabelle der Quantile der t - Verteilung des Anhangs erhält man das Quantil $t_{19;\,0{,}995} = 2{,}861$ und damit

$$\text{Konf.}(\, 2{,}686 \leq \mu \leq 2{,}724 \,) = 0{,}99 \, .$$

Mit einem Vertrauen von 99% liegt die Dichte der untersuchten Aluminiumsorte im Intervall [2,686 ; 2,742].

In der Fehlerrechnung nach DIN 1319 heißen

$$\bar{x} \pm t_{n-1;\,1-\frac{\alpha}{2}} \frac{s}{\sqrt{n}}$$

obere, bzw. untere Vertrauensgrenzen zur statistischen Sicherheit $P = 1 - \alpha$.

Fall IV: Die Zufallsgröße X genügt einer beliebigen Verteilung mit dem unbekannten Mittelwert μ und der unbekannten Varianz σ^2.

Bei großen Stichproben ($n > 30$) ist das arithmetische Mittel $\bar{X}$ näherungsweise normalverteilt (zentraler Grenzwertsatz!).

Fall IV kann also näherungsweise wie Fall III behandelt werden.

Mit der weiteren Näherung $s \approx \sigma$ geht Fall IV näherungsweise in Fall I über.

b) Konfidenzintervalle für die Varianz σ^2 einer Normalverteilung

Ist die Zufallsgröße X $(\mu\,;\sigma^2)$ – normalverteilt, so genügt die Zufallsgröße

$$Y = \frac{(n-1)\,S^2}{\sigma^2}$$

einer χ^2-Verteilung mit $m = n - 1$ Freiheitsgraden (s. Abschn. 5.1.4). Es gilt daher:

$$P\left(\chi^2_{m;\frac{\alpha}{2}} \le \frac{(n-1)\,S^2}{\sigma^2} \le \chi^2_{m;1-\frac{\alpha}{2}}\right) = 1 - \alpha \tag{5.39}$$

Durch Umformen der mit der Wahrscheinlichkeit $1 - \alpha$ geltenden Ungleichung von Gl. (5.39) in

$$\frac{(n-1)\,S^2}{\chi^2_{m;1-\frac{\alpha}{2}}} \le \sigma^2 \le \frac{(n-1)\,S^2}{\chi^2_{m;\frac{\alpha}{2}}}$$

erhält man:

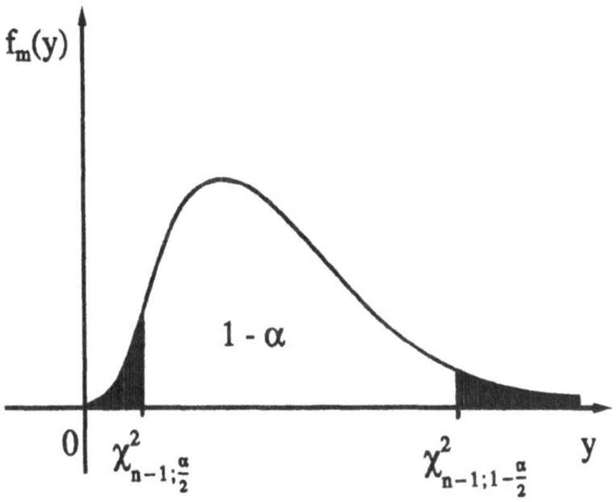

Bild 5.9 χ^2-Verteilung

$$P\left(\frac{(n-1)\,S^2}{\chi^2_{m;1-\frac{\alpha}{2}}} \le \sigma^2 \le \frac{(n-1)\,S^2}{\chi^2_{m;\frac{\alpha}{2}}}\right) = 1 - \alpha \tag{5.40}$$

Das Intervall $\left[\dfrac{(n-1)\,s^2}{\chi^2_{m;1-\frac{\alpha}{2}}}, \dfrac{(n-1)\,s^2}{\chi^2_{m;\frac{\alpha}{2}}}\right]$ ist ein Konfidenzintervall zum Konfidenz -

niveau $1 - \alpha$ für die Varianz σ^2 einer Normalverteilung.

Ist das Merkmal X nicht normalverteilt, bzw. ist das Verteilungsgesetz des Merkmals unbekannt, so läßt sich bei großen Stichproben näherungsweise ein Konfidenzintervall für die Varianz σ^2 angeben.

Es gilt folgender Satz:

Für beliebige Verteilungen des Merkmals X mit einer endlichen Varianz σ^2 ist die Stichprobenvarianz S^2 asymptotisch normalverteilt mit

$$\mathrm{Var}(S^2) \approx \frac{\beta_4 - \sigma^4}{n}$$

Hierbei ist $\beta_4 = E\left[(X-\mu)^4\right]$ das 4. zentrale Moment der Verteilung, welches durch das empirische zentrale Moment 4. Ordnung

$$m_4 = \frac{1}{n}\sum_{i=1}^{n}(x_i - \bar{x})^4$$

geschätzt wird.

Wir erhalten damit analog zu den Überlegungen, die zu Gl. (5.36) führten (Konfidenzintervall für ein normalverteiltes Merkmal):

Das Intervall

$$\left[s^2 - u_{1-\frac{\alpha}{2}} \sqrt{\frac{m_4 - s^4}{n}} \ , \ s^2 + u_{1-\frac{\alpha}{2}} \sqrt{\frac{m_4 - s^4}{n}} \right] \tag{5.41}$$

ist bei großen Stichproben näherungsweise ein Konfidenzintervall zum Konfidenzniveau $1-\alpha$ für die Varianz σ^2 einer beliebigen Verteilung endlicher Varianz.

Beispiel 5.7. Eine Stichprobe vom Umfang n = 100 aus einer normalverteilten Grundgesamtheit ergab eine empirische Varianz $s^2 = 20{,}6$. Man bestimme ein Intervall, welches mit einem Vertrauen $1-\alpha = 0{,}90$ die Varianz σ^2 der Grundgesamtheit enthält.

Durch lineares Interpolieren in der Tabelle der Quantile der χ^2-Verteilung erhält man:

$$\chi^2_{99;0,95} = 123{,}2 \qquad \text{und} \qquad \chi^2_{99;0,05} = 77{,}05\,.$$

Das Intervall [16,6 ; 26,5] ist die hier vorliegende Realisation der Konfidenzintervallschätzfunktion, d.h. es gilt

$$\text{Konf.}\,(\,16{,}6 \leq \sigma^2 \leq 26{,}5\,) = 0{,}90\,.$$

Mit einem Vertrauen von 90% liegt die Varianz σ^2 des normalverteilten Merkmals X im Intervall von 16,6 bis 26,5.

c) Konfidenzintervall für den Anteilswert p einer zweistufigen Grundgesamtheit

Wir betrachten eine zweistufige Grundgesamtheit, bestehend aus Elementen mit einer bestimmten Eigenschaft A und Elementen, die diese Eigenschaft A nicht haben ($\overline{A}$). Der Anteilswert p der Elemente mit der Eigenschaft A sei unbekannt und soll durch ein Konfidenzintervall geschätzt werden.

Aus dieser Grundgesamtheit wird mit Zurücklegen eine Stichprobe vom Umfang n entnommen. Es sei die Zufallsgröße

X_i = Anzahl der Elemente mit der Eigenschaft A beim i-ten Stichprobenelement

Jede dieser Zufallsgrößen X_i (i = 1, 2, ..., n) kann nur die Werte $x_i = 0$ oder $x_i = 1$ annehmen. Mit $P(X_i = 0) = 1 - p$ und $P(X_i = 1) = p$ erhält man

$$E(X_i) = p \quad \text{und} \quad Var(X_i) = p \cdot (1-p)$$

Als Maximum - Likelihood - Schätzfunktion für den Parameter p erhält man

$$\hat{P} = \frac{1}{n} \sum_{i=1}^{n} X_i \quad \text{mit der Realisation} \quad \hat{p} = \frac{1}{n} \sum_{i=1}^{n} x_i = \frac{k}{n} = h_n(A).$$

Da $\sum x_i = k$ die Anzahl der Elemente mit der Eigenschaft A in der Stichprobe angibt, wird der Parameter p = Anteilswert in der Grundgesamtheit durch $h_n(A)$ = "relative Häufigkeit der Elemente mit der Eigenschaft A in der Stichprobe" geschätzt.

Die Schätzfunktion $\hat{P} = \frac{1}{n} \sum_{i=1}^{n} X_i$ (arithmetisches Mittel der Zufallsgrößen X_i) hat

$$E(\hat{P}) = p \quad \text{und} \quad Var(\hat{P}) = \frac{p \cdot (1-p)}{n}.$$

I. Näherungsverfahren für große Stichproben $\left(n > \dfrac{9}{p \cdot (1-p)} \right)$

Die aus $\hat{P}$ durch Standardtransformation erhaltene Zufallsgröße

$$Z = \frac{\hat{P} - p}{\sqrt{p \cdot (1-p)}} \sqrt{n}$$

ist binomialverteilt mit E(Z) = 0 und Var(Z) = 1. Bei großen Stichproben ist Z näherungsweise standardnormalverteilt (Grenzwertsatz von Moivre - Laplace).

Als Kriterium für "große Stichproben" kann wie beim Grenzwertsatz von Moivre - Laplace

$$n > \frac{9}{p \cdot (1-p)}$$

verwendet werden. Für große Stichproben gilt dann näherungsweise

$$P(\hat{P} - u_{1-\frac{\alpha}{2}} \sqrt{\frac{p(1-p)}{n}} \le p \le \hat{P} + u_{1-\frac{\alpha}{2}} \sqrt{\frac{p(1-p)}{n}}) = 1 - \alpha \tag{5.42}$$

Die Ungleichung in Gl. (5.42) enthält auf der linken und auf der rechten Seite den unbekannten Parameter p. Der unbekannte Ausdruck p.(1 - p) kann näherungsweise durch den Schätzwert $\hat{p} \cdot (1 - \hat{p})$ als hinreichend genau ersetzt werden und man erhält, nachdem ein Schätzwert $\hat{p}$ vorliegt

$$\text{Konf.}(\hat{p} - u_{1-\frac{\alpha}{2}} \sqrt{\frac{\hat{p}(1-\hat{p})}{n}} \le p \le \hat{p} + u_{1-\frac{\alpha}{2}} \sqrt{\frac{\hat{p}(1-\hat{p})}{n}}) = 1 - \alpha \tag{5.43}$$

Das Intervall

$$\left[\hat{p} - u_{1-\frac{\alpha}{2}} \sqrt{\frac{\hat{p} \cdot (1 - \hat{p})}{n}} \;,\; \hat{p} + u_{1-\frac{\alpha}{2}} \sqrt{\frac{\hat{p} \cdot (1 - \hat{p})}{n}} \right]$$

ist daher bei großen Stichproben näherungsweise ein Konfidenzintervall zum Konfidenzniveau 1 - α.

Statt im Näherungsverfahren für große Stichproben die weitere Näherung $p \cdot (1-p) \approx \hat{p} \cdot (1 - \hat{p})$ zu verwenden, kann man die beiden Ungleichungen, die in Gl. (5.42) enthalten sind, jeweils nach p auflösen. Als Ergebnis erhält man ein Konfidenzintervall $[\,p_1, p_2\,]$ mit

$$p_1 = \frac{2n\hat{p} + u_{1-\frac{\alpha}{2}}^2 \; - \; u_{1-\frac{\alpha}{2}} \sqrt{u_{1-\frac{\alpha}{2}}^2 + 4n\hat{p}(1-\hat{p})}}{2\left(n + u_{1-\frac{\alpha}{2}}^2\right)}$$

und $\hfill (5.44)$

$$p_2 = \frac{2n\hat{p} + u_{1-\frac{\alpha}{2}}^2 \; + \; u_{1-\frac{\alpha}{2}} \sqrt{u_{1-\frac{\alpha}{2}}^2 + 4n\hat{p}(1-\hat{p})}}{2\left(n + u_{1-\frac{\alpha}{2}}^2\right)}$$

II. Exaktes Konfidenzintervall bei kleinen Stichproben

Aufgrund einer im Rahmen dieses Buches nicht behandelten Beziehung zwischen der Binomialverteilung und der F-Verteilung läßt sich ein genaues Konfidenzintervall für den Parameter p angeben.

Es sei k die Anzahl der Elemente mit der Eigenschaft A in einer Stichprobe vom Umfang n aus einer zweistufigen Grundgesamtheit. Dann gilt der ohne Beweis angegebener Satz

Das Intervall $[\,p_1\,;\,p_2\,]$ mit

$$p_1 = \frac{k \cdot F_{2k\,;\,2(n-k+1)\,;\,\frac{\alpha}{2}}}{n-k+1+k \cdot F_{2k\,;\,2(n-k+1)\,;\,\frac{\alpha}{2}}} \qquad (5.45\ a)$$

$$p_2 = \frac{(k+1) \cdot F_{2(k+1)\,;\,2(n-k)\,;\,1-\frac{\alpha}{2}}}{n-k+(k+1) \cdot F_{2(k+1)\,;\,2(n-k)\,;\,1-\frac{\alpha}{2}}} \qquad (5.45\ b)$$

ist ein Konfidenzintervall zum Konfidenzniveau $1 - \alpha$ für den Parameter p einer zweistufigen Grundgesamtheit.
Die Intervallgrenzen p_1 und p_2 heißen **Pearson - Clopper - Werte**.

Beispiel 5.8. In einer Stichprobe vom Umfang n = 200 aus einer Lieferung eines Massenartikels befanden sich k = 12 Ausschußteile. Der Auswahlsatz f sei kleiner 0,05.

a) Punktschätzung für den Anteilswert p: $\quad \hat{p} = \dfrac{12}{200} = 0,06 = 6\%$

b) Konfidenzintervalle zum Konfidenzniveau $1 - \alpha = 0,95$

1. Näherungsverfahren für große Stichproben
   Gl. (5.43) liefert das Konfidenzintervall $\quad[\,0,0271\,;\,0,0929\,]$,
   Gl. (5.44) liefert das Konfidenzintervall $\quad[\,0,0346\,;\,0,1019\,]$.

2. Mit den Quantilen der F-Verteilung

$$F_{24\,;\,378\,;\,0,025} = \frac{1}{F_{378\,;\,24\,;\,0,975}} = \frac{1}{1,9596} = 0,5103 \qquad \text{und} \qquad F_{26\,;\,376\,;\,0,975} = 1,6509$$

erhält man nach Gl. (5.45) das Konfidenzintervall $\quad[\,0,0314\,;\,0,1025\,]$.

Beispiel 5.9. Der Anteilswert p einer zweistufigen Grundgesamtheit soll mit einer einfachen Zufallsstichprobe so geschätzt werden, daß mit einem Vertrauen von 95 % sich Schätzwert und Anteilswert betragsmäßig um höchstens 0,01 unterscheiden. Welcher Mindeststichprobenumfang muß gewählt werden?

Damit die Bedingung Konf.$(|\hat{p} - p| \leq 0,01) = 0,95$ erfüllt ist, darf die halbe Breite des Konfidenzintervalls höchstens gleich 0,01 sein. Aus

$$u_{1-\frac{\alpha}{2}} \sqrt{\frac{p(1-p)}{n}} \leq 0,01$$

folgt mit $u_{0,975} = 1,960$

$$\sqrt{\frac{n}{p(1-p)}} \geq \frac{1,96}{0,01} \quad \text{und} \quad n \geq 38\,416 \cdot p \cdot (1-p)$$

Der Mindeststichprobenumfang hängt stark vom unbekannten Parameter p ab. Im ungünstigsten Fall ($p = 0,5$) erhält man

$$n \geq 9\,604 \approx 10\,000.$$

Bei einem Anteilswert $p = 0,5$ ist bei einer einfachen Zufallsstichprobe ein Mindestumfang von etwa $n = 10000$ notwendig. Dieselbe Schätzgenauigkeit erhält man schon bei kleineren Stichprobenumfängen mit geschichteten Stichproben.

5.2.4 Prognoseintervalle

Bei den bisher behandelten Schätzverfahren wird von einer Stichprobe auf die zugehörige Stichprobe geschlossen. Dieser Schluß heißt **indirekter Schluß** oder **Repräsentationsschluß**. Die Stichprobe wird als repräsentativ für die für die Grundgesamtheit angesehen.

Bei der Bestimmung von Prognoseintervallen wird im **direkten Schluß** von einer bekannten Grundgesamtheit auf eine beabsichtigte Stichprobe geschlossen.

Definition 5.15

Schätzintervalle für zu erwartende Stichprobenparameter bei bekannten Grundgesamtheit heißen **Prognoseintervalle**.

a) Prognoseintervalle für das arithmetische Mittel $\overline{X}$

Ist das Merkmal X **normalverteilt** mit $E(X) = \mu$ und $Var(X) = \sigma^2$, so ist die Zufallsgröße arithmetisches Mittel $\overline{X}$ $\left(\mu ; \frac{\sigma^2}{n}\right)$ – normalverteilt und man erhält

$$P(\mu - u_{1-\frac{\alpha}{2}} \frac{\sigma}{\sqrt{n}} \leq \mu \leq \mu + u_{1-\frac{\alpha}{2}} \frac{\sigma}{\sqrt{n}}) = 1 - \alpha \qquad (5.46)$$

Ist das Merkmal X **nicht normalverteilt** mit $E(X) = \mu$ und $Var(X) = \sigma^2$, so ist bei großen Stichproben das arithmetische Mittel $\overline{X}$ näherungsweise $\left(\mu ; \frac{\sigma^2}{n}\right)$ – normalverteilt (zentraler Grenzwertsatz!). Im Falle großer Stichproben ($n > 30$) ist durch Gl. (5.46) auch für beliebig verteilte Zufallsgrößen X näherungsweise ein Intervall bestimmt, welches mit der Wahrscheinlichkeit $1 - \alpha$ das zu erwartende arithmetische Mittel enthält.

Beispiel 5.10.   In einer Bevölkerung sei das Merkmal X = Intelligenzquotient normalverteilt mit den Parametern $\mu = 100$ und $\sigma = 15$.
In welchem Intervall liegt mit einer Wahrscheinlichkeit $1 - \alpha = 0,90$ der durchschnittliche Intelligenzquotient von $n = 100$ zufällig ausgewählten Personen dieser Bevölkerung?

Gl. (5.46) ergibt $P(97,53 \leq \overline{X} \leq 102,47) = 0,90$.

Mit einer Wahrscheinlichkeit von 90 % wird der durchschnittliche Intelligenzquotient der 100 zufällig ausgewählten Personen im Intervall [97,53 ; 102,47] liegen.

b) Prognoseintervalle für den Anteilswert $\hat{P}$

Bei großen Stichproben ist die Zufallsgröße $\hat{P}$ näherungsweise normalverteilt mit

$$E(\hat{P}) = p \quad \text{und} \quad Var(\hat{P}) = \frac{p \cdot (1-p)}{n}.$$

Man erhält analog zu Gl. (5.46)

$$P(p - u_{1-\frac{\alpha}{2}} \sqrt{\frac{p \cdot (1-p)}{n}} \leq \hat{P} \leq p + u_{1-\frac{\alpha}{2}} \sqrt{\frac{p \cdot (1-p)}{n}}) = 1 - \alpha \qquad (5.47)$$

Beispiel 5.11. Ein regelmäßiger Würfel wird n = 600 mal geworfen. In welchem (zentralen) Intervall liegt mit einer Wahrscheinlichkeit von 95 % der zu erwartende Anteil des Sechsen?

Es handelt sich hier um eine große Stichprobe und wir erhalten mit Gl.(5.47):

$$P(\ 0{,}1368 \le \hat{P} \le 0{,}1965\ ) = 0{,}95$$

Mit einer Wahrscheinlichkeit von 95 % liegt der Anteil der Sechsen bei 600maligen Würfeln zwischen 13,68 % und 19,65 %.

Übungsaufgaben zum Abschnitt 5.2 (Lösungen im Anhang)

Beispiel 5.12. Man berechne den ML - Schätzwert für den Parameter α einer Pareto-Verteilung mit der Dichtefunktion

$$f(x/\alpha) = \begin{cases} 0 & \text{für } x < 1 \\ \alpha \cdot x^{-(\alpha+1)} & \text{für } x \ge 1, \end{cases}$$

wenn die folgenden n = 20 Stichprobenwerte vorliegen:

$$1{,}03 \,/\, 1{,}05 \,/\, 1{,}09 \,/\, 1{,}12 \,/\, 1{,}16 \,/\, 1{,}19 \,/\, 1{,}24 \,/\, 1{,}27 \,/\, 1{,}32 \,/\, 1{,}41 \,/$$
$$1{,}46 \,/\, 1{,}52 \,/\, 1{,}63 \,/\, 1{,}84 \,/\, 1{,}92 \,/\, 2{,}08 \,/\, 2{,}49 \,/\, 2{,}87 \,/\, 4{,}07 \,/\, 4{,}97\ .$$

Beispiel 5.13. Man bestimme die ML - Schätzfunktion für den Parameter α einer Pascal-Verteilung mit der Wahrscheinlichkeitsfunktion

$$f(x \,/\, \alpha) = \frac{\alpha}{(1 + \alpha)^{x+1}} \qquad \alpha > 0; \quad x = 0, 1, 2, \ldots$$

Beispiel 5.14. Aus einer Grundgesamtheit, in der das Merkmal X mit dem Parameter λ exponentialverteilt ist, beabsichtigt man, eine Stichprobe vom Umfang n zu entnehmen. Die Zufallsgröße $Y = 2\,n\,\lambda\,\overline{X}$ ist χ^2-verteilt mit m = 2n Freiheitsgraden.
Man konstruiere ein Konfidenzintervall zum Konfidenzniveau 1 - α für den Parameter λ einer Exponentialverteilung.

Beispiel 5.15. Ein Gerät zur Messung der Meerestiefe verursache keine systematischen Fehler.

Aus längerer Erfahrung sei bekannt, daß die zufälligen Fehler normalverteilt sind mit dem Erwartungswert Null (keine systematischen Fehler vorhanden) und der Standardabweichung $\sigma = 10$ m. Wieviele unabhängige Messungen müssen mindestens durchgeführt werden, damit mit einem Vertrauen von 90 % der Mittelwert dieser n Messungen einen Fehlerbetrag von höchstens 5 m hat?

Beispiel 5.16. Eine Stichprobe vom Umfang n = 200 ergab für das Merkmal X = Nietkopfdurchmesser die Stichprobenparameter $\bar{x} = 13{,}42$ mm und s = 0,114 mm. Man bestimme zum Konfidenzniveau $1 - \alpha = 0{,}95$ Konfidenzintervalle für den Mittelwert μ und die Varianz σ^2.

Beispiel 5.17. Es soll der Anteil der Ausschußstücke bei der Produktion eines Massenartikels geschätzt werden.

a) Eine zufällige Stichprobe vom Umfang n = 100 enthielt 9 Ausschußteile. Man berechne ein Intervall, welches mit einem Vertrauen von 95 % den Anteilswert p enthält.

b) Welcher Mindeststichprobenumfang muß bei einer zweiten Stichprobenuntersuchung gewählt werden, wenn der Schätzwert $\hat{p}$ mit einem Vertrauen von 95 % betragsmäßig um höchstens 0,01 vom wahren Wert abweichen soll und für p der ungünstigste Wert des unter a) berechneten Vertrauensintervalls angesetzt wird?

Beispiel 5.18. Von den 10 727 546 in der Bundesrepublik Deutschland in den Jahren 1961 - 1971 (lebend) geborenen Kindern befanden sich 5 513 614 Knaben. Man berechne ein Konfidenzintervall zum Konfidenzniveau $1 - \alpha = 0{,}99$ für den Anteil p der Knaben.

Beispiel 5.19. Ein Versuch mit der Erfolgswahrscheinlichkeit p = 0,5 soll n = 100 mal unabhängig durchgeführt werden. In welchem Intervall liegt mit einer Wahrscheinlichkeit von 95 % der Anteil der gelungenen Versuche?

5.3 Statistische Prüfverfahren

5.3.1 Grundbegriffe

Im Abschnitt 5.2 haben wir gesehen, daß Stichprobenuntersuchungen dazu dienen können, unbekannte Parameter der Verteilung eines Merkmals zu schätzen.
Ein zweites Ziel von Stichprobenuntersuchungen ist, Hypothesen über Parameter einer Verteilung oder über die Art der Verteilung eines Merkmals zu überprüfen.

Bei allen Hypothesenprüfungen oder statistischen Tests existiert eine **Prüfhypothese** oder **Nullhypothese** H_0, zu der eine **Alternativhypothese** H_1 aufgestellt wird.

Ein statistischer Test ist also ein Verfahren, um zwischen einer Nullhypothese H_0 und einer Alternativhypothese H_1 zu entscheiden.

Wie bei allen Fragen, die aufgrund von Wahrscheinlichkeitsüberlegungen entschieden werden, ist auch hier die Entscheidung darüber, welche der beiden Hypothesen die richtige ist, nicht mit absoluter Sicherheit zu fällen. Bei jeder Entscheidung, für oder gegen die Nullhypothese H_0, besteht eine bestimmte Wahrscheinlichkeit dafür, daß sie falsch ist.

Bei statistischen Hypothesenprüfungen können grundsätzlich zwei Arten von Fehlern auftreten:

    Fehler 1. Art: Die Nullhypothese wird abgelehnt, obwohl sie richtig ist.

    Fehler 2. Art: Die Nullhypothese wird angenommen, obwohl sie falsch ist.

Die Testentscheidung wird an Hand von Stichprobenergebnissen durchgeführt. Man verwendet daher als **Prüffunktion** oder **Teststatistik**

$$T = T(X_1, X_2, X_3, \ldots, X_n)$$

eine Stichprobenfunktion bekannter Wahrscheinlichkeitsverteilung, die den Parameter und seine Schätzfunktion enthält, über den eine Hypothese geprüft werden soll. Bei der Festlegung der Prüffunktion geht man von der Annahme aus, die Nullhypothese sei richtig. Je nach beobachteter Realisation t der Zufallsgröße Prüffunktion T wird dann für oder gegen die Nullhypothese entschieden.

Definition 5.16

Der Bereich, in dem bei richtiger Nullhypothese mit einer Wahrscheinlichkeit von höchstens α die Realisationen der Prüffunktion liegen, heißt **kritischer Bereich K.**
Die für einen bestimmten Test gewählte Wahrscheinlichkeit α heißt **vereinbartes Signifikanzniveau.**

Nimmt die Prüffunktion T einen Wert an, der im kritischen Bereich liegt, so wird die Nullhypothese verworfen.
Die Wahrscheinlichkeit, eine richtige Nullhypothese abzulehnen, d.h. einen Fehler 1. Art zu begehen ist dabei höchstens α.

$$P(\, T \in K \mid H_0\,) \le \alpha$$

Man wird nun die Testentscheidung so durchführen, daß die Wahrscheinlichkeiten für Fehlentscheidungen möglichst gering sind. Die maximale Wahrscheinlichkeit α für einen Fehler 1. Art wird bereits bei der Testplanung durch die Wahl des Signifikanzniveaus festgelegt. Je nach Art und Bedeutung der zu prüfenden Hypothese werden meist die Werte $\alpha = 0{,}10$; $\alpha = 0{,}05$ oder $\alpha = 0{,}01$ verwendet.

Bei der praktischen Anwendung wird man die Hypothese, deren Richtigkeit nachgewiesen werden soll, im allgemeinen nicht als Nullhypothese H_0, sondern als Alternative H_1 aufstellen. Soll eine bestimmte Wirkung nachgewiesen werden, so besagt die Nullhypothese H_0, daß keine Wirkung (Wirkung = Null) vorliegt.

Wählt man nun das Signifikanzniveau α sehr klein, so wird man die nachzuweisende Alternative erst dann annehmen, wenn aufgrund der Stichprobenergebnisse die Nullhypothese (nachzuweisende Wirkung ist nicht vorhanden) sehr unwahrscheinlich ist. Der nachzuweisende Effekt (H_1) ist dadurch gut gesichert und dies ist in vielen Testsituationen wichtig. Dabei nimmt man in Kauf, daß möglicherweise eine viel größere Wahrscheinlichkeit β besteht, die Nullhypothese beizubehalten, obwohl sie falsch ist, d.h. einen Fehler 2. Art zu begehen.

	H_0 sei richtig	H_1 sei richtig
Annahme von H_0	**Entscheidung ist richtig** P(richtige Entscheidung) $\ge 1 - \alpha$	**Fehler 2. Art** P(Fehler 2. Art) $= \beta$
Ablehnung von H_0	**Fehler 1. Art** P(Fehler 1. Art) $\le \alpha$ (Signifikanzniveau)	**Entscheidung ist richtig** P(richtige Entscheidung) $= 1 - \beta$ (Macht des Testes)

Betrachtet werden im folgenden **Parametertests**, d.h. das Prüfen von Hypothesen über einen Parameter ψ einer Verteilung mit der

$$\text{Nullhypothese} \qquad H_0: \quad \psi \in \Psi_0$$

$$\text{und der Alternative} \qquad H_1: \quad \psi \in \Psi_1$$

Hierbei ist Ψ_0 die Menge der Parameterwerte ψ, welche der Aussage der Nullhypothese H_0 und Ψ_1 die Menge der Parameterwerte ψ, welche der Aussage der Alternativhypothese H_1 entsprechen. Im allgemeinen werden Nullhypothese und Alternative so formuliert, daß $\Psi_0 \cup \Psi_1$ die Gesamtmenge der möglichen Parameterwerte ergibt.

Definition 5.17

Eine Parametertest mit $\qquad H_0: \psi = \psi_0 \quad$ und $\quad H_1: \psi \neq \psi_0$

heißt **zweiseitiger Test**.

Ein Parametertest mit $\qquad H_0: \psi \geq \psi_0 \quad$ und $\quad H_1: \psi < \psi_0$

oder $\qquad\qquad\qquad\qquad H_0: \psi \leq \psi_0 \quad$ und $\quad H_1: \psi > \psi_0$

heißt **einseitiger Test**.

Da die Angabe des Signifikanzniveaus α nur eine Aussage über die Wahrscheinlichkeit eines Fehlers 1. Art macht, reicht sie zur vollständigen Charakterisierung eines Tests nicht aus.

Zur besseren Charakterisierung eines Tests wollen wir zunächst die Gütefunktion eines Parametertests einführen.

Definition 5.18

Die Wahrscheinlichkeit, die Nullhypothese H_0 eines Parametertests abzulehnen, heißt **Gütefunktion** $g(\psi)$.

Es ist

$$\beta = P(T \in \overline{K} \mid H_1)$$

die Wahrscheinlichkeit eines Fehlers 2. Art, d.h. bei richtiger Alternative H_1 die Nullhypothese H_0 beizubehalten und

$$1 - \beta = P(T \in K \mid H_1)$$

die Wahrscheinlichkeit, bei richtiger Alternative H_1 die Nullhypothese H_0 abzulehnen, also einen Fehler 2. Art zu vermeiden.

Für die Gütefunktion eines Parametertests folgt damit:

1. $g(\psi) \le \alpha$ für $\psi \in \Psi_0$

2. $g(\psi) = 1 - \beta(\psi)$ für $\psi \in \Psi_1$

Man beachte, daß die Funktionswerte der Gütefunktion für Parameterwerte $\psi \in \Psi_0$, die zur Nullhypothese gehören, eine andere Bedeutung haben, als für Parameterwerte $\psi \in \Psi_1$ der Alternative.

Für Parameterwerte ψ, die der Nullhypothese entsprechen, gibt die Gütefunktion die Wahrscheinlichkeit an, einen Fehler 1. Art zu begehen und ist höchstens gleich dem Signifikanzniveau α. Für Parameterwerte, die der Alternative entsprechen, gibt die Gütefunktion die Wahrscheinlichkeit $1 - \beta$ an, einen Fehler 2. Art zu vermeiden.

Definition 5.19

Die Funktion $1 - \beta(\psi)$ heißt **Machtfunktion**. Der Funktionswert in einer bestimmten Testsituation heißt Macht des Testes.

Die Machtfunktion ist ein Teil der Gütefunktion. Je gößer die Macht eines Testes ist, desto geringer ist die Wahrscheinlichkeit für einen Fehler 2. Art.

Definition 5.20

Die Funktion $1 - g(\psi)$, die Wahrscheinlichkeit, die Nullhypothese nicht zu verwerfen, heißt **Operationscharakteristik** (OC - Kurve).

In der statistischen Qualitätskontrolle wird oft nur der Teil der Operationscharakteristik verwendet, für den $\psi \in \Psi_1$ gilt, wenn vorausgesetzt wird, daß die Alternative H_1 richtig ist. Die Operationscharakteristik beschreibt dann die Wahrscheinlichkeit β für einen Fehler 2. Art.

Gütefunktion, Machtfunktion oder Operationscharakteristik dienen dazu, Eigenschaften eines Tests in bestimmten Testsituationen zu beschreiben. Bei einem idealen Test wäre die Gütefunktion

$$g(\psi) = \begin{cases} 0 & \text{für } \psi \in \Psi_0 \\ 1 & \text{für } \psi \in \Psi_1 . \end{cases}$$

Ein Test mit dieser Gütefunktion würde mit Wahrscheinlichkeit 1 zur richtigen Testentscheidung führen. Dieser Idealfall ist bei endlichen Stichprobenumfängen nicht erreichbar.

Definition 5.21

Ein Parametertest heißt **konsistent**, wenn für alle $\psi \in \Psi_1$ gilt:

$$\lim_{n \to \infty} g(\psi) = 1$$

Bei einem konsistenten Test wächst mit zunehmenden Stichprobenumfang n die Wahrscheinlichkeit, einen Fehler 2. Art zu vermeiden.

Stehen für eine bestimmte Hypothesenprüfung verschiedene Tests zur Verfügung, so wird man den Test wählen, der für alle mögliche alternativen Werte des unbekannten Parameters ψ die größte Macht hat, d.h. mit der größten Wahrscheinlichkeit eine falsche Nullhypothese aufdeckt.

Definition 5.22

Ein Test mit der Gütefunktion $g(\psi)$ zum Signifikanzniveau α heißt **gleichmäßig bester Test**, wenn für alle $\psi \in \Psi_1$ gilt:

$$g(\psi) \geq g^*(\psi),$$

wobei $g^*(\psi)$ die Gütefunktion eines beliebigen anderen Tests zum gleichen Signifikanzniveau ist.

Auf das Problem der Bestimmung gleichmäßig bester (mächtigster) Tests kann hier nicht eingegangen werden. Es sei nur erwähnt, daß nicht in allen Testsituationen ein gleichmäßig bester Test existiert.

5.3.2 Prüfen einer Hypothese über den Mittelwert μ einer Normalverteilung

Es soll eine Hypothese über den Mittelwert μ eines normalverteilten Merkmals X geprüft werden. Bei der Formulierung von Nullhypothese und Alternative sind zwei Fälle möglich:

1. Zweiseitiger Test: H_0: $\mu = \mu_0$ gegen H_1: $\mu \neq \mu_0$

2. Einseitiger Test: H_0: $\mu \geq \mu_0$ gegen H_1: $\mu < \mu_0$

    oder H_0: $\mu \leq \mu_0$ gegen H_1: $\mu > \mu_0$

a) Die Varianz σ^2 der Grundgesamtheit sei bekannt

Da die Varianz σ^2 des normalverteilten Merkmals X als bekannt vorausgesetzt wird, kann die standardnormalverteilte Zufallsgröße

$$U = \frac{\overline{X} - \mu_0}{\sigma} \sqrt{n}$$

als Prüffunktion herangezogen werden. Dabei wurde als Mittelwert μ der von der Nullhypothese geforderte Wert μ_0 verwendet.

In Bild 5.10 sind für die verschiedenen Alternativen die kritischen Bereiche anschaulich dargestellt.

Für den einseitigen Test H_0: $\mu \geq \mu_0$ gegen die Alternative H_1: $\mu < \mu_0$ erkennt man an Bild 5.10 a den kritischen Bereich

$$K: \quad \frac{\overline{x} - \mu_0}{\sigma} \sqrt{n} < u_\alpha$$

Die Wahrscheinlichkeitsverteilung der Prüfgröße U ist für einen Mittelwert $\mu = \mu_0$ dargestellt. Ist der wahre Mittelwert $\mu = \mu_0$, so ist die Wahrscheinlichkeit, eine richtige Nullhypothese abzulehnen gleich dem Signifikanzniveau α. Für andere mit der Nullhypothese verträglichen Mittelwerte, in diesem Beispiel $\mu > \mu_0$, ist diese Wahrscheinlichkeit eines Fehlers 1. Art kleiner als α. Es gilt daher

$$P(U \in K \,|\, H_0) = P(\text{Fehler 1. Art}) \leq \alpha.$$

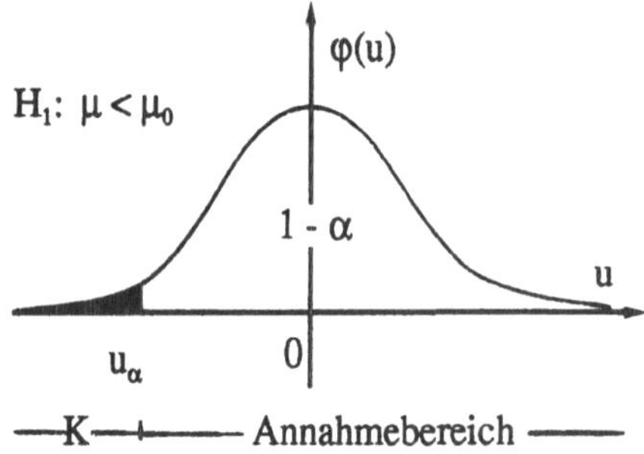

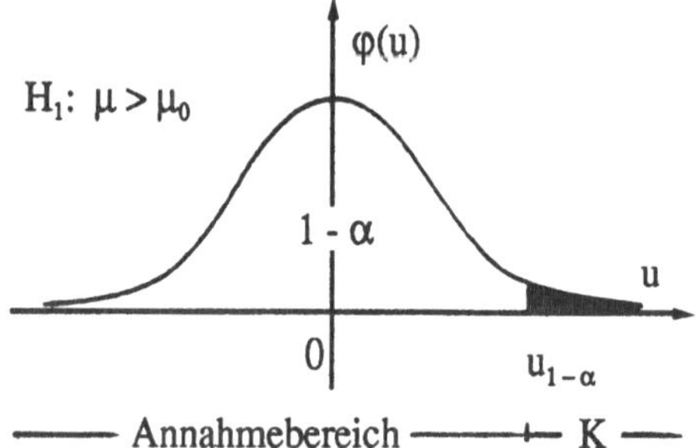

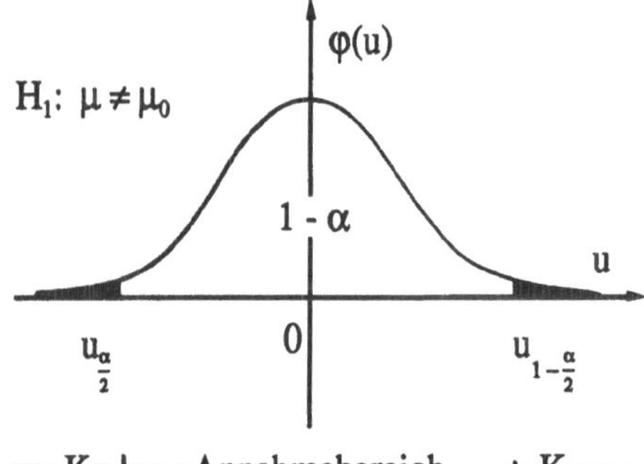

Bild 5.10 a,b,c
Annahmebereiche und kritische Bereiche
für verschiedene Testsituationen

Berücksichtigt man die Zusammenhänge

$$u_\alpha = -u_{1-\alpha} \qquad \text{und} \qquad u_{\frac{\alpha}{2}} = -u_{1-\frac{\alpha}{2}},$$

so erhält man in übersichtlicher Tabellenform:

H_0	H_1	Kritischer Bereich K bei einem Signifikanzniveau α
$\mu = \mu_0$	$\mu \neq \mu_0$	$\dfrac{\lvert \bar{x} - \mu_0 \rvert}{\sigma} \sqrt{n} > u_{1-\frac{\alpha}{2}}$
$\mu \geq \mu_0$ $\mu \leq \mu_0$	$\mu < \mu_0$ $\mu > \mu_0$	$\dfrac{\lvert \bar{x} - \mu_0 \rvert}{\sigma} \sqrt{n} > u_{1-\alpha}$

Das dadurch bestimmte Prüfverfahren ist im Falle des einseitigen Tests der gleichmäßig beste Test, d.h. es gibt in dieser Testsituation keinen anderen Test, der mächtiger wäre. Im Falle des zweiseitigen Tests existiert kein gleichmäßig bester Test.

Keinen Grund für die Ablehnung einer Nullhypothese zu haben, ist noch kein Beweis für ihre Richtigkeit, da die Ablehnung der Nullhypothese erst erfolgt, wenn sie aufgrund der Stichprobenergebnisse als sehr unwahrscheinlich erscheint.
Eine Verkleinerung des Signifikanzniveaus α verringert die Wahrscheinlichkeit eines Fehlers 1. Art, vergrößert aber gleichzeitig die Wahrscheinlichkeit, eine falsche Nullhypothese beizubehalten, d.h. einen Fehler 2. Art zu begehen.

Bild 5.11 zeigt in der Testsituation

$$H_0: \quad \mu \leq \mu_0 \qquad \text{gegen} \qquad H_1: \quad \mu > \mu_0$$

anschaulich den Zusammenhang zwischen dem Signifikanzniveau α und der Wahrscheinlichkeit β, eines Fehlers 2. Art.

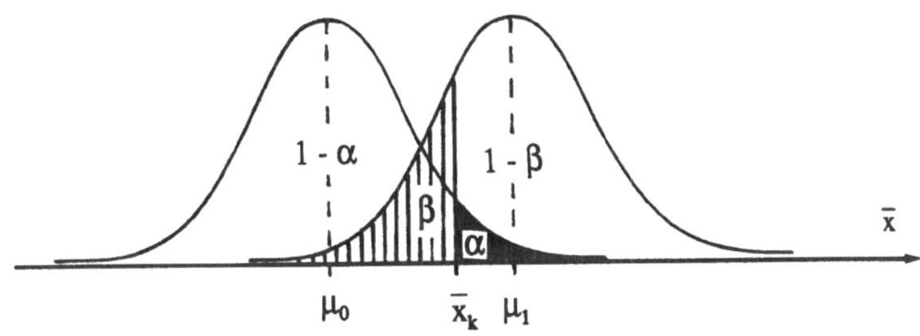

Bild 5.11   Signifikanzniveau α und Wahrscheinlichkeit β eines Fehlers 2. Art

Die Nullhypothese wird abgelehnt, wenn ein Stichprobenmittel $\overline{x}$ auftritt, welches größer ist, als das kritische Stichprobenmittel $\overline{x}_k$. Man erkennt, daß eine Verkleinerung des Signifikanzniveaus α das kritische Stichprobenmittel $\overline{x}_k$ und damit auch die Wahrscheinlichkeit eines Fehlers 2. Art β vergrößert.

Ist die Alternative nicht auf einen festen Mittelwert μ_1 beschränkt, so ist β eine Funktion von μ_1.

Wir wollen nun die **Machtfunktion** $1 - \beta(\mu_1)$ dieses Tests betrachten und unterscheiden dabei die beiden Fälle:

1. Machtfunktion des einseitigen Tests: $H_0:\ \mu \le \mu_0;$ $H_1:\ \mu = \mu_1 > \mu_0$

Die Nullhypothese wird auf einem Signifikanzniveau α abgelehnt, wenn

$$\frac{\bar{x} - \mu_0}{\sigma}\sqrt{n} > u_{1-\alpha} \qquad \text{d.h.} \qquad \bar{x} > \mu_0 + u_{1-\alpha}\frac{\sigma}{\sqrt{n}} = \bar{x}_k$$

ist. Die Nullhypothese wird beibehalten, solange die Realisation $\bar{x}$ des Stichprobenmittels den kritischen Mittelwert $\bar{x}_k$ nicht überschreitet.

Bei der Berechnung der Wahrscheinlichkeit β eines Fehlers 2. Art müssen wir die Wahrscheinlichkeitsdichte zugrunde legen, die sich ergibt, wenn die Alternative $H_1:\ \mu = \mu_1$ als richtig angesehen wird. Damit erhalten wir

$$\beta = P(\overline{X} < \bar{x}_k \,|\, \mu = \mu_1) = \Phi\!\left(\frac{\bar{x}_k - \mu_1}{\sigma}\sqrt{n}\right)$$

$$= \Phi\!\left(\frac{\bar{x}_k - \mu_0 - (\mu_1 - \mu_0)}{\sigma}\sqrt{n}\right) = \Phi\!\left(u_{1-\alpha} - \frac{\mu_1 - \mu_0}{\sigma}\sqrt{n}\right)$$

Für die letzte Umformung wurde $\dfrac{\bar{x}_k - \mu_0}{\sigma}\sqrt{n} = u_{1-\alpha}$ verwendet.

Damit erhält man für die Machtfunktion des einseitiges Tests:

$$1 - \beta(\mu_1) = 1 - \Phi\!\left(u_{1-\alpha} - \frac{\mu_1 - \mu_0}{\sigma}\sqrt{n}\right) \tag{5.48}$$

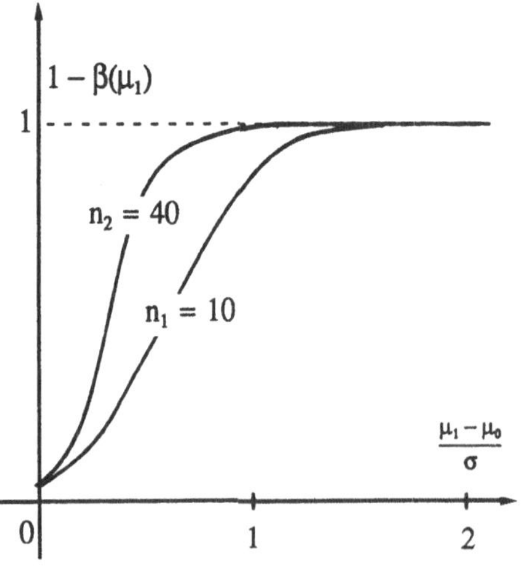

In Bild 5.12 ist die Machtfunktion in Abhängigkeit von der Größe $(\mu_1 - \mu_0)/\sigma$ bei einem Signifikanzniveau $\alpha = 0{,}05$ für die Stichprobenumfänge $n_1 = 10$ und $n_2 = 40$ dargestellt.

Bild 5.12 Machtfunktion $1 - \beta(\mu_1)$

Ein Zahlenbeispiel:

Unterscheidet sich μ_1 von μ_0 um eine Standardabweichung σ, so wird bei einem Stichprobenumfang $n_1 = 10$ die Nullhypothese bereits mit einer Wahrscheinlichkeit von 93,54 % als falsch erkannt.

$\dfrac{\mu_1 - \mu_0}{\sigma}$	$1 - \beta$ $n_1 = 10$	$1 - \beta$ $n_2 = 40$
0	0,05	0,05
0,25	0,1964	0,4745
0,50	0,4745	0,9354
0,75	0,7663	0,9990
1,00	0,9354	≈ 1
2,00	≈ 1	≈ 1

2. Machtfunktion des zweiseitigen Tests: $\quad H_0: \quad \mu = \mu_0; \qquad H_1: \quad \mu \neq \mu_0$

Die Nullhypothese wird beibehalten, wenn das arithmetische Mittel $\overline{X}$ Werte annimmt, die im Intervall

$$[(\overline{x}_k)_1 , (\overline{x}_k)_2]$$

liegen (s. Bild 5.13). Dabei gilt

$$\frac{(\overline{x}_k)_1 - \mu_0}{\sigma} \sqrt{n} = u_{\frac{\alpha}{2}}$$

$$\frac{(\overline{x}_k)_2 - \mu_0}{\sigma} \sqrt{n} = u_{1-\frac{\alpha}{2}}.$$

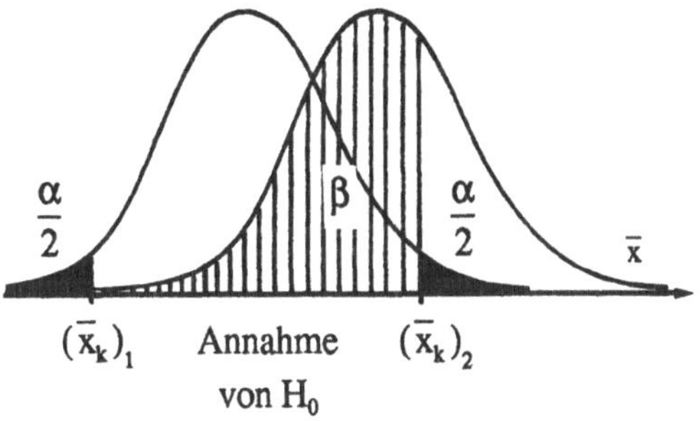

Bild 5.13 Annahmebereich der Nullhypothese H_0

Unter der Voraussetzung, daß die Alternative $H_1: \mu = \mu_1$ richtig ist, folgt:

$$\beta = P((\overline{x}_k)_1 \leq \overline{X} \leq (\overline{x}_k)_2 | \mu = \mu_1)$$

$$= \Phi\left(\frac{(\overline{x}_k)_2 - \mu_1}{\sigma} \sqrt{n}\right) - \Phi\left(\frac{(\overline{x}_k)_1 - \mu_1}{\sigma} \sqrt{n}\right)$$

$$1 - \beta = 1 - \Phi\left(u_{1-\frac{\alpha}{2}} - \frac{\mu_1 - \mu_0}{\sigma} \sqrt{n}\right) + \Phi\left(u_{\frac{\alpha}{2}} - \frac{\mu_1 - \mu_0}{\sigma} \sqrt{n}\right) \qquad (5.49)$$

$\dfrac{\mu_1 - \mu_0}{\sigma}$	$1 - \beta$ $n_1 = 10$	$1 - \beta$ $n_2 = 40$
0	0,05	0,05
0,25	0,1241	0,3526
0,50	0,3526	0,8854
0,75	0,6597	0,9973
1,00	0,8854	≈ 1
2,00	≈ 1	≈ 1

Den Verlauf der Machtfunktion für den zweiseitigen Test zeigt Bild 5.14.

An den Zahlenwerten der Machtfunktion erkennt man, daß bei sonst gleichen Verhältnissen die Macht (Trennschärfe) des zweiseitigen Tests geringer ist, als die Macht des einseitigen Tests.

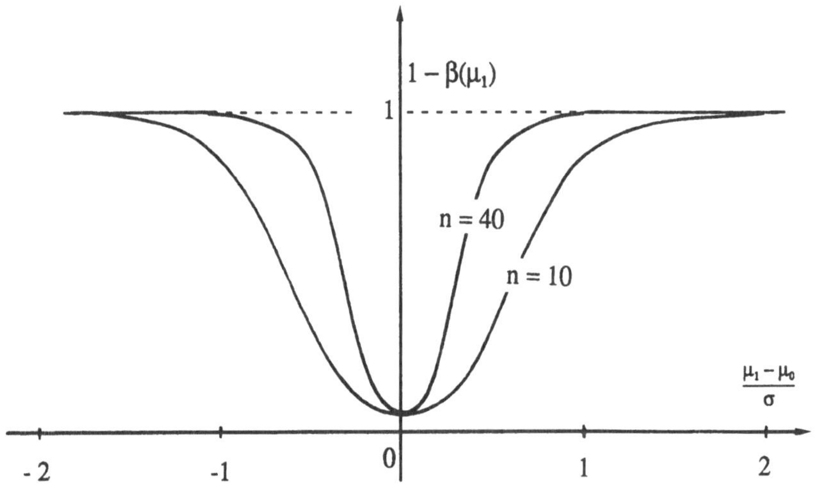

Bild 5.14 Machtfunktion des zweiseitigen Tests

Beispiel 5.20. In der Automatendreherei eines Betriebes werden Werkstücke mit einem Solldurchmesser von 10,000 mm hergestellt. Eine zufällige Stichprobe vom Umfang $n = 50$ ergab einen durchschnittlichen Durchmesser von 10,085 mm. Das Merkmal X = Durchmesser eines Werkstücks kann als normalverteilt angesehen werden mit der aus langjähriger Erfahrung bekannten Varianz $\sigma^2 = 0{,}072 \ \text{mm}^2$.

Man prüfe die Hypothese

$$H_0: \ \mu \leq \mu_0 = 10{,}000 \ \text{mm} \quad \text{gegen die Alternative} \quad H_1: \ \mu > \mu_0.$$

Als Signifikanzniveau soll $\alpha = 0{,}05$ gewählt werden.

Kritischer Bereich K: $\qquad |u| = \dfrac{|\bar{x} - \mu_0|}{\sigma}\sqrt{n} > u_{0,95} = 1{,}645$

Die Realisation der Prüfgröße $\qquad |u| = \dfrac{10{,}085 - 10{,}000}{\sqrt{0{,}072}}\sqrt{50} = 2{,}240$

liegt im kritischen Bereich.

Die Nullhypothese H_0: $\mu \le \mu_0 = 10{,}000$ mm wird daher zugunsten der Alternative H_1: $\mu > \mu_0$ verworfen. Die vorliegende Stichprobe entstammt einer Grundgesamtheit, in welcher der Mittelwert des Merkmals X = Durchmesser eines Werkstücks signifikant größer ist als 10,000 mm.
Die Wahrscheinlichkeit dafür, daß diese Entscheidung falsch ist (Fehler 1. Art), beträgt höchstens $\alpha = 0{,}05$.

b) Die Varianz σ^2 der Grundgesamtheit sei unbekannt

Zur Prüfung einer Hypothese über den Mittelwert einer Normalverteilung verwenden wir bei unbekannter Varianz σ^2 als Prüffunktion die Zufallsgröße

$$T = \frac{\bar{X} - \mu_0}{S}\sqrt{n},$$

die einer t-Verteilung mit $m = n - 1$ Freiheitsgraden genügt (s. Abschn. 5.1.5).

Die kritischen Bereiche in den verschiedenen Testsituationen zeigt die folgende Tabelle. Im Vergleich zu dem Fall bekannter Varianz σ^2, sind die jetzt unbekannte Standardabweichung σ durch die Stichprobenstandardabweichung s und die Quantile der Standardnormalverteilung durch die entsprechenden Quantile der t-Verteilung ersetzt.

H_0	H_1	Kritischer Bereich K bei einem Signifikanzniveau α
$\mu = \mu_0$	$\mu \ne \mu_0$	$\dfrac{|\bar{x} - \mu_0|}{s}\sqrt{n} > t_{n-1;\,1-\frac{\alpha}{2}}$
$\mu \ge \mu_0$ $\mu \le \mu_0$	$\mu < \mu_0$ $\mu > \mu_0$	$\dfrac{|\bar{x} - \mu_0|}{s}\sqrt{n} > t_{n-1;\,1-\alpha}$

Beispiel 5.21. Ein Betrieb stellt eine bestimmte Drahtsorte her, deren mittlere Reißfestigkeit aus vielen Messungen zu $\mu_0 = 52{,}6$ N bestimmt wurde. Durch ein neues Herstellungsverfahren erhofft man, die Reißfestigkeit zu erhöhen. Eine Stichprobe vom Umfang $n = 100$ aus der Produktion der neuen Drahtsorte ergab, bei einer Stichprobenstandardabweichung $s = 7{,}5$ N, eine mittlere Reißfestigkeit $\bar{x} = 55{,}8$ N. Darf man bei einem Signifikanzniveau $\alpha = 0{,}01$ behaupten, die neue Drahtsorte habe eine größere Reißfestigkeit?

Der einseitige Test $H_0 : \mu \leq \mu_0$ gegen $H_1 : \mu > \mu_0$ hat den kritischen Bereich

$$K: t > t_{99;\,0,99} = 2{,}365 \,.$$

Die Realisation der Prüfgröße $t = \dfrac{55{,}8 - 52{,}6}{7{,}5} \sqrt{100} = 4{,}267$

liegt im kritischen Bereich.

Die Nullhypothese wird daher abgelehnt und die Alternative angenommen. Da der nachzuweisende Effekt $\mu > \mu_0$ als Alternative gewählt wurde, hat die Behauptung, die neue Drahtsorte habe eine signifikant größere Reißfestigkeit, die sehr kleine Irrtumswahrscheinlichkeit (Wahrscheinlichkeit eines Fehlers 1. Art) $\leq \alpha = 0{,}01$.

Bemerkung: Das hier benötigte Quantil $t_{99;0,99} = 2{,}365$ wurde durch lineare Interpolation aus den Zahlenwerten der Quantile der t-Verteilung des Anhangs bestimmt. Für viele Anwendungen wird jedoch die Näherung $t_{99;\,0,99} \approx t_{100;\,0,99}$ ausreichend genau sein.

c) Prüfen einer Hypothese über den Mittelwert bei nicht normalverteilten Merkmalen

Ist das Merkmal X nicht normalverteilt, so ist bei großen Stichproben das Stichprobenmittel $\overline{X}$ dennoch näherungsweise $\left(\mu;\dfrac{\sigma^2}{n}\right)$ – normalverteilt (zentraler Grenzwertsatz).

Bei großen Stichproben kann daher dieser Fall näherungsweise so behandelt werden, wie das Prüfen einer Hypothese über den Mittelwert einer Normalverteilung.

Bei nichtnormalverteilten Merkmalen können aber auch verteilungsfreie Prüfverfahren, etwa der Vorzeichen - Rang - Test von Wilcoxon (s. Abschn. 5.3.9), verwendet werden.

5.3.3 Prüfen einer Hypothese über den Anteilswert p

Die Grundgesamtheit enthalte N Elemente, davon N_1 Elemente mit einer bestimmten Eigenschaft A.

Geprüft werden soll eine Hypothese über den Anteilswert $p = N_1 / N$.

a) Kleine Stichproben : $n < \dfrac{9}{p \cdot (1 - p)}$

Die Zufallsgröße

X = Anzahl der Elemente mit der Eigenschaft A in einer Stichprobe vom Umfang n

ist im Entnahmemodell mit Zurücklegen binomialverteilt, im Entnahmemodell ohne Zurücklegen bei großen Grundgesamtheiten und einem Auswahlsatz $f = n / N < 0{,}05$ näherungsweise binomialverteilt mit $E(X) = n.p$ und $Var(X) = n.p.(1 - p)$.

1. Zweiseitiger Test: $H_0:\ p = p_0$ gegen $H_1:\ p \neq p_0$

$F(x / n;\ p_0)$ ist die Verteilungsfunktion der Binomialverteilung unter der Voraussetzung von H_0 ($p = p_0$).

Beim zweiseitigen Test werden die kritischen Bereiche symmetrisch angesetzt und man erhält mit x = Anzahl der Elemente mit der Eigenschaft A in der Stichprobe den kritischen Bereich:

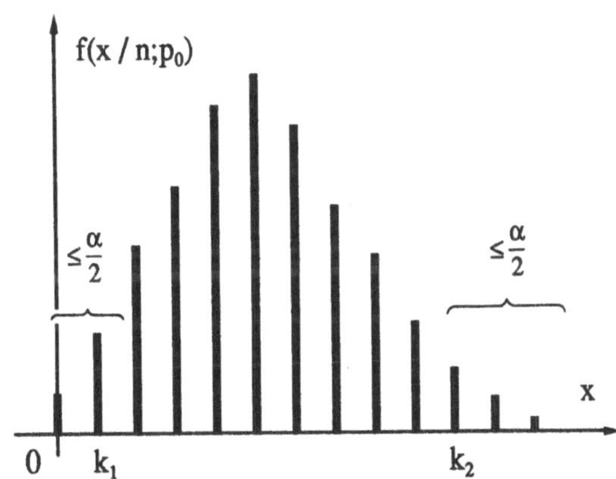

Bild 5.15   Wahrscheinlichkeitsfunktion der Binomialverteilung und kritischer Bereich K

Kritischer Bereich $K:\ x \leq k_1$ oder $x \geq k_2$

Hierbei ist k_1 der größte Wert k, für den noch gilt: $P(X \leq k \mid H_0) \leq \alpha/2$

k_2 der kleinste Wert k, für den schon gilt: $P(X \geq k \mid H_0) \leq \alpha/2$.

2. Einseitige Tests: $\qquad H_0 : \ p \le p_0 \qquad$ gegen $\qquad H_1 : \ p > p_0$

$\qquad\qquad\qquad$ oder $H_0 : \ p \ge p_0 \qquad$ gegen $\qquad H_1 : \ p < p_0$

$H_1 : p > p_0 :$ Kritischer Bereich K: $x \ge k_3$

$\qquad\qquad$ k_3 = kleinster k-Wert, für den schon gilt: $P(X \ge k \mid H_0) \le \alpha$

$H_1 : p < p_0 :$ Kritischer Bereich K: $x \le k_4$

$\qquad\qquad$ k_4 = größter k-Wert, für den noch gilt: $P(X \le k \mid H_0) \le \alpha$

In allen Fällen muß gelten: $P(X \in K \mid H_0) \le \alpha .$

b) Große Stichproben : $n > \dfrac{9}{p \cdot (1-p)}$

Die Zufallsgröße $\hat{P}$ = Anteil der Elemente mit der Eigenschaft A in einer Stichprobe vom Umfang n ist im Entnahmemodell mit Zurücklegen binomialverteilt bzw. bei großen Grundgesamtheiten und einem Auswahlsatz $f = n / N < 0{,}05$ im Modell ohne Zurücklegen näherungsweise binomialverteilt mit

$$E(\hat{P}) = p \qquad \text{und} \qquad \text{Var}(\hat{P}) = \frac{p \cdot (1-p)}{n} \qquad\qquad \text{(s. Abschn. 5.2.3)}$$

Bei großen Stichproben ist die Zufallsgröße $\hat{P}$ näherungsweise normalverteilt (Grenzwertsatz von Moivre - Laplace) und die als Prüffunktion verwendete Zufallsgröße

$$U = \frac{\hat{P} - p}{\sqrt{p(1-p)}} \sqrt{n}$$

näherungsweise standardnormalverteilt. Es gelten daher in den verschiedenen Testsituationen die folgenden kritischen Bereiche.

H_0	H_1	Kritischer Bereich K bei einem Signifikanzniveau α
$p = p_0$	$p \ne p_0$	$\dfrac{\mid \hat{p} - p_0 \mid}{\sqrt{p_0(1 - p_0)}} \sqrt{n} > u_{1-\frac{\alpha}{2}}$
$p \ge p_0$ $p \le p_0$	$p < p_0$ $p > p_0$	$\dfrac{\mid \hat{p} - p_0 \mid}{\sqrt{p_0(1 - p_0)}} \sqrt{n} > u_{1-\alpha}$

Beispiel 5.22. Eine Stichprobe vom Umfang n = 200 aus einer umfangreichen Lieferung eines Massenartikels enthielt x = 15 Ausschußteile.

Man prüfe auf einem Signifikanzniveau α = 0,05 die Herstellerangabe, der Ausschußanteil in der Gesamtlieferung sei höchstens p_0 = 5 %.

Aus der Fragestellung ergibt sich die Testsituation:

$$H_0: \quad p \leq 0,05 \qquad \text{gegen} \qquad H_1: \quad p > 0,05 \,.$$

Wir wählen die Herstellerbehauptung als Nullhypothese und gehen erst dann zur Alternative p > 0,05 über, wenn aufgrund der Stichprobenergebnisse sich die Nullhypothese als sehr unwahrscheinlich erweist.

Die Bedingung $n \cdot p_0(1 - p_0) > 9$ für große Stichproben ist hier gerade erfüllt. Wir werden das Näherungsverfahren für große Stichproben und zum Vergleich dennoch das genaue Verfahren für kleine Stichproben (Binomialtest) durchführen.

Binomialtest	Näherungsverfahren für große Stichproben
Tabelle der Verteilungsfunktion (Auszug)	Kritischer Bereich:

x	F(x / 200;0,05)
14	0,9219
15	0,9556
16	0,9762

$$K: \quad |u| > u_{0,95} = 1,645$$

$$|u| = \frac{0,08 - 0,05}{\sqrt{0,05 \cdot 0,95}} \sqrt{100} = 1,376$$

Binomialtest	Näherungsverfahren für große Stichproben
Kritischer Bereich K: $x \geq 16$ $[\,P(X \geq 16) = 1 - F(15) = 0,0444 < \alpha\,]$ x = 15 liegt nicht im kritischen Bereich! H_0 kann nicht abgelehnt werden.	Liegt nicht im kritischen Bereich! Die Herstellerbehauptung kann aufgrund dieser Stichprobe nicht verworfen werden.
x = 16 im kritischen Bereich!	x = 16: $|u|$ = 1,947 im kritischen Bereich!

Beide Verfahren führen in diesem Beispiel zur gleichen Testentscheidung.

5.3.4 Prüfen einer Hypothese über die Varianz σ^2 einer Normalverteilung

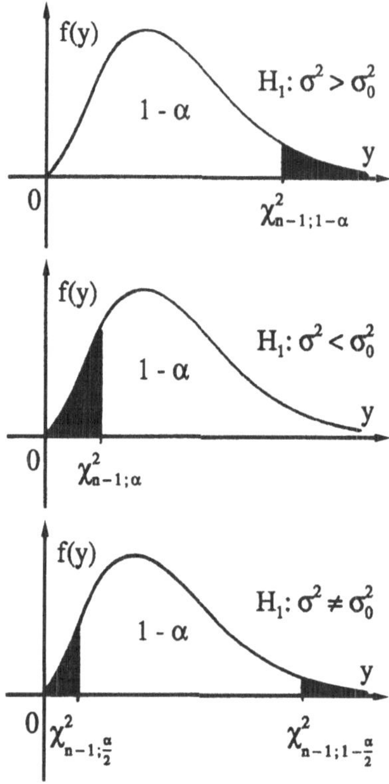

Bild 5.16 Kritische Bereiche

Geprüft werden soll eine Hypothese über den Parameter σ^2 einer Normalverteilung. Zur Testentscheidung verwenden wir, wie bei den bisher besprochenen Parametertests, eine Prüffunktion bekannter Wahrscheinlichkeitsverteilung, die den Parameter, über den eine Hypothese geprüft werden soll und die Schätzfunktion dieses Parameters enthält. Als Prüffunktion eignet sich hier die Zufallsgröße

$$Y = \frac{(n-1) \cdot S^2}{\sigma^2},$$

die einer χ^2-Verteilung mit $m = n - 1$ Freiheitsgraden genügt (s. Abschn. 5.1.4).

Die kritischen Bereiche in den einzelnen Testsituationen zeigt anschaulich Bild 5.16.

H_0	H_1	Kritischer Bereich K bei einem Signifikanzniveau α
$\sigma^2 \leq \sigma_0^2$	$\sigma^2 > \sigma_0^2$	$\dfrac{(n-1)s^2}{\sigma_0^2} > \chi^2_{n-1;1-\alpha}$
$\sigma^2 \geq \sigma_0^2$	$\sigma^2 < \sigma_0^2$	$\dfrac{(n-1)s^2}{\sigma_0^2} < \chi^2_{n-1;\alpha}$
$\sigma^2 = \sigma_0^2$	$\sigma^2 \neq \sigma_0^2$	$\dfrac{(n-1)s^2}{\sigma_0^2} > \chi^2_{n-1;1-\frac{\alpha}{2}}$ oder $\dfrac{(n-1)s^2}{\sigma_0^2} < \chi^2_{n-1;\frac{\alpha}{2}}$

Beim einseitigen Test ist das hier beschriebene Prüfverfahren der gleichmäßig beste Test zum Prüfen einer Hypothese über die Varianz einer Normalverteilung. Für den zweiseitigen Test gibt es keinen gleichmäßig besten Test.

Beispiel 5.23. Ein Betrieb stellt Werkstücke her, die einen bestimmten Solldurchmesser haben.

Eine Stichprobe vom Umfang n = 40 ergab für das normalverteilte Merkmal X = Durchmesser des Werkstücks eine Stichprobenstandardabweichung s = 26 μm.

Die Standardabweichung als ein Maß für die Präzision mit der die Maschine arbeitet, welche die Werkstücke fertigt, sollte entsprechend den Herstellerangaben in der Gesamtproduktion eine Standardabweichung $\sigma_0 = 20$ μm nicht überschreiten.

Kann aufgrund der vorliegenden Stichprobenergebnisse die Angabe des Maschinenherstellers $\sigma \leq 20$ μm bei einem Signifikanzniveau $\alpha = 0,01$ aufrecht erhalten werden?

Wir wählen wieder die Herstellerbehauptung als Nullhypothese und gehen erst dann zur Alternative $\sigma > 20$ μm über, wenn aufgrund der Stichprobenergebnisse sich die Nullhypothese als sehr unwahrscheinlich erweist.

Das hier mit $\alpha = 0,01$ sehr klein gewählte Signifikanzniveau (maximale Wahrscheinlichkeit für einen Fehler 1. Art) gibt im Falle der Ablehnung der Nullhypothese der Behauptung der Alternative eine entsprechend hohe Sicherheit.

Testsituation: $H_0: \quad \sigma^2 \leq 400\,\mu\text{m}^2; \quad\quad H_1: \quad \sigma^2 > 400\,\mu\text{m}^2$

Kritischer Bereich:

$$K: \quad y = \frac{(n-1)\cdot s^2}{\sigma_0^2} > \chi^2_{n-1;1-\alpha} = \chi^2_{39,0,99} = 62,42$$

Die Realisation der Prüfgröße $y = \dfrac{39\cdot 26^2}{20^2} = 65,91$ liegt im kritischen Bereich.

Die Nullhypothese wird verworfen. Die Standardabweichung σ des Merkmals X = Durchmesser des Werkstücks ist signifikant größer als $\sigma_0 = 20$ μm. Die Wahrscheinlichkeit einer Fehlentscheidung (Wahrscheinlichkeit eines Fehlers 1. Art) ist dabei höchstens gleich $\alpha = 0,01$.

5.3.5 Prüfen einer Hypothese über die Gleichheit der Varianzen zweier unabhängiger Normalverteilungen

Es sollen die Varianzen von zwei unabhängigen Normalverteilungen verglichen werden. Dazu werden aus den beiden unabhängigen Grundgesamtheiten Zufallsstichproben vom Umfang n_1 bzw. n_2 entnommen.

<table>
<tr><td>

1. Grundgesamtheit:
Merkmal X normalverteilt mit
$E(X) = \mu_1$ und $Var(X) = \sigma_1^2$

</td><td>$\rightarrow$</td><td>

1. Stichprobe:
Stichprobenumfang $= n_1$
Stichprobenvarianz $= s_1^2$

</td></tr>
<tr><td>

2. Grundgesamtheit:
Merkmal X normalverteilt mit
$E(X) = \mu_2$ und $Var(X) = \sigma_2^2$

</td><td>$\rightarrow$</td><td>

2. Stichprobe:
Stichprobenumfang $= n_2$
Stichprobenvarianz $= s_2^2$

</td></tr>
</table>

Die Zufallsgrößen

$$Y_1 = \frac{(n_1 - 1)S_1^2}{\sigma_1^2} \qquad \text{und} \qquad Y_2 = \frac{(n_2 - 1)S_2^2}{\sigma_2^2}$$

genügen χ^2-Verteilungen mit $m_1 = n_1 - 1$ und $m_2 = n_2 - 1$ Freiheitsgraden. Die Zufallsgröße

$$F = \frac{\left(\dfrac{Y_1}{m_1}\right)}{\left(\dfrac{Y_2}{m_2}\right)} = \frac{\left(\dfrac{S_1^2}{\sigma_1^2}\right)}{\left(\dfrac{S_2^2}{\sigma_2^2}\right)} \tag{5.50}$$

genügt daher einer F-Verteilung mit $m_1 = n_1 - 1$ und $m_2 = n_2 - 1$ Freiheitsgraden (s. Abschn. 5.1.6). Bei richtiger Nullhypothese $H_0: \sigma_1^2 = \sigma_2^2$ wird aus Gl. (5.50)

$$F = \frac{S_1^2}{S_2^2} \tag{5.51}$$

Dieser Varianzenquotient, der einer F-Verteilung mit m_1 und m_2 Freiheitsgraden genügt, wird als Prüffunktion des Tests verwendet.

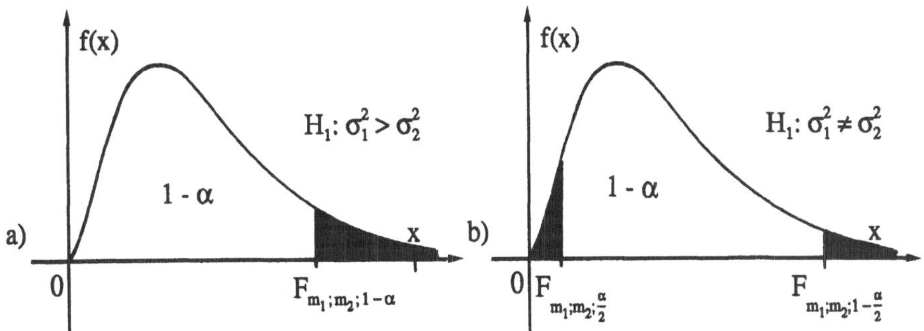

Bild 5.17   Kritische Bereiche   a) beim einseitigen Tests
                                    b) beim einseitigen Test

H_0	H_1	Kritischer Bereich K bei einem Signifikanzniveau α
$\sigma_1^2 \leq \sigma_2^2$	$\sigma_1^2 > \sigma_2^2$	$\dfrac{s_1^2}{s_2^2} > F_{m_1;m_2;1-\alpha}$
$\sigma_1^2 = \sigma_2^2$	$\sigma_1^2 \neq \sigma_2^2$	$\dfrac{s_1^2}{s_2^2} > F_{m_1;m_2;1-\frac{\alpha}{2}}$ oder $\dfrac{s_1^2}{s_2^2} < F_{m_1;m_2;\frac{\alpha}{2}}$

1. Es sei beim **einseitigen Test** σ_1^2 die wegen $s_1^2 > s_2^2$ als größer vermutete Varianz.
Man erhält dann einen Prüfwert $s_1^2 / s_2^2 > 1$ und man hat keine Probleme mit den
üblicherweise vorhandenen Tabellen der Quantile der F-Verteilung. Für diesen Fall
gelten die angegebenen kritischen Bereiche.

2. Die beim **zweiseitigen Test** benötigten Quantile $F_{m_1;m_2;\frac{\alpha}{2}}$ müssen nach Gl. (5.27)

$$F_{m_1;m_2;\frac{\alpha}{2}} = \frac{1}{F_{m_2;m_1;1-\frac{\alpha}{2}}} \tag{5.27}$$

aus den in den Tabellen enthaltenen Quantilen $F_{m_2;m_1;1-\frac{\alpha}{2}}$ berechnet werden.

Beispiel 5.24. Zwei Maschinen erzeugen gleichartige Werkstücke. Aus der Produktion der beiden Maschinen werden zufällige Stichproben vom Umfang $n_1 = 20$ bzw. $n_2 = 30$ entnommen und hinsichtlich des in den Grundgesamtheiten normalverteilten Merkmals X = Durchmesser eines Werkstücks untersucht.

Die Auswertung der Stichproben ergab die Stichprobenvarianzen

$$s_1^2 = 18,6 \quad \mu m^2 \qquad \text{und} \qquad s_2^2 = 12,1 \quad \mu m^2 .$$

Kann man bei einem Signifikanzniveau $\alpha = 0,05$ behaupten, die Maschine 1 arbeite mit einer größeren Varianz, d.h. mit einer geringeren Präzision?

Testsituation: $\qquad H_0 : \quad \sigma_1^2 \leq \sigma_2^2 ; \qquad H_1 : \quad \sigma_1^2 > \sigma_2^2$

Wie bei allen bisherigen Parametertests wählen wir auch hier den nachzuweisenden Effekt ($\sigma_1^2 > \sigma_2^2$) als Alternative und wagen erst dann zu behaupten, die Maschine 1 arbeite mit der größeren Varianz, wenn die Nullhypothese (nachzuweisender Effekt ist nicht vorhanden) sich als recht unwahrscheinlich erweist. Sollte die Nullhypothese abgewiesen werden, so ist die Wahrscheinlichkeit, daß diese Entscheidung falsch ist, höchstens gleich dem vereinbarten Signifikanzniveau α. Insbesondere, wenn α sehr klein gewählt wird, nimmt man dabei eine größere Wahrscheinlichkeit β für einen Fehler 2. Art (falsche Nullhypothese wird beibehalten) in Kauf.

$$\text{Kritischer Bereich } K : \qquad \frac{s_1^2}{s_2^2} > F_{19;29;0,95} = 1,96$$

Wir stellen fest, daß der Prüfwert $\dfrac{s_1^2}{s_2^2} = 1,537$ nicht im kritischen Bereich liegt.

Die Nullhypothese kann aufgrund dieser Stichprobenergebnisse nicht verworfen werden. Der beobachtete Unterschied der Stichprobenvarianzen ist auf dem vereinbarten Signifikanzniveau $\alpha = 0,05$ **nicht** signifikant.

Damit ist natürlich nicht bewiesen, daß die Varianzen gleich sind. Weitere, umfangreichere Stichprobenuntersuchungen können die Vermutung $\sigma_1^2 > \sigma_2^2$ möglicherweise bestätigen.

5.3.6 Prüfen einer Hypothese über die Gleichheit von Mittelwerten zweier unabhängiger Normalverteilungen

Um die Mittelwerte zweier unabhängiger Normalverteilungen vergleichen zu können, werden aus beiden Grundgesamtheiten Stichproben vom Umfang n_1 bzw. n_2 entnommen und die Stichprobenparameter arithmetisches Mittel und Stichprobenvarianz berechnet.

1. Grundgesamtheit: Merkmal X normalverteilt mit $E(X) = \mu_1$ und $Var(X) = \sigma_1^2$	$\rightarrow$ **Stichprobe vom Umfang n_1:** Stichprobenmittel $= \overline{x}_1$, Stichprobenvarianz $= s_1^2$
2. Grundgesamtheit: Merkmal X normalverteilt mit $E(X) = \mu_2$ und $Var(X) = \sigma_2^2$	$\rightarrow$ **Stichprobe vom Umfang n_2:** Stichprobenmittel $= \overline{x}_2$, Stichprobenvarianz $= s_2^2$

a) Die Varianzen in den Grundgesamtheiten σ_1^2 und σ_2^2 sind bekannt

Da die unabhängigen Zufallsgrößen $\overline{X}_1$ und $\overline{X}_2$ $\left(\mu_1 ; \dfrac{\sigma_1^2}{n_1}\right) -$ bzw. $\left(\mu_2 ; \dfrac{\sigma_2^2}{n_2}\right) -$

normalverteilt sind, genügt die Zufallsgröße $\overline{X}_2 - \overline{X}_1$ einer Normalverteilung mit

$E(\overline{X}_2 - \overline{X}_1) = \mu_2 - \mu_1$ und $Var(\overline{X}_2 - \overline{X}_1) = \sigma_1^2/n_1 + \sigma_2^2/n_2$ (s. Abschn. 1.4.6).

Die Zufallsgröße

$$U = \frac{\overline{X}_2 - \overline{X}_1 - (\mu_2 - \mu_1)}{\sqrt{\dfrac{\sigma_1^2}{n_1} + \dfrac{\sigma_2^2}{n_2}}} \tag{5.52}$$

ist daher standardnormalverteilt. Bei richtiger Nullhypothese gilt $\mu_2 - \mu_1 = 0$ und Gl. (5.52) geht über in

$$U = \frac{\overline{X}_2 - \overline{X}_1}{\sqrt{\dfrac{\sigma_1^2}{n_1} + \dfrac{\sigma_2^2}{n_2}}} \qquad (5.53)$$

Bei richtiger Nullhypothese treten betragsmäßig kleine Differenzen der Stichprobenmittel mit großer Wahrscheinlichkeit, betragsmäßig große Differenzen mit kleiner Wahrscheinlichkeit auf (s. Bild 5.18).

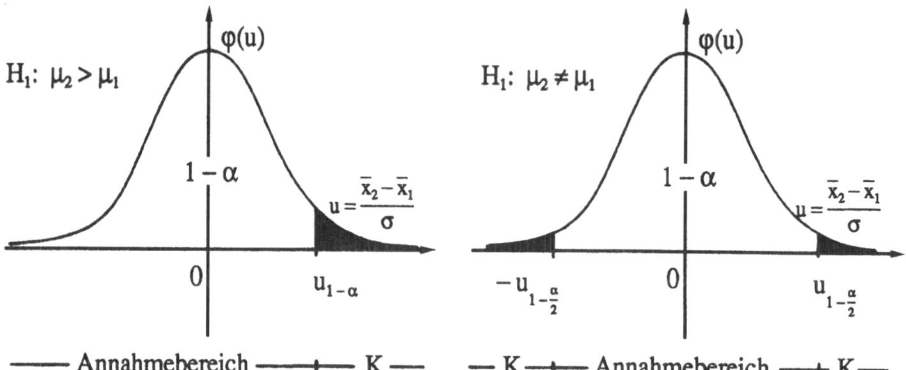

Bild 5.18 Kritische Bereiche beim einseitigen bzw. zweiseitigem Test

$$\left(\sigma = \sqrt{\frac{\sigma_1^2}{n_1} + \frac{\sigma_2^2}{n_2}} \right)$$

H_0	H_1	Kritischer Bereich K bei einem Signifikanzniveau α
$\mu_1 = \mu_2$	$\mu_1 \neq \mu_2$	$\dfrac{\|\overline{x}_2 - \overline{x}_1\|}{\sigma} > u_{1-\frac{\alpha}{2}}$
$\mu_1 \leq \mu_2$ $\mu_1 \geq \mu_2$	$\mu_1 > \mu_2$ $\mu_1 < \mu_2$	$\dfrac{\|\overline{x}_2 - \overline{x}_1\|}{\sigma} > u_{1-\alpha}$
		$\sigma = \sqrt{\dfrac{\sigma_1^2}{n_1} + \dfrac{\sigma_2^2}{n_2}}$

b) Die Varianzen σ_1^2 und σ_2^2 sind unbekannt, aber gleich groß

Die Voraussetzung der Varianzhomogenität ($\sigma_1^2 = \sigma_2^2 = \sigma^2$) kann in vielen Testsituationen vermutet werden. So können beispielsweise Eingriffe in einen Produktionsprozeß mit dem Ziel, den Merkmalsmittelwert zu verändern, die Varianz des Merkmals im wesentlichen unverändert lassen. Unter dieser Voraussetzung geht Gl. (5.52) über in

$$U = \frac{\overline{X}_2 - \overline{X}_1}{\sqrt{\dfrac{\sigma^2}{n_1} + \dfrac{\sigma^2}{n_2}}} = \frac{\overline{X}_2 - \overline{X}_1}{\sigma} \sqrt{\frac{n_1 \cdot n_2}{n_1 + n_2}} \qquad (5.54)$$

Da die in beiden Grundgesamtheiten gleiche Standardabweichung σ unbekannt ist, kann die standardnormalverteilte Zufallsgröße U von Gl. (5.54) nicht zur Testentscheidung herangezogen werden. Nun sind aber die Zufallsgrößen

$$Y_1 = \frac{n_1 - 1}{\sigma^2} S_1^2 \qquad \text{und} \qquad Y_2 = \frac{n_2 - 1}{\sigma^2} S_2^2$$

χ^2-verteilt mit $m_1 = n_1 - 1$ bzw. $m_2 = n_2 - 1$ Freiheitsgraden. Mit dem Additionssatz für χ^2-verteilte Zufallsgrößen folgt:

$$Y = Y_1 + Y_2 = \frac{n_1 - 1}{\sigma^2} S_1^2 + \frac{n_2 - 1}{\sigma^2} S_2^2$$

genügt einer χ^2-Verteilung mit $m = n_1 + n_2 - 2$ Freiheitsgraden (Abschn. 5.1.4). Die Zufallsgröße

$$T = \frac{U}{\sqrt{\dfrac{Y}{m}}} = \frac{(\overline{X}_2 - \overline{X}_1) \sqrt{\dfrac{n_1 \cdot n_2}{n_1 + n_2} (n_1 + n_2 - 2)}}{\sqrt{(n_1 - 1) S_1^2 + (n_2 - 1) S_2^2}} \qquad (5.55)$$

genügt daher einer t-Verteilung mit $m = n_1 + n_2 - 2$ Freiheitsgraden. Diese Zufallsgröße enthält nun die unbekannte Standardabweichung σ nicht mehr und kann zur Testentscheidung verwendet werden.

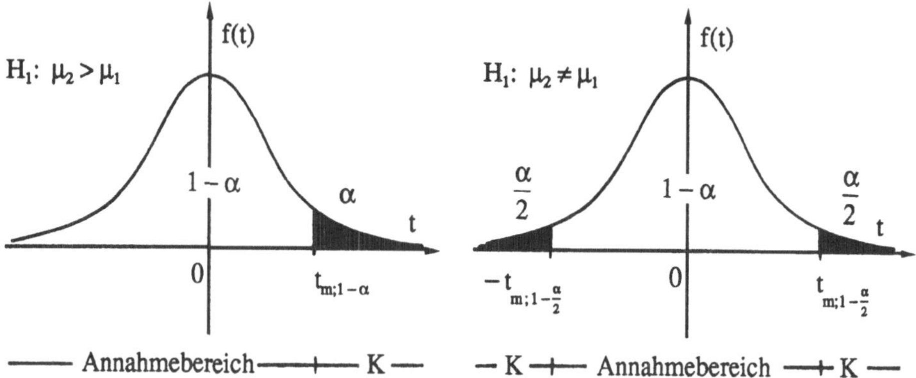

Bild 5.19 Kritische Bereiche K

H_0	H_1	Kritischer Bereich K bei einem Signifikanzniveau α
$\mu_1 = \mu_2$	$\mu_1 \neq \mu_2$	$|t| > t_{n_1+n_2-2;\,1-\frac{\alpha}{2}}$
$\mu_1 \leq \mu_2$ $\mu_1 \geq \mu_2$	$\mu_1 > \mu_2$ $\mu_1 < \mu_2$	$|t| > t_{n_1+n_2-2;\,1-\alpha}$
$t = \dfrac{(\bar{x}_2 - \bar{x}_1)\,\sqrt{\frac{n_1 \cdot n_2}{n_1+n_2}(n_1 + n_2 - 2)}}{\sqrt{(n_1 - 1)\,s_1^2 + (n_2 - 1)\,s_2^2}}$		
Die Voraussetzung der Varianzhomogenität $\sigma_1^2 = \sigma_2^2$ muß geprüft werden!		

c) Die Varianzen σ_1^2 und σ_2^2 sind unbekannt und verschieden groß

Wir müssen noch kurz auf den Fall eingehen, daß die unbekannten Varianzen der Grundgesamtheiten nicht als gleich groß angenommen werden können. Eine genaue Behandlung dieses Problems (**Behrens - Fischer - Problem**) ist im Rahmen dieses Buches nicht möglich. Es sei ein für praktische Zwecke hinreichend genauer

asymptotischer t - Test angegeben. Es ist ein konservativer Test, d.h. die Wahrscheinlichkeit eines Fehlers 1. Art ist sicher nicht größer als das vereinbarte Signifikanzniveau α. Die Zufallsgröße

$$T = \frac{(\overline{X}_2 - \overline{X}_1) - (\mu_2 - \mu_1)}{\sqrt{\dfrac{s_1^2}{n_1} + \dfrac{s_2^2}{n_2}}}$$

kann in diesem Falle als näherungsweise t-verteilt angenommen werden. Die Anzahl der Freiheitsgrade wird durch

$$m = \frac{\left(\dfrac{s_1^2}{n_1} + \dfrac{s_2^2}{n_2}\right)^2}{\dfrac{1}{n_1-1}\left(\dfrac{s_1^2}{n_1}\right)^2 + \dfrac{1}{n_2-1}\left(\dfrac{s_2^2}{n_2}\right)^2} \tag{5.56}$$

bestimmt. Der durch Gl. (5.56) berechnete Zahlenwert für die Anzahl der Freiheitsgrade ist im allgemeinen keine ganze Zahl und wird immer auf die nächstkleinere ganze Zahl abgerundet.

H_0	H_1	Kritischer Bereich K bei einem Signifikanzniveau α
$\mu_1 = \mu_2$	$\mu_1 \neq \mu_2$	$\lvert t \rvert > t_{m;1-\frac{\alpha}{2}}$
$\mu_1 \leq \mu_2$ $\mu_1 \geq \mu_2$	$\mu_1 > \mu_2$ $\mu_1 < \mu_2$	$\lvert t \rvert > t_{m;1-\alpha}$
$t = \dfrac{\overline{x}_2 - \overline{x}_1}{\sqrt{\dfrac{s_1^2}{n_1} + \dfrac{s_2^2}{n_2}}}$		

d) Näherungsverfahren für große Stichproben

Bei großen Stichproben ($n_1, n_2 > 30$) können die Realisationen s_1^2 und s_2^2 der Stichprobenvarianzen als hinreichend gute Schätzwerte für die Varianzen σ_1^2 und σ_2^2 angesehen werden. Die Zufallsgröße

$$U = \frac{\overline{X}_2 - \overline{X}_1}{\sqrt{\dfrac{s_1^2}{n_1} + \dfrac{s_2^2}{n_2}}}$$

ist dann näherungsweise standardnormalverteilt. Das Prüfverfahren kann dann wie im Falle bekannter Varianzen der Grundgesamtheiten durchgeführt werden.
Die Varianzhomogenität muß nicht geprüft werden.

Bei großen Stichproben sind wegen des zentralen Grenzwertsatzes die Zufallsgrößen $\overline{X}_1$ und $\overline{X}_2$ näherungsweise normalverteilt und U näherungsweise standardnormalverteilt, auch wenn das Merkmal X in der Grundgesamtheit nicht normalverteilt ist. Normalverteilung des Merkmals X muß im Näherungsverfahren für große Stichproben daher nicht vorausgesetzt werden.

Beispiel 5.25. Die Maschinen 1 und 2 verrichten die gleiche Arbeit. Eine Untersuchung des Merkmals X = Energieverbrauch lieferte die folgenden Ergebnisse:

$$\text{Maschine} \quad 1: \quad n_1 = 10, \quad \overline{x}_1 = 15{,}3 \ \text{kWh}, \quad s_1 = 0{,}92 \ \text{kWh}$$

$$\text{Maschine} \quad 2: \quad n_2 = 15, \quad \overline{x}_2 = 13{,}9 \ \text{kWh}, \quad s_2 = 1{,}04 \ \text{kWh}.$$

Kann man auf einem Signifikanzniveau $\alpha = 0{,}05$ behaupten, die Maschine 2 verbraucht zur Verrichtung der gleichen Arbeit weniger Energie, als die Maschine 1?

a) Prüfung auf Varianzhomogenität: $\qquad H_0: \ \sigma_1^2 = \sigma_2^2; \qquad H_1: \ \sigma_1^2 \neq \sigma_2^2$

$$\text{Kritischer Bereich K:} \quad \frac{s_2^2}{s_1^2} > F_{14;9;0,975} = 3{,}798$$

$$\text{oder} \quad \frac{s_2^2}{s_1^2} < F_{14;9;0,025} = \frac{1}{F_{9;14;0,975}} = \frac{1}{3{,}209} = 0{,}312$$

$$\text{Der Prüfwert} \quad \frac{s_2^2}{s_1^2} = \frac{1{,}04^2}{0{,}92^2} = 1{,}278 \quad \text{liegt nicht im kritischen Bereich.}$$

Die Gleichheit der Varianzen in den beiden Grundgesamtheiten kann daher vorausgesetzt werden.

b) Differenzenprüfung: H_0: $\mu_1 \leq \mu_2$; H_1: $\mu_1 > \mu_2$

Kritischer Bereich K: $|\,t\,| > t_{23\,;\,0,95} = 1,714$

Der Prüfwert $t = \dfrac{(15,3 - 13,9)\,\sqrt{\frac{10\cdot 15}{25}\cdot 23}}{\sqrt{9\cdot 0,92^2 + 14\cdot 1,04^2}} = 3,447$ liegt im kritischen Bereich.

Die Maschine 2 benötigt zur Verrichtung der gleichen Arbeit signifikant weniger Energie als die Maschine 1.

Beispiel 5.26. Es wird vermutet, daß Bauteile der Sorte A eine größere Lebensdauer haben, als entsprechende Bauteile der Sorte B. Zufällige Stichproben von $n_A = 100$ und $n_B = 120$ Bauteilen der Sorten A und B ergaben für das Merkmal X = Lebensdauer in Betriebsstunden:

$$\overline{x}_A = 1310 \quad \text{Std.}, \qquad s_A = 142 \quad \text{Std.}$$

$$\overline{x}_B = 1240 \quad \text{Std.}, \qquad s_B = 127 \quad \text{Std.}$$

Kann die Vermutung bei einem Signifikanzniveau $\alpha = 0,01$ durch die Stichprobenergebnisse bestätigt werden?

Testsituation: H_0: $\mu_A \leq \mu_B$ gegen H_1: $\mu_A > \mu_B$

In dem hier durchführbaren Näherungsverfahren für große Stichproben muß eine Normalverteilung des Merkmals X = Lebensdauer nicht vorausgesetzt werden.

Kritischer Bereich K: $u = \dfrac{\overline{x}_A - \overline{x}_B}{\sqrt{\dfrac{s_A^2}{n_A} + \dfrac{s_B^2}{n_B}}} > u_{0,95} = 1,645$

Die Realisation der Prüfgröße $u = \dfrac{1310 - 1240}{\sqrt{\dfrac{142^2}{100} + \dfrac{127^2}{120}}} = 3,819$

liegt im kritischen Bereich. Die Vermutung $\mu_A > \mu_B$ wird durch die Untersuchungsergebnisse bestätigt.

Beispiel 5.27. Ein Analyseverfahren 1 liefert erfahrungsgemäß im Mittel richtige Werte, hat aber den Nachteil, daß seine Meßwerte stark streuen. Die Meßwerte eines Analyseverfahrens 2 sollen weniger streuen. Messungen einer bestimmten Substanz nach beiden Verfahren lieferten die folgenden Ergebnisse:

$$\text{Analyseverfahren 1:} \quad n_1 = 20; \quad \bar{x}_1 = 19{,}5\,\frac{mg}{100\,ml}; \quad s_1 = 1{,}6\,\frac{mg}{100\,ml}$$

$$\text{Analyseverfahren 2:} \quad n_2 = 15; \quad \bar{x}_2 = 20{,}1\,\frac{mg}{100\,ml}; \quad s_2 = 0{,}9\,\frac{mg}{100\,ml}$$

a) Liefert das Analyseverfahren 2 bei $\alpha = 0{,}05$ Meßwerte mit signifikant kleinerer Varianz?

b) Erhält man mit dem Analyseverfahren 2 im Mittel größere Meßwerte als mit dem Analyseverfahren 1? Man prüfe diese Vermutung bei $\alpha = 0{,}05$.

a) H_0: $\sigma_1^2 \leq \sigma_2^2$; $\quad H_1$: $\sigma_1^2 > \sigma_2^2$; $\quad$ Kritischer Bereich K: $\dfrac{s_1^2}{s_2^2} > F_{19\,;\,14\,;\,0{,}95} = 2{,}400$

Die Realisation der Prüfgröße $\dfrac{s_1^2}{s_2^2} = \dfrac{1{,}6^2}{0{,}9^2} = 3{,}160$ liegt im kritischen Bereich.

Das Analyseverfahren 1 liefert Meßwerte mit signifikant größerer Varianz.

b) $\quad H_0$: $\mu_1 \geq \mu_2$; $\qquad H_1$: $\mu_1 < \mu_2$

Da die unbekannten Varianzen verschieden groß sind, ist der asymptotische t - Test anzuwenden. Für die Anzahl der Freiheitsgrade ergibt sich mit Gl. (5.55):

$$m = \frac{\left(\dfrac{s_1^2}{n_1}+\dfrac{s_2^2}{n_2}\right)^2}{\dfrac{1}{n_1-1}\left(\dfrac{s_1^2}{n_1}\right)^2+\dfrac{1}{n_2-1}\left(\dfrac{s_2^2}{n_2}\right)^2} = \frac{\left(\dfrac{1{,}6^2}{20}+\dfrac{0{,}9^2}{15}\right)^2}{\dfrac{1}{19}\left(\dfrac{1{,}6^2}{20}\right)^2+\dfrac{1}{14}\left(\dfrac{0{,}9^2}{15}\right)^2} = 30{,}94$$

Die Realisation der Prüfgröße $\qquad t = \dfrac{\bar{x}_2-\bar{x}_1}{\sqrt{\dfrac{s_1^2}{n_1}+\dfrac{s_2^2}{n_2}}} = \dfrac{20{,}1-19{,}5}{\sqrt{\dfrac{1{,}6^2}{20}+\dfrac{0{,}9^2}{15}}} = 1{,}406$

liegt nicht im kritischen Bereich K: $\quad t > t_{30\,;\,0{,}95} = 1{,}697$.

Die Vermutung, das Analyseverfahren 2 würde im Mittel zu größeren Meßwerten führen, läßt sich mit den vorliegenden Stichprobenergebnissen nicht bestätigen.

5.3.7 Prüfen einer Hypothese über die Gleichheit von Anteilswerten zweier unabhängiger Grundgesamtheiten

Aus den beiden unabhängigen zweistufigen Grundgesamtheiten werden Stichproben vom Umfang n_1 bzw. n_2 entnommen.

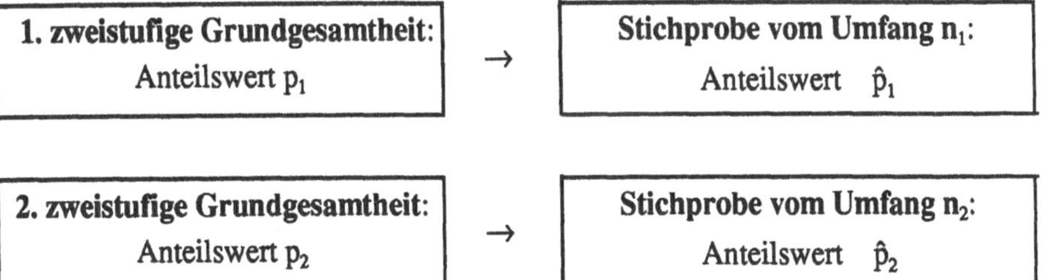

Die Stichproben liefern für die Anteilswerte p_1 und p_2 die Schätzwerte $\hat{p}_1$ und $\hat{p}_2$.

Näherungsverfahren für große Stichproben ($n_1, n_2 > 9 / [p(1 - p)]$)

Die binomialverteilten Schätzfunktionen $\hat{P}_1$ und $\hat{P}_2$ können bei großen Stichproben näherungsweise als normalverteilt angenommen werden (Grenzwertsatz von Moivre - Laplace).

Unter der Voraussetzung der Nullhypothese H_0: $p_1 = p_2 = p$ ist die Prüffunktion des Tests $\hat{P}_2 - \hat{P}_1$ näherungsweise normalverteilt mit

$$E(\hat{P}_2 - \hat{P}_1) = 0 \quad \text{und} \quad \text{Var}(\hat{P}_2 - \hat{P}_1) = \text{Var}(\hat{P}_1) + \text{Var}(\hat{P}_2).$$

Zur Bestimmung von

$$\text{Var}(\hat{P}_1) = \frac{p(1-p)}{n_1} \quad \text{bzw.} \quad \text{Var}(\hat{P}_2) = \frac{p(1-p)}{n_2}$$

wird der unbekannte Anteilswert p als gewogenes arithmetisches Mittel geschätzt zu

$$\hat{p} = \frac{n_1 \cdot \hat{p}_1 + n_2 \cdot \hat{p}_2}{n_1 + n_2}.$$

Die beiden Stichproben werden also zu einer Stichprobe aus einer zweistufigen Grundgesamtheit mit dem Anteilswert p zusammengefaßt.

Die Zufallsgröße

$$U = \frac{\hat{P}_2 - \hat{P}_1}{\sqrt{\hat{P}(1 - \hat{P})\left(\frac{1}{n_1} + \frac{1}{n_2}\right)}}$$

ist bei großen Stichproben näherungsweise standardnormalverteilt. Daraus ergeben sich die folgenden kritischen Bereiche:

H_0	H_1	Kritischer Bereich K bei einem Signifikanzniveau α
$p_1 = p_2$	$p_1 \neq p_2$	$\dfrac{\mid \hat{p}_2 - \hat{p}_1 \mid}{\sqrt{\hat{p}(1 - \hat{p})\left(\frac{1}{n_1} + \frac{1}{n_2}\right)}} > u_{1-\frac{\alpha}{2}}$
$p_1 \geq p_2$ $p_1 \leq p_2$	$p_1 < p_2$ $p_1 > p_2$	$\dfrac{\mid \hat{p}_2 - \hat{p}_1 \mid}{\sqrt{\hat{p}(1 - \hat{p})\left(\frac{1}{n_1} + \frac{1}{n_2}\right)}} > u_{1-\alpha}$

Beispiel 5.28. Zwei Maschinen erzeugen gleichartige Werkstücke. Es wird vermutet, daß die Maschine B weniger Ausschuß produziert als die Maschine A.
Stichproben aus der Produktion der beiden Maschinen ergaben bei $n_A = n_B = 500$:

$$p_A = 4,6\,\% \quad \text{und} \quad p_B = 3,2\,\%$$

Die Nullhypothese H_0: $p_A \leq p_B$ soll auf einem Signifikanzniveau $\alpha = 0,05$ gegen die Alternative H_1: $p_A > p_B$ geprüft werden.
Kritischer Bereich im Näherungsverfahren für große Stichproben: $u > u_{0,95} = 1,645$.
Der Prüfwert

$$u = \frac{0,046 - 0,032}{\sqrt{0,039 \cdot 0,961 \cdot \left(\frac{1}{500} + \frac{1}{500}\right)}} = 1,143$$

liegt nicht im kritischen Bereich. Der beobachtete Unterschied der Ausschußanteile der beiden Maschinen ist auf dem Signifikanzniveau $\alpha = 0,05$ nicht nachweisbar.

5.3.8   Prüfen einer Hypothese über das Verteilungsgesetz

Die bisher behandelten Hypothesenprüfungen waren **Parametertests**. Es wurden Hypothesen über die Parameter μ, σ^2 und p von einer oder zwei unabhängigen Verteilungen geprüft.

Es sollen nun **Hypothesen über die Art des Verteilungsgesetzes** geprüft werden. Bei der Festlegung der Nullhypothese

$$H_0: \quad F(x) = F_0(x)$$

geht man davon aus, daß das Merkmal X in der Grundgesamtheit die durch die Verteilungsfunktion F_0 beschriebene Verteilung hat. Als Alternative wollen wir

$$H_1: \quad F(x) \neq F_0(x)$$

wählen. Die Testentscheidung erfolgt durch einen Vergleich der beobachteten Verteilung des Merkmals in der Stichprobe mit der in der Stichprobe aufgrund der Nullhypothese zu erwartenden Verteilung. Es wird die Anpassung einer Stichprobenverteilung an eine bestimmte Wahrscheinlichkeitsverteilung untersucht. Prüfen von Hypothesen über die Art des Verteilungsgesetzes werden daher auch als **Anpassungstests** bezeichnet.

I. χ^2-Test

Der χ^2-Test ist der älteste und wohl bekannteste Anpassungstest. Er wurde im Jahre 1900 von **K. Pearson** entwickelt (Goodness-of-Fit Test). Der Test dient zur Prüfung der Nullhypothese

$$H_0: \quad F(x) = F_0(x),$$

in folgender Testsituation:

Gegeben ist eine Stichprobe vom Umfang n, unterteilt in k Merkmalsklassen mit den Merkmalswerten x_i bzw. den Klassenmitten $\overline{x}_i$ und den empirischen Häufigkeiten n_i.

Bei den bisher besprochenen Parametertests war kardinales Meßniveau der Daten vorausgesetzt. Auch wenn dies nicht immer explizit bei den Voraussetzungen angegeben war, ergibt sich dies schon allein aus der dort geforderten Berechnung von arithmetischen Mitteln oder von Stichprobenstandardabweichungen.

Der χ^2-Test dagegen eignet sich auch für Daten mit nur nominalen Meßniveau.

Daten mit kardinalen Meßniveau müssen zu Merkmalsklassen zusammengefaßt werden.

$\overline{x}_i$	n_i	$\pi_i = n \cdot p_i$	$y_i^2 = \dfrac{(n_i - \pi_i)^2}{\pi_i}$
$\vdots$	$\vdots$	$\vdots$	$\vdots$
	$\displaystyle\sum_{i=1}^{k} n_i = n$	$\displaystyle\sum_{i=1}^{k} \pi_i = n$	$y^2 = \displaystyle\sum_{i=1}^{k} y_i^2$

Den in der Stichprobe beobachteten Häufigkeiten n_i werden die theoretischen Häufigkeiten

$$\pi_i = n \cdot p_i$$

gegenübergestellt. Dabei ist $p_i = P(X \in$ Merkmalsklasse $i\,|\,H_0)$ die Wahrscheinlichkeit, bei richtiger Nullhypothese H_0, einen Merkmalswert in der i-ten Merkmalsklasse zu erhalten.

Die theoretische Häufigkeit π_i ist die zu erwartende Besetzungshäufigkeit der i-ten Merkmalsklasse, berechnet unter der Voraussetzung, daß die von der Nullhypothese geforderte Verteilung des Merkmals X vorliegt.

Es liegt nun nahe, die Abweichungen der beobachteten von den zu erwartenden Besetzungshäufigkeiten der Merkmalsklassen zur Hypothesenprüfung zu verwenden. Pearson schlug als Prüffunktion die Zufallsgröße

$$Y^2 = \sum_{i=1}^{k} \frac{(N_i - \pi_i)^2}{\pi_i} \tag{5.57}$$

vor, von der er zeigen konnte, daß sie mit $m = k - r - 1$ Freiheitsgraden asymptotisch χ^2-verteilt ist.

Dabei ist: k = Anzahl der Merkmalsklassen,

r = Anzahl der aus der Stichprobe zu schätzenden Parameter der Verteilungsfunktion $F_0(x)$.

Da die Prüffunktion nur asymptotisch χ^2-verteilt ist, handelt es sich um ein Näherungsverfahren für große Stichproben, das angewendet werden kann, wenn die folgenden Voraussetzungen erfüllt sind:

$$\pi_i \geq 5 \quad \text{für alle i und} \quad n \geq 50.$$

Kleine Realisationen y^2 der Zufallsgröße Y^2 sprechen für die Richtigkeit der Nullhypothese H_0.

Der Kritische Bereich K der Nullhypothese (s. Bild 5.20) liegt daher im Bereich großer Realisationen y^2.

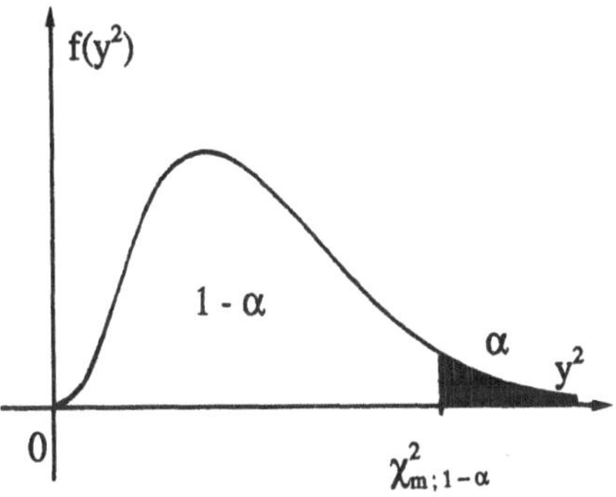

Bild 5.20 Kritischer Bereich K

Wir erhalten damit folgende Testentscheidung:

Die Nullhypothese H_0: $F(x) = F_0(x)$ wird auf einem Signifikanzniveau α zugunsten der Alternative H_1: $F(x) \neq F_0(x)$ abgelehnt, wenn gilt:

$$y^2 = \sum_{i=1}^{k} \frac{(n_i - \pi_i)^2}{\pi_i} > \chi^2_{k-r-1;1-\alpha}$$

H_0	H_1	Kritischer Bereich K bei einem Signifikanzniveau α
$F(x) = F_0(x)$	$F(x) \neq F_0(x)$	$y^2 = \sum_{i=1}^{k} \dfrac{(n_i - \pi_i)^2}{\pi_i} > \chi^2_{k-r-1;1-\alpha}$

Beispiel 5.29. Es wird vermutet, daß das Merkmal X = Lebensdauer eines Bauteils einer Exponentialverteilung mit der Verteilungsfunktion

$$F_0(x) = \begin{cases} 1 - e^{-\lambda x} & x \geq 0 \\ 0 & x < 0 \end{cases}$$

genügt. Eine Untersuchung von n = 100 Bauteilen ergab für das Merkmal X folgende Verteilung:

$\bar{x}_i$	25	75	125	175	225	275	325	375	425
n_i	26	16	14	12	9	7	6	6	4

Man prüfe auf einem Signifikanzniveau $\alpha = 0,05$ die Nullhypothese:

H_0: Die Zufallsgröße X genügt einer Exponentialverteilung.

Um die aufgrund der Nullhypothese zu erwartenden Besetzungshäufigkeiten berechnen zu können, muß zunächst der Parameter λ der Exponentialverteilung geschätzt werden. Als Maximum-Likelihood-Schätzwert erhält man:

$$\hat{\lambda} = \frac{1}{\overline{x}} = \frac{n}{\sum \overline{x}_i \cdot n_i}$$

Mit dem aus der Stichprobe errechneten arithmetischen Mittel $\overline{x} = 155,5\,h$ ergibt sich als Schätzwert

$$\hat{\lambda} = \frac{1}{155,5}\ h^{-1} = 0,006431\ h^{-1}.$$

Mit diesen Schätzwert für den Parameter λ erhält man:

$$\pi_1 = n.P(0 \leq X \leq 50) = n\,[\,F(50) - F(0)\,] = 100\,(1 - e^{-0,006431.50}) = 27,50$$

Die restlichen bei richtiger Nullhypothese zu erwartenden Besetzungshäufigkeiten werden analog berechnet und man erhält in übersichtlicher Tabellenform:

$\overline{x}_i$	n_i	$\pi_i = n \cdot p_i$	$y_i^2 = \dfrac{(n_i - \pi_i)^2}{\pi_i}$
25	26	27,50	0,0818
75	16	19,94	0,7785
125	14	14,45	0,0140
175	12	10,48	0,2205
225	9	7,60	0,2579
275	7	5,51	0,4029
325	6 $\}$ 12	3,99 $\}$ 6,89	3,7898
375	6	2,90	
425	4 $\}$ 4	2,10 $\}$ 7,63	1,7270
> 450	0	5,53	
	$\sum\limits_{i=1}^{k} n_i = 100$	$\sum\limits_{i=1}^{k} \pi_i = 100$	$y^2 = \sum\limits_{i=1}^{k} y_i^2 = 7,2724$

Hinzufügen einer offenen Randklasse ($x > 450\,h$) mit der empirischen Häufigkeit 0 und der theoretischen Häufigkeit 5,53 ergibt $\Sigma\,\pi_i = 100$. Durch Zusammenfassen von Merkmalsklassen wird die Bedingung $\pi_i \geq 5$ für alle i erfüllt. Dadurch ergeben sich $k = 8$ Merkmalsklassen. Da $r = 1$ Parameter geschätzt werden mußte, ist die Anzahl der Freiheitsgrade $m = 6$ und wir erhalten den kritischen Bereich

$$K: \quad y^2 > \chi^2_{6;0,95} = 12,59.$$

Der Prüfwert $y^2 = 7,2724$ liegt nicht im kritischen Bereich. Es kann daher angenommen werden, daß die Zufallsgröße Lebensdauer eines Bauteils einer Exponentialverteilung genügt.

Beispiel 5.30. Eine Messung des Merkmals X = Nietkopfdurchmesser ergab die folgende Häufigkeitsverteilung

$\overline{x}_i$ [mm]	13,15	13,25	13,35	13,45	13,55	13,65
n_i	5	24	57	63	42	9

Kann man auf einem Signifikanzniveau $\alpha = 0,05$ behaupten, das Merkmal X genüge einer Normalverteilung?

Prüfhypothese H_0:   Das Merkmal X = Nietkopfdurchmesser genügt einer Normalverteilung

Schätzwerte für die Parameter μ und σ der Normalverteilung sind (s. Beispiel 5.4)

$$\hat{\mu} = \overline{x} = 13,42 \quad mm \quad und \quad \hat{\sigma} = s = 0,114 \quad mm.$$

Damit erhält man für die bei H_0 zu erwartenden Besetzungshäufigkeiten:

$$\pi_1 = n \cdot p_1 = 200 \cdot P(X \leq 13,20) = 200 \cdot \Phi\left(\frac{13,20 - 13,42}{0,114}\right)$$

$$= 200 \cdot \Phi(-1,93) = 5,36$$

$$\pi_2 = n \cdot p_2 = 200 \cdot P(13,20 < X \leq 13,30) = 200 \cdot [\Phi(-1,05) - \Phi(-1,93)]$$

$$= 24,02$$

Die Berechnung der noch fehlenden theoretischen Besetzungshäufigkeiten erfolgt analog und man erhält

$\overline{x}_i$	n_i	$\pi_i = n \cdot p_i$	$y_i^2 = \dfrac{(n_i - \pi_i)^2}{\pi_i}$
13,15	5	5,36	0,02418
13,25	24	24,02	0,00002
13,35	57	56,74	0,00119
13,45	63	65,48	0,09393
13,55	42	36,98	0,68146
13,65	9	11,42	0,51282
	$\sum\limits_{i=1}^{k} n_i = 200$	$\sum\limits_{i=1}^{k} \pi_i = 200$	$y^2 = \sum\limits_{i=1}^{k} y_i^2 = 1{,}31360$

Es wurden $r = 2$ Parameter geschätzt. Als kritischen Bereich erhält man daher:

$$K: \quad y^2 > \chi^2_{3;0,95} = 7{,}81 \,.$$

Der Prüfwert $y^2 = 1{,}3136$ liegt nicht im kritischen Bereich. Die Nullhypothese kann auf dem Signifikanzniveau $\alpha = 0{,}05$ nicht abgelehnt werden. Die vorliegenden Stichprobenergebnisse sprechen nicht gegen eine Normalverteilung des Merkmals X = Nietkopfdurchmesser.

II. Prüfen auf Normalverteilung

Da bei vielen statistischen Fragestellungen eine Normalverteilung des Merkmals X vorausgesetzt wird, sollen zwei schnell und einfach durchführbare Prüfungen auf Normalverteilung angegeben werden. Verfahren, die einfacher und schneller durchführbar sind, als der χ^2-Test.

a) Graphisches Verfahren

Bei dem graphischen Verfahren mit Hilfe eines in gedruckter Form im Fachhandel erhältlichen Wahrscheinlichkeitsnetzes oder Wahrscheinlichkeitspapiers handelt es sich nicht um einen statistischen Test mit einem angebbaren bestimmten Signifikanzniveau α. Es ist nur ein Näherungsverfahren, das verwendet wird, um schnell einen Hinweis zu erhalten, ob eine Normalverteilung des betrachteten Merkmals überhaupt in Frage kommt.

Bei diesem **Wahrscheinlichkeitsnetz** verwendet man eine linear unterteilte x - Achse. Durch eine entsprechende nichtlineare Skala auf der Ordinatenachse wird erreicht, daß in diesem Koordinatensystem die Verteilungsfunktion $F(x/\mu, \sigma^2)$ einer Normalverteilung sich als Gerade darstellt (s. Bild 5.21).

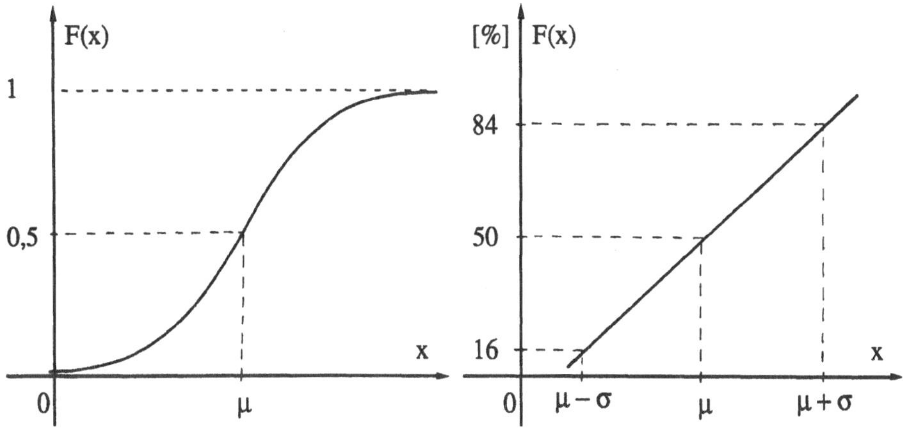

Bild 5.21 Verteilungsfunktion F(x) einer Normalverteilung

Die Ordinatenwerte 0% und 100% sind in diesem Wahrscheinlichkeitsnetz nicht enthalten. Trägt man die Summenprozente einer gegebenen Stichprobenverteilung in das Wahrscheinlichkeitsnetz ein, so sollten bei einem normalverteilten Merkmal X diese Punkte nur wenig um einer Gerade streuen. Dabei ist zu beachten, daß die Summenprozentwerte über der linear unterteilten x - Achse nicht über den Klassenmitten, sondern über den oberen Klassengrenzen aufgetragen werden, da der betreffende Summenprozentwert erst am Ende der Merkmalsklasse erreicht wird.

Die Prüfung auf Geradlinigkeit erfolgt etwa zwischen den Ordinaten 10% und 90%. An den Rändern werden die Ordinaten stark verzerrt, sodaß sich geringfügige Abweichungen der Stichprobenverteilung von einer Normalverteilung stark auswirken.

Das einfache Abschätzen, ob Geradlinigkeit angenommen werden kann oder nicht, läßt keine Angabe eines Signifikanzniveaus α zu.

Nach dem Einzeichnen der angenommenen Geraden in das Wahrscheinlichkeitsnetz können graphisch Schätzwerte für die Parameter μ und σ der Normalverteilung gewonnen werden.

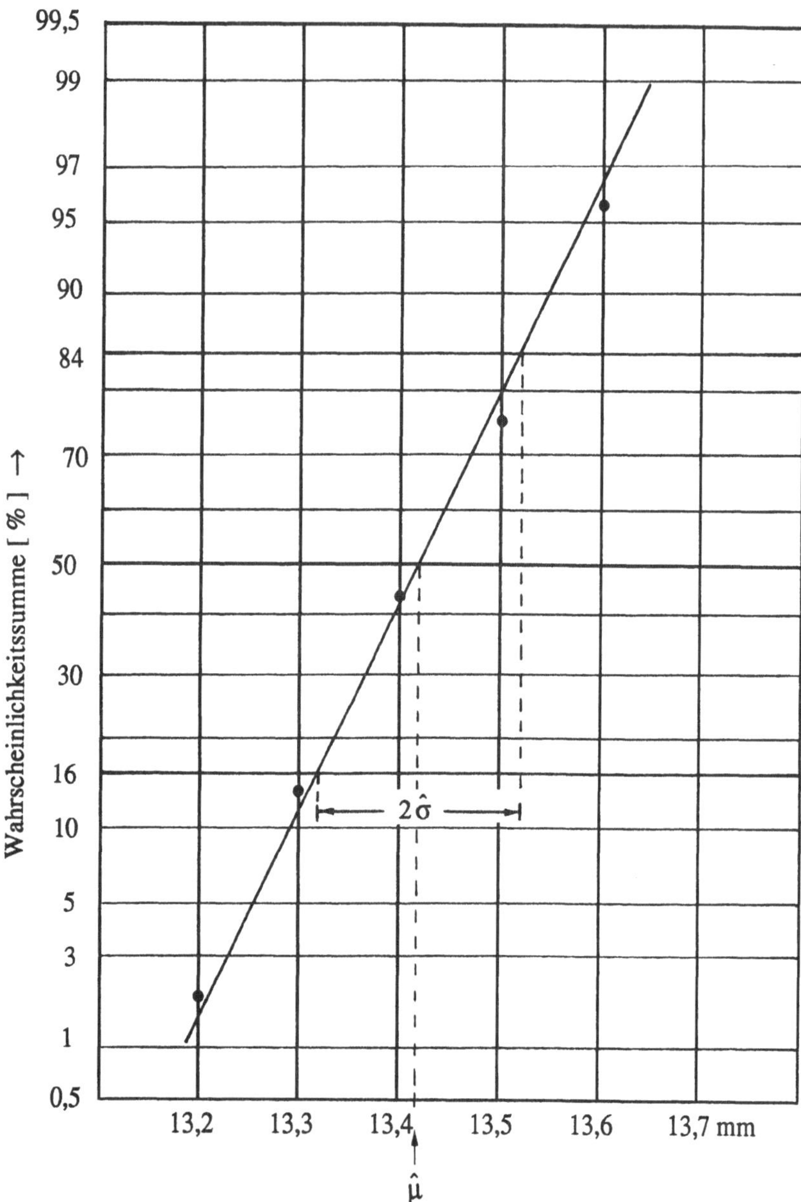

Bild 5.22   Darstellung der Stichprobenverteilung von Beispiel 5.30 im Wahrscheinlichkeitsnetz

b) Prüfen auf Normalverteilung nach H. A. David

David, Hartley und Pearson haben 1954 die Verteilung des Quotienten

$$Q = \frac{R}{S} = \frac{\text{Spannweite}}{\text{Standardabweichung}} \tag{5.58}$$

in Stichproben vom Umfang n aus normalverteilten Grundgesamtheiten untersucht. Dieser Quotient kann zur Prüfung der Hypothese

$$H_0: \quad \text{Das Merkmal X genügt einer Normalverteilung}$$

verwendet werden. Bei bekannter Wahrscheinlichkeitsverteilung des Quotienten Q lassen sich vom Stichprobenumfang n und vom gewählten Signifikanzniveau α abhängige untere und obere kritischen Grenzen q_u und q_o angeben.
Liegt der beobachtete Quotient q innerhalb dieser Grenzen, so wird die Nullhypothese aufrecht erhalten.

$$\text{Kritischer Bereich.} \quad q \leq q_u \quad \text{oder} \quad q \geq q_o$$

Eine Tabelle der kritischen Grenzen q_u und q_o findet man im Anhang.

Beispiel 5.31. Eine Untersuchung des Merkmals X = Körpergewicht von n = 100 erwachsenen Personen zeigte eine Spannweite

$$R = x_{max} - x_{min} = 87,3 \text{ kg} - 62,4 \text{ kg} = 24,9 \text{ kg}.$$

Die Berechnung der Stichprobenstandardabweichung ergab s = 4,81 kg.
Kann bei einem Signifikanzniveau α = 0,05 die Nullhypothese, das Merkmal X sei normalverteilt, aufrecht erhalten bleiben?

Aus der Tabelle der kritischen Grenzen des Quotienten R/S des Anhangs erhalten wir für n = 100 und einem Signifikanzniveau α = 0,05: q_u = 4,31 und q_o = 5,90.

$$\text{Kritischer Bereich K:} \quad q \leq 4,31 \quad \text{oder} \quad q \geq 5,90$$

$$\text{Die Stichprobe ergibt} \quad \frac{R}{s} = \frac{24,9 \text{ kg}}{4,81 \text{ kg}} = 5,18.$$

Der Wert q = 5,18 liegt nicht im kritischen Bereich. Das Merkmal X kann als normalverteilt angenommen werden.

III. Kolmogorow-Smirnow-Anpassungstest

Wir betrachten eine stetige Zufallsgröße X mit einer unbekannten Verteilungsfunktion $F(x)$. Geprüft wird, ob diese Verteilungsfunktion durch eine einschließlich der Parameter bestimmte Verteilungsfunktion $F_0(x)$ beschrieben werden kann.

Nullhypothese H_0: $F(x) = F_0(x)$

Zur Überprüfung der Nullhypothese wird die Verteilungsfunktion $F_0(x)$ mit einer aus der Stichprobe ermittelten empirischen Verteilungsfunktion verglichen.

Definition 5.23

Unter der **empirischen Verteilungsfunktion** einer Stichprobe vom Umfang n versteht man

$$F_n(x) = \frac{\text{Anzahl der Stichprobenelemente} \leq x}{n} \tag{5.59}$$

Ist die Verteilungsfunktion $F_0(x) = P(X \leq x)$ die Wahrscheinlichkeit dafür, daß das Merkmal X Werte annimmt, die höchstens gleich x sind, so gibt die empirische Verteilungsfunktion $F_n(x) = h_n(X \leq x)$ die beobachtete relative Häufigkeit von Stichprobenelementen an, die nicht größer als x sind.

Bei richtiger Nullhypothese sollten die Abweichungsbeträge $|F_n(x) - F_0(x)|$ für alle x hinreichend klein sein.

Der Kolmogorow-Smirnow-Anpassungstest wird als Prüfgröße D die größte, das Supremum, dieser beobachteten Abweichungen

$$D = \sup_x |F_n(x) - F_0(x)| \tag{5.60}$$

verwendet. Bei richtiger Nullhypothese ist zu erwarten, daß auch das Supremum D der Abweichungsbeträge "klein" ist. Die Nullhypothese wird daher abgelehnt, wenn D eine bestimmte vom Signifikanzniveau α und vom Stichprobenumfang n abhängende Schranke $d_{n;1-\alpha}$ überschreitet.

Testentscheidung:

Die Nullhypothese H_0: $F(x) = F_0(x)$ wird auf einem Signifikanzniveau α zugunsten der Alternative H_1: $F(x) \neq F_0(x)$ verworfen, wenn gilt:

$$D = \sup_{x} | F_n(x) - F_0(x)| > d_{n;1-\alpha}$$

Eine Tabelle der kritischen Werte $d_{n;1-\alpha}$ für verschiedene Werte von α und n befindet sich im Anhang.

Ohne Beweis sei die Tatsache erwähnt, daß die Verteilung der Prüfgröße D nur von n und nicht von $F_0(x)$ abhängt. Bei dem Beweis wird dabei nur die Stetigkeit von $F_0(x)$ vorausgesetzt.

Vergleich des Kolmogorow-Smirnow-Anpassungstests mit dem χ^2-Test:

1. Der Kolmogorow-Smirnow-Test kann auch für kleine Stichproben verwendet werden, während der χ^2-Test ein Näherungsverfahren für große Stichproben ist.

2. Beim Kolmogorow-Smirnow-Test werden alle n Stichprobenwerte verwendet. Beim χ^2-Test arbeitet man mit gruppierten Daten, d.h. mit Daten, die in Merkmalsklassen zusammengefaßt sind. Dadurch kann bei Daten mit kardinalem Meßniveau ein Informationsverlust eintreten.

3. Der Kolmogorow-Smirnow-Test setzt ein stetiges Merkmal voraus. Verwendet man ihn dennoch für diskrete Merkmale, so ist das Signifikanzniveau höchstens gleich α. Der Test ist also konservativ, die Güte des Tests wird dadurch kleiner. Der χ^2-Test ist für alle Merkmalsarten, besonders auch für nominalskalierte Daten verwendbar.

4. Müssen Parameter einer Verteilung geschätzt werden, so verringert sich bei der Prüfgröße Y^2 des χ^2-Tests nur die Anzahl der Freiheitsgrade. Beim Kolmogorow-Smirnow-Test wird dagegen die Verteilung der Prüffunktion verändert. Mit dem angegebenen Prüfverfahren sind dann keine genauen kritischen Bereiche bestimmbar.

Beispiel 5.32. An einem Schalter wurden für n = 10 zufällig bestimmte Kunden folgende Bedienungszeiten beobachtet:

$$0,6 / 1,2 / 2,4 / 3,3 / 3,7 / 4,6 / 5,0 / 6,1 / 8,0 / 10,2 \text{ Min.}$$

Es wird vermutet, daß die Zufallsgröße X = Bedienungszeit einer Exponentialverteilung mit der mittleren Bedienungszeit

$$E(X) = \frac{1}{\lambda} = 4 \quad \text{Min.}$$

genügt. Man prüfe auf einem Signifikanzniveau $\alpha = 0,05$ die Hypothese

$$H_0: \quad F(x) = F_0(x) = \begin{cases} 1 - e^{-\lambda x} & \text{für } x \geq 0 \\ 0 & \text{für } x < 0 \end{cases}$$

gegen die Alternative $\quad H_1: \quad F(x) \neq F_0(x)$.

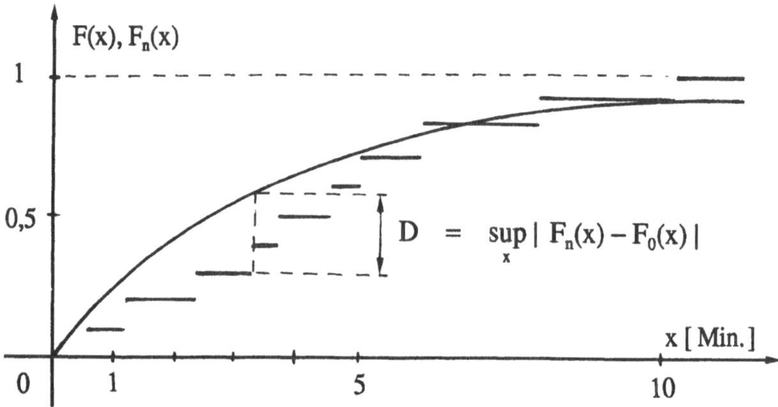

Bild 5.24 Theoretische und empirische Verteilungsfunktion

In Bild 5.24 sind die theoretische Verteilungsfunktion

$$F_0(x) = 1 - e^{-0,25 x} \qquad (x \geq 0)$$

und die empirische Verteilungsfunktion $F_n(x)$ ("Treppenfunktion") dargestellt. In der folgenden Tabelle sind an den Unstetigkeitsstellen x_i der empirischen Verteilungsfunktion die links- und rechtsseitigen Grenzwerte d_l und d_r des Betrages des Unterschieds zwischen der theoretischen und empirischen Verteilungsfunktion zusammengestellt.

x_i	$F_0(x_i)$	d_l	d_r
0,6	0,1393	0,1393	0,0393
1,2	0,2592	0,1592	0,0592
2,4	0,4512	0,2512	0,1512
3,3	0,5618	0,2618	0,1618
3,7	0,6035	0,2035	0,1035
4,6	0,6834	0,1834	0,0834
5,0	0,7135	0,1135	0,0135
6,1	0,7824	0,0824	0,0176
8,0	0,8674	0,0674	0,0326
10,2	0,9219	0,0219	0,0781

Der kritische Bereich der Nullhypothese ist gegeben durch

$$K: \quad D = \sup_x | F_n(x) - F_0(x)| > d_{10;0,95} = 0,409$$

Der aus der oben stehenden Tabelle erkennbare Wert $D = 0,2618$ liegt nicht im kritischen Bereich.

Die vorliegende Stichprobe spricht nicht gegen die Annahme, daß die Zufallsgröße X = Bedienungszeit eines Kunden einer Exponentialverteilung mit dem Parameter $\lambda = 0,25 \, \text{Min}^{-1}$ genügt.

Wegen des geringen Stichprobenumfangs ($n = 10$) konnte hier der χ^2-Test nicht angewendet werden.

IV. Test auf Unabhängigkeit in Mehrfeldertafeln

Es werden zwei Merkmale A und B betrachtet und die Nullhypothese

H_0: die Merkmale A und B sind stochastisch unabhängig

geprüft.

Das Merkmal A sei in die k Merkmalsklassen A_i ($i = 1,2,3, ..., k$),
das Merkmal B sei in die r Merkmalsklassen B_j ($j = 1,2,3, ..., r$)
unterteilt.

Eine zufällige Stichprobe vom Umfang n liefert die in der Mehrfeldertafel (Kontingenztafel) angegebene Verteilung.

	B_1	B_2	...	B_j	...	B_r	
A_1	n_{11}	n_{12}	...	n_{1j}	...	n_{1r}	n_{1Z}
A_2	n_{21}	n_{22}	...	n_{2j}	...	n_{2r}	n_{1Z}
.				.			.
.				.			.
.				.			.
A_i	n_{i1}	n_{i2}	...	n_{ij}	...	n_{ir}	n_{iZ}
.				.			.
.				.			.
.				.			.
A_k	n_{k1}	n_{k2}	...	n_{kj}	...	n_{kr}	n_{kZ}
	n_{S1}	n_{S2}	...	n_{Sj}	...	n_{Sr}	n

Dabei ist
$$n_{iZ} = \sum_{j=1}^{r} n_{ij} \quad \text{die i} - \text{te Zeilensumme und}$$

$$n_{Sj} = \sum_{i=1}^{k} n_{ij} \quad \text{die j} - \text{te Spaltensumme}$$

der Besetzungshäufigkeiten in der Mehrfeldertafel, wobei n_{ij} die Anzahl der Stichprobenelemente ist, die hinsichtlich des Merkmals A in die Klasse A_i und hinsichtlich des Merkmals B in die Klasse B_j fallen.

Ferner gilt:
$$n = \sum_{i=1}^{k} \sum_{j=1}^{r} n_{ij} = \sum_{i=1}^{k} n_{iZ} = \sum_{j=1}^{r} n_{Sj}.$$

Das folgende Prüfverfahren H_0: die Merkmale A und B sind unabhängig, gegen die Alternative H_1: die Merkmale sind nicht unabhängig, ist ein Sonderfall des χ^2-Tests.
Unter der Voraussetzung, daß die Nullhypothese richtig ist, ergibt sich die Wahrscheinlichkeit für das gemeinsame Auftreten der Merkmalskategorien A_i und B_j zu

$$p_{ij} = P(A \in A_i, B \in B_j | H_0) = P(A \in A_i) \cdot P(B \in B_j)$$

Diese unbekannten Wahrscheinlichkeiten p_{ij} werden durch die aus der Mehrfeldertafel berechenbaren relativen Häufigkeiten geschätzt. Man erhält:

$$\hat{p}_{ij} = h(A \in A_i) \cdot h(B \in B_j) = \frac{n_{iZ}}{n} \cdot \frac{n_{Sj}}{n}$$

Die bei unabhängigen Merkmalen A und B zu erwartenden Besetzungshäufigkeiten sind dann

$$\pi_{ij} = n \cdot \hat{p}_{ij} = \frac{n_{iZ} \cdot n_{Sj}}{n}.$$

Die Realisation der Prüfgröße Y^2 des χ^2-Tests

$$y^2 = \sum_{i=1}^{k} \sum_{j=1}^{r} \frac{(n_{ij} - \pi_{ij})^2}{\pi_{ij}}$$

läßt sich algebraisch umformen in

$$y^2 = \sum_{i=1}^{k} \sum_{j=1}^{r} \frac{\left[n_{ij} - \frac{n_{iZ} \cdot n_{Sj}}{n} \right]^2}{\frac{n_{iZ} \cdot n_{Sj}}{n}} = n \sum_{i=1}^{k} \sum_{j=1}^{r} \frac{n_{ij}^2}{n_{iZ} \cdot n_{Sj}} - 2 \sum_{i=1}^{k} \sum_{j=1}^{r} n_{ij} + \sum_{i=1}^{k} \sum_{j=1}^{r} \frac{n_{iZ} \cdot n_{Sj}}{n}$$

$$= n \sum_{i=1}^{k} \sum_{j=1}^{r} \frac{n_{ij}^2}{n_{iZ} \cdot n_{Sj}} - 2n + n = n \left[\sum_{i=1}^{k} \sum_{j=1}^{r} \frac{n_{ij}^2}{n_{iZ} \cdot n_{Sj}} - 1 \right]$$

Wir erhalten demnach für die Realisation der Prüfgröße den Ausdruck

$$y^2 = n \left[\sum_{i=1}^{k} \sum_{j=1}^{r} \frac{n_{ij}^2}{n_{iZ} \cdot n_{Sj}} - 1 \right] \qquad (5.61)$$

Zur Bestimmung des kritischen Bereichs benötigen wir noch die Anzahl der Freiheitsgrade der Prüfgröße Y^2. Insgesamt sind in der Mehrfeldertafel k.r Merkmalsklassen vorhanden. Geschätzt werden mußten

$\qquad$ k - 1 Wahrscheinlichkeiten $P(A = A_i)$

und $\qquad$ r - 1 Wahrscheinlichkeiten $P(B = B_j)$.

Unter den beim χ^2-Test angegebenen Voraussetzungen: $\pi_{ij} \geq 5$ und $n \geq 50$ genügt die Prüffunktion Y^2 näherungsweise einer χ^2-Verteilung mit

$$m = k.r - 1 - (k-1) - (r-1) = (k-1)(r-1)$$

Freiheitsgraden.

Testentscheidung:

Die Nullhypothese H_0: die Merkmale A und B sind stochastisch unabhängig, wird auf einem Signifikanzniveau α abgelehnt, wenn

$$y^2 = n\left[\sum_{i=1}^{k}\sum_{j=1}^{r}\frac{n_{ij}^2}{n_{iZ}\cdot n_{Sj}} - 1\right] > \chi^2_{(k-1)\cdot(r-1);\,1-\alpha}$$

ist.

Beispiel 5.33. Für die Mitarbeiter eines Betriebes, unterteilt hinsichtlich des Merkmals A = Geschlecht in Frauen und Männer, sind die Fehlzeiten in Tagen während eines bestimmten Zeitraums (= Merkmal B) in der folgenden Übersicht zusammengestellt.

A \ B	0	1 - 3	4 - 6	> 6	
Frauen	82	35	21	12	150
Männer	63	24	8	5	100
	145	59	29	17	250

Man prüfe auf einem Signifikanzniveau $\alpha = 0,05$ die Nullhypothese

H_0: Die Merkmale A und B sind stochastisch unabhängig.

Der Prüfwert

$$y^2 = n\left[\sum_{i=1}^{k}\sum_{j=1}^{r}\frac{n_{ij}^2}{n_{iZ}\cdot n_{Sj}} - 1\right] = 250\cdot[1{,}013543507 - 1] = 3{,}39$$

liegt nicht im kritischen Bereich des Prüfverfahrens

$$K: \quad y^2 > \chi^2_{3\,;\,0,95} = 7,81\,.$$

Die Fehlzeiten sind vom Geschlecht der Mitarbeiter dieses Betriebs unabhängig.

Beispiel 5.34. Von 100 an einer bestimmten Krankheit befallenen Mäusen wurden 50 mit einem Medikament behandelt (Versuchsgruppe). Die anderen blieben unbehandelt (Vergleichsgruppe). Von den behandelten Mäusen starben 13, von den unbehandelten Mäusen starben 20.

Dieses Ergebnis legt die Vermutung nahe, daß durch die Behandlung mit dem Medikament die Sterberate verkleinert wird. Man prüfe bei $\alpha = 0,05$ eine entsprechende Hypothese.

a) Auf die Möglichkeit eine Hypothese über die Gleichheit von Anteilswerten zweier unabhängiger Grundgesamtheiten zu prüfen (s. Abschn. 5.2.7) sei hier nicht eingegangen.

b) Prüfen der Hypothese

H_0:   Die Merkmale A = Behandlung und B = Tod eines Versuchstieres sind stochastisch unabhängig.

Man erhält die folgende Vierfeldertafel:

	Tod	Überleben	
mit Medikament	13	37	50
ohne Medikament	20	30	50
	33	67	100

Kritischer Bereich K:
$$y^2 = n\left[\sum_{i=1}^{k}\sum_{j=1}^{l}\frac{n_{ij}^2}{n_{iZ}\cdot n_{Sj}} - 1\right] > \chi^2_{1\,;\,0,95} = 3,84$$

Der Prüfwert $y^2 = 100.[\,1,022161918 - 1\,] = 2,216$ liegt nicht im kritischen Bereich. Die Behandlung mit dem betreffenden Medikament hat keinen signifikanten Einfluß auf das Überleben eines Versuchstieres.

5.3.9 Einführung in die einfache Varianzanalyse

Die Varianzanalyse, in den zwanziger Jahren von **R.A. Fischer** entwickelt, wurde ursprünglich insbesondere in der Biologie angewendet.

Stellen wir uns eine landwirtschaftliche Versuchsanstalt vor, in der für eine bestimmte Weizensorte das Merkmal X = Ertrag pro Anbaufläche untersucht wird.

Bei völlig gleichen Anbaubedingungen wird das Merkmal X zufällige Schwankungen aufweisen. Betrachtet man nun verschiedene Teilflächen, die sich hinsichtlich eines Einflußfaktors, etwa der Bodenbeschaffenheit, unterscheiden, so überlagert sich der schon bei gleicher Bodenbeschaffenheit vorhandenen Varianz des Merkmals X, eine von der Art des Einflußfaktors Bodenbeschaffenheit verursachte Varianz.

Will man entscheiden, welchen Einfluß dieser Faktor hat, so muß man versuchen, diese Varianzen zu trennen.

Natürlich können auch weitere Einflußfaktoren, wie Düngung oder Bewässerung verändert werden.

Bei der **einfachen** Varianzanalyse wird untersucht, ob sich unter dem Einfluß **eines** Einflußfaktors die Mittelwerte von verschiedenen Stichproben signifikant unterscheiden.

Voraussetzungen:

Gegeben sind k normalverteilte, unabhängige Grundgesamtheiten mit der gleichen unbekannten Varianz σ^2, deren Mittelwerte verschieden sein können.

Ist das untersuchte Merkmal in den Grundgesamtheiten nicht normalverteilt, so kann der im Abschnitt 5.3.10 behandelte Kruskal-Wallis-Test verwendet werden.

Nullhypothese H_0: $\mu_1 = \mu_2 \ldots = \mu_k = \mu$

Alternative H_1: Mindestens zwei der Mittelwerte sind verschieden.

Aus den k Grundgesamtheiten werden unabhängige Stichproben mit den Stichprobenumfängen n_i (i = 1, 2, ..., k) entnommen. Es sei $n = \sum n_i$.

Gruppenmittelwerte: $$\overline{x}_i = \frac{1}{n_i} \sum_{j=1}^{n_i} x_{ij} \qquad i = 1, 2, \ldots, k$$

Gesamtmittel: $$\overline{x} = \frac{1}{n} \sum_{i=1}^{k} \sum_{j=1}^{n_i} x_{ij} = \frac{1}{n} \sum_{i=1}^{k} n_i \cdot \overline{x}_i$$

Wesentlich ist nun, daß die Summe der Abweichungsquadrate vom Gesamtmittel in zwei Anteile zerlegt werden kann, in eine Summe der Abweichungsquadrate innerhalb der Gruppen und in eine Summe der Abweichungsquadrate zwischen den Gruppen. Ausgehend von

$$x_{ij} - \overline{x} = (\overline{x}_i - \overline{x}) + (x_{ij} - \overline{x}_i) \qquad \text{bzw.}$$

$$(x_{ij} - \overline{x})^2 = (\overline{x}_i - \overline{x})^2 + (x_{ij} - \overline{x}_i)^2 + 2(\overline{x}_i - \overline{x})(x_{ij} - \overline{x}_i)$$

erhält man durch Summation über j, d.h. durch eine Summation über die Merkmalswerte einer bestimmten Gruppe i

$$\sum_{j=1}^{n_i} (x_{ij} - \overline{x})^2 = \sum_{j=1}^{n_i} (\overline{x}_i - \overline{x})^2 + \sum_{j=1}^{n_i} (x_{ij} - \overline{x}_i)^2 + 2(\overline{x}_i - \overline{x}) \sum_{j=1}^{n_i} (x_{ij} - \overline{x}_i)$$

Aus der Definition der Gruppenmittelwerte folgt

$$\sum_{j=1}^{n_i} (x_{ij} - \overline{x}_i) = 0 \quad \text{für alle } i \, .$$

$\displaystyle\sum_{i=1}^{k} \sum_{j=1}^{n_i} (x_{ij} - \overline{x})^2$	$=\;\displaystyle\sum_{i=1}^{k} \sum_{j=1}^{n_i} (\overline{x}_i - \overline{x})^2$	$+\;\displaystyle\sum_{i=1}^{k} \sum_{j=1}^{n_i} (x_{ij} - \overline{x}_i)^2$
	$=\;\displaystyle\sum_{i=1}^{k} n_i (\overline{x}_i - \overline{x})^2$	$+\;\displaystyle\sum_{i=1}^{k} \sum_{j=1}^{n_i} (x_{ij} - \overline{x}_i)^2$
q	$=\quad q_z$	$+\quad q_i$
Gesamtsumme der Abweichungsquadrate	$=$ Summe der Abweichungsquadrate **zwischen** den Gruppen	$+$ Summe der Abweichungsquadrate **innerhalb** der Gruppen

Anzahl der Freiheitsgrade:

$n - 1$	$=\quad k - 1$	$+\quad n - k$

Bei richtiger Nullhypothese H_0: $\mu_1 = \mu_2 ... = \mu_k = \mu$ sind die Zufallsgrößen X_{ij} normalverteilt mit dem Mittelwert μ und der Varianz σ^2. Die Realisationen x_{ij} bilden eine einfache Stichprobe aus einer (μ, σ^2)-normalverteilten Grundgesamtheit und es ist

$$S^2 = \frac{Q}{n-1} = \frac{1}{n-1} \sum_{i=1}^{k} \sum_{j=1}^{n_i} (X_{ij} - \overline{X})^2 \qquad (5.62)$$

eine erwartungstreue Schätzfunktion für σ^2.

Die Zufallsgröße $\dfrac{(n-1)S^2}{\sigma^2} = \dfrac{Q}{\sigma^2}$ genügt einer χ^2 – Verteilung mit $m = n - 1$

Freiheitsgraden.

Da nach Voraussetzung jede der Gruppengrundgesamtheiten die gleiche Varianz σ^2 hat, sind auch die Stichprobenvarianzen

$$S_i^2 = \frac{1}{n_i - 1} \sum_{j=1}^{n_i} (X_{ij} - \overline{X}_i)^2 \qquad (5.63)$$

erwartungstreue Schätzfunktionen für σ^2 und zwar auch dann, wenn die Nullhypothese nicht zutrifft.

Aus $\quad E\left[\sum_{j=1}^{n_i} (X_{ij} - \overline{X}_i)^2 \right] = (n_i - 1)\sigma^2 \qquad$ für alle i, folgt

$$E\left[\sum_{i=1}^{k} \sum_{j=1}^{n_i} (X_{ij} - \overline{X}_i)^2 \right] = E(Q_i) = \sum_{i=1}^{k} (n_i - 1)\sigma^2$$

$$= \sigma^2 \sum_{i=1}^{k} (n_i - 1) = \sigma^2(n - k)$$

Die Zufallsgröße $\dfrac{Q_i}{n-k}$ ist eine erwartungstreue Schätzfunktion für σ^2.

$\dfrac{Q_i}{\sigma^2}$ genügt einer χ^2 – Verteilung mit n - k Freiheitsgraden.

Aus $\quad Q = Q_z + Q_i \quad$ bzw. $\quad \dfrac{Q}{\sigma^2} = \dfrac{Q_z}{\sigma^2} + \dfrac{Q_i}{\sigma^2}$

folgt mit dem Additionssatz für χ^2-verteilte Zufallsgrößen (s. Abschn. 5.1.4):

Die Zufallsgröße $\dfrac{Q_z}{\sigma^2}$ genügt einer χ^2 – Verteilung mit $k-1$ Freiheitsgraden.

Es ist daher schließlich

$$F = \frac{\left[\dfrac{Q_z}{\sigma^2(k-1)}\right]}{\left[\dfrac{Q_i}{\sigma^2(n-k)}\right]} = \frac{\left[\dfrac{Q_z}{k-1}\right]}{\left[\dfrac{Q_i}{n-k}\right]} = \frac{\sum\limits_{i=1}^{k}(\overline{X}_i - \overline{X})^2}{\sum\limits_{i=1}^{k}\sum\limits_{j=1}^{n_i}(X_{ij} - \overline{X}_i)^2} \tag{5.64}$$

eine Zufallsgröße, die einer F-Verteilung mit $m_1 = k - 1$ und $m_2 = n - k$ Freiheitsgraden genügt.

Sind mindestens zwei Mittelwerte verschieden, so hat dies auf die Verteilung der Zufallsgröße Q_i = Summe der Abweichungsquadrate innerhalb der Gruppen keinen Einfluß, wohl aber auf die Verteilung der Zufallsgröße Q_z = Summe der Abweichungsquadrate zwischen den Gruppen.
Und zwar nimmt Q_z mit wachsenden Unterschied der Mittelwerte mit größer werdender Wahrscheinlichkeit größere Werte an.

Wir kommen daher zur folgenden **Testentscheidung**:

Die Nullhypothese $\quad H_0:\ \mu_1 = \mu_2 \ldots = \mu_k$ wird auf einem Signifikanzniveau α abgelehnt, wenn gilt

$$f = \frac{\left[\dfrac{q_z}{k-1}\right]}{\left[\dfrac{q_i}{n-k}\right]} > F_{k-1;\,n-k;\,1-\alpha}\,.$$

Bemerkungen zur Durchführung der einfachen Varianzanalyse:

1. Eine Merkmalstransformation $x_{ij}^* = ax_{ij} + b$

kann zu einfacheren Zahlen und damit zu einer Verringerung des Rechenaufwands führen. Mit den transformierten Merkmalswerten errechnet man

$$q^* = a^2 q; \qquad q_z^* = a^2 q_z \qquad \text{und} \qquad q_i^* = a^2 q_i.$$

Die Zufallsgröße F und damit auch der Prüfwert f sind invariant gegenüber derartigen linearen Merkmalstransformationen.

2. Analog zu Gl. (4.10) gilt:

$$q = \sum_{i=1}^{k} \sum_{j=1}^{n_i} (x_{ij} - \overline{x})^2 = \sum_{i=1}^{k} \sum_{j=1}^{n_i} x_{ij}^2 - \frac{1}{n}\left[\sum_{i=1}^{k} \sum_{j=1}^{n_i} x_{ij} \right]^2$$

Mit den Abkürzungen $\qquad \sum_{j=1}^{n_i} x_{ij} = r_i \qquad$ und $\qquad \sum_{i=1}^{k} \sum_{j=1}^{n_i} x_{ij} = r \qquad$ erhält man:

$$q = \sum_{i=1}^{k} \sum_{j=1}^{n_i} x_{ij}^2 - \frac{r^2}{n} \tag{5.65}$$

$$q_z = \sum_{i=1}^{k} \frac{r_i^2}{n_i} - \frac{r^2}{n} \tag{5.66}$$

$$q_i = q - q_z \tag{5.67}$$

Beispiel 5.35. 4 Betonsorten werden hinsichtlich des Merkmals $X = $ Druckfestigkeit $[N/cm^2]$ untersucht.
Man prüfe auf einem Signifikanzniveau $\alpha = 0,05$ die Hypothese

$$H_0: \qquad \mu_1 = \mu_2 = \mu_3 = \mu_4.$$

Das Untersuchungsergebnis ist in der folgenden Tabelle zusammengestellt.

Sorte	Druckfestigkeit x_{ij} [N/cm^2]							
1	2000	2050	2060	2090	2120	2150	2200	2210
2	1900	1940	1970	1980	2000	2080		
3	1960	1980	2020	2050	2060	2060	2100	
4	1890	1900	1930	1960	1970	2000	2030	2100

Durch die Merkmalstransformation $\qquad x_{ij}^* \; = \; 0{,}1 \cdot x_{ij} - 200 \qquad$ erhält man:

Sorte	x_{ij}^*								n_i	r_i^*
1	0	5	6	9	12	15	20	21	8	88
2	-10	-6	-3	-2	0	8			6	-13
3	-4	-2	2	5	6	6	10		7	23
4	-11	-10	-7	-4	-3	0	3	10	8	-22
									$n = 29$	$r^* = 76$

Kritischer Bereich K:

$$f \; = \; \frac{\left[\dfrac{q_z^*}{k-1}\right]}{\left[\dfrac{q_i^*}{n-k}\right]} \; > \; F_{3\,;\,25\,;\,0{,}95} \; = \; 2{,}99$$

Mit $n = 29$ und $\quad r^* = \sum_i r_i^* = 76 \quad$ folgt:

$$(q^*)^2 \; = \; \sum_i \sum_j (x_{ij}^*)^2 - \frac{1}{n}(r^*)^2 \; = \; 2190 - \frac{1}{29} 76^2 \; = \; 1990{,}83$$

$$(q_z^*)^2 \; = \; \sum_i \frac{(r_i^*)^2}{n_i} - \frac{1}{n}(r^*)^2 \; = \; 1132{,}24 - \frac{1}{29} 76^2 \; = \; 933{,}07$$

$$(q_i^*)^2 \; = \; (q^*)^2 - (q_z^*)^2 \; = \; 1057{,}76$$

Der Prüfwert $f = \dfrac{\left[\dfrac{933{,}07}{3}\right]}{\left[\dfrac{1057{,}73}{25}\right]} = 7{,}35$ liegt im kritischen Bereich.

Die Nullhypothese wird daher verworfen. Mindestens zwei der Mittelwerte unterscheiden sich signifikant.

5.3.10 Verteilungsfreie Tests

Bei den bisher behandelten Testverfahren wird, soweit es sich nicht um Näherungs-verfahren für große Stichproben handelt, im allgemeinen vorausgesetzt, daß das betrachtete Merkmal normalverteilt ist. Nur beim Anpassungstest von Kolmogorow-Smirnow konnten wir feststellen, daß die Verteilung der zur Testentscheidung verwendeten Prüffunktion unabhängig ist von der Art der Verteilung des Merkmals in der Grundgesamtheit.

Da häufig die Art der Verteilung des untersuchten Merkmals X unbekannt ist und die Annahme, es liege Normalverteilung vor, sich nicht immer aufrecht erhalten läßt, haben verteilungsfreie Testverfahren eine große praktische Bedeutung.

Definition 5.24

Testverfahren, bei denen die Prüffunktion (Teststatistik) von der Verteilung des Merkmals in der Grundgesamtheit unabhängig ist, heißen **verteilungsfreie Tests**.

Die Entwicklung verteilungsfreier Tests hat in den letzten Jahrzehnten stark zugenommen. Da weniger Informationen über die Grundgesamtheit in das Prüfverfahren eingehen, ist die Macht eines verteilungsfreien Tests, im Vergleich zu entsprechenden parametrischen Tests, geringer. Dieser Nachteil wird aber durch eine Reihe von Vorteilen aufgewogen. Neben einer größeren Anwendungsbreite sind auch die einfachere Handhabung und der geringere Rechenaufwand Vorteile verteilungsfreier Prüfverfahren.

Es soll hier eine Einführung in einige wichtige verteilungsfreie Testverfahren gegeben werden. Die im Folgenden behandelten Prüfverfahren werden auch als nichtparametrische Test bezeichnet. Wir wollen hier zwischen den Begriffen "verteilungsfrei" und "nichtparametrisch" nicht unterscheiden.

I. Vorzeichentest

Der in verschiedenen Testsituationen anwendbare Vorzeichentest ist der älteste nichtparametrische Test. Er wurde schon 1710 von dem schottischen Arzt John Arbuthnot verwendet, um die Ansicht zu widerlegen, Knaben und Mädchengeburten seien gleichhäufig.

1. Prüfen einer Hypothese über den Median (Zentralwert) $\tilde{x}$ einer Verteilung

Es sei $X = (X_1, X_2,..., X_k,..., X_n)$ der Stichprobenvektor einer stetigen Zufallsgröße X. Da der Median das 50%-Quantil $x_{0,50}$ der Verteilung ist, gilt

$$P(X_i > \tilde{x}) = 0{,}5 \quad \text{für alle } X_i.$$

Die Zufallsgröße

$$K_+ = \text{Anzahl der positiven Differenzen } D_i = X_i - \tilde{x}$$

genügt daher einer Binomialverteilung mit den Parametern n und p = 0,5.

Auftreten von Bindungen:

Bei einer stetigen Zufallsgröße ist zwar $P(X_i = \tilde{x}) = 0$. Wegen der endlichen Meßgenauigkeit können jedoch Stichprobenwerte $x_i = \tilde{x}$ auftreten. Ist für ein i die Differenz $d_i = x_i - \tilde{x} = 0$, so wird dieser Fall nicht gezählt. Dadurch erniedrigt sich der Stichprobenumfang.

a) Große Stichproben (n ≥ 40)

Im Falle großer Stichproben kann die Binomialverteilung der Zufallsgröße K_+ durch eine Normalverteilung mit den Parametern

$$\mu = n.p = \frac{n}{2} \quad \text{und} \quad \sigma^2 = n.p.(1-p) = \frac{n}{4}$$

angenähert werden (Grenzwertsatz von Moivre-Laplace).

Die Zufallsgröße

$$U = \frac{K_+ - \frac{n}{2}}{\sqrt{\frac{n}{4}}} = \frac{2K_+ - n}{\sqrt{n}} \tag{5.68}$$

ist bei großen Stichproben näherungsweise standardnormalverteilt.

Die Approximation der Binomialverteilung durch eine Normalverteilung kann verbessert werden, wenn in Gl.(5.68) K_+ durch $K_+ + 0{,}5$ ersetzt wird (Stetigkeitskorrektur).

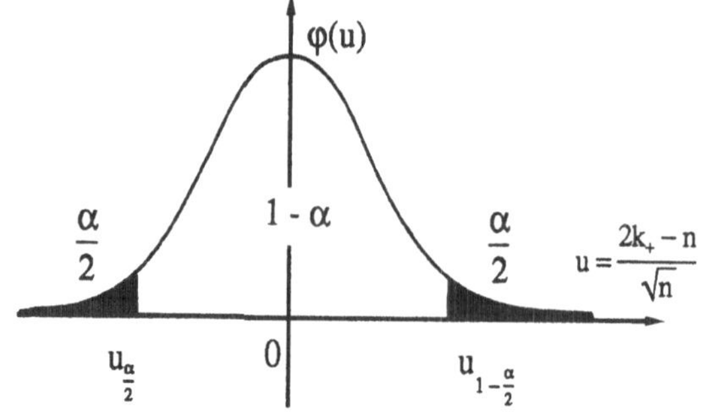

Bild 5.25 Kritischer Bereich bei einer zweiseitigen Fragestellung

H_0	H_1	Kritischer Bereich K bei einem Signifikanzniveau α
$\tilde{x} \leq x_0$ $\tilde{x} \geq x_0$	$\tilde{x} > x_0$ $\tilde{x} < x_0$	$\dfrac{\lvert 2k_+ - n \rvert}{\sqrt{n}} > u_{1-\alpha}$
$\tilde{x} = x_0$	$\tilde{x} \neq x_0$	$\dfrac{\lvert 2k_+ - n \rvert}{\sqrt{n}} > u_{1-\frac{\alpha}{2}}$

Wegen $\ k_- = n - k_+\ $ gilt: $\ \lvert 2k_+ - n \rvert = \lvert 2k_- - n \rvert$.

Es kann daher anstelle von k_+ auch $k_- =$ Anzahl der negativen Vorzeichen in der Stichprobe verwendet werden.

b) Kleine Stichproben (n < 40)

Bei kleinen Stichproben muß die genaue Verteilung der als Prüffunktion verwendeten Zufallsgröße K+ (Binomialverteilung mit den Parametern n und p = 0,5) berücksichtigt werden. Bei der Festlegung der kritischen Bereiche sind daher Quantile der Binomialverteilung zu verwenden. Dabei ergibt sich die Schwierigkeit, daß zu einem bestimmten vereinbarten Signifikanzniveau α im allgemeinen keine ganzzahligen Quantile gehören. Um zu ganzzahligen Grenzen der kritischen Bereiche zu kommen, müssen wir die Ablehnungsbereiche der Nullhypothese von Fall zu Fall mehr oder weniger verkleinern.

Die Nullhypothese H_0 wird dadurch begünstigt (konservativer Test). Das tatsächliche Signifikanzniveau α^* (Wahrscheinlichkeit eines Fehlers 1. Art) ist dann kleiner als das vereinbarte Signifikanzniveau α.

Wir wollen uns dies für n = 10 veranschaulichen.

In der nebenstehenden Tabelle ist die Verteilungsfunktion einer Binomialverteilung mit den Parametern n = 10 und p = 0,5 angegeben. Es sei α = 0,05 gewählt. Es läßt sich kein x - Wert angeben, für den die Verteilungsfunktion genau den Wert 0,05 oder 0,95 annimmt.

Bei einem einseitigen Test mit einem vereinbarten Signifikanzniveau α = 0,05 müssen wir die Nullhypothese bei H_1: $\tilde{x} > x_0$ ablehnen, wenn $k_+ >$ 8 bzw. bei H_1: $\tilde{x} < x_0$, wenn $k_+ < 2$ ist. Dadurch ergibt sich ein Signifikanzniveau $\alpha^* < \alpha$.

x	$F(x/10;0,5)$
0	0,000977
1	0,010742
2	0,054688
3	0,171875
4	0,376953
5	0,633047
6	0,828125
7	0,945313
8	0,989258
9	0,999023
10	1,000000

Die folgenden kritischen Bereiche gehören zu einem Signifikanzniveau, das höchstens gleich α ist. Eine Tabelle der Schranken $k_{n;\alpha}$ bzw. $k_{n;1-\alpha}$ befindet sich im Anhang.

H_0	H_1	Kritischer Bereich K bei einem Signifikanzniveau α
$\tilde{x} \leq x_0$	$\tilde{x} > x_0$	$k_+ > k_{n;1-\alpha}$
$\tilde{x} \geq x_0$	$\tilde{x} < x_0$	$k_+ > k_{n;\alpha}$
$\tilde{x} = x_0$	$\tilde{x} \neq x_0$	$k_+ > k_{n;1-\frac{\alpha}{2}}$ oder $k_+ < k_{n;\frac{\alpha}{2}}$

Wir haben hierbei k_+ die Anzahl der positiven Vorzeichen in der Stichprobe verwendet. Durch k_+ ist auch $k_- = n - k_+$ die Anzahl der negativen Vorzeichen bestimmt. Die Testentscheidung vereinfacht sich, wenn wir mit der größeren der beiden Zahlen

$$k = \sup(k_+, k_-)$$

arbeiten. Die Nullhypothese H_0 wird dann abgelehnt, wenn k, die größere der beiden Vorzeichenzahlen, die entsprechenden Schranken **überschreitet**.

H_0	H_1	Kritischer Bereich K bei einem Signifikanzniveau α
$\tilde{x} \leq x_0$	$\tilde{x} > x_0$	$k > k_{n;1-\alpha}$
$\tilde{x} \geq x_0$	$\tilde{x} < x_0$	
$\tilde{x} = x_0$	$\tilde{x} \neq x_0$	$k > k_{n;1-\frac{\alpha}{2}}$

Ist die Verteilung des Merkmals X symmetrisch, so gilt

$$\tilde{x} = E(X) = \mu.$$

Der Vorzeichentest eignet sich dann zum Prüfen einer Hypothese über den Mittelwert μ einer Verteilung.

Damit die wesentliche Voraussetzung

$$P(X_i > \tilde{x}) = P(X_i < \tilde{x}) = 0,5 \quad \text{für alle } X_i$$

erfüllt ist, wurde die Zufallsgröße X als stetig vorausgesetzt. Bei symmetrisch verteilten Zufallsgrößen kann darauf verzichtet werden, da diese Voraussetzung für Stichprobenvektoren $\mathbf{X}$ mit $X_i \neq \tilde{x}$ dann auch für diskrete Zufallsgrößen erfüllt ist.

Bemerkungen zur Trennschärfe des Vorzeichentests:

Die Nullhypothese

H_0: die Wahrscheinlichkeit p eines positiven Vorzeichens ist 0,5

des Vorzeichentests wird bei kleinen Stichproben ($n \leq 15$) nur abgelehnt, wenn die wahren Werte von p nahe bei 0 oder 1 liegen.
Liegt der wahre Wert von p dagegen nahe bei 0,5, so ist ein großer Stichprobenumfang n erforderlich, damit durch den Vorzeichentest dieser Unterschied signifikant wird.
Ist zum Beispiel $p = 0,45$, so ist ein Stichprobenumfang $n \geq 1300$ erforderlich, damit bei $\alpha = 0,05$ die Nullhypothese ($p = 0,5$) mit einer Wahrscheinlichkeit $1 - \beta \geq 0,95$ durch den Vorzeichentest abgelehnt wird.

2. Prüfen einer Hypothese über den Unterschied zweier abhängiger Merkmale X und Y

Betrachtet werden hier zwei "verbundenen Stichproben". Es werden beispielsweise in einer Stichprobe von n Untersuchungseinheiten (Merkmalsträgern) pro Untersuchungseinheit je zwei Merkmalsausprägungen beobachtet. Man erhält dadurch n Paare (x_i, y_i) von Realisationen der Zufallsgrößen X_i und Y_i, deren Differenzen

$$D_i = Y_i - X_i$$

zur Bestimmung des kritischen Bereichs der Nullhypothese

H_0 :   Der Median der Differenzen D_i hat den Wert Null

verwendet werden. Bei richtiger Nullhypothese sind daher positive und negative Differenzen gleichwahrscheinlich. Sind die Zufallsgrößen X_i und Y_i stetige Zufallsgrößen, so folgt aus der Annahme, die Zufallsgrößen X_i und Y_i stammen aus einer gemeinsamen Grundgesamtheit, daß die Wahrscheinlichkeiten für positive und negative Differenzen gleich groß sind.

Wertepaare (x_i, y_i) mit $d_i = 0$ (Auftreten von Bindungen) werden aus der Stichprobe entfernt. Dadurch erniedrigt sich der Stichprobenumfang.

Die Zufallsgröße K_+ = Anzahl der positiven Differenzen genügt daher einer Binomialverteilung mit den Parametern n und $p = 0{,}5$.

Die Testentscheidung erfolgt wie beim Prüfen einer Hypothese über den Median einer Verteilung.

Beispiel 5.36. Messungen nach zwei verschiedenen Verfahren mit den Meßwerten x_i und y_i am jeweils gleichen Meßobjekt ergaben bei n = 30 Paaren von Meßwerten
$k_+ = 18$ und $k_- = 12$ positive, bzw. negative Differenzen $d_i = y_i - x_i$.
Kann bei einem Signifikanzniveau $\alpha \leq 0{,}05$ behauptet werden, das Meßverfahren, welches die Meßwerte y_i liefert, führt im Mittel zu größeren Werten?

$$H_0: \quad \tilde{x}_D \leq 0 \qquad H_1: \quad \tilde{x}_D > 0$$

Kritischer Bereich K: $k_+ > k_{30\,;\,0{,}95} = 19$

Die Realisation der Prüfgröße $k_+ = 18$ liegt nicht im kritischen Bereich. Die Nullhypothese, die beiden Meßverfahren liefern im Mittel das gleiche Ergebnis, kann nicht abgelehnt werden.

II. Vorzeichen-Rangtest von Wilcoxon

Wurden beim Vorzeichentest nur die Vorzeichen der Differenzen d_i berücksichtigt, also nur ein Teil der Informationen der Stichprobe zur Testentscheidung verwendet, so geht beim Vorzeichen-Rangtest von Wilcoxon auch die Größe der Differenzen in die Prüffunktion mit ein.

Testsituationen:

a) Stammen die unabhängigen Stichprobenelemente x_i aus einer Grundgesamtheit mit der stetigen Verteilungsfunktion F, so kann geprüft werden, ob die Verteilung des Merkmals X symmetrisch zu einem bestimmten Wert x_0 ist.
Zur Bestimmung des Prüfwertes w_+ werden die Vorzeichen und Ränge der Differenzen $d_i = x_i - x_0$ verwendet.
Kann die Symmetrie der Verteilung vorausgesetzt werden, so kann eine Hypothese über den Mittelwert (= Median einer symmetrischen Verteilung) geprüft werden.

b) Sind die Zufallsgrößen $D_i = Y_i - X_i$ unabhängige, stetige und symmetrisch verteilte Zufallsgrößen, so kann eine Hypothese über die Differenz der Zufallsgrößen X und Y geprüft werden.
Zur Bestimmung des Prüfwertes w_+ werden die Vorzeichen und Ränge der Differenzen $d_i = y_i - x_i$ verwendet.

Beim Vorzeichen-Rangtest von Wilcoxon werden neben den Vorzeichen der Differenzen d_i auch die Größenordnungen dieser Differenzen dadurch berücksichtigt, daß man den der Größe nach geordneten Beträgen $| d_i |$ die Ränge von 1 bis n zuordnet.
Treten Differenzen $d_i = 0$ auf, so werden sie, wie beim Vorzeichentest nicht gewertet. Dadurch erniedrigt sich der Stichprobenumfang. Stimmen Differenzen betragsmäßig überein, so werden ihnen im allgemeinen Durchschnittsränge zugeordnet.

Als Prüffunktion verwendet man $\quad W_+ =$ Summe der Ränge der positiven Differenzen

Ein einfaches Zahlenbeispiel soll diesen Sachverhalt veranschaulichen. Eine Messung von $n = 8$ Merkmalspaaren (x_i , y_i) ergab die in der Tabelle angegebenen Differenzen $d_i = y_i - x_i$. Dadurch sind die Ränge r_i bestimmt.

d_i	1,6	0,9	-0,3	0,7	-1,2	0,2	1,2	1,4
r_i	8	4	2	3	5,5	1	5,5	7

Den betragsmäßig gleichen Differenzen 1,2 und -1,2 wurden die Durchschnittsränge je 5,5 zugeordnet. Die Verteilung der Zufallsgröße W_+ wird durch das Einführen von Durchschnittsrängen etwas verändert, worauf hier nicht näher eingegangen werden kann. Eine andere Möglichkeit wäre, den betragsmäßig gleichen Differenzen die in Frage kommenden Ränge zufällig zuzuordnen.

Die Zufallsgröße W_+ erhält in diesem Beispiel den Wert

$$w_+ = 8 + 4 + 3 + 1 + 5,5 + 7 = 28,5.$$

Die Summe der Ränge der negativen Differenzen ist $w_- = 7,5$. Allgemein gilt für die Gesamtsumme der Ränge

$$w_+ + w_- = \frac{n(n+1)}{2}.$$

Sind die Testvoraussetzungen erfüllt und gilt die Nullhypothese, daß positive und negative Differenzen gleichwahrscheinlich sind, so ist die Verteilung der Zufallsgröße W_+ symmetrisch mit

$$E(W_+) = \frac{n(n+1)}{4} \quad \text{und} \quad Var(W_+) = \frac{n(n+1)(2n+1)}{24}$$

Beweis: Die Zufallsgröße W_+ kann in der Form

$$W_+ = \sum_{k=1}^{n} k \cdot S_k \quad \text{mit} \quad S_k = \begin{cases} 0 & \text{für } d_k < 0 \\ 1 & \text{für } d_k > 0 \end{cases}$$

angegeben werden, wobei k der Rangplatz und d_i die zum Rangplatz k gehörende Differenz ist. Wegen $P(D > 0) = P(D < 0) = 0,5$ bzw. $P(S_k = 1) = P(S_k = 0) = 0,5$ erhält man:

$$E(S_k) = \frac{1}{2} \quad \text{und} \quad Var(S_k) = \frac{1}{4}$$

Die Zufallsgröße S_k ist binomialverteilt mit den Parametern $n = 1$ und $p = 0,5$.

Damit folgt:

$$E(W_+) = \frac{1}{2}\sum_{k=1}^{n} k = \frac{n(n+1)}{4} \qquad \text{und} \qquad Var(W_+) = \frac{1}{4}\sum_{k=1}^{n} k^2 = \frac{n(n+1)(2n+1)}{24}$$

a) Große Stichproben

Bei großen Stichproben ($n > 20$) kann die Zufallsgröße W_+ näherungsweise als normalverteilt angesehen werden.

Die Zufallsgröße

$$U = \frac{W_+ - E(W_+)}{\sqrt{Var(W_+)}} \tag{5.69}$$

$$\text{mit} \qquad E(W_+) = \frac{n(n+1)}{4} \qquad \text{und} \qquad Var(W_+) = \frac{n(n+1)(2n+1)}{24}$$

ist dann näherungsweise standardnormalverteilt.

Die Approximation der Binomialverteilung durch eine Normalverteilung kann noch verbessert werden, wenn in Gl.(5.69) W_+ durch $W_+ + 0{,}5$ ersetzt wird (Stetigkeitskorrektur).

H_0	H_1	Kritischer Bereich K bei einem Signifikanzniveau α
$\tilde{x}_D \le 0$ $\tilde{x}_D \ge 0$	$\tilde{x}_D > x_0$ $\tilde{x}_D < x_0$	$\lvert u \rvert > u_{1-\alpha}$
$\tilde{x}_D = 0$	$\tilde{x}_D \neq x_0$	$\lvert u \rvert > u_{1-\frac{\alpha}{2}}$

Dabei ist $\tilde{x}_D$ der Median der Differenz $D = X - x_0$ bzw. $D = Y - X$.

b) Kleine Stichproben

Bei kleinen Stichproben muß die genaue Verteilung der Prüffunktion W_+ berücksichtigt werden.

Im Beispiel 5.38 wird für eine kleine Stichprobe ($n = 5$) gezeigt, wie die Wahrscheinlichkeitsverteilung der Zufallsgröße W_+ bestimmt werden kann.

H_0	H_1	Kritischer Bereich K bei einem Signifikanzniveau α
$\tilde{x}_D \leq 0$	$\tilde{x}_D > x_0$	$w_+ > w_{n;1-\alpha}$
$\tilde{x}_D \geq 0$	$\tilde{x}_D < x_0$	$w_+ < w_{n;\alpha}$
$\tilde{x}_D = 0$	$\tilde{x}_D \neq x_0$	$w_+ > w_{n;1-\frac{\alpha}{2}}$ oder $w_+ < w_{n;\frac{\alpha}{2}}$

Eine Tabelle der Schranken des Vorzeichen-Rangtests für $n \leq 20$ befindet sich im Anhang. Da die Prüffunktion W_+ eine diskrete Zufallsgröße ist, wird das vereinbarte Signifikanzniveau α im allgemeinen nicht voll ausgenützt. Der Test ist daher konservativ.

Beispiel 5.37. In einem Labor wurde der prozentuale Eisengehalt von $n = 9$ Erzproben nach zwei Verfahren (Meßwerte x_i und y_i) ermittelt. Man prüfe bei einem Signifikanzniveau $\alpha = 0,05$ die Nullhypothese, die beiden Verfahren liefern im Mittel die gleichen Meßwerte, gegen die Alternative, das zweite Verfahren (Meßwerte y_i) führt im Mittel zu größeren Analysenwerten. Die Voraussetzungen des Vorzeichen-Rangtests seien erfüllt.

Die Tabelle der Meßwerte wurde durch die Differenzen $d_i = y_i - x_i$ und ihre Ränge r_i ergänzt.

y_i	30,2	26,1	31,7	31,8	25,3	28,3	31,4	26,3	28,4
x_i	28,3	26,5	31,2	30,8	25,9	27,4	29,1	24,7	29,2
d_i	1,9	- 0,4	0,5	1,0	- 0,6	0,9	2,3	1,6	- 0,8
r_i	8	1	2	6	3	5	9	7	4

Kritischer Bereich K: $w_+ > w_{9;0,95} = 36$.

Die Rangsumme der positiven Differenzen $w_+ = 8 + 2 + 6 + 5 + 9 + 7 = 37$ liegt im kritischen Bereich. Die Nullhypothese wird zugunsten der Alternative H_1: Der Median der Differenzen ist größer als Null verworfen. Das Verfahren mit den Meßwerten y_i führt in Mittel zu größeren Werten. Ohne Berücksichtigung der Ränge (Vorzeichentest) überschreitet die Anzahl der positiven Differenzen $k_+ = 6$ die Schranke $k_{9;0,95} = 7$ nicht. Der Vorzeichentest führt hier nicht zur Ablehnung der Nullhypothese.

Beispiel 5.38. Man bestimme die Wahrscheinlichkeitsverteilung der Prüfgröße W_+ des Vorzeichen-Rangtests von Wilcoxon für einen Stichprobenumfang $n = 5$.

Da positive und negative Differenzen die gleiche Wahrscheinlichkeit 0,5 haben, hat jede Anordnung von je 5 Vorzeichen die Wahrscheinlichkeit $0,5^5 = 1/32 = 0,03125$.

w	{ Ränge der positiven Differenzen }			$P(W_+ = w)$	$P(W_+ \leq w)$
0	{ }			0,03125	0,03125
1	{1}			0,03125	0,06250
2	{2}			0,03125	0,09375
3	{1,2}	{3}		0,06250	0,15625
4	{1,3}	{4}		0,06250	0,21875
5	{1,4}	{2,3}	{5}	0,09375	0,31250
6	{1,5}	{2,4}	{1,2,3}	0,09375	0,40635
7	{2,5}	{3,4}	{1,2,4}	0,09375	0,50000
8	{3,5}	{1,3,4}	{1,2,5}	0,09375	0,59375
9	{1,3,5}	{2,3,4}	{1,3,5}	0,09375	0,68750
10	{1,2,3,4}	{2,3,5}	{1,4,5}	0,09375	0,78125
11	{1,2,3,5}	{2,4,5}		0,06250	0,84375
12	{1,2,4,5}	{3,4,5}		0,06250	0,90625
13	{1,3,4,5}			0,02125	0,93750
14	{2,3,4,5}			0,03125	0,96875
15	{1,2,3,4,5}			0,03125	1,00000

So ist beispielsweise die Rangsumme $r = 3$, wenn entweder die Ränge 1 und 2 oder der Rang 3 zu einem positiven Vorzeichen gehört. Bei $g = 2$ günstigen und $m = 32$ möglichen Fällen ist $P(W_+ = 3) = 2/32 = 0,06250$.

Die Verteilung der Zufallsgröße W_+ ist symmetrisch zum Erwartungswert. So ist in diesem Beispiel $P(W_+ = r) = P(W_+ = 15 - r)$.

III. Mann-Withney-Test (U-Test)

Wir betrachten die **stetigen** Merkmale X und Y aus zwei **unabhängigen** Grundgesamtheiten.

Die Stichprobenwerte X_i ($i = 1,2, ..., n_1$) und Y_j ($j = 1,2, ..., n_2$) sind unter den gemachten Voraussetzungen unabhängige Zufallsgrößen mit den stetigen Verteilungsfunktionen F_X und F_Y.

Der Test dient zur Prüfung der Frage, ob die beiden Merkmale die gleiche Verteilungsfunktion haben. Die Nullhypothese lautet daher

H_0: Die Merkmale X und Y haben die gleiche Verteilungsfunktion.

Zur Prüfung der Nullhypothese ordnet man die Stichprobenwerte x_i und y_j der Größe nach in **einer** Reihe an. Dadurch entsteht eine Folge von

$$n = n_1 + n_2$$

Elementen der Form :   x x y x y y ... x x y y,

bestehend aus n_1 Elementen x der einen Stichprobe und n_2 Elementen y der zweiten Stichprobe.

Beim **Rangsummentest von Wilcoxon** wird als Prüffunktion die Rangsumme W eines der beiden Merkmale verwendet. So ist zum Beispiel für die Folge

x x y y y x y y x x x

die Rangsumme der x - Werte $w_x = 1 + 2 + 6 + 9 + 10 + 11 = 39$,

die der y - Werte $\qquad w_y = 3 + 4 + 5 + 7 + 8 = 27$.

Zwischen den beiden Rangsummen besteht der Zusammenhang

$$w_x + w_y = \frac{n(n+1)}{2}.$$

Bei richtiger Nullhypothese sind sowohl sehr kleine, als auch sehr große Rangsummen unwahrscheinlich. Die Nullhypothese wird daher abgelehnt, wenn eine Rangsumme bestimmte Schranken über - oder unterschreitet.

Äquivalent zum Rangsummentest von Wilcoxon ist der **Mann-Withney-Test** (U-Test), auf den hier näher eingegangen werden soll.

Betrachten wir noch einmal die Folge

$$x \quad x \quad y \quad y \quad y \quad x \quad y \quad y \quad x \quad x \quad x,$$

bestimmen zu jedem x die Anzahl z_i der vor diesem Element stehenden y - Werte und bilden die Summe

$$u_x = \sum_{i=1}^{n_1} z_i = 0 + 0 + 3 + 5 + 5 + 5 = 18.$$

Man kann analog auch zu jedem Element y die Anzahl z_j der vor diesem Element stehenden x - Werte bilden und zu u_y aufsummieren. Da zwischen den beiden Größen der Zusammenhang

$$u_x + u_y = n_1 \cdot n_2 \tag{5.70}$$

besteht, kann jede von ihnen zur Prüfung der Nullhypothese verwendet werden.

Der Mann-Withney-Test benützt die kleinere der beiden Größen $u_0 = \inf(u_x, u_y)$.

1. Es sei Z_i die Anzahl der Y- Werte, die kleiner als X_i sind, also in der geordneten Folge der X,Y - Werte vor X_i stehen.

2. Es sei $\quad U_x = \sum_{i=1}^{n_1} Z_i \quad$ und $\quad U_Y = n_1 \cdot n_2 - U_x.$ $\tag{5.71}$

3. $U_0 = \inf(U_x, U_y)$, die kleinere der beiden Zufallsgrößen, ist die Prüffunktion des Mann-Withney-Tests.

Die Nullhypothese wird abgelehnt, wenn der Prüfwert u_0 eine von n_1, n_2 und dem Signifikanzniveau α abhängende Schranke unterschreitet.

Da die Merkmale X und Y als stetig vorausgesetzt wurden, ist zwar die Wahrscheinlichkeit für das Auftreten von gleichen Merkmalswerten Null, in der Praxis werden aber wegen der beschränkten Meßgenaugkeit gleiche Merkmalswerte auftreten können. Stimmen Merkmalswerte innerhalb einer Stichprobe überein, so bleibt die Testgröße U_0 davon unberührt. Sind Merkmalswerte aus verschiedenen Stichproben gleich, so arbeitet man, wie beim Vorzeichentest-Rangtest, mit Durchschnittsrängen.

Für große Stichproben (n_1, $n_2 > 20$) ist die Prüffunktion U_0 näherungsweise normalverteilt mit

$$E(U_0) = \frac{n_1 \cdot n_2}{2} \quad \text{und} \quad \text{Var}(U_0) = \frac{n_1 \cdot n_2 \cdot (n_1 + n_2 + 1)}{12}.$$

Bei großen Stichproben ist daher die Zufallsgröße

$$U = \frac{U_0 - E(U_0)}{\sqrt{Var(U_0)}} \tag{5.72}$$

näherungsweise standardnormalverteilt.

Bei großen Stichproben kann daher die Testentscheidung in bekannter Weise mit Hilfe der standardnormalverteilten Zufallsgröße U nach Gleichung (5.72) erfolgen.

Bei kleinen Stichproben muß die genaue Verteilung der Prüffunktion U_0 berücksichtigt werden.

H_0	H_1	Kritischer Bereich K bei einem Signifikanzniveau α	
		kleine Stichproben	große Stichproben
$F_x = F_y$	$F_x \neq F_y$	$u_0 < u_{n_1;n_2;\frac{\alpha}{2}}$	$|u| > u_{1-\frac{\alpha}{2}}$
$F_x = F_y$ $F_x = F_y$	$F_x \leq F_y$ $F_x \geq F_y$	$u_0 < u_{n_1;n_2;\alpha}$	$|u| > u_{1-\alpha}$

Eine Tabelle mit Schranken $u_{n_1;n_2;\gamma}$ befindet sich im Anhang. Da die Rolle der Merkmale X und Y vertauschbar ist, gilt

$$u_{n_1;n_2;\gamma} = u_{n_2;n_1;\gamma}$$

Für $n_1 + n_2 \geq 60$ kann die folgende Näherungsformel verwendet werden :

$$u_{n_1;n_2;\alpha} = \frac{n_1 \cdot n_2}{2} - u_\alpha \cdot \sqrt{\frac{n_1 \cdot n_2 \cdot (n_1 + n_2 + 1)}{12}}$$

Da U_0 eine diskrete Zufallsgröße ist, wird auch bei diesem Test das vereinbarte Signifikanzniveau α meist nicht voll ausgenützt.

Bemerkungen zur verwendeten Notation:

Die Prüffunktion des Mann-Withney-Tests wird allgemein mit U bezeichnet (U-Test). Der Buchstabe U wird nach DIN 13 303, Teil 1 aber auch zur Bezeichnung einer standardnormalverteilten Zufallsgröße verwendet.
Man unterscheide daher:

u_0 = Prüfwert des Mann-Withney-Tests,
  Realisation der Zufallsgröße $U_0 = \inf(U_x, U_y)$,

$u_{n_1;n_2;\gamma}$ = Schranken ("Quantile") der Zufallsgröße U_0,

u = Realisation der standardnormalverteilten Zufallsgröße nach Gl. (5.72),

$u_{1-\alpha}$, $u_{1-\frac{\alpha}{2}}$ Quantile der Standardnormalverteilung.

Beispiel 5.39. Messungen der Merkmale X und Y in unabhängigen Grundgesamtheiten ergaben die folgenden Stichprobenwerte:

x_i: 3,21 / 3,37 / 3,87 / 4,26 / 4,83 / 5,11 $\qquad n_1 = 6$; $\bar{x} = 4,11$

y_j: 3,42 / 3,91 / 4,02 / 4,13 / 4,71 / 5,21 / 5,69 $\qquad n_2 = 7$; $\bar{y} = 4,45$

Man prüfe auf einem Signifikanzniveau $\alpha = 0,05$ die Hypothese, die Merkmale X und Y haben die gleiche Verteilung gegen die Alternative, das Merkmal Y nimmt im Mittel größere Werte an.

Aus der Rangfolge   x x y x y y y x y x x y y   erhält man:

$$u_x = 0 + 0 + 1 + 4 + 5 + 5 = 15$$
$$\Rightarrow u_0 = 15$$
$$u_y = 2 + 3 + 3 + 3 + 3 + 4 + 6 + 6 = 27$$

Kritischer Bereich: $u_0 < u_{6;7;0,05} = 9$

Der Prüfwert $u_0 = 15$ liegt **nicht** im kritischen Bereich. Die vorliegenden Stichprobenwerte zeigen keinen signifikanten Unterschied der Verteilungen der Merkmale X und Y.

IV. Kruskal-Wallis-Test

Beim Kruskal-Wallis-Test wird geprüft, ob sich die Mittelwerte von k unabhängigen Grundgesamtheiten signifikant unterscheiden.
Wurde bei der einfachen Varianzanalyse vorausgesetzt, daß das untersuchte Merkmal in allen Grundgesamtheiten normalverteilt ist, ist bei diesem Rangtest nur die Stetigkeit der Verteilung eine notwendige Voraussetzung.

Wir erhalten daher die folgende Testsituation:

H_0:   Die k Stichproben der Umfänge n_i (i = 1,2, ..., k) stammen aus der gleichen Grundgesamtheit, stimmen also auch in den Mittelwerten überein.

H_1:   Die Stichproben stammen aus verschiedenen Grundgesamtheiten.

Aus jeder der k unabhängigen Grundgesamtheiten wird eine Stichprobe entnommen. Die $n_1 + n_2 + n_3 + ... + n_k = n$ Stichprobenwerte werden der Größe nach geordnet und erhalten die Rangplätze 1 bis n zugewiesen. Es sei

R_i = Summe der Ränge der Merkmalswerte der i-ten Stichprobe .

Zur Kontrolle der Rechnung kann $\sum\limits_{i=1}^{k} R_i = \dfrac{n \cdot (n+1)}{2}$ verwendet werden.

Bei richtiger Nullhypothese genügt die Prüfgröße

$$H = \frac{12}{n \cdot (n+1)} \sum_{i=1}^{k} \frac{R_i^2}{n_i} - 3 (n+1) \tag{5.73}$$

im Falle großer Stichproben (n_i > 5 für jede der k Stichproben) näherungsweise einer χ^2-Verteilung mit m = k - 1 Freiheitsgraden.

Treten gleiche Merkmalswerte (Bindungen) auf, so werden ihnen Durchschnittsränge zugeordnet, die jedoch bei Bindungen innerhalb einer Stichprobe keinen Einfluß auf die Prüfgröße H haben.

Kritischer Bereich des Kruskal-Wallis-Testes:

$$K: \quad H > \chi^2_{k-1;1-\alpha}$$

Es sei r $(r \le n)$ die Anzahl der **verschiedenen** Meßwerte der Anordnung

$$x_1 < x_2 < \ldots < x_j < \ldots < x_r.$$

Der Meßwert x_j trete dabei t_j – mal auf $\left(t_j \ge 1 ; \sum_{j=1}^{r} t_j = n \right).$

Stammen weniger als 25% der Meßwerte aus Bindungen $(r \ge 0{,}75 \cdot n)$, so braucht die Prüfgröße nach Gl. (5.73) nicht korrigiert zu werden. Anderenfalls ist der korrigierte Wert der Prüfgröße

$$H_{korr} = \frac{H}{1 - \frac{1}{n^3-n} \sum_{j=1}^{r} (t_j^3 - t_j)} \tag{5.74}$$

zu verwenden. Liegt jedoch bereits der unkorrigierte Wert H im kritischen Bereich, so braucht wegen $H_{korr} > H$ der korrigierte Wert, auch bei einer größeren Anzahl von Bindungen, nicht berechnet zu werden.

Beispiel 5.40. Wir wollen nun das Beispiel 5.35:

4 Betonsorten werden hinsichtlich des Merkmals X = Druckfestigkeit [N/cm^2] untersucht.
Man prüfe auf einem Signifikanzniveau $\alpha = 0{,}05$ die Hypothese

$$H_0: \quad \mu_1 = \mu_2 = \mu_3 = \mu_4,$$

$$H_1: \quad \text{mindestens zwei der Mittelwerte unterschieden sich signifikant}$$

ohne die Voraussetzung des Beispiels 5.35, das Merkmal X = Bruchfestigkeit sei in den 4 Grundgesamtheiten normalverteilt, behandeln.

Das Untersuchungsergebnis ist in der folgenden Tabelle zusammengestellt. In die Tabelle wurden zusätzlich die Rangplätze der Merkmalswerte eingefügt.

Sorte	Druckfestigkeit x_{ij} [N/cm^2]								
1	2000	2050	2060	2090	2120	2150	2200	2210	
Ränge	13	17,5	20	23	26	27	28	29	$R_1 = 183,5$
2	1900	1940	1970	1980	2000	2080			
Ränge	2,5	5	8,5	10,5	13	22			$R_2 = 61,5$
3	1960	1980	2020	2050	2060	2060	2100		
Ränge	6,5	10,5	15	17,5	20	20	24,5		$R_3 = 114,0$
4	1890	1900	1930	1960	1970	2000	2030	2100	
Ränge	1	2,5	4	6,5	8,5	13	16	24,5	$R_4 = 76,0$

$$\text{Kritischer Bereich K:} \qquad H > \chi^2_{3\,;\,0,95} = 7,81$$

Der unkorrigierte Prüfwert $H = 12,317$ liegt im kritischen Bereich. Die Nullhypothese wird daher verworfen. Die vier Stichproben stammen nicht aus einer gemeinsamen Grundgesamtheit.

Da der korrigierte Prüfwert (in diesen Beispiel $H_{korr} = 12,360$) bei Vorhandensein von Bindungen stets größer ist als der unkorrigierte Prüfwert, muß er in dieser Situation auch bei vielen Bindungen nicht berechnet werden.

Übungsaufgaben zum Abschnitt 5.3 (Lösungen im Anhang)

Beispiel 5.41. Bei der Untersuchung des Merkmals X = Druckfestigkeit einer bestimmten Betonsorte erhält man erfahrungsgemäß angenähert normalverteilte Meßwerte mit einer Standardabweichung $\sigma = 208$ N/cm^2.
Eine Stichprobe vom Umfang n = 10 ergab eine mittlere Bruchfestigkeit $\bar{x} = 1890$ N/cm^2.
Man prüfe auf einem Signifikanzniveau $\alpha = 0,01$ die Behauptung der Herstellerfirma, die mittlere Bruchfestigkeit liege nicht unter 2000 N/cm^2.

Beispiel 5.42. Eine Fabrik stellt ein Garn mit einer mittleren Reißfestigkeit $\mu_0 = 300$ N bei einer Standardabweichung $\sigma = 24$ N her.
Man vermutet, durch einen neuen Herstellungsprozeß die Reißfestigkeit erhöhen zu können.

a) Geplant wird eine Stichprobe vom Umfang $n = 100$ aus der Produktion des neuen Garns. Für welche Stichprobenmittel $\bar{x}$ wird auf einem Signifikanzniveau $\alpha = 0{,}01$ die Nullhypothese H_0: $\mu_0 \leq 300\,N$ gegen die Alternative H_1: $\mu > 300\,N$ beibehalten?

b) Wie groß ist dabei die Wahrscheinlichkeit β, einen Fehler 2. Art zu begehen, wenn die mittlere Reißfestigkeit des neuen Garns bei $\mu_1 = 310\,N$ liegt und $\sigma = 24\,N$ weiterhin angenommen werden kann?

Beispiel 5.43. Aus der Produktion von elektrischen Widerständen des Sollwerts $R = 1000\,\Omega$ wird eine zufällige Stichprobe vom Umfang $n = 20$ entnommen. Die Auswertung der Stichprobe ergab für das Merkmal X = Widerstand einen Mittelwert $\bar{x} = 989{,}3\,\Omega$ bei einer Standardabweichung $s = 12{,}1\,\Omega$.
Läßt sich die Vermutung, der Mittelwert in der Gesamtproduktion sei kleiner als der Sollwert $R = 1000\,\Omega$, auf einem Signifikanzniveau $\alpha = 0{,}05$ bestätigen?
Unter welchen Voraussetzungen kann diese Hypothesenprüfung durchgeführt werden?

Beispiel 5.44. Eine neue Verpackung soll sicherstellen, daß beim Transport von empfindlichen Teilen höchstens 1% der Teile beschädigt werden.
Eine Lieferung von $n = 1000$ Teilen enthielt 1,6% beschädigte Teile. Kann diese Beobachtung auf einem Signifikanzniveau $\alpha = 0{,}05$ mit der Hypothese H_0: $p \leq 0{,}01$ vereinbart werden?

Beispiel 5.45. Untersuchungen des Merkmals X = Streckgrenze an $n_1 = 20$ Proben einer Stahlsorte 1 und $n_2 = 25$ Proben einer Stahlsorte 2 lieferten die folgenden Stichprobenwerte:

$$\bar{x}_1 = 324\ \frac{N}{mm^2}; \qquad s_1 = 51{,}2\ \frac{N}{mm^2};$$

$$\bar{x}_2 = 301\ \frac{N}{mm^2}; \qquad s_2 = 47{,}3\ \frac{N}{mm^2}.$$

Man prüfe auf einem Signifikanzniveau $\alpha = 0{,}05$ die Hypothese H_0: $\mu_1 \leq \mu_2$ gegen die Alternative H_1: $\mu_1 > \mu_2$.
Normalverteilung des Merkmals X in den beiden Grundgesamtheiten kann angenommen werden.

Beispiel 5.46. Einer Urne 1 werden mit Zurücklegen $n_1 = 80$ Kugeln entnommen. Unter ihnen sind $k_1 = 14$ schwarze Kugeln.

Einer Urne 2 werden mit Zurücklegen $n_2 = 100$ Kugeln entnommen, unter denen sich $k_2 = 22$ schwarze Kugeln befinden.

Läßt sich auf einen Signifikanzniveau $\alpha = 0,05$ behaupten, daß der Anteil der schwarzen Kugeln in der Urne 2 größer ist als in der Urne 1?

Beispiel 5.47. Rutherford und Geiger beobachteten in $n = 2608$ Zeitintervallen der gleichen Länge die Anzahlen der jeweils emittierten α - Teilchen.

Das Beobachtungsergebnis zeigt die folgende Tabelle:

x_i	0	1	2	3	4	5	6	7	8	9	10
n_i	57	203	383	525	532	408	273	139	45	27	16

Man prüfe auf einem Signifikanzniveau $\alpha = 0,05$ die Hypothese, die Zufallsgröße X = Anzahl der pro Zeiteinheit emittierten α - Teilchen, genügt einer Poisson-Verteilung.

Beispiel 5.48. Kann auf einem Signifikanzniveau $\alpha = 0,10$ angenommen werden, daß die folgenden $n = 10$ Meßwerte

85 / 88 / 90 / 96 / 98 / 110 / 113 / 125 / 133 / 140

aus einer normalverteilten Grundgesamtheit mit den Parameter $\mu = 100$ und $\sigma = 15$ stammen?

Beispiel 5.49. Ein Teil eine Gruppe von Patienten, die über Schlaflosigkeit klagten, bekam Schlaftabletten, der andere Teil Tabletten ohne jeden Wirkstoff.

Das Ergebnis einer Befragung über die Wirkung der Tabletten ist in folgender Tabelle zusammengestellt:

	gut geschlafen	schlecht geschlafen	
mit Schlaftabletten	44	10	54
ohne Schlaftabletten	81	35	116
	125	45	$n = 170$

Prüfen Sie bei $\alpha = 0{,}05$ die Nullhypothese H_0: die verwendeten Schlaftabletten haben auf
das Schlafverhalten keinen Einfluß

a)   durch Prüfen einer Hypothese über die Gleichheit von Anteilswerten,

b)   durch einen Test auf Unabhängigkeit in Mehrfeldertafeln.

Beispiel 5.50. Ein Werk erhält gleichartige Werkstücke aus drei verschiedenen Zulieferbetrieben. Aus der Produktion dieser Betriebe wurden zufällige Stichproben entnommen und die Werkstücke in drei Qualitätsgruppen eingestuft.

X \ Y	I	II	III	
1	72	26	12	110
2	31	14	15	60
3	48	19	13	80
	151	59	40	250

Sind die Merkmale X = Produktionsbetrieb und Y = Qualitätsgruppe unabhängig?
Man prüfe diese Hypothese auf einem Signifikanzniveau $\alpha = 0{,}05$.

Beispiel 5.51. Zwei verschiedene Meßverfahren liefert für die gleiche physikalische
Größe die folgenden zwei Meßreihen mit den Umfängen $n_1 = 8$ und $n_2 = 7$:

1. Verfahren: 3,25 / 3,36 / 3,38 / 3,41 / 3,49 / 3,52 / 3,64 / 3,79

2. Verfahren: 3,08 / 3,11 / 3,26 / 3,32 / 3,35 / 3,42 / 3,61

Man prüfe auf einem Signifikanzniveau $\alpha = 0{,}05$ die Hypothese, die beiden Meßverfahren
sind gleichwertig, wenn

a)   Normalverteilung,

b)   keine Normalverteilung der Meßwerte vorausgesetzt werden kann.

5.4   Korrelation von Merkmalen

5.4.1   Grundlagen

Die Frage nach der Abhängigkeit bzw. Unabhängigkeit von Merkmalen ist bei vielen statistischen Untersuchungen von großer Bedeutung.

Als Maß für den Grad des (linearen) Zusammenhanges zweier Merkmale X und Y haben wir im Abschnitt 5.3.2 den empirischen Korrelationskoeffizienten

$$r = \frac{s_{xy}}{s_x \cdot s_y}$$

kennengelernt. Hierbei sind s_x und s_y die Stichprobenstandardabweichungen der einzelnen Merkmale und

$$s_{xy} = \frac{1}{n-1} \sum_{i=1}^{n} (x_i - \bar{x})(y_i - \bar{y})$$

die empirische Kovarianz. Analog dazu ergeben sich die folgenden Festlegungen:

Definition 5.25

a)   Unter der **Kovarianz der Zufallsgrößen X und Y** versteht man

$$\text{Cov}(X,Y) = \sigma_{xy} = E[(X - \mu_x)(Y - \mu_y)] \tag{5.75}$$

b)   Der **Korrelationskoeffizient der Zufallsgrößen X und Y** ist gegeben durch

$$\rho = \frac{\text{Cov}(X,Y)}{\sqrt{\text{Var}(X) \cdot \text{Var}(Y)}} = \frac{\sigma_{xy}}{\sigma_x \cdot \sigma_y} \tag{5.76}$$

c)   Die Zufallsgrößen X und Y heißen **unkorreliert**, wenn ihr Korrelationskoeffizient $\rho = 0$ ist.

Sind die Zufallsgrößen X und Y stochastisch unabhängig, so gilt

$$\text{Cov}(X,Y) = E[X - \mu_x] \cdot E[Y - \mu_y] = 0.$$

Unabhängige Zufallsgrößen sind also stets unkorreliert.

Umgekehrt folgt aus $\text{Cov}(X, Y) = 0$ im allgemeinen **nicht** die stochastische Unabhängigkeit der Zufallsgrößen.

Sind die Zufallsgrößen X und Y jedoch normalverteilt, so kann aus $\text{Cov}(X, Y) = 0$ auf die Unabhängigkeit geschlossen werden.

5.4.2 Prüfen einer Hypothese über den Korrelationskoeffizienten

zweier normalverteilter Zufallsgrößen

a) Prüfung auf Unabhängigkeit der Merkmale X und Y

Geprüft wir die Nullhypothese H_0: $\rho = 0$.

Sind die Merkmale X und Y normalverteilt und gilt die Nullhypothese H_0: $\rho = 0$, dann ist

$$t = \frac{r\sqrt{n-2}}{\sqrt{1-r^2}} \qquad (5.77)$$

die Realisation einer t-verteilten Zufallsgröße T mit $m = n - 2$ Freiheitsgraden, wobei

$$r = \frac{s_{xy}}{s_x \cdot s_y} = \frac{\sum (x_i - \bar{x})(y_i - \bar{y})}{\sqrt{\sum (x_i - \bar{x})^2 \sum (y_i - \bar{y})^2}}$$

der empirische Korrelationskoeffizient ist.

Die kritischen Bereiche der Nullhypothese zeigt die folgende Tabelle:

H_0	H_1	Kritischer Bereich K bei einem Signifikanzniveau α
$\rho = 0$	$\rho \neq 0$	$\lvert r \rvert \cdot \dfrac{\sqrt{n-2}}{\sqrt{1-r^2}} > t_{n-2;\,1-\frac{\alpha}{2}}$
$\rho \leq 0$ $\rho \geq 0$	$\rho > 0$ $\rho < 0$	$\lvert r \rvert \cdot \dfrac{\sqrt{n-2}}{\sqrt{1-r^2}} > t_{n-2;\,1-\alpha}$

Beispiel 5.52. Im Beispiel 4.5 wurde für die Merkmale X = Siliziumgehalt und Y = Druckfestigkeit einer Stahlsorte aufgrund einer Stichprobe vom Umfang n = 10 Wertepaaren ein empirischer Korrelationskoeffizient r = 0,645 berechnet.
Man prüfe auf einem Signifikanzniveau α = 0,05 die Hypothese $H_0: \rho \le 0$ gegen die Alternative $H_1: \rho > 0$.

$$\text{Kritischer Bereich K:} \quad |t| = |r| \cdot \frac{\sqrt{n-2}}{\sqrt{1-r^2}} > t_{8;0,95} = 1,860$$

$$\text{Der Prüfwert} \quad |t| = 0,645 \cdot \frac{\sqrt{8}}{\sqrt{1-0,645^2}} = 2,387$$

liegt im kritischen Bereich. Die Nullhypothese wird zugunsten der Alternative verworfen. Zwischen den Merkmalen X und Y besteht ein gleichsinniger Zusammenhang.

Beispiel 5.53. Bis zu welchem Höchstwert $|r|_{max}$ des empirischen Korrelationskoeffizienten r wird die Nullhypothese

$$H_0: \quad \rho = 0 \qquad \text{gegen die Alternative} \qquad H_1: \quad \rho \ne 0$$

aufrechterhalten?

Die Nullhypothese wird beibehalten, wenn der Prüfwert t nicht im kritischen Bereich liegt, d.h., wenn

$$|t| = \frac{|r|\sqrt{n-2}}{\sqrt{1-r^2}} \le t_{n-2;1-\frac{\alpha}{2}}$$

gilt. Durch Quadrieren erhält man

$$\frac{r^2}{1-r^2} \le \frac{t^2_{n-2;1-\frac{\alpha}{2}}}{n-2} = a \qquad \text{bzw.} \qquad r^2 \le \frac{a}{1+a}$$

und daraus schließlich

$$|r|_{max} = \sqrt{\frac{a}{1+a}} \qquad \text{mit} \qquad a = \frac{t^2_{n-2;1-\frac{\alpha}{2}}}{n-2} \tag{5.78}$$

Zahlenbeispiel: Für $n = 12$ und $\alpha = 0{,}05$ erhält man

$$t_{10;\,0,95} = 2{,}228 ; \qquad a = \frac{2{,}228^2}{10} \qquad \text{und} \qquad |\,r\,|_{max} = 0{,}576 .$$

Erst wenn der Betrag des empirischen Korrelationskoeffizienten r den Wert $0{,}576$ überschreitet, kann bei einem Stichprobenumfang $n = 12$ und $\alpha = 0{,}05$ die Nullhypothese H_0: $\rho = 0$ verworfen werden.
Eine Tabelle dieser Zufallshöchstwerte des empirischen Korrelationskoeffizienten befindet sich im Anhang.

b) Prüfen einer Hypothese über die Größe des Korrelationskoeffizienten

Geprüft werden sollen Hypothesen der Art

$$H_{01}: \ \rho = \rho_0 ; \qquad H_{02}: \ \rho \leq \rho_0 \qquad \text{bzw.} \qquad H_{03}: \ \rho \geq \rho_0 \qquad (\rho_0 \neq 0)$$

Um eine Testentscheidung herbeiführen zu können, benötigt man Kenntnisse über die Art der Verteilung der Zufallsgröße R, deren Realisationen der empirische Korrelationskoeffizient r ist.

R.A. Fischer, der zeigen konnte, daß für $\rho = 0$ die Zufallsgröße

$$T = \frac{R\sqrt{n-2}}{\sqrt{1-R^2}} \tag{5.79}$$

einer t-Verteilung mit $m = n - 2$ Freiheitsgraden genügt, bewies auch, daß die durch die **Fischer'sche z - Transformation**

$$Z = \operatorname{ar\,tanh} R = \frac{1}{2} \ln \frac{1+R}{1-R} \tag{5.80}$$

erhaltene Zufallsgröße Z bei großen Stichproben näherungsweise normalverteilt ist mit dem Mittelwert

$$\mu = E(Z) = \frac{1}{2} \ln \frac{1+\rho}{1-\rho} + \frac{\rho}{2(n-1)} \tag{5.81}$$

und der von ρ unabhängigen Varianz

$$\sigma^2 = \text{Var}(Z) = \frac{1}{n-3} \qquad (n > 3) \tag{5.82}$$

Die Zufallsgröße

$$U = (Z - \mu) \cdot \sqrt{n-3} \tag{5.83}$$

ist daher bei großen Stichproben näherungsweise standardnormalverteilt und wird zur Testentscheidung verwendet.

H_0	H_1	Kritischer Bereich K bei einem Signifikanzniveau α
$\rho = \rho_0$	$\rho \neq \rho_0$	$\lvert u \rvert = \lvert z - \mu_0 \rvert \sqrt{n-3} > u_{1-\frac{\alpha}{2}}$
$\rho \leq \rho_0$ $\rho \geq \rho_0$	$\rho > \rho_0$ $\rho < \rho_0$	$\lvert u \rvert = \lvert z - \mu_0 \rvert \sqrt{n-3} > u_{1-\alpha}$
$z = \frac{1}{2} \ln \frac{1+r}{1-r}$	$\mu_0 = \frac{1}{2} \ln \frac{1+\rho_0}{1-\rho_0} + \frac{\rho_0}{2(n-1)}$	

Beispiel 5.54. Eine Stichprobe vom Umfang $n = 30$ Wertepaaren (x_i, y_i) ergab einen empirischen Korrelationskoeffizienten $r = 0{,}723$. Man prüfe auf einem Signifikanzniveau $\alpha = 0{,}05$ die Nullhypothese

H_0: $\rho \leq 0{,}5$ gegen die Alternative H_1: $\rho > 0{,}5$.

Kritischer Bereich K: $\lvert u \rvert = \lvert z - \mu_0 \rvert \sqrt{n-3} > u_{0,95} = 1{,}645$

Mit $\mu_0 = \frac{1}{2} \ln \frac{1+0{,}5}{1-0{,}5} + \frac{0{,}5}{58} = 0{,}5579$ und $z = \frac{1}{2} \ln \frac{1+0{,}723}{1-0{,}723} = 0{,}9139$

erhält man

$$u = (z - \mu_0)\sqrt{n-3} = 1{,}8498 \, ,$$

einen Prüfwert, der im kritischen Bereich liegt. Die Nullhypothese wird daher verworfen. Der Korrelationskoeffizient ρ ist bei $\alpha = 0{,}05$ signifikant größer als 0,5.

5.4.3 Konfidenzintervalle für den Korrelationskoeffizienten

Die Fischer'sche z - Transformation

$$Z = \operatorname{ar\,tanh} R = \frac{1}{2} \ln \frac{1+R}{1-R}$$

läßt sich auch zur Bestimmung eines Konfidenzintervalls für den Korrelationskoeffizienten ρ verwenden.

Da die Zufallsgröße Z näherungsweise normalverteilt ist mit

$$\mu = \frac{1}{2} \ln \frac{1+\rho}{1-\rho} + \frac{\rho}{2(n-1)} \quad \text{und} \quad \sigma = \frac{1}{\sqrt{n-3}} \quad (n>3), \quad \text{gilt:}$$

$$P(\mu - \sigma \cdot u_{1-\frac{\alpha}{2}} \le Z \le \mu + \sigma \cdot u_{1-\frac{\alpha}{2}}) = 1-\alpha$$

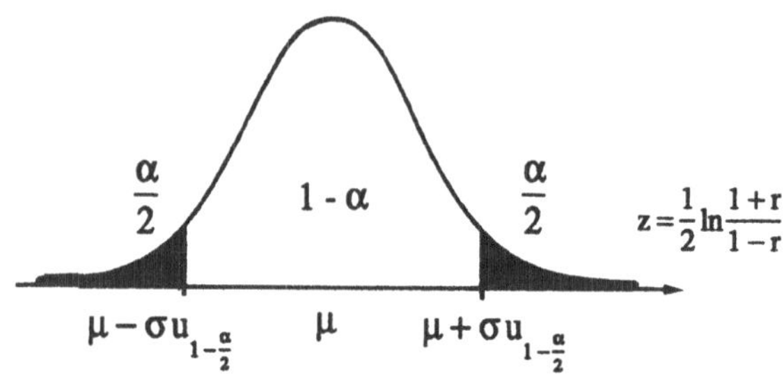

Bild 5.26 Näherungsverteilung des Zufallsgröße $Z = \operatorname{artanh} R$

Eine algebraische Umformung der mit der Wahrscheinlichkeit $1 - \alpha$ geltenden Ungleichung führt zu

$$P(Z - \sigma \cdot u_{1-\frac{\alpha}{2}} \le \mu \le Z + \sigma \cdot u_{1-\frac{\alpha}{2}}) = 1-\alpha$$

Geht man von der Zufallsgröße Z zu ihrer Realisation z über und berücksichtigt man $\sigma = 1/\sqrt{n-3}$, so folgt:

$$\text{Konf.}\left(\frac{1}{2}\ln\frac{1+r}{1-r} - \frac{u_{1-\frac{\alpha}{2}}}{\sqrt{n-3}} \leq \mu \leq \frac{1}{2}\ln\frac{1+r}{1-r} + \frac{u_{1-\frac{\alpha}{2}}}{\sqrt{n-3}}\right) = 1 - \alpha$$

$$\text{Konf.}\,(z_1 \leq \mu \leq z_2) = 1 - \alpha \qquad (5.84)$$

Damit hat man zunächst ein Konfidenzintervall für

$$\mu = \frac{1}{2}\ln\frac{1+\rho}{1-\rho} + \frac{\rho}{2(n-1)}.$$

Vernachlässigt man das bei großen Stichproben kleine Korrekturglied $\rho/[2(n-1)]$, so geht durch inverse z - Transformation μ über in ρ und man erhält das folgende Konfidenzintervall für den Korrelationskoeffizienten ρ:

$$\text{Konf.}\,(\tanh z_1 \leq \rho \leq \tanh z_2) = 1 - \alpha$$

$$\text{Konf.}\left(\frac{1-e^{-2z_1}}{1+e^{-2z_1}} \leq \rho \leq \frac{1-e^{-2z_2}}{1+e^{-2z_2}}\right) = 1 - \alpha \qquad (5.85)$$

Beispiel 5.55. Eine Stichprobe vom Umfang n = 30 Wertepaaren (x_i, y_i) ergab einen empirischen Korrelationskoeffizienten r = 0,723. Man bestimme zum Konfidenzniveau 1 - α = 0,90 ein Konfidenzintervall für den Korrelationskoeffizienten ρ.

Mit Gl.(5.84) erhält man:

$$\text{Konf.}\left(\frac{1}{2}\ln\frac{1+0{,}723}{1-0{,}723} - \frac{1{,}645}{\sqrt{27}} \leq \mu \leq \frac{1}{2}\ln\frac{1+0{,}723}{1-0{,}723} + \frac{1{,}645}{\sqrt{27}}\right) = 0{,}90$$

$$\text{Konf.}(0{,}59732 \leq \mu \leq 1{,}23048) = 0{,}90$$

und durch inverser z - Transformation

$$\text{Konf.}(\tanh 0{,}59732 \leq \rho \leq \tanh 1{,}23048) = 0{,}90$$

bzw. $\text{Konf.}(0{,}535 \leq \rho \leq 0{,}843) = 0{,}90$.

Mit einem Vertrauen von 90% liegt der Korrelationskoeffizient ρ der Merkmale X und Y im Intervall [0,535; 0,843].

Übungsaufgaben zum Abschnitt 5.4 (Lösungen im Anhang)

Beispiel 5.56. Aus einer Untersuchung von n = 50 Stahlproben hinsichtlich der beiden Merkmale X = Fließgrenze und Y = Bruchfestigkeit wurde ein empirischer Korrelationskoeffizient r = 0,91 berechnet.

a) Man prüfe auf einem Signifikanzniveau α = 0,01 die Hypothese

H_0: ρ = 0   gegen die Alternative H_1: $\rho \neq 0$.

b) Man prüfe auf einem Signifikanzniveau α = 0,05 die Hypothese

H_0: $\rho \leq 0,8$ gegen die Alternative H_1: $\rho > 0,8$.

c) Man bestimme zum Konfidenzniveau 1 - α = 0,95 ein Konfidenzintervall für den Korrelationskoeffizienten ρ der Merkmale X und Y.

Beispiel 5.57. In einer Stichprobe von n = 12 Vater-Sohn-Paaren wurden die Merkmale X = Körpergewicht des Vaters und Y = Körpergewicht des ältesten Sohnes untersucht. Das Ergebnis ist in der folgenden Tabelle dargestellt.

X [kg]	68	66	69	71	70	69	68	66	70	75	81	84
Y [kg]	65	63	67	68	71	67	72	62	68	72	82	75

a) Berechnen Sie den empirischen Korrelationskoeffizienten r.

b) Bestimmen Sie ein Konfidenzintervall zum Konfidenzniveau 1 - α = 0,90 für den Korrelationskoeffizienten ρ der Merkmale X und Y.

5.5 Lineare Regression

5.5.1 Grundbegriffe

Bei vielen statistischen Untersuchungen, bei denen pro Untersuchungseinheit zwei Merkmale X und Y beobachtet werden, befindet man sich in einer Situation, bei der angenommen werden darf, daß das eine Merkmal X (nahezu) fehlerfrei bestimmt werden kann, während das andere Merkmal Y bei einem festen Wert X = x einer bestimmten Wahrscheinlichkeitsverteilung genügt.

Definition 5.26

a) Der bedingte Erwartungswert als Funktion von x

$$f_R(x) = E(Y \mid X = x)$$

heißt **Regressionsfunktion** des Merkmals Y bezüglich des Merkmals X.

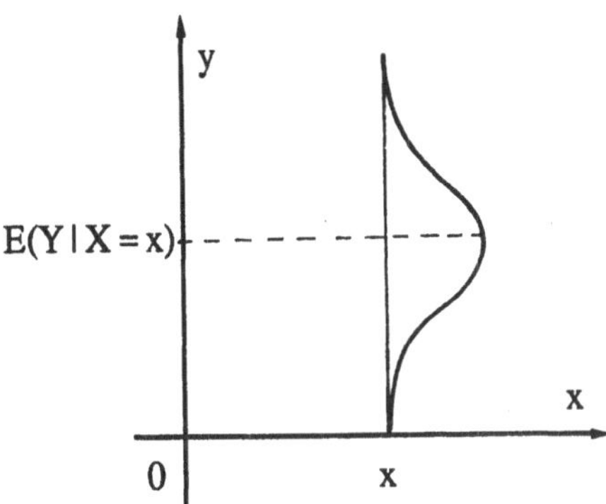

Bild 5.27 Bedingter Erwartungswert

b) Unter **linearer Regression** versteht man den Sonderfall

$$E(Y \mid X = x) = \alpha + \beta \cdot x,$$

bei dem die bedingten Erwartungswerte auf einer Geraden, der Regressionsgeraden, liegen.

c) Die Steigung β der Regressionsgeraden heißt **Regressionskoeffizient**.

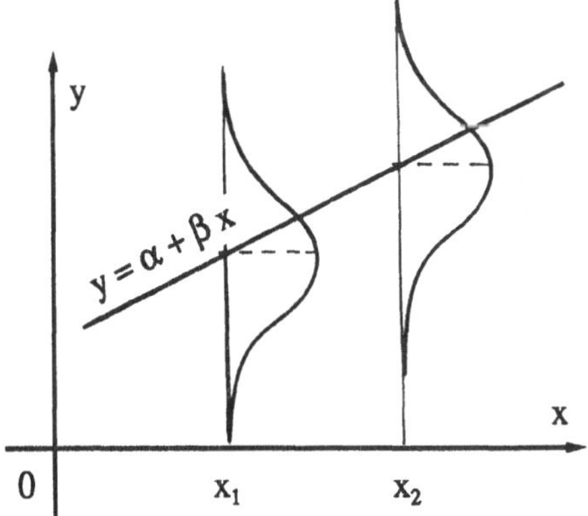

Bild 5.28 Lineare Regression, Regressionsgerade

Bei einer linearen Regression besteht zwischen den Merkmalen X und Y ein linearer stochastischer Zusammenhang

$$Y = \alpha + \beta \cdot X + Z, \qquad\qquad (5.86)$$

wobei Z eine Zufallsgröße mit dem Erwartungswert $E(Z) = 0$ ist.

Bei festem $X = x$ ist die Verteilung des Merkmals Y bestimmt durch die Verteilung der Zufallsgröße Z, welche die Abweichung des Merkmals Y von seinem bedingten Erwartungswert angibt.

Im folgenden sei vorausgesetzt, daß die Zufallsgröße Z normalverteilt und stochastisch unabhängig von X und Y ist.

Zusammenfassend können wir feststellen:

1. Die Zufallsgröße Z sei normalverteilt mit dem Erwartungswert $E(Z) = 0$ und einer von x unabhängigen Varianz $Var(Z) = \sigma^2$.

2. Bei einem festen Wert $X = x$ ist dann auch das Merkmal Y normalverteilt mit dem Erwartungswert

$$E(Y \mid X = x) = \alpha + \beta \cdot x$$

und der Varianz

$$Var(Y \mid X = x) = \sigma^2.$$

5.5.2 Schätzwerte und Konfidenzintervalle

I. Schätzwerte für die Parameter α, β und σ^2

Liegt eine Stichprobe von n Wertepaaren (x_i, y_i) vor, so erhält man nach Abschn. 4.3.2

als Schätzwert für α:
$$a = \frac{\sum y_i \sum x_i^2 - \sum x_i \sum x_i y_i}{n \sum x_i^2 - [\sum x_i]^2},$$

als Schätzwert für β:
$$b = \frac{n \sum x_i y_i - \sum x_i \sum y_i}{n \sum x_i^2 - [\sum x_i]^2}.$$

Unter den gemachten Voraussetzungen läßt sich zeigen, daß die Schätzfunktionen A und B, deren Realisationen die Schätzwerte a und b ergeben, normalverteilte Zufallsgrößen sind mit den Erwartungswerten

$$E(A) = \alpha \quad \text{und} \quad E(B) = \beta.$$

Es handelt sich also um erwartungstreue Schätzfunktionen für die Parameter α und β. Mit diesen nach dem Gauß'schen Prinzip der kleinsten Quadrate erhaltenen Schätzwerten a und b erhält man die **empirische Regressionsgerade**

$$y = a + b \cdot x,$$

die durch den Schwerpunkt $S(\overline{x}, \overline{y})$ der Punktwolke des Streuungsdiagramms geht. Hierbei sind

$$\overline{x} = \frac{1}{n} \sum_{i=1}^{n} x_i \quad \text{und} \quad \overline{y} = \frac{1}{n} \sum_{i=1}^{n} y_i$$

die arithmetischen Mittel der beobachteten Merkmalswerte. Die empirische Regressionsgerade läßt sich daher auch in der Form

$$y = \overline{y} + b \cdot (x - \overline{x})$$

angeben. Ausgehend von dem linearen stochastischen Zusammenhang nach Gl. (5.86) erhält man für $X = x$:

$$Y = \alpha + \beta \cdot x + Z$$

$$\text{Var}(Y \mid X = x) = \text{Var}(Z) = \sigma^2.$$

Mit $Z = Y - (\alpha + \beta.x)$, der Abweichung des Merkmals Y von seinem bedingten Erwartungswert, erhält man den folgenden **Schätzwert für σ^2**:

$$s^2 = \frac{1}{n-2} \sum_{i=1}^{n} (y_i - a - b\, x_i)^2 \tag{5.87}$$

Wegen der Verwendung von zwei Nebenbedingungen, die zur Schätzung der Parameter α und β durch die Werte a und b benötigt wurden, ist die Anzahl der Freiheitsgrade hier um zwei erniedrigt.

Die Schätzfunktion S^2, deren Realisation den Schätzwert s^2 nach Gl. (5.87) ergibt, ist eine erwartungstreue Schätzfunktion für σ^2. Sie hat von allen erwartungstreuen Schätzfunktionen für σ^2 die kleinste Varianz.

II. Konfidenzintervalle für β und σ^2

a) Konfidenzintervall für den Regressionskoeffizienten β

Um ein Konfidenzintervall für den Regressionskoefizienten β angeben zu können, müssen wir die Verteilung der Schätzfunktion B kennen.
Es gilt der folgende Satz:

Die Schätzfunktion

$$B = \frac{n \sum X_i Y_i - \sum X_i \sum Y_i}{n \sum X_i^2 - [\sum X_i]^2} = \frac{\sum (X_i - \overline{X})(Y_i - \overline{Y})}{\sum (X_i - \overline{X})^2}$$

für den Regressionskoeffizienten β ist **normalverteilt** mit

$$E(B) = \beta \quad \text{und} \quad \text{Var}(B) = \sigma_B^2 = \frac{\sigma^2}{\sum (x_i - \overline{x})^2}.$$

Da die Varianz $\sigma^2 = \text{Var}(Y \mid X = x)$ nicht bekannt ist, genügt die Normalverteilung der Schätzfunktion B nicht zur Bestimmung eines Konfidenzintervalls für β. Wir bilden zunächst die standardnormalverteilte Zufallsgröße

$$U = \frac{B - \beta}{\sigma_B} = \frac{B - \beta}{\sigma} \sqrt{\sum (x_i - \overline{x})^2},$$

die zwar auch noch die unbekannte Standardabweichung σ enthält. Aber analog zu den Überlegungen des Abschnitts 5.1.4 erkennt man mit Gl. (5.87)

$$V = \frac{(n - 2)S^2}{\sigma^2} \tag{5.88}$$

als eine χ^2-verteilte Zufallsgröße mit $m = n - 2$ Freiheitsgraden. Damit erhält man die von der unbekannten Varianz unabhängige Zufallsgröße

$$T = \frac{U}{\sqrt{\frac{V}{m}}} = \frac{B - \beta}{S} \sqrt{\sum_{i=1}^{n} (x_i - \overline{x})^2} \tag{5.89}$$

Diese Zufallsgröße T genügt einer t-Verteilung mit $m = n - 2$ Freiheitsgraden.

Bild 5.29 Verteilung der
          Zufallsgröße T

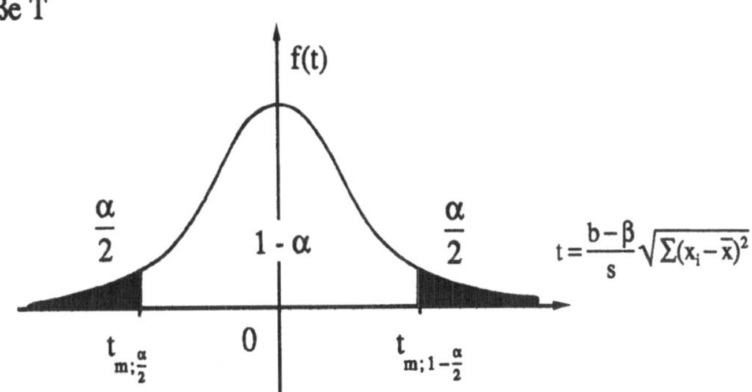

Aus $\quad P\left(t_{n-2;\frac{\alpha}{2}} \leq \dfrac{B-\beta}{S}\sqrt{\Sigma(x_i - \overline{x})^2} \leq t_{n-2;1-\frac{\alpha}{2}}\right) = 1-\alpha$

folgt unter Berücksichtigung von $\quad t_{n-2;\frac{\alpha}{2}} = -t_{n-2;1-\frac{\alpha}{2}}\quad$ durch Umformen der mit

Wahrscheinlichkeit $1 - \alpha$ geltenden Ungleichung

$$P\left(B - \frac{t_{n-2;1-\frac{\alpha}{2}}\cdot S}{\sqrt{\Sigma(x_i - \overline{x})^2}} \leq \beta \leq B + \frac{t_{n-2;1-\frac{\alpha}{2}}\cdot S}{\sqrt{\Sigma(x_i - \overline{x})^2}}\right) = 1-\alpha \qquad (5.90)$$

Damit haben wir einen **Konfidenzintervallschätzer** für den Regressionskoeffizienten β der Merkmale X und Y erhalten, dessen Realisation bei Vorliegen einer konkreten Stichprobe, ein Konfidenzintervall für β liefert.

b) Konfidenzintervall für die Varianz σ^2

Nach Gl. (5.88) ist $\qquad V = \dfrac{(n-2)S^2}{\sigma^2}$

eine χ^2-verteilte Zufallsgröße mit $m = n - 2$ Freiheitsgraden. Wir erhalten daher analog zu Abschn. 5.2.3.b

$$\text{Konf.}\left(\frac{(n-2)s^2}{\chi^2_{n-2;1-\frac{\alpha}{2}}} \leq \sigma^2 \leq \frac{(n-2)s^2}{\chi^2_{n-2;\frac{\alpha}{2}}}\right) = 1-\alpha \qquad (5.91)$$

III. Konfidenzintervall für den bedingten Erwartungswert $E(Y \mid X = x)$

An der Stelle $X = x$ soll ein Konfidenzintervall für den bedingten Erwartungswert $E(Y \mid X = x)$ bestimmt werden. Als Schätzwert für $E(Y \mid X = x)$ erhält man den Ordinatenwert der empirischen Regressionsgeraden.

Schätzwert $\qquad \hat{y} = a + b \cdot x = \overline{y} + b \cdot (x - \overline{x})$

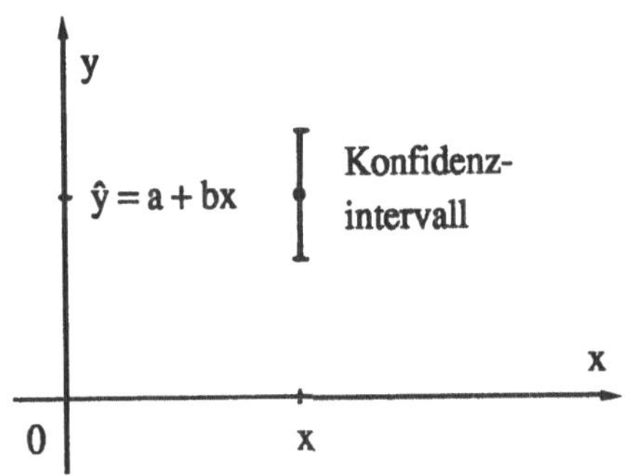

Bild 5.30   Konfidenzintervall
für $E(Y \mid X = x)$

Dieser Schätzwert ist eine Realisation der zugehörigen Zufallsgröße

$$\hat{Y} = \overline{Y} + B(x - \overline{x}) \qquad (5.92)$$

Für die Verteilung dieser Zufallsgröße gilt

$\hat{Y}$ ist normalverteilt mit

$$E(\hat{Y}) = E(Y \mid X = x) = \alpha + \beta \cdot x$$

$$\mathrm{Var}(\hat{Y}) = \frac{\sigma^2}{n} + \frac{(x - \overline{x})^2 \sigma^2}{\sum(x_i - \overline{x})^2}$$

Die Zufallsgröße

$$U = \frac{\hat{Y} - E(Y \mid X = x)}{\sqrt{\dfrac{\sigma^2}{n} + \dfrac{(x - \overline{x})^2 \sigma^2}{\sum(x_i - \overline{x})^2}}} \qquad (5.93)$$

ist demnach standardnormalverteilt. Da $V = [(n-2)S^2] / [\sigma^2]$ einer χ^2-Verteilung mit $m = n - 2$ Freiheitsgraden genügt, erhält man mit

$$T = \frac{U}{\sqrt{\dfrac{V}{m}}} = \frac{\hat{Y} - E(Y \mid X = x)}{S \cdot \sqrt{\dfrac{1}{n} + \dfrac{(x - \overline{x})^2}{\sum(x_i - \overline{x})^2}}} \qquad (5.94)$$

eine Zufallsgröße, die einer χ^2-Verteilung mit $m = n - 2$ Freiheitsgraden genügt. Damit erhält man schließlich mit den Abkürzungen

$$H = \sqrt{\frac{1}{n} + \frac{(x - \overline{x})^2}{\sum(x_i - \overline{x})^2}} \quad \text{und} \quad s = \sqrt{\frac{1}{n-2} \sum_{i=1}^{n} (y_i - a - b\,x_i)^2}$$

das folgende Konfidenzintervall

$$\text{Konf.}(\hat{y} - t_{n-2;1-\frac{\alpha}{2}} \cdot s \cdot H \le E(Y|X = x) \le \hat{y} + t_{n-2;1-\frac{\alpha}{2}} \cdot s \cdot H) = 1 - \alpha \qquad (5.95)$$

Das Konfidenzintervall ist bei festem Konfidenzniveau 1 - α an der Stelle $x = \bar{x}$ am kleinsten.

Beispiel 5.58. Im Beispiel 4.5 (Abschn. 4.3.2) wurde aus einer Stichprobe vom Umfang n = 10 Wertepaaren (x_i, y_i) der Merkmale X = Siliziumgehalt und Y = Druckfestigkeit, der empirische Regressionskoeffizient b und der empirische Korrelationskoeffizient r berechnet.
In Ergänzung dazu sollen

a) ein Schätzwert s^2 für σ^2 = Var(Y | X = x),

b) ein Konfidenzintervall zum Konfidenzniveau 1 - α = 0,90 für β und σ^2, sowie

c) ein Konfidenzintervall zum Konfidenzniveau 1 - α = 0,90 für E(Y | X = x) an den Stellen x = 0,20; 0,25; 0,28; 0,30 und 0,35

berechnet werden.

a) Berechnung des Schätzwerts s^2:

x_i	y_i	$y_{i0} = \bar{y} + b(x_i - \bar{x})$	$(y_i - y_{i0})^2$
0,20	0,54	0,554	0,000196
0,22	0,58	0,563	0,000289
0,22	0,54	0,563	0,000529
0,25	0,62	0,577	0,001849
0,28	0,56	0,590	0,000900
0,30	0,60	0,599	0,000001
0,32	0,66	0,608	0,002704
0,32	0,58	0,608	0,000784
0,34	0,60	0,617	0,000289
0,35	0,62	0,622	0,000004
2,80	5,90		0,007545

Mit den Ergebnissen von Beispiel 3.5:

$$\overline{x} = 0{,}28\,[\%]\,,\quad \overline{y} = 0{,}59\,[\,10^9\,\text{Pa}]\quad \text{und}\quad b = 0{,}45\,[\,10^9\,\text{Pa}\,/\,\%\,]$$

erhält man die empirische Regressionsgerade

$$y = 0{,}59 + 0{,}45 \cdot (x - 0{,}28),$$

mit deren Hilfe die auf der Regressionsgeraden liegenden Ordinatenwerte y_{i0} von Spalte 3 der vorhergehenden Tabelle berechnet wurden.
Mit Gl. (5.87) folgt

$$s^2 = \frac{1}{8} \cdot 0{,}007545 = 0{,}00094\quad \text{bzw.}\quad s = 0{,}0307\quad [\,10^9\,\text{Pa}]\,.$$

Damit ist ein Schätzwert s^2 für die Varianz $\sigma^2 = \text{Var}(Y \mid X = x)$ bestimmt.

b) Konfidenzintervall für Regressionskoeffizienten β

Mit den Zahlenwerten für b, s, $t_{8;0,90} = 1{,}397$ und $\sum(x_i - \overline{x})^2 = 0{,}0266$ folgt:

$$\text{Konf.}(\,0{,}19 \le \beta \le 0{,}71\,) = 0{,}90$$

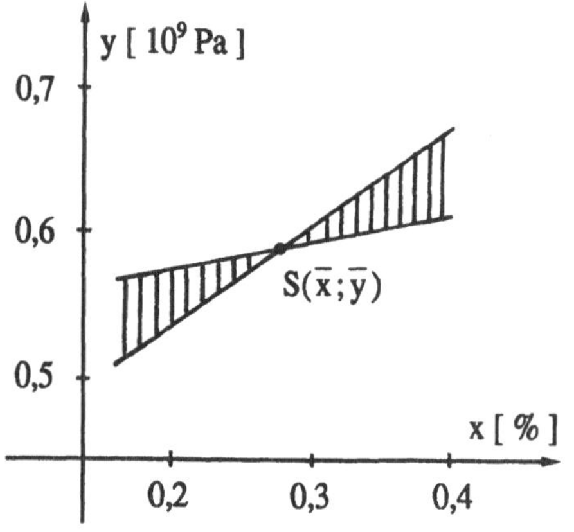

Da hier nur n = 10 Wertepaare vorliegen, ist das Konfidenzintervall für den Regressionskoeffizienten β der Merkmale X und Y verhältnismäßig groß.

Konfidenzintervall für σ^2

Mit Gl. (5.90) folgt:

$$\text{Konf.}(\,0{,}00049 \le \sigma^2 \le 0{,}00276\,) = 0{,}90$$

Bild 5.31 Konfidenzintervall für β

c) Konfidenzintervall für E(Y | X = x)

Die Berechnung der Konfidenzintervalle für die bedingten Erwartungswerte E(Y|X = x) nach Gl. (5.95) erfolgt am übersichtlichsten in Tabellenform.

x	$y = \bar{y} + b(x - \bar{x})$	t.s.H	Konfidenzintervall	
			untere Grenze	obere Grenze
0,20	0,544	0,033	0,511	0,577
0,25	0,577	0,021	0,556	0,598
0,28	0,590	0,018	0,572	0,608
0,30	0,599	0,019	0,580	0,618
0,35	0,622	0,030	0,592	0,652

Bild 5.32 zeigt anschaulich den Verlauf des Konfidenzstreifens E(Y | X = x), der an der Stelle des Schwerpunktes S der Punktmenge die geringste Breite zeigt.

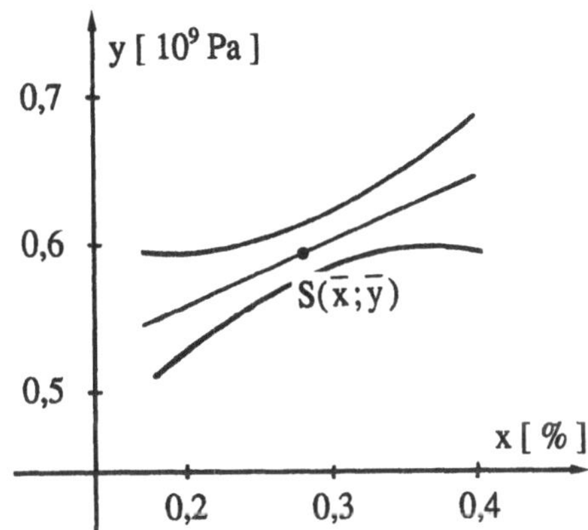

Bild 5.31 Konfidenzstreifen für E(Y | X = x)

5.5.3 Prüfen einer Hypothese über den Regressionskoeffizienten

Zur Prüfung einer Hypothese über die Größe des Regressionskoeffizienten β verwendet man die nach Gl. (5.89) mit $m = n - 2$ Freiheitsgraden t-verteilte Zufallsgröße

$$T = \frac{U}{\sqrt{\dfrac{V}{m}}} = \frac{B - \beta}{S} \sum_{i=1}^{n} \sqrt{(x_i - \overline{x})^2} \tag{5.89}$$

und erhält die folgenden kritischen Bereiche

H_0	H_1	Kritischer Bereich K bei einem Signifikanzniveau α
$\beta = \beta_0$	$\beta \neq \beta_0$	$\dfrac{\mid b - \beta_0 \mid}{s} \sqrt{\sum (x_i - \overline{x})^2} > t_{n-2;1-\frac{\alpha}{2}}$
$\beta \leq \beta_0$ $\beta \geq \beta_0$	$\beta > \beta_0$ $\beta < \beta_0$	$\dfrac{\mid b - \beta_0 \mid}{s} \sqrt{\sum (x_i - \overline{x})^2} > t_{n-2;1-\alpha}$
$s = \sqrt{\dfrac{1}{n-2} \displaystyle\sum_{i=1}^{n} (y_i - a - b\,x_i)^2}$		$b = \dfrac{n \sum x_i y_i - \sum x_i \sum y_i}{n \sum x_i^2 - [\sum x_i]^2}$

Beispiel 5.69. Für die Stichprobe von Beispiel 5.58 prüfe man auf einem Signifikanzniveau $\alpha = 0,10$ die Hypothese

H_0: $\beta \leq 0,4$ gegen die Alternative H_1: $\beta > 0,4$.

Mit den Ergebnissen von Beispiel 5.58 erhält man als Prüfwert

$$t = \frac{0,45 - 0,4}{0,0307} \sqrt{0,0266} = 0,266 \,.$$

Dieser Prüfwert t liegt nicht im kritischen Bereich

K: $t > t_{8;0,90} = 1,397$.

Die Nullhypothese wird beibehalten. Der Regressionskoeffizient β ist bei $\alpha = 0,10$ nicht signifikant größer als 0,4.

Der Wert $\beta = 0,4$ liegt innerhalb des im Beispiel 5.58 berechneten Konfidenzintervalls

$$\text{Konf.}(\, 0,19 \le \beta \le 0,71 \,) = 0,90$$

Übungsaufgaben zum Abschnitt 5.5 (Lösungen im Anhang)

Beispiel 5.60. Eine Untersuchung des Merkmals X = Dichte einer bestimmten Erzsorte und Y = Metallanteil ergab die in der Tabelle angegebenen Werte.

x_i [g/cm^3]	y_i [%]
2,8	22
2,8	25
2,9	27
3,0	27
3,1	28
3,2	30
3,2	32
3,2	35
3,4	31
3,4	35

a) Man bestimme einen Schätzwert b für den Regressionskoeffizienten β und die Gleichung der empirischen Regressionsgeraden.

b) Man berechne für die Varianz $\sigma^2 = \text{Var}(Y \mid X = x)$ einen Schätzwert und ein Konfidenzintervall zum Konfidenzniveau $1 - \alpha = 0,90$.

c) Man prüfe bei einem Signifikanzniveau $\alpha = 0,10$ die Hypothese H_0: $\beta \le 10\ [\ \% / \text{g/cm}^3\ ]$ gegen die Alternative H_1: $\beta > 10\ [\ \% / \text{g/cm}^3\ ]$.

6 Anhang

6.1 Zahlentabellen

6.1.1 Verteilungsfunktion der Standardnormalverteilung

u	0	1	2	3	4	5	6	7	8	9
0,0	0,5000	0,5040	0,5080	0,5120	0,5160	0,5199	0,5239	0,5279	0,5319	0,5359
0,1	0,5398	0,5438	0,5478	0,5517	0,5557	0,5596	0,5636	0,5675	0,5714	0,5753
0,2	0,5793	0,5832	0,5871	0,5910	0,5948	0,5987	0,6026	0,6064	0,6103	0,6141
0,3	0,6179	0,6217	0,6255	0,6293	0,6331	0,6368	0,6406	0,6443	0,6480	0,6517
0,4	0,6554	0,6591	0,6628	0,6664	0,6700	0,6736	0,6772	0,6808	0,6844	0,6879
0,5	0,6915	0,6950	0,6985	0,7019	0,7054	0,7088	0,7123	0,7157	0,7190	0,7224
0,6	0,7257	0,7291	0,7324	0,7357	0,7389	0,7422	0,7454	0,7486	0,7517	0,7549
0,7	0,7580	0,7611	0,7642	0,7673	0,7704	0,7734	0,7764	0,7794	0,7823	0,7852
0,8	0,7881	0,7910	0,7939	0,7967	0,7995	0,8023	0,8051	0,8078	0,8106	0,8133
0,9	0,8159	0,8186	0,8212	0,8238	0,8264	0,8289	0,8315	0,8340	0,8365	0,8389
1,0	0,8413	0,8438	0,8461	0,8485	0,8508	0,8531	0,8554	0,8577	0,8599	0,8621
1,1	0,8643	0,8665	0,8686	0,8708	0,8729	0,8749	0,8770	0,8790	0,8810	0,8830
1,2	0,8849	0,8869	0,8888	0,8907	0,9825	0,8944	0,8962	0,8980	0,8997	0,9015
1,3	0,9032	0,9049	0,9066	0,9082	0,9099	0,9115	0,9131	0,9147	0,9162	0,9177
1,4	0,9192	0,9207	0,9222	0,9236	0,9251	0,9265	0,9279	0,9292	0,9306	0,9319
1,5	0,9332	0,9345	0,9357	0,9370	0,9382	0,9394	0,9406	0,9418	0,9429	0,9441
1,6	0,9452	0,9463	0,9474	0,9484	0,9495	0,9505	0,9515	0,9525	0,9535	0,9545
1,7	0,9554	0,9564	0,9573	0,9582	0,9591	0,9599	0,9608	0,9616	0,9625	0,9633
1,8	0,9641	0,9649	0,9656	0,9664	0,9671	0,9678	0,9686	0,9693	0,9699	0,9706
1,9	0,9713	0,9719	0,9726	0,9732	0,9738	0,9744	0,9750	0,9756	0,9761	0,9767
2,0	0,9772	0,9778	0,9783	0,9788	0,9793	0,9798	0,9803	0,9808	0,9812	0,9817
2,1	0,9821	0,9826	0,9830	0,9834	0,9838	0,9842	0,9846	0,9850	0,9854	0,9857
2,2	0,9861	0,9864	0,9868	0,9871	0,9875	0,9878	0,9881	0,9884	0,9887	0,9890
2,3	0,9893	0,9896	0,9898	0,9901	0,9904	0,9906	0,9909	0,9911	0,9913	0,9916
2,4	0,9918	0,9920	0,9922	0,9925	0,9927	0,9929	0,9931	0,9932	0,9934	0,9936
2,5	0,9938	0,9940	0,9941	0,9943	0,9945	0,9946	0,9948	0,9949	0,9951	0,9952
2,6	0,9953	0,9955	0,9956	0,9957	0,9959	0,9960	0,9961	0,9962	0,9963	0,9964
2,7	0,9965	0,9966	0,9967	0,9968	0,9969	0,9970	0,9971	0,9972	0,9973	0,9974
2,8	0,9974	0,9975	0,9976	0,9977	0,9977	0,9978	0,9979	0,9979	0,9980	0,9981
2,9	0,9981	0,9982	0,9982	0,9983	0,9984	0,9984	0,9985	0,9985	0,9986	0,9986
3,0	0,9987	0,9987	0,9987	0,9988	0,9988	0,9989	0,9989	0,9989	0,9990	0,9990

$$\Phi(-u) = 1 - \Phi(u)$$

Ablesebeispiele zu Tabelle 6.1.1:

$u = 1{,}67 \qquad \Rightarrow \qquad \Phi(1{,}67) = 0{,}9525$

$u = 1{,}673 \qquad \Rightarrow \qquad \Phi(1{,}673) = 0{,}9528 \qquad$ (lineare Interpolation in der Tabelle)

$u = -0{,}82 \qquad \Rightarrow \qquad \Phi(-0{,}82) = 1 - \Phi(0{,}82) = 1 - 0{,}7939 = 0{,}2061$

6.1.2 Quantile der Standardnormalverteilung

$$\Phi(u_\alpha) = P(U \le u_\alpha) = \alpha$$

$$u_{1-\alpha} = -u_\alpha$$

$$(0 < \alpha < 1)$$

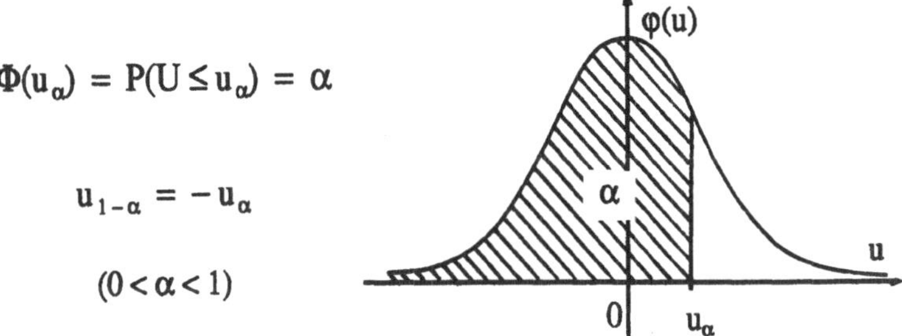

α	u_α	α	u_α
0,900	1,282	0,100	- 1,282
0,950	1,645	0,050	- 1,645
0,975	1,960	0,025	- 1,960
0,990	2,326	0,010	- 2,326
0,995	2,576	0,005	- 2,576
0,999	3,090	0,001	- 3,090

6.1.3 Quantile der χ^2 - Verteilung

Für große Werte von m gilt

$$\chi^2_{m;\gamma} = m\left[1 - \frac{2}{9m} + u_\gamma\sqrt{\frac{2}{9m}}\right]^3$$

Näherungsformel von Wilson und Hilferty
m = Anzahl der Freiheitsgrade

m	$\chi^2_{0,005}$	$\chi^2_{0,01}$	$\chi^2_{0,025}$	$\chi^2_{0,05}$	$\chi^2_{0,10}$	$\chi^2_{0,90}$	$\chi^2_{0,95}$	$\chi^2_{0,975}$	$\chi^2_{0,99}$	$\chi^2_{0,995}$
1	0,000	0,000	0,000	0,004	0,016	2,706	3,841	5,023	6,635	7,879
2	0,010	0,020	0,051	0,103	0,211	4,605	5,991	7,378	9,210	10,60
3	0,072	0,115	0,216	0,352	0,584	6,251	7,815	9,348	11,34	12,84
4	0,207	0,297	0,484	0,711	1,064	7,779	9,488	11,14	13,28	14,86
5	0,412	0,554	0,831	1,145	1,610	9,236	11,07	12,83	15,09	16,75
6	0,676	0,872	1,237	1,635	2,204	10,64	12,59	14,45	16,81	18,55
7	0,989	1,239	1,690	2,167	2,833	12,02	14,07	16,01	18,48	20,28
8	1,344	1,647	2,180	2,733	3,490	13,36	15,51	17,53	20,09	21,96
9	1,735	2,088	2,700	3,325	4,168	14,68	16,92	19,02	21,67	23,59
10	2,156	2,558	3,247	3,940	4,865	15,99	18,31	20,48	23,21	25,19
11	2,603	3,053	3,816	4,575	5,578	17,28	19,68	21,92	24,72	26,76
12	3,074	3,571	4,404	5,226	6,304	18,55	21,03	23,34	26,22	28,30
13	3,565	4,107	5,009	5,892	7,042	19,81	22,36	24,74	27,69	29,32
14	4,075	4,660	5,629	6,571	7,790	21,06	23,68	26,12	29,14	31,32
15	4,601	5,229	6,262	7,261	8,547	22,31	25,00	27,49	30,58	32,80
16	5,142	5,812	6,908	7,962	9,312	23,54	26,30	28,85	32,00	34,27
17	5,697	6,408	7,564	8,672	10,09	24,77	27,59	30,19	33,41	35,72
18	6,265	7,015	8,321	9,390	10,86	25,99	28,87	31,53	34,81	37,16
19	6,844	7,633	8,907	10,12	11,65	27,20	30,14	32,85	36,19	38,58
20	7,434	8,260	9,591	10,85	12,44	28,41	31,41	34,17	37,57	40,00
25	10,52	11,52	13,12	14,61	16,47	34,38	37,65	40,65	44,31	46,93
30	13,79	14,95	16,79	18,49	20,60	40,26	43,77	46,98	50,89	53,67
35	17,19	18,51	20,57	22,46	24,80	46,06	49,80	53,20	57,34	60,27
40	20,71	22,16	24,43	26,51	29,05	51,81	55,76	59,34	63,69	66,77
45	24,31	25,90	28,37	30,61	33,35	57,51	61,66	65,41	69,96	73,17
50	27,99	29,71	32,36	34,76	37,69	63,17	67,50	71,42	76,15	79,49
60	35,53	37,48	40,48	43,19	46,46	74,40	79,08	83,30	88,38	91,95
70	43,28	45,44	48,76	51,74	55,33	85,53	90,53	95,02	100,4	104,2
80	51,17	53,54	57,15	60,39	64,28	96,58	101,9	106,6	112,3	116,3
90	59,20	61,75	65,65	69,13	73,29	107,6	113,1	118,1	124,1	128,3
100	67,33	70,07	74,22	77,93	82,36	118,5	124,3	129,6	135,8	140,2

6.1.4 Quantile der t - Verteilung

m = Anzahl der Freiheitsgrade

$$t_{m;\alpha} = -t_{m;1-\alpha}; \qquad t_{\infty;\alpha} = u_\alpha$$

m	$t_{0,90}$	$t_{0,95}$	$t_{0,975}$	$t_{0,99}$	$t_{0,995}$	$t_{0,999}$
1	3,078	6,314	12,71	31,82	63,66	318,3
2	1,886	2,920	4,303	6,965	9,925	22,33
3	1,638	2,353	3,182	4,541	5,841	10,21
4	1,533	2,132	2,776	3,747	4,604	7,173
5	1,476	2,015	2,571	3,365	4,032	5,893
6	1,440	1,943	2,447	3,143	3,707	5,208
7	1,415	1,895	2,365	2,998	3,499	4,785
8	1,397	1,860	2,306	2,896	3,355	4,501
9	1,383	1,833	2,262	2,821	3,250	4,297
10	1,372	1,812	2,228	2,764	3,169	4,144
11	1,363	1,796	2,201	2,718	3,106	4,025
12	1,356	1,782	2,179	2,681	3,055	3,930
13	1,350	1,771	2,160	2,650	3,012	3,852
14	1,345	1,761	2,145	2,624	2,977	3,787
15	1,341	1,753	2,131	2,602	2,947	3,733
16	1,337	1,746	2,120	2,583	2,921	3,686
17	1,333	1,740	2,110	2,567	2,898	3,646
18	1,330	1,734	2,101	2,552	2,878	3,611
19	1,328	1,729	2,093	2,539	2,861	3,579
20	1,325	1,725	2,086	2,528	2,845	3,552
21	1,323	1,721	2,080	2,518	2,831	3,527
22	1,321	1,717	2,074	2,503	2,819	3,505
23	1,320	1,714	2,069	2,500	2,807	3,485
24	1,318	1,711	2,064	2,492	2,797	3,467
25	1,316	1,708	2,060	2,485	2,787	3,450
30	1,310	1,697	2,042	2,457	2,750	3,385
35	1,306	1,690	2,030	2,438	2,724	3,340
40	1,303	1,684	2,021	2,423	2,704	3,307
45	1,301	1,679	2,014	2,412	2,690	3,282
50	1,299	1,676	2,009	2,403	2,678	3,261
75	1,293	1,665	1,992	2,377	2,643	3,203
100	1,290	1,660	1,984	2,364	2,626	3,174
200	1,286	1,653	1,972	2,345	2,601	3,131
500	1,283	1,648	1,965	2,334	2,586	3,107
∞	1,282	1,645	1,960	2,326	2,576	3,090

6.1.5 Quantile der F - Verteilung für $1 - \alpha = 0{,}95$

$$P(F \leq F_{m_1;\,m_2;\,0,95}) = 0{,}95$$

$m_1 \rightarrow$ $m_2 \downarrow$	1	2	3	4	5	6	7	8	9	10	12
1	161,4	199,5	215,7	224,6	230,2	234,0	236,8	238,9	240,5	241,9	243,9
2	18,51	19,00	19,16	19,25	19,30	19,33	19,35	19,37	19,38	19,40	19,41
3	10,13	9,552	9,277	9,117	9,013	8,941	8,887	8,845	8,812	8,786	8,745
4	7,709	6,944	6,591	6,388	6,256	6,163	6,094	6,041	5,999	5,964	5,912
5	6,608	5,786	5,409	5,192	5,050	4,950	4,876	4,818	4,772	4,735	4,678
6	5,987	5,143	4,757	4,534	4,387	4,284	4,207	4,147	4,099	4,060	4,000
7	5,591	5,737	4,347	4,120	3,972	3,866	3,787	3,726	3,677	3,637	3,575
8	5,318	4,459	4,066	3,838	3,687	3,581	3,500	3,438	3,388	3,347	3,284
9	5,177	4,256	3,863	3,633	3,482	3,374	3,293	3,230	3,179	3,137	3,073
10	4,965	4,103	3,708	3,478	3,326	3,217	3,135	3,072	3,020	2,978	2,913
11	4,844	3,982	3,587	3,357	3,204	3,095	3,012	2,948	2,896	2,854	2,788
12	4,747	3,885	3,490	3,259	3,106	2,996	2,913	2,849	2,796	2,753	2,687
13	4,667	3,806	3,411	3,179	3,025	2,915	2,832	2,767	2,714	2,671	2,604
14	4,600	3,739	3,344	3,112	2,958	2,848	2,764	2,699	2,646	2,602	2,534
15	4,543	3,682	3,287	3,056	2,901	2,790	2,707	2,641	2,588	2,544	2,475
16	4,494	3,634	3,239	3,007	2,852	2,741	2,657	2,591	2,538	2,494	2,425
17	4,451	3,592	3,197	2,965	2,810	2,699	2,614	2,548	2,494	2,450	2,381
18	4,414	3,555	3,160	2,928	2,773	2,661	2,577	2,510	2,456	2,412	2,342
19	4,381	3,522	3,127	2,895	2,740	2,628	2,544	2,477	2,423	2,378	2,308
20	4,351	3,493	3,098	2,866	2,711	2,599	2,514	2,447	2,393	2,348	2,278
22	4,301	3,443	3,049	2,817	2,661	2,549	2,464	2,397	2,342	2,297	2,226
24	4,260	3,403	3,009	2,776	2,621	2,508	2,423	2,355	2,300	2,255	2,183
26	4,225	3,369	2,975	2,743	2,587	2,474	2,388	2,321	2,265	2,220	2,148
28	4,196	3,340	2,947	2,714	2,558	2,445	2,359	2,291	2,236	2,190	2,118
30	4,171	3,316	2,922	2,690	2,534	2,421	2,334	2,266	2,211	2,165	2,092
40	4,085	3,232	2,839	2,606	2,449	2,336	2,249	2,180	2,124	2,077	2,003
50	4,034	3,183	2,790	2,557	2,401	2,287	1,199	2,130	2,073	2,026	1,952
60	4,001	3,150	2,758	2,525	2,368	2,254	2,167	2,097	2,040	1,993	1,917
80	3,961	3,111	2,719	2,486	2,329	2,214	2,127	2,057	1,999	1,952	1,876
100	3,936	3,087	2,696	2,463	2,305	2,191	2,103	2,032	1,975	1,927	1,850
200	3,888	3,041	2,650	2,417	2,259	2,144	2,056	1,985	1,927	1,878	1,801
500	3,860	3,014	2,623	2,390	2,232	2,117	2,028	1,957	1,899	1,850	1,772
∞	3,841	2,996	2,605	2,372	2,214	2,099	2,010	1,938	1,880	1,831	1,752

$$F_{m_1\,;\,m_2\,;\,0,05} = \frac{1}{F_{m_2\,;\,m_1\,;\,0,95}}$$

$m_1 \rightarrow$ $m_2 \downarrow$	14	16	18	20	30	40	50	100	200	500	∞
1	245,4	246,5	247,3	248,0	250,1	251,1	251,8	253,0	253,7	254,1	254,3
2	19,42	19,43	19,44	19,45	19,46	19,47	19,48	19,49	19,49	19,49	19,50
3	8,715	8,692	8,675	8,660	8,617	8,594	8,581	8,554	8,540	8,532	8,526
4	5,873	5,844	5,821	5,803	5,746	5,717	5,700	5,664	5,646	5,635	5,628
5	4,636	4,604	4,578	4,558	4,496	4,464	4.445	4,405	4,385	4,373	4,365
6	3,956	3,922	3,896	3,874	3,808	3,774	3,754	3,712	3,691	3,678	3,669
7	3,529	3,495	3,467	3,445	3,376	3,340	3,319	3,275	3,253	3,239	3,230
8	3,237	3,202	3,173	3,150	3,079	3,043	3,020	2,975	2,951	2,937	2,928
9	3,025	2,989	2,960	2,936	2,864	2,826	2,803	2,756	2,731	2,717	2,707
10	2,864	2,828	2,798	2,774	2,700	2,661	2,637	2,589	2,563	2,548	2,538
11	2,738	2,701	2,671	2,646	2,570	2,531	2,507	2,457	2,431	2,415	2,404
12	2,637	2,599	2,589	2,544	2,466	2,426	2,401	2,350	2,323	2,307	2,296
13	2,553	2,515	2,484	2,459	2,380	2,339	2,314	2,261	2,234	2,218	2,206
14	2,483	2,445	2,413	2,388	2,308	2,266	2,241	2,187	2,159	2,142	2,131
15	2,424	2,385	2,353	2,328	2,247	2,204	2,178	2,124	2,095	2,078	2,066
16	2,373	2,334	2,302	2,276	2,194	2,151	2,124	2,068	2,040	2,022	2,010
17	2,329	2,289	2,257	2,230	2,148	2,104	2,077	2,020	1,991	1,973	1,960
18	2,290	2,250	2,217	2,191	2,107	2,063	2,035	1,978	1,948	1,929	1,917
19	2,255	2,215	2,182	2,155	2,071	2,026	1,999	1,940	1,910	1,891	1,878
20	2,225	2,184	2,151	2,124	2,039	1,994	1,966	1,907	1,876	1,856	1,843
22	2,172	2,131	2,098	2,071	1,984	1,938	1,909	1,849	1,817	1,797	1,783
24	2,129	2,088	2,054	2,027	1,939	1,892	1,863	1,800	1,768	1,747	1,733
26	2,093	2,052	2,018	1,990	1,901	1,853	1,823	1,760	1,726	1,705	1,691
28	2,063	2,021	1,987	1,959	1,869	1,820	1,790	1,725	1,691	1,669	1,654
30	2,037	1,995	1,960	1,932	1,841	1,792	1,761	1,695	1,660	1,638	1,622
40	1,947	1,904	1,868	1,839	1,744	1,693	1,660	1,589	1,551	1,526	1,509
50	1,895	1,850	1,814	1,784	1,687	1,634	1,600	1,524	1,484	1,457	1,440
60	1,860	1,815	1,779	1,748	1,649	1,594	1,559	1,481	1,438	1,409	1,389
80	1,817	1,772	1,734	1,703	1,602	1,545	1,508	1,426	1,379	1,347	1,322
100	1,792	1,746	1,708	1,677	1,573	1,515	1,477	1,392	1,342	1,308	1,283
200	1,742	1,694	1,656	1,623	1,516	1,455	1,415	1,321	1,263	1,221	1,189
500	1,740	1,664	1,625	1,592	1,482	1,419	1,376	1,275	1,210	1,159	1,113
∞	1,691	1,643	1,604	1,571	1,459	1,394	1,350	1,243	1,170	1,106	1,000

6.1.6 Quantile der F - Verteilung für 1 - α = 0,975

$$P(F \leq F_{m_1 ; m_2 ; 0,975}) = 0,975$$

$m_1 \rightarrow$ / $m_2 \downarrow$	1	2	3	4	5	6	7	8	9	10	12
1	647,8	799,5	864,2	899,6	921,8	937,1	948,2	956,7	963,3	968,6	976,7
2	38,51	39,00	39,17	39,25	39,30	39,33	39,36	39,37	39,39	39,40	39,41
3	17,44	16,04	15,44	15,10	14,88	14,73	14,62	14,54	14,47	14,42	14,34
4	12,22	10,65	9,979	9,605	9,364	9,197	9,074	8,980	8,905	8,844	8,751
5	10,01	8,434	7,764	7,388	7,146	6,978	6,853	6,757	6,681	6,619	6,525
6	8,813	7,260	6,599	6,227	5,988	5,820	5,695	5,600	5,523	5,461	5,366
7	8,073	6,542	5,890	5,523	5,285	5,119	4,995	4,899	4,823	4,761	4,666
8	7,571	6,059	5,416	5,053	4,871	4,652	4,529	4,433	4,357	4,295	4,200
9	7,209	5,715	5,078	4,718	4,484	4,320	4,197	4,102	4,026	3,964	3,868
10	6,937	5,456	4,826	4,468	4,236	4,072	3,950	3,855	3,779	3,717	3,621
11	6,724	5,256	4,630	4,275	4,044	3,881	3,759	3,664	3,588	3,526	3,430
12	6,554	5,096	4,474	4,121	3,891	3,728	3,607	3,512	3,436	3,374	3,277
13	6,414	4,965	4,347	3,996	3,767	3,604	3,483	3,388	3,312	3,250	3,153
14	6,298	4,857	4,242	3,892	3,663	3,501	3,380	3,285	3,209	3,147	3,050
15	6,199	4,765	4,153	3,804	3,576	3,415	3,293	3,199	3,123	3,060	2,963
16	6,115	4,687	4,077	3,729	3,502	3,341	3,219	3,125	3,049	2,986	2,889
17	6,042	4,619	4,011	3,665	3,438	3,277	3,156	3,061	2,985	2,922	2,825
18	5,978	4,560	3,954	3,608	3,382	3,221	3,100	3,005	2,929	2,866	2,769
19	5,922	4,508	3,903	3,559	3,333	3,172	3,051	2,956	2,880	2,817	2,720
20	5,871	4,461	3,859	3,515	3,289	3,128	3,007	2,913	2,837	2,774	2,676
22	5,786	4,383	3,783	3,440	3,215	3,055	2,934	2,839	2,763	2,700	2,602
24	5,717	4,319	3,721	3,379	3,155	2,995	2,934	2,874	2,703	2,640	2,541
26	5,659	4,265	3,670	3,329	3,105	2,945	2,824	2,824	2,653	2,590	2,491
28	5,610	4,221	3,626	3,286	3,063	2,903	2,782	2,782	2,611	2,547	2,448
30	5,568	4,182	3,589	3,250	3,026	2,867	2,746	2,651	2,575	2,511	2,412
40	5,424	4,051	3,463	3,126	2,904	2,744	2,624	2,529	2,452	2,388	2,288
50	5,340	3,975	3,390	3,055	2,833	2,674	2,553	2,458	2,381	2,317	2,216
60	5,286	3,925	3,343	3,008	2,786	2,627	2,507	2,412	2,334	2,270	2,169
80	5,219	3,865	3,285	2,951	2,730	2,571	2,451	2,356	2,278	2,214	2,112
100	5,179	3,828	3,250	2,917	2,696	2,538	2,417	2,322	2,244	2,179	2,077
200	5,100	3,758	3,182	2,850	2,631	2,472	2,351	2,256	2,178	2,113	2,010
500	5,054	3,716	3,142	2,812	2,592	2,434	2,313	2,217	2,139	2,074	1,971
∞	5,024	3,689	3,116	2,786	2,567	2,408	2,288	2,192	2,114	2,048	1,945

$$F_{m_1 ; m_2 ; 0,025} = \frac{1}{F_{m_2 ; m_1 ; 0,975}}$$

$m_1 \rightarrow$ / $m_2 \downarrow$	14	16	18	20	30	40	50	100	200	500	∞
1	982,5	986,9	990,3	993,1	1001	1006	1008	1013	1016	1017	1018
2	39,43	39,44	39,44	39,45	39,46	39,47	39,48	39,49	39,49	39,50	39,50
3	14,28	14,23	14,20	14,17	14,08	14,04	14,01	13,96	13,93	13,91	13,90
4	8,684	8,633	8,592	8,560	8,461	8,411	8,381	8,319	8,288	8,270	8,257
5	6,456	6,403	6,362	6,329	6,227	6,175	6,144	6,080	6,048	6,028	6,015
6	5,297	5,244	5,202	5,168	5,065	5,012	4,981	4,916	4,883	4,863	4,849
7	4,596	4,543	4,501	4,467	4,362	4,309	4,276	4,210	4,177	4,156	4,142
8	4,130	4,076	4,034	3,999	3,894	3,840	3,807	3,739	3,705	3,684	3,670
9	3,798	3,744	3,701	3,667	3,560	3,505	3,472	3,404	3,368	3,347	3,333
10	3,550	3,496	3,453	3,419	3,311	3,255	3,221	3,152	3,116	3,094	3,080
11	3,359	3,304	3,261	3,226	3,118	3,061	3,027	2,956	2,920	2,898	2,883
12	3,206	3,152	3,108	3,073	2,963	2,906	2,872	2,800	2,763	2,740	2,725
13	3,082	3,027	2,983	2,948	2,837	2,780	2,744	2,672	2,634	2,611	2,595
14	2,979	2,923	2,880	2,844	2,732	2,674	2,639	2,565	2,526	2,503	2,487
15	2,891	2,836	2,792	2,756	2,644	2,585	2,549	2,474	2,435	2,411	2,395
16	2,817	2,761	2,717	2,681	2,568	2,509	2,472	2,396	2,357	2,333	2,316
17	2,753	2,697	2,652	2,616	2,502	2,442	2,405	2,329	2,289	2,264	2,247
18	2,696	2,640	2,596	2,559	2,444	2,384	2,347	2,269	2,229	2,204	2,187
19	2,647	2,591	2,546	2,509	2,394	2,333	2,295	2,217	2,176	2,151	2,133
20	2,603	2,547	2,501	2,464	2,349	2,287	2,249	2,170	2,128	2,103	2,085
22	2,528	2,472	2,426	2,389	2,272	2,210	2,171	2,090	2,047	2,021	2,003
24	2,467	2,411	2,365	2,327	2,209	2,146	2,107	2,024	1,981	1,954	1,935
26	2,417	2,360	2,314	2,276	2,157	2,093	2,053	1,969	1,925	1,897	1,878
28	2,374	2,317	2,270	2,232	2,112	2,048	2,007	1,922	1,877	1,848	1,929
30	2,337	2,280	2,233	2,195	2,074	2,009	1,968	1,882	1,835	1,807	1,787
40	2,212	2,154	2,107	2,068	1,943	1,875	1,832	1,741	1,691	1,659	1,637
50	2,141	2,081	2,033	1,993	1,866	1,796	1,752	1,656	1,603	1,569	1,545
60	2,092	2,033	1,985	1,944	1,815	1,744	1,699	1,599	1,544	1,508	1,482
80	2,034	1,974	1,925	1,885	1,753	1,679	1,632	1,527	1,467	1,428	1,396
100	2,000	1,939	1,890	1,849	1,715	1,640	1,592	1,483	1,420	1,378	1,347
200	1,932	1,870	1,820	1,778	1,640	1,562	1,511	1,393	1,321	1,269	1,229
500	1,892	1,830	1,779	1,736	1,595	1,515	1,462	1,336	1,254	1,192	1,137
∞	1,865	1,803	1,733	1,708	1,566	1,484	1,428	1,296	1,206	1,128	1,000

6.1.7 Quantile der F - Verteilung für $1 - \alpha = 0{,}99$

$$P(F \leq F_{m_1 \, ; \, m_2 \, ; \, 0{,}99}) = 0{,}99$$

$m_1 \rightarrow$ $m_2 \downarrow$	1	2	3	4	5	6	7	8	9	10	12
1	4052	4999	5403	5625	5764	5859	5928	5981	6022	6056	6106
2	98,50	99,00	99,17	99,25	99,30	99,33	99,36	99,37	99,39	99,40	99,42
3	34,12	30,82	29,46	28,71	28,24	27,91	27,67	27,49	27,35	27,23	27,05
4	21,20	18,00	16,69	15,98	15,52	15,21	14,98	14,80	14,66	14,55	14,37
5	16,26	13,27	12,06	11,39	10,97	10,67	10,46	10,29	10,16	10,05	9,888
6	13,75	10,92	9,780	9,148	8,746	8,466	8,260	8,102	7,976	7,874	7,718
7	12,25	9,547	8,451	7,847	7,460	7,191	6,993	6,840	6,719	6,620	6,469
8	11,26	8,649	7,591	7,006	6,632	6,371	6,178	6,029	5,911	5,814	5,667
9	10,56	8,022	6,992	6,422	6,057	5,802	5,613	5,467	5,351	5,257	5,111
10	10,04	7,559	6,552	5,994	5,636	5,386	5,200	5,057	4,942	4,849	4,706
11	9,646	7,206	6,217	5,668	5,316	5,069	4,886	4,744	4,632	4,539	4,397
12	9,330	6,927	5,953	5,412	5,064	4,821	4,640	4,499	4,388	4,296	4,155
13	9,074	6,701	5,739	5,205	4,862	4,620	4,441	4,302	4,191	4,100	3,960
14	8,862	6,515	5,564	5,035	4,695	4,456	4,278	4,140	4,030	3,939	3,800
15	8,683	6,359	5,417	4,893	4,556	4,318	4,142	4,004	3,895	3,805	3,666
16	8,531	6,226	5,292	4,773	4,437	4,202	4,026	3,890	3,780	3,691	3,553
17	8,400	6,112	5,185	4,669	4,336	4,101	3,927	3,791	3,682	3,593	3,455
18	8,285	6,013	5,092	4,579	4,248	4,015	3,841	3,705	3,597	3,508	3,371
19	8,185	5,926	5,010	4,500	4,171	3,939	3,765	3,631	3,523	3,434	3,297
20	8,096	5,849	4,938	4,431	4,103	3,871	3,699	3,564	3,457	3,368	3,231
22	7,954	5,719	4,817	4,313	3,988	3,758	3,587	3,453	3,346	3,258	3,121
24	7,823	5,614	4,718	4,218	3,895	3,667	3,496	3,363	3,256	3,168	3,032
26	7,721	5,526	4,637	4,140	3,818	3,591	3,421	3,288	3,182	3,094	2,958
28	7,636	5,453	4,568	4,074	3,754	3,528	3,358	3,226	3,120	3,032	2,896
30	7,562	5,390	4,510	4,018	3,699	3,473	3,304	3,173	3,067	2,979	2,843
40	7,314	5,179	4,313	3,828	3,514	3,291	3,124	2,993	2,888	2,801	2,665
50	7,171	5,057	4,199	3,720	3,408	3,187	3,020	2,890	2,785	2,698	2,563
60	7,077	4,977	4,126	3,649	3,339	3,119	2,953	2,823	2,718	2,632	2,496
80	6,964	4,882	4,036	3,564	3,256	3,037	2,872	2,743	2,639	2,552	2,416
100	6,895	4,824	3,984	3,513	3,206	2,988	2,823	2,694	2,590	2,503	2,368
200	6,763	4,713	3,881	3,414	3,110	2,893	2,730	2,601	2,497	2,411	2,275
500	6,686	4,648	3,821	3,357	3,054	2,838	2,675	2,547	2,443	2,357	2,220
∞	6,635	4,605	3,782	3,319	3,017	2,802	2,639	2,511	2,407	2,321	2,185

$$F_{m_1 ; m_2 ; 0,01} = \frac{1}{F_{m_2 ; m_1 ; 0,99}}$$

$m_1 \rightarrow$ $m_2 \downarrow$	14	16	18	20	30	40	50	100	200	500	∞
1	6143	6169	6192	6209	6261	6287	6303	6335	6350	6360	6366
2	99,43	99,44	99,44	99,45	99,47	99,47	99,48	99,49	99,49	99,50	99,50
3	26,92	26,83	26,75	26,69	26,50	26,41	26,35	26,24	26,18	26,15	26,13
4	14,25	14,15	14,08	14,02	13,84	13,75	13,69	13,58	13,52	13,49	13,46
5	9,770	9,680	9,610	9,553	9,379	9,291	9,238	9,130	9,075	9,042	9,020
6	7,605	7,519	7,451	7,396	7,229	7,143	7,092	6,987	6,934	6,902	6,880
7	6,359	6,275	6,209	6,155	5,992	5,908	5,858	5,755	5,702	5,671	5,650
8	5,559	5,477	5,412	5,359	5,198	5,116	5,065	4,963	4,911	4,880	4,859
9	5,005	4,924	4,860	4,808	4,649	4,567	4,517	4,415	4,363	4,332	4,311
10	4,600	4,521	4,457	4,405	4,247	4,165	4,116	4,014	3,962	3,930	3,909
11	4,293	4,213	4,150	4,099	3,941	3,860	3,810	3,708	3,656	3,624	3,602
12	4,052	3,972	3,910	3,858	3,701	3,619	3,569	3,467	3,414	3,382	3,361
13	3,857	3,778	3,716	3,665	3,507	3,425	3,375	3,272	3,219	3,187	3,165
14	3,697	3,619	3,556	3,505	3,348	3,266	3,215	3,112	3,059	3,026	3,004
15	3,564	3,485	3,423	3,372	3,214	3,132	3,081	2,977	2,924	2,891	2,868
16	3,451	3,372	3,310	3,259	3,101	3,018	2,968	2,863	2,809	2,775	2,753
17	3,353	3,275	3,212	3,162	3,003	2,920	2,870	2,764	2,709	2,676	2,653
18	3,269	3,190	3,128	3,077	2,919	2,835	2,784	2,678	2,623	2,589	2,566
19	3,195	3,117	3,054	3,003	2,844	2,761	2,709	2,602	2,547	2,513	2,489
20	3,130	3,051	2,989	2,938	2,778	2,695	2,643	2,535	2,479	2,445	2,421
22	3,019	2,941	2,879	2,827	2,667	2,583	2,531	2,422	2,365	2,329	2,305
24	2,930	2,852	2,789	2,738	2,577	2,492	2,440	2,329	2,271	2,235	2,211
26	2,856	2,778	2,715	2,664	2,503	2,417	2,364	2,252	2,193	2,156	2,131
28	2,794	2,716	2,653	2,602	2,440	2,353	2,300	2,187	2,127	2,090	2,064
30	2,741	2,663	2,600	2,549	2,386	2,299	2,245	2,131	2,070	2,032	2,006
40	2,563	2,485	2,421	2,369	2,203	2,114	2,058	1,938	1,874	1,833	1,805
50	2,461	2,382	2,318	2,265	2,098	2,007	1,949	1,825	1,757	1,713	1,683
60	2,393	2,315	2,251	2,198	2,028	1,936	1,877	1,749	1,679	1,633	1,601
80	2,313	2,233	2,169	2,116	1,944	1,849	1,788	1,655	1,579	1,530	1,491
100	2,265	2,185	2,120	2,067	1,893	1,797	1,735	1,598	1,519	1,466	1,427
200	2,172	2,091	2,026	1,971	1,794	1,695	1,630	1,481	1,391	1,328	1,279
500	2,118	2,036	1,970	1,915	1,735	1,633	1,566	1,409	1,308	1,232	1,164
∞	2,080	2,000	1,934	1,878	1,696	1,592	1,523	1,358	1,247	1,153	1,000

6.1.8 Quantile der F - Verteilung für $1 - \alpha = 0{,}995$

$$P(F \leq F_{m_1 ; m_2 ; 0{,}995}) = 0{,}995$$

$m_1 \rightarrow$ / $m_2 \downarrow$	18	2	3	4	5	6	7	8	9	10	12
1	16211	20000	21615	22500	23056	23437	23715	23925	24092	24225	24426
2	198,5	199,0	199,2	199,2	199,3	199,3	199,4	199,4	199,4	199,4	199,4
3	55,55	49,80	47,46	46,19	45,35	44,84	44,43	44,13	43,88	43,69	43,39
4	31,33	26,28	24,26	23,15	22,46	21,97	21,62	21,35	21,14	20,97	20,17
5	22,78	18,31	16,53	15,56	14,94	14,51	14,20	13,96	13,77	13,62	13,38
6	18,63	14,54	12,92	12,03	11,46	11,07	10,79	10,57	10,39	10,25	10,03
7	16,24	12,40	10,88	10,05	9,522	9,155	8.885	8,678	8,514	8,380	8,176
8	14,69	11,04	9,596	8,805	8,302	7,952	7,694	7,496	7,339	7,211	7,015
9	13,61	10,11	8,717	7,956	7,471	7,134	6,885	6,693	6,541	6,417	6,227
10	12,83	9,427	8,081	7,343	6,872	6,545	6,303	6,116	5,968	5,847	5,661
11	12,23	8,912	7,600	6,881	6,422	6,102	5,865	5,682	5,537	5,418	5,236
12	11,75	8,510	7,226	6,521	6,071	5,757	5,525	5,345	5,202	5,086	4,906
13	11,37	8,186	6,926	6,234	5,791	5,482	5,253	5,076	4,935	4,820	4,643
14	11,06	7,921	6,680	5,998	5,562	5,257	5,031	4,857	4,717	4,603	4,428
15	10,80	7,701	6,476	5,803	5,372	5,071	4,847	4,674	4,536	4,424	4,250
16	10,58	7,514	6,303	5,638	5,212	4,914	4,692	4,521	4,384	4,272	4,099
17	10,38	7,354	6,156	5,497	5,075	4,779	4,559	4,389	4,254	4,142	3,971
18	10,22	7,215	6,028	5,375	4,956	4,663	4,445	4,276	4,141	4,031	3,860
19	10,07	7,094	5,916	5,268	4,853	4,561	4,345	4,177	4,043	3,933	3,763
20	9,944	6,987	5,818	5,174	4,762	4,472	4,257	4,090	3,957	3,847	3,678
22	9,727	6,807	5,652	5,017	4,609	4,322	4,109	3,944	3,812	3,703	3,535
24	9,551	6,661	5,519	4,890	4,486	4,202	3,991	3,826	3,695	3,587	3,420
26	9,406	6,541	5,409	4,785	4,384	4,103	3,893	3,730	3,599	3,492	3,325
28	9,284	6,440	5,317	4,698	4,300	4,020	3,811	3,649	3,519	3,412	3,246
30	9,180	6,355	5,239	4,623	4,228	3,949	3,742	3,580	3,451	3,344	3,179
40	8,828	6,067	4,976	4,374	3,986	3,713	3,509	3,350	3,222	3,117	2,953
50	8,626	5,902	4,826	4,232	3,849	3,579	3,377	3,219	3,092	2,988	2,825
60	8,495	5,795	4,729	4,140	3,760	3,492	3,291	3,135	3,008	2,904	2,742
80	8,335	5,665	4,611	4,029	3,652	3,387	3,188	3,032	2,907	2,803	2,641
100	8,241	5,589	4,543	3,963	3,590	3,325	3,127	2,972	2,847	2,744	2,583
200	8,057	5,441	4,409	3,837	3,467	3,206	3,010	2,856	2,732	2,629	2,468
500	7,950	5,355	4,331	3,763	3,396	3,137	2,942	2,789	2,665	2,563	2,402
∞	7,879	5,298	4,279	3,715	3,350	3,091	2,897	2,744	2,621	2,519	2,358

$$F_{m_1;m_2;0,005} \; = \; \frac{1}{F_{m_2;m_1;0,995}}$$

$m_1 \rightarrow$ $m_2 \downarrow$	14	16	18	20	30	40	50	100	200	500	∞
1	24572	24682	24767	24836	25044	25148	25211	25338	25401	25439	25465
2	199,4	199,4	199,4	199,4	199,5	199,5	199,5	199,5	199,5	199,5	199,5
3	43,17	43,01	42,88	42,78	42,47	42,31	42,21	42,02	41,93	41,87	41,83
4	20,51	20,37	20,26	20,17	19,89	19,75	19,67	19,50	19,41	19,36	19,32
5	13,21	13,09	12,99	12,90	12,66	12,53	12,45	12,30	12,22	12,17	12,14
6	9,877	9,758	9,664	9,589	9,358	9,241	9,170	9,026	8,953	8,909	8,879
7	8,023	7,915	7,826	7,754	7,535	7,423	7,355	7,217	7,147	7,104	7,076
8	6,876	6,763	6,678	6,608	6,396	6,288	6,222	6,088	6,020	5,978	5,951
9	6,089	5,983	5,899	5,832	5,625	5,519	5,454	5,322	5,255	5,215	5,188
10	5,526	5,422	5,340	5,274	5,071	4,966	4,902	4,772	4,706	4,666	4,639
11	5,103	5,001	4,921	4,855	4,654	4,551	4,488	4,359	4,293	4,253	4,226
12	4,775	4,674	4,595	4,530	4,331	4,228	4,165	4,037	3,971	3,931	3,904
13	4,513	4,413	4,334	4,270	4,073	3,971	3,908	3,780	3,714	3,674	3,647
14	4,299	4,201	4,122	4,059	3,862	3,760	3,698	3,569	3,503	3,463	3,436
15	4,122	4,024	3,946	3,883	3,687	3,585	3,523	3,394	3,328	3,288	3,260
16	3,972	3,875	3,797	3,734	3,539	3,437	3,375	3,246	3,180	3,139	3,111
17	3,845	3,747	3,670	3,607	3,413	3,311	3,248	3,119	3,052	3,012	2,984
18	3,734	3,637	3,560	3,498	3,303	3,201	3,139	3,009	2,942	2,901	2,873
19	3,638	3,541	3,465	3,402	3,208	3,106	3,043	2,913	2,846	2,804	2,776
20	3,553	3,457	3,380	3,318	3,124	3,022	2,959	2,828	2,760	2,719	2,690
22	3,411	3,315	3,239	3,176	2,982	2,880	2,817	2,685	2,617	2,574	2,545
24	3,296	3,201	3,125	3,062	2,868	2,765	2,702	2,569	2,500	2,457	2,428
26	3,202	3,107	3,031	2,969	2,774	2,671	2,607	2,473	2,403	2,359	2,330
28	3,123	3,028	2,952	2,890	2,695	2,592	2,527	2,392	2,321	2,277	2,247
30	3,056	2,961	2,885	2,823	2,628	2,524	2,460	2,324	2,252	2,207	2,176
40	2,831	2,737	2,661	2,599	2,401	2,296	2,230	2,089	2,013	1,965	1,932
50	2,703	2,609	2,533	2,470	2,272	2,165	2,097	1,951	1,872	1,822	1,786
60	2,621	2,526	2,450	2,387	2,187	2,079	2,010	1,861	1,779	1,726	1,688
80	2,520	2,426	2,349	2,286	2,085	1,974	1,903	1,749	1,661	1,605	1,563
100	2,461	2,367	2,290	2,227	2,024	1,912	1,840	1,681	1,590	1,530	1,485
200	2,347	2,252	2,175	2,112	1,905	1,790	1,715	1,544	1,442	1,370	1,314
500	2,281	2,186	2,108	2,044	1,835	1,717	1,640	1,460	1,346	1,260	1,184
∞	2,237	2,142	2,064	2,000	1,789	1,669	1,590	1,402	1,276	1,170	1,000

6.1.9 Kritsche Grenzen des Quotienten R / s

	untere Schranke q_u					obere Schranke q_o				
	Signifikanzniveau α									
n	0,005	0,01	0,025	0,05	0,10	0,10	0,05	0,025	0,01	0,005
3	1,735	1,737	1,745	1,758	1,782	1,997	1,999	2,000	2,000	2,000
4	1,83	1,87	1,93	1,98	2,04	2,41	2,43	2,44	2,45	2,45
5	1,98	2,02	2,09	2,15	2,22	2,71	2,75	2,78	2,80	2,81
6	2,11	2,15	2,22	2,28	2,37	2,95	3,01	3,06	3,10	3,12
7	2,22	2,26	2,33	2,40	2,49	3,14	3,22	3,28	3,34	3,37
8	2,31	2,35	2,43	2,50	2,59	3,31	3,40	3,47	3,54	3,59
9	2,39	2,44	2,51	2,59	2,68	3,45	3,55	3,63	3,72	3,77
10	2,46	2,51	2,59	2,67	2,76	3,57	3,69	3,78	3,88	3,94
11	2,53	2,58	2,66	2,74	2,84	3,68	3,80	3,90	4,01	4,08
12	2,59	2,64	2,72	2,80	2,90	3,78	3,91	4,02	4,13	4,21
13	2,64	2,70	2,78	2,86	2,96	3,87	4,00	4,12	4,24	4,33
14	2,70	2,75	2,83	2,92	3,02	3,95	4,09	4,21	4,34	4,43
15	2,74	2,80	2,88	2,97	3,07	4,02	4,17	4,29	4,44	4,53
16	2,79	2,84	2,93	3,01	3,12	4,09	4,24	4,37	4,52	4,62
17	2,83	2,88	2,97	3,06	3,17	4,15	4,31	4,44	4,60	4,70
18	2,87	2,92	3,01	3,10	3,21	4,21	4,37	4,51	4,67	4,78
19	2,90	2,96	3,05	3,14	3,25	4,27	4,43	4,57	4,74	4,85
20	2,94	2,99	3,09	3,18	3,29	4,32	4,49	4,63	4,80	4,91
25	3,09	3,15	3,24	3,34	3,45	4,53	4,71	4,87	5,06	5,19
30	3,21	3,27	3,37	3,47	3,59	4,70	4,89	5,06	5,26	5,40
35	3,32	3,38	3,48	3,58	3,70	4,84	5,04	5,21	5,42	5,57
40	3,41	3,47	3,57	3,67	3,79	4,96	5,16	5,34	5,56	5,71
45	3,49	3,55	3,66	3,75	3,88	5,06	5,26	5,45	5,67	5,83
50	3,56	3,62	3,73	3,83	3,95	5,14	5,35	5,54	5,77	5,93
60	3,68	3,75	3,86	3,96	4,08	5,29	5,51	5,70	5,94	6,10
70	3,79	3,85	3,96	4,06	4,19	5,41	5,63	5,83	6,07	6,24
80	3,88	3,94	4,05	4,16	4,28	5,51	5,73	5,93	6,18	6,35
90	3,96	4,02	4,13	4,24	4,36	5,60	5,82	6,03	6,27	6,45
100	4,03	4,10	4,21	4,31	4,44	5,68	5,90	6,11	6,36	6,53
150	4,32	4,38	4,48	4,59	4,72	5,96	6,18	6,39	6,64	6,82
200	4,53	4,59	4,68	4,78	4,90	6,15	6,39	6,60	6,84	7,01
500	5,06	5,13	5,25	5,37	5,49	6,72	6,94	7,15	7,42	7,60

6.1.10 Quantile der Prüfgröße D des Kolmogorow-Smirnow-Anpassungstests

n	$d_{n\,;\,0{,}90}$	$d_{n\,;\,0{,}95}$	$d_{n\,;\,0{,}99}$
2	0,776	0,842	0,929
3	0,636	0,708	0,829
4	0,565	0,624	0,734
5	0,509	0,563	0,669
6	0,468	0,519	0,617
7	0,436	0,483	0,576
8	0,410	0,454	0,542
9	0,387	0,430	0,513
10	0,369	0,409	0,489
11	0,352	0,391	0,468
12	0,338	0,375	0,449
13	0,325	0,361	0,432
14	0,314	0,349	0,418
15	0,304	0,338	0,404
16	0,295	0,327	0,392
17	0,286	0,318	0,381
18	0,279	0,309	0,371
19	0,271	0,301	0,361
20	0,265	0,294	0,352
25	0,238	0,264	0,317
30	0,218	0,242	0,290
35	0,202	0,224	0,269
40	0,189	0,210	0,252
> 40	$\dfrac{1{,}22}{\sqrt{n}}$	$\dfrac{1{,}36}{\sqrt{n}}$	$\dfrac{1{,}63}{\sqrt{n}}$

6.1.11 Schranken des Vorzeichentests

n	$k_{0,025}$	$k_{0,05}$	$k_{0,10}$	$k_{0,90}$	$k_{0,95}$	$k_{0,975}$
5	-	1	1	4	4	-
6	1	1	1	5	5	5
7	1	1	2	5	6	6
8	1	2	2	6	6	7
9	2	2	3	6	7	7
10	2	2	3	7	8	8
11	2	3	3	8	8	9
12	3	3	4	8	9	9
13	3	4	4	9	9	10
14	3	4	5	9	10	11
15	4	4	5	10	11	11
16	4	5	5	11	11	12
17	5	5	6	11	12	12
18	5	6	6	12	12	13
19	5	6	7	12	13	14
20	6	6	7	13	14	14
21	6	7	8	13	14	15
22	6	7	8	14	15	16
23	7	8	9	15	15	16
24	7	8	9	15	16	17
25	8	8	9	16	17	17
30	10	11	11	19	19	20
35	12	13	14	21	22	23
40	14	15	16	24	25	26

$$\text{Es gilt:} \qquad k_{n;\alpha} + k_{n;1-\alpha} = n$$

Die Schranken wurden so festgelegt, daß die Nullhypothese H_0 abgelehnt wird, wenn die entsprechenden Schranken über- oder unterschritten werden.

6.1.12 Schranken des Vorzeichen-Rangtests von Wilcoxon

n	$w_{0,025}$	$w_{0,05}$	$w_{0,10}$	$w_{0,90}$	$w_{0,95}$	$w_{0,975}$
5	-	1	3	12	14	-
6	1	3	4	17	18	20
7	3	4	6	22	24	25
8	4	6	9	27	30	32
9	6	9	11	34	36	39
10	9	11	15	40	44	46
11	11	14	18	48	52	55
12	14	18	22	56	60	64
13	18	22	27	64	69	73
14	22	26	32	73	79	83
15	26	31	37	83	89	94
16	30	36	43	93	100	106
17	35	42	49	104	111	118
18	41	48	56	115	123	130
19	47	54	63	127	136	143
20	53	61	70	140	149	157

Die Schranken wurden so festgelegt, daß die Nullhypothese H_0 abgelehnt wird, wenn die entsprechenden Schranken über- oder unterschritten werden.

$$\text{Es gilt:} \qquad w_{n;\alpha} + w_{n;1-\alpha} = \frac{n(n+1)}{2}$$

6.1.13 Schranken des Mann-Withney-Tests für $\alpha = 0,01$

n_1 \ n_2	5	6	7	8	9	10	11	12	13	14	15	16	17	18	19	20
5	2															
6	3	4														
7	4	5	7													
8	5	7	8	10												
9	6	8	10	12	15											
10	7	9	12	14	17	20										
11	8	10	13	16	19	23	26									
12	9	12	15	18	22	25	29	32								
13	10	13	17	21	24	28	32	36	40							
14	11	14	18	23	27	31	35	39	44	48						
15	12	16	20	25	29	34	38	43	48	52	57					
16	13	17	22	27	32	37	42	47	52	57	62	67				
17	14	19	24	29	34	39	45	50	56	61	67	72	78			
18	15	20	25	31	37	42	48	54	60	66	71	77	83	89		
19	16	21	27	33	39	45	51	57	64	70	76	83	89	95	102	
20	17	23	29	35	41	48	54	61	68	74	81	88	94	101	108	115
22	19	25	32	39	46	54	61	68	76	83	91	98	106	113	121	128
24	21	28	36	43	51	59	67	76	84	92	100	109	117	125	134	142
26	23	31	39	48	56	65	74	83	92	101	110	119	128	137	147	156
28	25	34	43	52	61	71	80	90	100	110	120	130	140	150	160	170
30	27	36	46	56	66	77	87	97	108	119	129	140	151	162	173	183

$$u_{n_1 ; n_2 ; 0,01} = u_{n_2 ; n_1 ; 0,01}$$

6.1.14 Schranken des Mann-Witney-Tests für $\alpha = 0{,}05$

n_1 \ n_2	5	6	7	8	9	10	11	12	13	14	15	16	17	18	19	20
5	5															
6	6	8														
7	7	9	12													
8	9	11	14	16												
9	10	13	16	19	22											
10	12	15	18	21	25	28										
11	13	17	20	24	28	32	35									
12	14	18	22	27	31	35	39	43								
13	16	20	25	29	34	38	43	48	52							
14	17	22	27	32	37	42	47	52	57	62						
15	19	24	29	34	40	45	51	56	62	67	73					
16	20	26	31	37	43	49	55	61	66	72	78	84				
17	21	27	34	40	46	52	58	65	71	78	84	90	97			
18	23	29	36	42	49	56	62	69	76	83	89	96	103	110		
19	24	31	38	45	52	59	66	73	81	88	95	102	110	117	124	
20	26	33	40	48	55	63	70	78	85	93	101	108	116	124	131	139
22	29	37	45	53	61	69	78	86	95	103	112	120	129	137	146	155
24	31	40	49	58	67	76	86	95	104	114	123	132	142	151	161	170
26	34	44	54	63	73	83	93	104	114	124	134	144	155	165	175	186
28	37	47	58	69	79	90	101	112	123	134	145	157	168	179	190	201
30	40	51	62	74	86	97	109	121	133	145	157	169	181	193	205	217

$$u_{n_1;\,n_2;\,0{,}05} \;=\; u_{n_2;\,n_1;\,0{,}05}$$

6.1.15 Schranken des Mann-Witney-Tests für $\alpha = 0{,}10$

n_1 \ n_2	5	6	7	8	9	10	11	12	13	14	15	16	17	18	19	20
5	6															
6	8	10														
7	9	12	14													
8	11	14	17	20												
9	13	16	19	23	26											
10	14	18	22	25	29	33										
11	16	20	24	28	32	37	41									
12	18	22	27	31	36	40	45	50								
13	19	24	29	34	39	44	49	54	59							
14	21	26	32	37	42	48	53	59	64	70						
15	23	28	34	40	46	52	58	64	69	75	81					
16	24	30	37	43	49	55	62	68	75	81	87	94				
17	26	32	39	46	53	59	66	73	80	86	93	100	107			
18	28	35	42	49	56	63	70	78	85	92	99	107	114	121		
19	29	37	44	52	59	67	74	82	90	98	105	113	121	129	136	
20	31	39	47	55	63	71	79	87	95	103	111	120	128	136	144	152
22	34	43	52	60	69	78	87	96	105	114	123	132	142	151	160	169
24	37	47	57	66	76	86	96	106	115	125	135	145	155	165	175	185
26	41	51	62	72	83	93	104	115	126	137	147	158	169	180	191	202
28	44	55	67	78	89	101	113	124	136	148	159	171	183	195	207	218
30	47	59	72	84	96	109	121	134	146	159	171	184	197	210	222	235

$$u_{n_1;n_2;0{,}10} = u_{n_2;n_1;0{,}10}$$

6.1.16 Zufallshöchstwerte des empirischen Korrelationskoeffizienten

m	Irrtumswahrscheinlichkeit		
	$\alpha = 0{,}10$	$\alpha = 0{,}05$	$\alpha = 0{,}01$
5	0,669	0,775	0,875
6	0,621	0,707	0,834
7	0,582	0,666	0,798
8	0,549	0,632	0,765
9	0,521	0,602	0,735
10	0,407	0,576	0,708
15	0,412	0,482	0,606
20	0,360	0,423	0,537
25	0,323	0,381	0,487
30	0,296	0,349	0,449
35	0,275	0,325	0,418
40	0,257	0,304	0,393
45	0,243	0,288	0,372
50	0,231	0,273	0,354
100	0,164	0,195	0,254
200	0,116	0,138	0,181
300	0,095	0,113	0,148
400	0,082	0,098	0,128
500	0,074	0,088	0,115

$m = n - 2 = $ Anzahl der Freiheitsgrade

$n = $ Stichprobenumfang, Anzahl der Wertepaare (x_i, y_i)

Bei einem empririschen Korrelationskoeffizienten $r \leq |r|_{max}$ wird die Nullhypothese $H_0: \rho = 0$ auf einem Signifikanzniveau (Irrtumswahrscheinlichkeit) α gegen die Alternative $H_1: \rho \neq 0$ beibehalten.

6.2 Lösungen zu den Übungsaufgaben

Beispiel 1.23 $P(A) = 1 - P(\overline{A}) = 1 - 0{,}99^{200} = 0{,}86602$

Beispiel 1.24 a) $P = \frac{6}{6} \cdot \left(\frac{1}{6}\right)^5 = 0{,}0001286$ b) $P = \frac{6}{6} \cdot \frac{5}{6} \cdot \frac{4}{6} \cdot \frac{3}{6} \cdot \frac{2}{6} \cdot \frac{1}{6} = 0{,}01543$

Beispiel 1.25 a) $P(A) = 1 - P(\overline{A}) = 1 - 0{,}9^{10} = 0{,}65132$

b) $P(A) = 1 - 0{,}9^{10} \geq 0{,}8 \;\Rightarrow\; n \geq 16$

Beispiel 1.26 Ereignis A = Stromkreis unterbrochen = mindestens ein Bauteil fällt aus:
$P(A) = 1 - 0{,}6^3 = 0{,}784$

Beispiel 1.27 a) $P(A) = 0{,}975^{10} = 0{,}7763$

b) $\quad P(A) = \dfrac{975}{1000} \cdot \dfrac{974}{999} \cdot \dfrac{973}{998} \cdots \dfrac{966}{991} = 0{,}7754$

Beispiel 1.28 A_i = das Werkstück wurde von der Maschine i gefertigt (i = 1,2,3)
B = das Werkstück ist Ausschuß
a) $P(B) = 0{,}5 \cdot 0{,}03 + 0{,}3 \cdot 0{,}01 + 0{,}2 \cdot 0{,}02 = 0{,}022$

b) $\quad P(A_1 / B) = \dfrac{0{,}5 \cdot 0{,}03}{0{,}022} = 0{,}6818$

Beispiel 1.29 K = die Versuchsperson hat Krebs, B = der Testbefund ist positiv

$$P(K / B) = \frac{0{,}005 \cdot 0{,}95}{0{,}995 \cdot 0{,}08 + 0{,}005 \cdot 0{,}95} = 0{,}0563$$

Beispiel 1.38 Es gibt $\dfrac{9!}{2! \cdot 3! \cdot 4!} = 1260$ verschiedene, gleichwahrscheinliche Reihenfolgen, von denen eine die richtige ist. $P(A) = 1/1260 = 0{,}00079$

Beispiel 1.39 a) $\quad P_1 = \left(\dfrac{1}{5}\right)^{25} = 3{,}355 \cdot 10^{-18}$

b) $\quad$ Es gibt $\dfrac{25!}{5! \cdot 5! \cdot 5! \cdot 5! \cdot 5!}$ verschiedene, gleichwahrscheinliche Reihenfolgen, von denen eine die richtige ist.

$$P_2 = \frac{(5!)^5}{25!} = 1{,}604 \cdot 10^{-15}$$

Beispiel 1.40 Jede Kette aus N Symbolen für Ball und n + 1 Symbolen für Zwischenraum beschreibt eine mögliche Verteilung. Zwei Zwischenraumsymbole (Anfang und Ende) sind fest.

$$\text{Anzahl der möglichen Verteilungen} = \frac{(N+n-1)!}{N! \cdot (n-1)!}$$

$$= \binom{N+n-1}{N} = \binom{N+n-1}{n-1}$$

Beispiel 1.41 $P = \dfrac{\binom{4}{2}}{\binom{32}{2}} = \dfrac{6}{496} = 0{,}012097$

Beispiel 1.42 a) Es gibt $m = \binom{52}{5} = 2\,598\,960$ verschiedene Pokerblätter.

b) $P = \dfrac{\binom{4}{2} \cdot \binom{48}{3}}{\binom{52}{5}} = \dfrac{6 \cdot 17\,296}{2\,598\,960} = 0{,}0399$

Beispiel 1.43 Es gibt 12^{12} Möglichkeiten, den Personen Geburtsmonate zuzuordnen. In dieser Anzahl kommen 12 verschiedene Monate 12! mal vor:

$$P = \frac{12!}{12^{12}} = 0{,}0000537$$

Beispiel 1.60 Es gibt $m = \binom{5}{2} = 10$ mögliche Stichproben.

x_i	2	3	4	5
$f(x_i)$	0,1	0,2	0,3	0,4

$E(X) = 4$

Beispiel 1.61 $E(X) = 10 \cdot \dfrac{1}{216} + 5 \cdot \dfrac{3}{216} - 0,20 = -0,084$

Beispiel 1.62 $E(X) = 0,5 \, ; \quad VAR(X) = \dfrac{1}{12}$

Beispiel 1.63 $\varphi_X(t) = \dfrac{\alpha}{1 + \alpha - e^{jt}} \, ; \quad E(X) = \dfrac{1}{\alpha} \, ; \quad Var(X) = \dfrac{\alpha + 1}{\alpha^2}$

Beispiel 1.64 $\varphi_X(t) = \dfrac{p \cdot e^{jt}}{1 - q \cdot e^{jt}} \, ; \quad E(X) = \dfrac{1}{p} \, ; \quad Var(X) = \dfrac{q}{p^2} \, ; \quad q = 1 - p$

Beispiel 1.78 Die Zufallsgröße X = Anzahl der Versuche, bei denen "Zahl" geworfen wird, ist binomialverteilt mit den Parametern n = 20 und p = 0,5.
$P(9 \leq X \leq 11) = [167960 + 184756 + 167960] \cdot (0,5)^{20} = 0,49656 < 0,5$.
Das Spiel ist ungünstig!

Beispiel 1.79 Die Zufallsgröße X = Anzahl der Ausschußstücke ist binomialverteilt mit den Parameter n = 100 und p = 0,005.
a) $P(X = 0) = 0,60577$
b) $P(X \geq 2) = 1 - P(X \leq 1) = 0,08982$

Beispiel 1.80 Die Zufallsgröße X = Anzahl der Personen, die am 24.12. Geburtstag haben, ist (näherungsweise) binomialverteilt mit den Parametern n = 100 und p = 1/365. Bei einem Auswahlsatz f < 0,05 kann die Hypergeometrische Verteilung (Entnahme ohne Zurücklegen) durch eine Binomialverteilung approximiert werden.
$P(X \geq 1) = 1 - P(X = 0) = 0,23993$

Beispiel 1.81 Schätzwert für λ: $\hat{\lambda} = \dfrac{10086}{2608} = 3,86733$

x	0	1	2	3	4	5	6	7	8	9	10
h(x)	0,022	0,078	0,147	0,201	0,204	0,156	0,105	0,053	0,017	0,010	0,006
f(x)	0,021	0,081	0,156	0,202	0,195	0,151	0,097	0,054	0,026	0,011	0,004

h(x) = beobachtete relative Häufigkeit

f(x) = P(X = x), berechnet aufgrund der Annahme, die Zufallsgröße X
sei poissonverteilt.

Beispiel 1.82   a) $P(X \leq 2) = e^{-0,9} [1 + 0,9 + 0,405] = 0,93714$

b)   Die Zufallsgröße Y Anzahl der Unfälle pro 2 Wochen ist poissonverteilt mit dem Parameter $\lambda = 1,8$.
$P(Y = 0) = e^{-1,8} = 0,16530$

c)   Die Zufallsgröße Z Anzahl der Unfälle pro 3 Wochen ist poissonverteilt mit dem Parameter $\lambda = 2,7$.
$P(Z \leq 3) = e^{-2,7} [1 + 2,7 + 3,645 + 3,2805] = 0,71409.$

Beipsiel 1.83   X = Anzahl der der vom Leser gekauften Zeischriften, die das Inserat enthalten, genügt einer Hypergeometrischen Verteilung mit den Parameter $N = 52$, $N_1 = 12$ und $n = 15$.

$$P(X \geq 1) = 1 - P(X = 0) = 1 - \frac{\binom{40}{15}}{\binom{52}{15}} = 0,99102$$

Beispiel 1.84 $P = \dfrac{12!}{1! \cdot 1! \cdot 1! \cdot 3! \cdot 3! \cdot 3!} \left(\dfrac{1}{6}\right)\left(\dfrac{1}{6}\right)\left(\dfrac{1}{6}\right)\left(\dfrac{1}{6}\right)^3\left(\dfrac{1}{6}\right)^3\left(\dfrac{1}{6}\right)^3 = 0,00102$

Beispiel 1.85 $P = \dfrac{20!}{10! \cdot 5! \cdot 5!} \left(\dfrac{1}{3}\right)^{10}\left(\dfrac{1}{3}\right)^5\left(\dfrac{1}{3}\right)^5 = 0,01335$

Beispiel 1.86 $P(4,95 \leq X \leq 5,05) = P(-1,25 \leq U \leq 1,25) = 2 \cdot \Phi(1,25) - 1 = 0,7888$
Ausschußprozentsatz $= 21,12\,\%$.

Beispiel 1.87   a) $P(100 \leq X \leq 130) = P(0 \leq U \leq 2) = \Phi(2) - \Phi(0) = 0,4772.$

b) $P(X > 130) = P(U > 2) = 1 - P(U \leq 2) = 1 - \Phi(2) = 0,0228.$

Beispiel 1.88   Die Zufallsgröße $X = X_1 + X_2$ ist normalverteilt mit den Parametern
$\mu = \mu_1 + \mu_2 = 270$ und $\sigma^2 = \sigma_1^2 + \sigma_2^2 = 400$ $\Rightarrow$ $\sigma = 20$
$P(260 \leq X \leq 300) = P(-0,5 \leq U \leq 1,5) = \Phi(1,5) - \Phi(-0,5) = 0,6247.$

Beispiel 1.91 $n = 600 \; > \; \dfrac{9}{\frac{1}{6} \cdot \frac{5}{6}}:$ Normalapproximation ist zulässig.

$$P(95 \leq X \leq 105) = \Phi\left(\frac{105,5 - 100}{\sqrt{600 \cdot \frac{1}{6} \cdot \frac{5}{6}}}\right) - \Phi\left(\frac{94,5 - 100}{\sqrt{600 \cdot \frac{1}{6} \cdot \frac{5}{6}}}\right) = 0,4532$$

Beispiel 1.92 $n = 120 > \dfrac{9}{0,8 \cdot 0,2}:$

$$P(X \leq 89) = \Phi\left(\frac{89,5 - 96}{\sqrt{120 \cdot 0,8 \cdot 0,2}}\right) = 0,0694$$

Beispiel 1.93

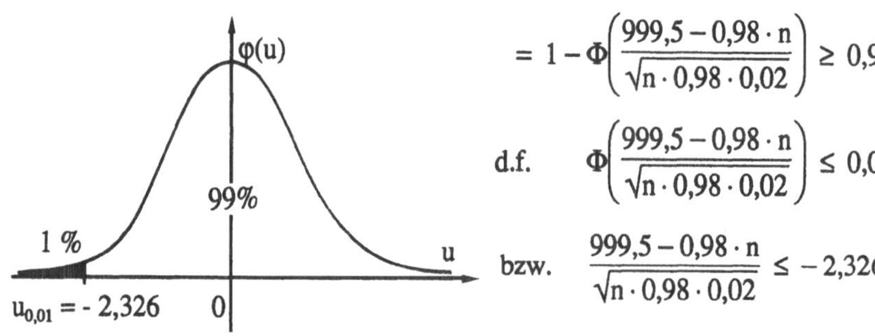

$$P(X \geq 1000) = 1 - P(X \geq 999)$$

$$= 1 - \Phi\left(\frac{999,5 - 0,98 \cdot n}{\sqrt{n \cdot 0,98 \cdot 0,02}}\right) \geq 0,99$$

d.f. $\Phi\left(\dfrac{999,5 - 0,98 \cdot n}{\sqrt{n \cdot 0,98 \cdot 0,02}}\right) \leq 0,01$

bzw. $\dfrac{999,5 - 0,98 \cdot n}{\sqrt{n \cdot 0,98 \cdot 0,02}} \leq -2,326$

$$\sqrt{n} = z: \quad 0,98\, z^2 - 2,326\sqrt{0.98 \cdot 0,02}\, z - 999,5 = 0$$

$$z = 32,10241632 \quad \text{ergibt} \quad n = z^2 = 1030,56.$$

Es müssen mindestens 1031 Bauteile bestellt werden, damit mit einer Wahrscheinlichkeit von mindestens 99 % mindestens 1000 brauchbare Bauteile erhalten werden.

Beispiel 1.94 Zufallsgröße X = Anzahl der Knabengeburten
$P(p \geq 0,516) = P(X \geq 258000) = 1 - \Phi(2,83) = 0,0023$

Beispiel 1.95 a) X_i = Augenzahl beim i-ten Wurf mit $E(X_i) = 3,5$ und $Var(X_i) = 2,9167$

$\Rightarrow E(X) = 350$ und $Var(X) = 291,67$

b) $P(330 \leq X \leq 380) = F(380) - F(329) \approx \Phi(1,786) - \Phi(-1,200)$
$= 0,8479$

Beispiel 1.96 a) $P(|X - \mu| \le 2,5 \cdot \sigma) \ge 1 - \dfrac{1}{2,5^2} = 0,84$

b) $P(|X - \mu| \le 2,5 \cdot \sigma) = P(|U| \le 2,5) = 0,9876$

Beispiel 2.17 Übergangsgraph: Alle Übergänge haben die Wahrscheinlichkeit 0,5.

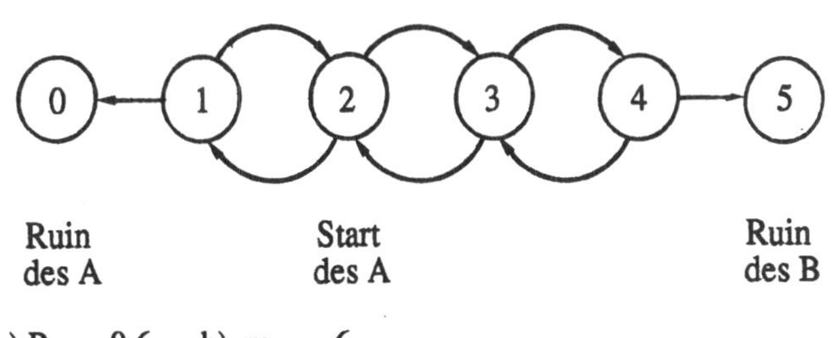

a) $P_2 = 0,6$ b) $m_2 = 6.$

Beispiel 2.18 a) Übergangsgraph   Übergangsmatrix

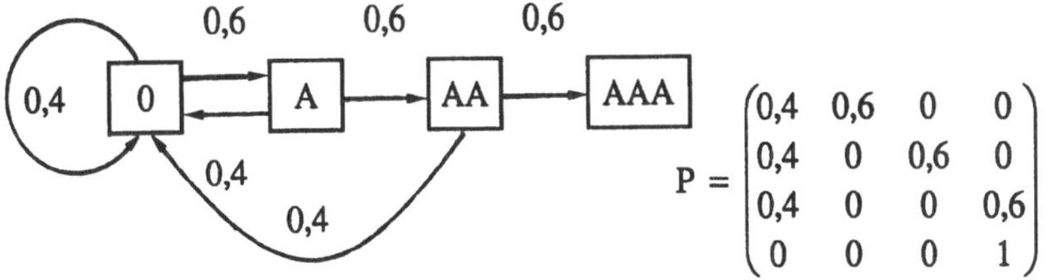

$$P = \begin{pmatrix} 0,4 & 0,6 & 0 & 0 \\ 0,4 & 0 & 0,6 & 0 \\ 0,4 & 0 & 0 & 0,6 \\ 0 & 0 & 0 & 1 \end{pmatrix}$$

aufgebautes Wort	0	A	AA	AAA
Zustand des Prozesses	1	2	3	4

b) Mittlere Dauer bis zum Erreichen des Zustands 4 = 170/27 = 6,296

c) Übergangsgraph

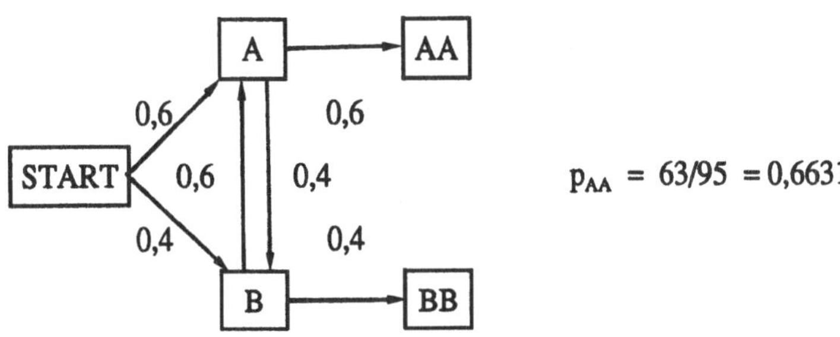

$p_{AA} = 63/95 = 0,6631$

Beispiel 2.19 Äquivalenzklassen: $K_1 = \{\,1\,\}$; $K_2 = \{\,2,3\,\}$ und $K_3 = \{\,4,5,6,7\,\}$.

Die Klassen K_1 und K_2 sind transient, die Klasse K_3 rekurrent.
Mittlere Rückkehrzeiten der rekurrenten Zustände: $m_{44} = 3{,}5$; $m_{55} = 3{,}5$; $m_{66} = 7$ und $m_{77} = 3{,}5$ Zeiteinheiten.

Beispiel 2.20 a) Übergangsgraph $\qquad\qquad$ Übergangsmatrix

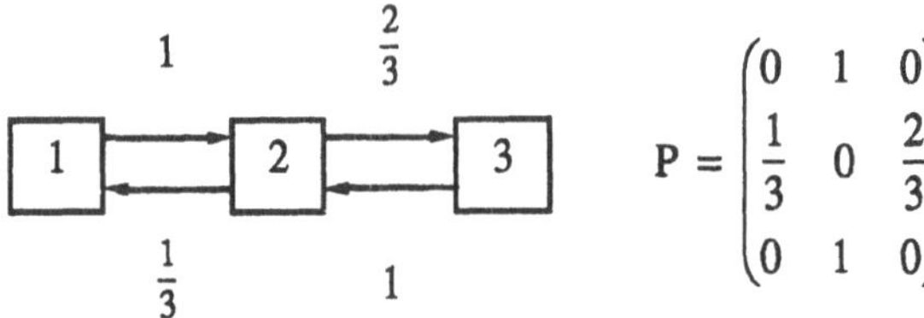

$$P = \begin{pmatrix} 0 & 1 & 0 \\ \dfrac{1}{3} & 0 & \dfrac{2}{3} \\ 0 & 1 & 0 \end{pmatrix}$$

b) Grenzverteilung $\quad \mathbf{p} = \left(\dfrac{1}{6}; \dfrac{1}{2}; \dfrac{1}{3}\right)$

c) $\mathbf{p}(2) = \left(\dfrac{1}{3}; 0; \dfrac{2}{3}\right)$; $\quad m_{11} = 6$.

Beispiel 2.21 Übergangsgraph $\qquad\qquad$ Übergangsmatrix

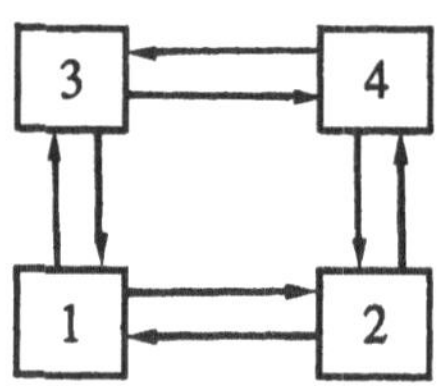

$$P = \begin{pmatrix} 0 & 0{,}5 & 0{,}5 & 0 \\ 0{,}5 & 0 & 0 & 0{,}5 \\ 0{,}5 & 0 & 0 & 0{,}5 \\ 0 & 0{,}5 & 0{,}5 & 0 \end{pmatrix}$$

Inhalt von Urne A	12	2	1	0
Zustand des Prozesses	1	2	3	4

Die Übergangsmatrix ist doppelt-stochastich $\Rightarrow \mathbf{p} = \left(\dfrac{1}{4}; \dfrac{1}{4}; \dfrac{1}{4}; \dfrac{1}{4}\right)$.

$m_{ii} = 4$ für $i = 1,2,3,3,4$.

Beispiel 2.27 Die Zufallsgröße $X =$ Anzahl der Fehler pro 250 m Fadenlänge ist poissonverteilt mit dem Parameter $\lambda = 1{,}25$.
$P(X > 1) = 1 - P(X \leq 1) = 1 - (1 + 1{,}25)\,e^{-1{,}25} = 0{,}35536$

Beispiel 2.28 $\lambda = 20\ h^{-1};\quad \mu = 30\ h^{-1} \qquad \Rightarrow \qquad \rho = \dfrac{2}{3}.$

$$\text{a)}\qquad E(T_S) = \frac{\lambda}{\mu(\mu - \lambda)} = \frac{1}{15}\ h = 4\ \text{Min.}$$

$$\text{b)}\qquad P(T_S = 0) = p_0 = 1 - \rho = \frac{1}{3}$$

$$\text{c)}\qquad P(T_S > t) = 1 - P(T_S \leq t) = \rho \cdot e^{-\mu(1-\rho)t} = 0{,}24525$$

Beispiel 2.29 $\lambda = 4\ h^{-1};\quad \mu = 5\ h^{-1} \qquad \Rightarrow \qquad \rho = 0{,}8.$

$$\text{a)}\qquad E(L) = \frac{\rho}{1 - \rho} = 4\ \text{Fahrzeuge}$$

$$\text{b)}\qquad E(T) = \frac{1}{\mu - \lambda} = 1\ h$$

$$\text{c)}\qquad P(T_S > t) = 1 - P(T_S \leq t) = \rho \cdot e^{-\mu(1-\rho)t} = 0{,}57323$$

Beispiel 2.30   (M I M I 1)-Warteschlangensystem mit $\lambda = 20$.

$$\text{a)}\qquad \sum_{i=0}^{5} p_i \geq 0{,}95 \qquad \Rightarrow \qquad \frac{1}{\mu} \leq 1{,}82\ \text{Min. / Kunde}$$

$$\text{b)}\qquad E(L_S) = \frac{\rho^2}{1 - \rho} \leq 3 \qquad \Rightarrow \qquad \frac{1}{\mu} \leq 2{,}37\ \text{Min. / Kunde}$$

Beispiel 2.31   a) $s = 1$ Schalter: $E(L_S) = 4{,}167$ Kunden; $E(T_S) = 25{,}0$ Minuten
b) $s = 2$ Schalter: $E(L_S) = 0{,}175$ Kunden; $E(T_S) = 1{,}05$ Minuten.

Beispiel 3.5 $H_A = 0{,}922$ bit und $H_B = 0{,}993$ bit. Über das Ergebnis des Zufallsexperiments B herrscht demnach die größere Unsicherheit.

Beispiel 3.6 $H_{W_1}(B) = 0$ bit; $H_{S_1}(B) = 0{,}918$ bit.

Beispiel 3.16   a) $H_0 = 1{,}585$ bit   b) $H_1 = 1{,}5$ bit; $R = 0{,}085$ bit; $r = 5{,}4\ \%$
c) $H_2 = 1{,}042$ bit $R = 0{,}543$ bit; $r = 0{,}343 = 34{,}3\ \%$

Beispiel 3.17 a) $H(X) = 1$ bit; $H(Y) = 1,0404$ bit

y_j	0	1	?
$P(Y = y_j)$	0,4975	0,4975	0,005

    b) Quellenentropie $H(X) = 1$ bit; Senkenentropie $H(Y) = 1,0404$ bit; Äquivokation $H(X \mid Y) = 0,1463$ bit; Irrelevanz $H(Y \mid X) = 0,1867$ bit; Transinformation $T = 0,8537$ bit

Beispiel 4.6 $\bar{x} = 170,4$ cm, $\quad s = 5,989$ cm ≈ 6 cm, $\quad v = 3,5\,\%$

Beispiel 4.7 Regressionskoeffizient $b = 0,0377 \left[N / \frac{g}{kg} \right]$

Korrelationskoeffizient $r = 0,859$

Beispiel 4.8 Korrelationskoeffizient $r = 0,6357$

Beispiel 5.12 Schätzwert $\quad \hat{\lambda} = \dfrac{n}{\sum\limits_{i=1}^{n} \ln x_i} = \dfrac{20}{9,929} = 2,01$

Beispiel 5.13 Schätzfunktion $\quad \hat{A} = \dfrac{n}{\sum\limits_{i=1}^{n} X_i} = \dfrac{1}{\bar{X}}$

Beispiel 5.14 Konf. $\left(\dfrac{\chi^2_{2n;\frac{\alpha}{2}}}{2\,n\,\bar{x}} \leq \lambda \leq \dfrac{\chi^2_{2n;1-\frac{\alpha}{2}}}{2\,n\,\bar{x}} \right) = 1 - \alpha$

Beispiel 5.15 Konf. $\left(\bar{x} - 1,645\dfrac{10}{\sqrt{n}} \leq \mu \leq \bar{x} + 1,645\dfrac{10}{\sqrt{n}} \right) = 0,90$

$$| \bar{x} - \mu | \leq 1,645\frac{10}{\sqrt{n}} \leq 5 \quad \Rightarrow \quad n \geq 11$$

Beispiel 5.16 a) Konf. $(13,40 \leq \mu \leq 13,44) = 0,95$
b) Konf. $(0,0108 \leq \sigma^2 \leq 0,0160) = 0,95$

Beispiel 5.17 a) Konf. $(0,0339 \leq p \leq 0,1461) = 0,95$

    b) $n \geq 9604 \cdot p \cdot (1 - p)$
ungünstigster Wert $p = 0,1461 \Rightarrow n \geq 1199$

Beispiel 5.18 Näherungsverfahren für große Stichproben:
Konf.$(0{,}513575 \leq p \leq 0{,}514361) = 0{,}99$

Beispiel 5.19 Prognoseintervall: $P(0{,}402 \leq \hat{P} \leq 0{,}598) = 0{,}95$

Beispiel 5.41 $H_0:\quad \mu \geq \mu_0 = 2000\ [\mathrm{N/cm^2}]\ ;\qquad H_1:\quad \mu < \mu_0\,.$

Kritischer Bereich K: $u > u_{0{,}99} = 2{,}326$.
Der Prüfwert $u = 1{,}672$ liegt nicht im kritischen Bereich! H_0 wird
beibehalten. Die Bruchfestigkeit der Betonsorte ist bei $\alpha = 0{,}01$ nicht
signifikant kleiner als 2000 $[\mathrm{N/cm^3}]$.

Beispiel 5.42 a) H_0 wird für $\bar{x} \leq 305{,}6$ N beibehalten.

b) $\beta = P(\overline{X} \leq 305{,}6\,|\,\mu = 310) = 0{,}0329$

Beispiel 5.43 $H_0:\quad \mu \geq \mu_0 = 1000\,\Omega;\qquad H_1:\quad \mu < \mu_0\,.$

Der Prüfwert t = 3,955 liegt im kritischen Bereich K: $t > t_{19;0{,}95} = 1{,}729$.
Der Mittelwert μ ist signifikant kleiner als 1000 Ω.
Voraussetzung: Merkmal X normalverteilt (kleine Stichprobe).

Beispiel 5.44 $H_0:\quad p \leq p_0 = 0{,}01;\qquad H_1:\quad p > p_0\,.$

Der Prüfwert u = 1,348 liegt nicht im kritischen Bereich
K: $u > u_{0{,}95} = 1{,}645$. H_0 wird beibehalten.

Beispiel 5.45 a) Prüfen auf Varianzhomogenität:
   Der Prüfwert $s_1^2/s_2^2 = 1{,}17$ liegt nicht im kritischen Bereich
   K: $s_1^2/s_2^2 > F_{19;24;0{,}95} = 2{,}04$. Die Gleichheit der Varianzen kann
   angenommen werden.

b) Differenzenprüfung:
   Der Prüfwert t = 1,563 liegt nicht im kritischen Bereich
   K: $t > t_{43;0{,}95} = 1{,}682$. H_0 wird beibehalten.

Beispiel 5.46 $H_0: p_2 \leq p_1;\quad H_1: p_2 > p_1\,.$
Der Prüfwert $u = 0{,}75$ liegt nicht im kritischen Bereich. H_0 wird
beibehalten.

Beispiel 5.47 Schätzwert für λ: $\hat{\lambda} = \dfrac{10086}{2608} = 3{,}86733$.

x_i	n_i	$_i$	y_i^2
0	57	54,54	0,11096
1	203	210,94	0,29887
2	383	407,89	1,51882
3	525	525,81	0,00125
4	532	508,37	1,09837
5	408	393,21	0,55630
6	273	253,44	1,50960
7	139	140,02	0,00743
8	45	67,69	7,60579
9	27	29,09	0,15016
10	16	17,00	0,05882
	2608	2608,00	12,91637

Der Prüfwert $y^2 = 12{,}92$ liegt nicht im kritischen Bereich

$$K:\ y^2 > \chi^2_{9;\,0{,}95} = 16{,}92.$$

Die Nullhypothese, das Merkmal X genüge einer Poisson - Verteilung, wird beibehalten.

Beispiel 5.48 Der Prüfwert des Kolmogorow-Smirnow Anpassungstests $D = 0{,}2522$ liegt nicht im kritischen Bereich $K:\ D > d_{10;0{,}95} = 0{,}369$.
H_0 wird beibehalten. Es kann angenommen werden, daß die Stichprobenwerte aus einer mit $\mu = 100$ und $\sigma = 15$ normalverteilten Grundgesamtheit stammen.

Beispiel 5.49 a) Prüfen einer Hypothese über den Unterschied von Anteilswerten

p_1 = Anteil der Personen, die mit Schlaftabletten gut schliefen
p_2 = Anteil der Personen, die ohne Schlaftabletten gut schliefen
$H_0: p_1 \leq p_2$ $H_1: p_1 > p_2$

Schätzwerte: $\hat{p}_1 = \dfrac{44}{54} = 0{,}8148$; $\hat{p}_2 = \dfrac{81}{116} = 0{,}6983$

Kritischer Bereich K: $|u| > u_{0{,}95} = 1{,}645$

Der Prüfwert $u = \dfrac{0{,}8148 - 0{,}6983}{\sqrt{0{,}7353 \cdot 0{,}2647\left(\frac{1}{54} + \frac{1}{116}\right)}} = 1{,}603$

liegt nicht im kritischen Bereich.

Die Nullhypothese kann nicht verworfen werden. Die Anteilswerte p_1 und p_2 unterscheiden sich nicht signifikant.

b) H_0: Test auf Unabhängigkeit in Mehrfeldertafeln

Die Merkmale A = Schlafverhalten und B = Art der eingenommenen Tabletten sind stochastisch unabhängig.

Kritischer Bereich K: $y^2 > \chi^2_{1;0,95} = 3,841$

Der Prüfwert $y^2 = 170 \cdot [\,1,015124166 - 1\,] = 2,57$

liegt nicht im kritischen Bereich.

Die Nullhypothese kann nicht abgelehnt werden. Die Schlaftabletten haben keinen signifikanten Einfluß auf das Schlafverhalten.

Beide Verfahren führen zum gleichen Testergebnis.

Beispiel 5.50 Test auf Unabhängigkeit in Mehrfeldertafeln:
Der Prüfwert $y^2 = 250(1,024200563 - 1) = 6,05$ liegt nicht im kritischen Bereich

$$K: \qquad y^2 > \chi^2_{4;0,95} = 9,488\,.$$

Die vorliegende Stichprobe spricht nicht gegen die Unabhängigkeit der Merkmale X und Y.

Beispiel 5.51 a) Prüfen einer Hypothese über die Gleichheit von Mittelwerten aus zwei unabhängigen Normalverteilungen:

I.   Varianzhomogenität kann wegen $s_1^2 / s_2^2 = 1,13 < F_{6;7;0,95} = 3,87$ angenommen werden.

II.   Die Nullhypothese wird wegen $t = 1,86 > t_{13;0,95} = 1,771$ verworfen.

b) U - Test: Der Prüfwert $u_0 = 13$ unterschreitet die Schranke $u_{8;7;0,05} = 14$. Die Nullhypothese wird daher abgelehnt!

Beispiel 5.56 a) Der Prüfwert $t = 15,21$ liegt im kritischen Bereich K: $t_{48;0,995} = 2,683$. Die Nullhypothese wird verworfen. Die Merkmale X und Y sind nicht unkorreliert.

    b)   Der Prüfwert $u = 2,885$ liegt im kritischen Bereich
         $K: u > u_{0,95} = 1,645$. H_0 wird abgelehnt. Der Korrelationskoeffizient
         ρ ist signifikant größer als 0,8.

    c)   Konf.$(0,846 \leq \rho \leq 0,948) = 0,95$

Beispiel 5.57   a)   Korrelationskoeffizient $r = 0,8210$

    b)   Konf.$(0,5452 \leq \rho \leq 0,9364) = 0,90$

Beispiel 5.60   a) $b = 16,5 \left[\dfrac{\%}{g/cm^3} \right]$

         Regressionsgerade: $y = 29,2 + 16,59(x - 3,1)$

    b) $s^2 = 4,81$
         Konf.$(2,48 \leq \sigma^2 \leq 14,10) = 0,90$

    c)   Der Prüfwert $t = 2,191$ liegt im kritischen Bereich
         $K: t > t_{8;0,90} = 1,397$. H_0 wird verworfen!

6.3 Liste der verwendeten Formelzeichen bzw. Symbole

A	Ereignisraum	Ω	Ergebnismenge
A_i	Ereignisse	ω	Elementarereignis, Ergebnis eines Zufallsexperiments
α_k	k-tes Moment einer Verteilung		
		P	Wahrscheinlichkeit
β_k	k-tes zentrales Moment einer Verteilung	$\mathbf{P}$	Übergangsmatrix
β	Regressionskoeffizient	$\mathbf{p}$	Wahrscheinlichkeitsvektor
b	empirischer Regressionskoeffizient	$\varphi_X(t)$	charakteristische Funktion der Zufallsgröße X
$Cov(X,Y)$	Kovarianz der Zufallsgrößen X und Y	$\varphi(u)$	Dichtefunktion der Standardnormalverteilung
$e(z)$	Fehlerpolynom	$\Phi(u)$	Verteilungsfunktion der Standardnormalverteilung
$\mathbf{e}$	Fehlervektor		
$E(X)$	Erwartungswert der Zufallsgröße X	ρ	Korrelationskoeffizient
F	F-verteilte Zufallsgröße	r	empirischer Korrelationskoeffizient
$g(z)$	erzeugendes Polynom	r	relative Redundanz
$\mathbf{G}$	Generatormatrix	R	Redundanz
$H(X)$	Entropie	σ^2	Varianz
$\mathbf{H}$	Prüfmatrix	σ	Standardabweichung
H_0	Entscheidungsgehalt	σ_{XY}	Kovarianz
H_0	Nullhypothese	s^2	Stichprobenvarianz
H_1	Alternativhypothese	s	Stichprobenstandardabweichung
inf	größte untere Schranke		
I	Informationsgehalt	s_{XY}	empirische Kovarianz
Γ	Gammafunktion	sup	kleinste obere Schranke
H	Entropie	T	t-verteilte Zufallsgröße
Konf.	Konfidenz, Vertrauen		
μ	Mittelwert einer Zufallsgröße	U	standardnormalverteilte Zufallsgröße

Var(X)	Varianz einer Zufalls-größe	$\varnothing$	leere Menge, unmögliches Ereignis
$\bar{x}$	arithmetisches Mittel	$\in$	Element von
$\tilde{x}$	Median, Zentralwert	$\cup$	vereinigt mit
$\bar{x}_D$	Modalwert	$\cap$	geschnitten mit
X,Y,Z,...	Zufallsgrößen		
X	Stichprobenvektor		

6.4   Literaturverzeichnis

[1]   Büning, H.; Trenkler, G.: Nichtparametrische statistische Methoden. Berlin: de Gruyter 1978

[2]   Cochran, W.: Stichprobenverfahren. Berlin: de Gruyter 1972

[3]   Feller, W.: An Introduction to Probability Theory and Its Applications. Volume I : New York: John Wiley 1968
Volume II: New York: John Wiley 1971

[4]   Fisz, M.: Wahrscheinlichkeitsrechnung und mathematische Statistik. 11. Aufl. Berlin: Deutscher Verlag der Wissenschaften 1988

[5]   Furrer, F.J.: Fehlerkorrigierende Block-Codierung für die Datenübertragung. Basel: Birkhäuser Verlag 1981

[6]   Gnedenko, B.W.: Einführung in die Wahrscheinlchkeitsrechnung. Berlin 1991: Akademie-Verlag

[7]   Hamming, R.W.: Information und Codierung. Weinheim: VCH Verlagsge-sellschaft 1987

[8]   Hartung, J.; Elpelt, B.; Klösener, K.H.: Statistik, Lehr- und Handbuch der angewandten Statistik. 7. Aufl. München: Oldenbourg 1989

[9]   Heinhold, J.; Gaede, K.: Ingeniuer - Statistik. 3. Aufl. München: Oldenbourg 1972

[10]   Kreyszig, E. Statistische Methoden und ihre Anwendungen. 7. Aufl. Göttin-gen: Vandenhoek und Ruprecht 1979

[11] Lehn, J.; Wegmann, H. : Einführung in die Statistik. Stuttgart: Teubner 1985

[12] Lehn, J.; Wegmann, H.; Rettig, S. : Aufgabensammlung zur Einführung in die Statistik. Stuttgart: Teubner 1988

[13] Mildenberger, Otto: Informationstheorie und Codierung. Braunschweig: Vieweg & Sohn 1990

[14] Sachs, L.: Angewandte Statistik. Statistische methoden und ihre Anwendungen. 7. Aufl. Berlin: Springer 1991

[15] Shannon, C.E.; Weaver, W.: Mathematische Grundlagen der Informationstheorie. München: Oldenbourg 1976

[16] Stange, K.:   Angewandte Statistik.
Erster Teil: Eindimensionale Probleme. Berlin: Springer 1970
Zweiter Teil: Mehrdimensionale Probleme. Berlin: Springer 1971

[17] Stenger, H.: Stichprobentheorie. Würzburg: Physica-Verlag 1971

[18] Topsøe, F.: Informationstheorie. Stuttgart: Teubner 1974

[19] van der Waerden, B.L.: Mathematische Statistik. 3. Aufl. Berlin: Springer 1971

[20] Wetzel, W.; Jöhnk, M.-D.; Naeve, P.: Statistische Tabellen. Berlin: de Gruyter 1967

6.5 Sachverzeichnis

Additionssatz 26
  für χ^2-verteilte Zufallsgrößen 255
  für normalverteilte Zufallsgrößen 96
  für poissonverteilte Zufallsgrößen 84
Äquivalenzklassen
  einer Markoffkette 139
Äquivokation 197
Allgemeines Zählprinzip 38
Annahmekennlinie 80
Anpassungstest 315
arithmetisches Mittel 233, 251
Assoziationsmaße 239
Ausfallrate 107
Ausfallwahrscheinlichkeit 106
Auswahlsatz 89

Baumdiagramm 37
Bayes'sche Formel 42
bedingte Wahrscheinlichkeit 28
Behrens-Fischer-Problem 309
Bernoulli, Jakob 76
  Satz von ... 123
Bernoulli-Verteilung 76
Bernstein, N.S. 35
Bestimmtheitsmaß 243
Betafunktion 105
Betaverteilung 105
Binomialkoeffizienten 49
Binomialverteilung 76
  verallgemeinerte 92
Blockcode 204
Buffon'sches Nadelexperiment 24
charakteristische Funktion 73

charakteristische Funktion 73
  einer Binomialverteilung 78
  einer χ^2-Verteilung 104, 254
  einer Exponentialverteilung 105
  einer Gammaverteilung 103
  einer Normalverteilung 95
  einer Poissonverteilung 83
Chiquadrattest 315
Chiquadratverteilung 103, 253

David-Test 323
Dichtefunktion 59

Elementarereignis 12
Entropie 175
  Markoff'sche 193
Entscheidungsgehalt 187
Ereignis 13
  disjunkte Ereignisse 14
  Komplementärereignis 14
  Produktereignis 14
  sicheres Ereignis 13
  Summe von Ereignissen 14
  unmögliches Ereignis 13
Ereignisraum 13
Ergebnismenge 12
ergodische Verteilung 144
Erlangverteilung 104
Erlang'sche Verlustformel 170
Exponentialverteilung 103, 109

Fano-Code 206
Fischer, R.A. 332

Fischer'sche z-Transformation 362
F-Verteilung 260

Galois-Feld GF(n) 217
Gammafunktion 102
Gammaverteilung 102
Generatormatrix 219
Generatorpolynom 225
geometrisches Mittel 233
geometrische Verteilung 137
Grenzwertsatz
    von Moivre-Laplace 116
    von Poisson 113
    zentraler 114
Gütefunktion eines Tests 286

Häufigkeitstabelle 231
Hamming-Abstand 214
Hamming-Code 215
Histogramm 231
Hjorth-Verteilung 110
Huffmann-Code 208
Hypergeometrische Verteilung 88
    verallgemeinerte 93

Informationsfluß 195
Informationsgehalt 186
Informationsvektor 218
Intervallschätzung 270
Intervallskala 230
Irrelevanz 197

Kanalcodierungssatz 212
Kardinalskala 230
Kolmogorow, Axiome von ... 17
Kolmogorow-Smirnow-Anpassungs-
    test 324

Kommacode 204
Konfidenzintervall 270
    für den Anteilswert p 277
    für den Korrelationskoeffizienten
    364
    für den Mittelwert μ 271
    für den Regressionskoeffizienten
    370
    für die Varianz einer Normal-
    verteilung 275
Konfidenzintervallschätzer 270
Konfidenzniveau 270
Kontingenztafel 238
Kontrollmatrix 221
Kontrollpolynom 226
Konvergenz
    in Wahrscheinlichkeit 120
    mit Wahrscheinlichkeit 1 120
Korrekturfaktor für endliche Grund-
    gesamtheiten 90
Korrelation 359
Korrelationskoeffizient
    der Zufallsgrößen X und Y 359
    empirischer 244
Kovarianz
    der Zufallsgrößen X und Y 359
    empirische 242
kritischer Bereich 285
Kruskal-Wallis-Test 353

Laplace-Experiment 19
Laplace-Transformierte 74
Lebensdauerverteilungen 106
Likelihoodfunktion 267
linearer Code 217
Lindeberg-Lévy 114
lineare Regression 239

Little, Formeln von ... 166
Ljapunow 115
  Satz von ... 115
Logarithmische Normalverteilung 100

Machtfunktion 287
Mann-Withney-Test 349
Markoffkette 126
  absorbierende 132
  homogene 128
Maximum-Likelihood-Verfahren 266
Median 234
Mehrfeldertafel 238
Minimalabstand eines Codes 214
Mittelwert einer Zufallsgröße 68
mittlere Lebenszeit 107
MTBF 107
Modalwert 234
Momentenverfahren 265
Moment einer Verteilung 71
momenterzeugende Funktion 74
Morsecode 203
MTBF 107
Multiplikationssatz 30
  für unabhängige Ereignisse 35

Nachrichtenvektor 218
Neyman, J. 270
Nominalskala 229
Normalverteilung 94
  logarithmische 100
OC-Kurve 80
Operationscharakteristik 80, 287
Optimalcode 205
Ordinalskala 229

Parameterraum 126

Paretoverteilung 282
Pearson, K. 315
Pearson-Clopper-Werte 279
Permutationen 45
Pfadregel
  1. Pfadregel 38
  2. Pfadregel 41
Poisson-Prozeß 82, 151
Poisson-Verteilung 81
Polynomialverteilung 92
Präfixcode 204
Produktsatz 30
Prognoseintervall 280
Prozeßübergangswahrscheinlichkeit 141
Prüfen einer Hypothese über
  den Anteilswert p 297
  die Gleichheit zweier Anteilswerte 314
  die Gleichheit zweier Mittelwerte 306
  die Gleichheit zweier Varianzen 303
  den Korrelationskoeffizienten 360
  den Regressionskoeffizienten 376
  die Varianz einer Normalverteilung 301
  das Verteilungsgesetz 315
Prüffunktion 284
Prüfmatrix 221
Punktschätzung 263

Quantile
  der Standardnormalverteilung 98
  der χ^2-Verteilung 255
  der F-Verteilung 261
  der t-Verteilung 259

Randverteilung 239
Rayleigh-Verteilung 109
Redundanz 194
Regression, lineare 367
Regressionsfunktion 367
Regressionskoeffizient 367
  empirischer 241
Rekursionsformel
  für die Binomialverteilung 79
  für die Hypergeometrische 90
    Verteilung
  für die Poisson-Verteilung 83
relative Häufigkeit 15
Rückkehrwahrscheinlichkeit 141

Schätzfunktion 263
Schiefe einer Verteilung 71
Schrittgeschwindigkeit 195
Signifikanzniveau 285
Spannweite 23
Standardabweichung 68
Standardnormalverteilung 96
Standardtransformation 69
Stichprobenfunktion 250
Stichprobenstandardabweichung 235
Stichprobenvarianz 235
stochastische Kette 126
stochastische Matrix 128
stochastischer Prozeß 126
stochastische Unabhängigkeit 32
  von Zufallsgrößen
Streuungsdiagramm 239
Student-Verteilung 258
Sylverster'sche Formel 27
Syndrom 222
systematischer Code 219

Test
  auf Normalverteilung 323
  auf Unabhängigkeit in Mehrfeldertafeln 327
  einseitiger, zweiseitiger 286
  gleichmäßig bester 288
  konsistenter 288
Teststatistik 284
topologische Skala 230
totale Wahrscheinlichkeit 40
Tschebyscheff
  Satz von ... 122
  Ungleichung von ... 121
Transinformation 197
t-Verteilung 258

Überlebenswahrscheinlichkeit 107
Übergangsgraph 130
Übergangsrate 154
Übergangswahrscheinlichkeit 127
U-Test 349

Varianz einer Zufallsgröße 68
Varianzanalyse, einfache 332
Variationskoeffizient 68
  empirischer 236
Verhältnisskala 230
Verkehrsintensität 162
Verteilung
  Binomial ... 76
  χ^2 ... 103, 253
  Erlang ... 104
  Exponential ... 103, 109
  F ...260
  Hjorth ... 110
  hypergeometrische ... 88

Verteilung
  Lebensdauer ... 106
  Lognormal ... 100
  Normal ... 94
  Pareto ... 282
  Poisson ... 81
  Polynomial ... 92
  Rand ... 239
  Rayleigh ... 109
  Standardnormal ... 96
  t ... 258
  Weibull ... 108
verteilungsfreier Test 338
Verteilungsfunktion
  bedingte 57
  einer diskreten Zufallsgröße 56
  empirische 324
  einer stetigen Zufallsgröße 59
Vertrauensintervall
  siehe Konfidenzintervall
Vorzeichen-Rangtest von Wilcoxon 344
Vorzeichentest 338

Wahrscheinlichkeitsbegriff
  geometrischer 24
  Laplace'scher oder klassischer 19
  statistischer 22
Wahrscheinlichkeitsdichte 59
Wahrscheinlichkeitsfunktion 55
Wahrscheinlichkeitsnetz 321
Wahrscheinlichkeitsmaß 17
Wahrscheinlichkeitsraum 15
Wahrscheinlichkeitsvektor 129
Weibullverteilung 108
Wilson und Hilferty
  Näherungsformel von ... 256

Zentralwert 234
zentrales Moment 71
z-Transformation 362
Zufallsexperiment 11
  mehrstufiges 37
Zufallsgröße
Zufallsvektor 92
Zustandsraum 126
zyklischer Code 225

Brauch/Dreyer/Haacke
Mathematik für Ingenieure

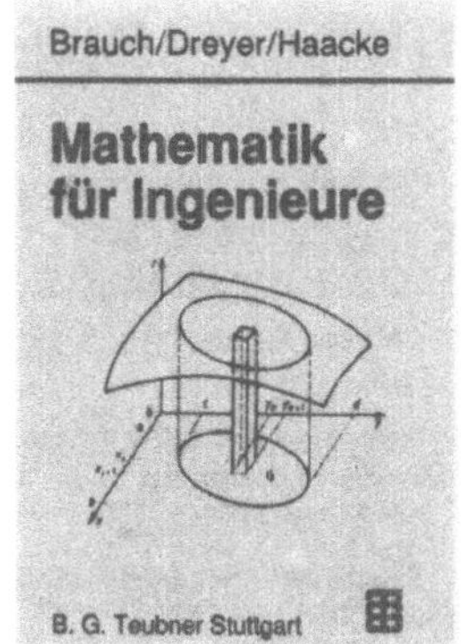

Seit mehr als 25 Jahren gehört der Brauch/Dreyer/Haacke zur »Lehrbuch-Grundausstattung« zahlreicher Ingenieurstudenten an Fachhochschulen, um mit diesem Lehr- und Arbeitsbuch das mathematische Rüstzeug für das eigene Fach verständlich und anwendungsorientiert zu erlernen.

Dieses Ziel verfolgt wiederum die nunmehr vorliegende völlig neubearbeitete 8. Auflage, wobei nach wie vor die Anwendungen der Mathematik in der Technik im Vordergrund stehen, ohne die erforderliche mathematische Exaktheit zu vernachlässigen. Entsprechend der weiterhin gewachsenen Bedeutung mathematischer Verfahren in der Technik wurden viele Abschnitte, auch im Hinblick auf eine bessere didaktische Präsentation, neu verfaßt. Ferner wurde im gesamten Band die optische Lesbarkeit verbessert. Im Hinblick auf den verbreiteten Einsatz des Computers wurden vermehrt numerische Verfahren und ein Abschnitt über die Grundlagen der Computer-Graphik aufgenommen. Viele Beispiele und Aufgaben mit Lösungshinweisen und Lösungen stellen die Verbindung zwischen der Mathematik und der Technik her.

Für den Praktiker ist der Brauch/Dreyer/Haacke wie bisher ein verläßliches Kompendium und Nachschlagewerk.

Von Prof. Dr. **Wolfgang Brauch,** Fachhochschule Ravensburg-Weingarten, Prof. Dr.-Ing. **Hans-Joachim Dreyer,** Fachhochschule Hamburg, und Prof. Dr. **Wolfhart Haacke,** Universität-Gesamthochschule Paderborn.
Unter Mitwirkung von Prof. Dr. **Wolfgang Gentzsch,** Fachhochschule Regensburg.

8., neubearbeitete Auflage. 1990. 752 Seiten mit 448 Bildern, 418 Beispielen und 312 Aufgaben. 16,2 x 22,9 cm. Geb. DM 68,–. ISBN 3-519-36500-6

Preisänderungen vorbehalten.

B. G. Teubner Stuttgart

Teubner - Ingenieurmathematik

Burg/Haf/Wille: **Höhere Mathematik für Ingenieure**

Band 1: **Analysis**
2. Aufl. 732 Seiten. DM 46,–

Band 2: **Lineare Algebra**
2. Aufl. 448 Seiten. DM 44,–

Band 3: **Gewöhnliche Differentialgleichungen, Distributionen, Integraltransformationen**
2. Aufl. 405 Seiten. DM 42,–

Band 4: **Vektoranalysis und Funktionentheorie**
580 Seiten. DM 47,–

Band 5: **Funktionalanalysis und Partielle Differentialgleichungen**
446 Seiten. DM 49,–

Dorninger/Müller: **Allgemeine Algebra und Anwendungen**
324 Seiten. DM 48,–

v. Finckenstein: **Grundkurs Mathematik für Ingenieure**
3. Aufl. 466 Seiten. DM 49,80

Heuser/Wolf: **Algebra, Funktionalanalysis und Codierung**
168 Seiten. DM 36,–

Hoschek/Lasser: **Grundlagen der geometrischen Datenverarbeitung**
472 Seiten. DM 52,–

Kamke: **Differentialgleichungen, Lösungsmethoden und Lösungen**

Band 1: **Gewöhnliche Differentialgleichungen**
10. Aufl. 694 Seiten. DM 88,–

Band 2: **Partielle Differentialgleichungen erster Ordnung für eine gesuchte Funktion**
6. Aufl. 255 Seiten. DM 68,–

Köckler: **Numerische Algorithmen in Softwaresystemen**
410 Seiten. Buch mit MS-DOS-Diskette DM 58,–

Krabs: **Einführung in die lineare und nichtlineare Optimierung für Ingenieure**
232 Seiten. DM 38,–

Pareigis: **Analytische und projektive Geometrie für die Computer-Graphik**
303 Seiten. DM 42,–

Schwarz: **Numerische Mathematik**
2. Aufl. 496 Seiten. DM 48,–

Preisänderungen vorbehalten.

B. G. Teubner Stuttgart